U0367720

教育部高等学校电子信息类专业教学指导委员会规划教材
高等学校电子信息类专业系列教材

Sensors and Detection Technology , Second Edition

传感器与检测技术

（第2版）

朱晓青　主编
Zhu Xiaoqing

凌云　袁川来　副主编
Ling Yun　Yuan Chuanlai

清华大学出版社
北京

内容简介

本书是作者在多年教学工作、工程实践并结合国内外该领域的教学和技术发展等基础上编写的，书中系统地介绍了有关过程检测与传感器的基本理论、基本结构以及实际应用的基本方法与基本技术等。全书共分7章，内容包括自动控制与检测、信号调理、机械量传感器、流量传感器、温度传感器、光学传感器以及部分其他工业参数测量用的传感器等。

本书可作为自动化专业或相关专业本科生检测与传感器类课程教材或教学参考书，也可作为相关工程技术人员的参考资料。

图书在版编目(CIP)数据

传感器与检测技术/朱晓青主编．—2版．—北京：清华大学出版社，2020.4（2022.1重印）
高等学校电子信息类专业系列教材
ISBN 978-7-302-55150-8

Ⅰ．①传…　Ⅱ．①朱…　Ⅲ．①传感器－检测－高等学校－教材　Ⅳ．①TP212

中国版本图书馆CIP数据核字(2020)第050770号

责任编辑：曾　珊
封面设计：李召霞
责任校对：时翠兰
责任印制：朱雨萌

出版发行：清华大学出版社
网　　址：http://www.tup.com.cn，http://www.wqbook.com
地　　址：北京清华大学学研大厦A座　　**邮　　编**：100084
社 总 机：010-62770175　　**邮　　购**：010-83470235
投稿与读者服务：010-62776969，c-service@tup.tsinghua.edu.cn
质量反馈：010-62772015，zhiliang@tup.tsinghua.edu.cn
课件下载：http://www.tup.com.cn，010-83470236
印 装 者：三河市龙大印装有限公司
经　　销：全国新华书店
开　　本：185mm×260mm　　**印　　张**：18.5　　**字　　数**：445千字
版　　次：2014年12月第1版　2020年7月第2版　　**印　　次**：2022年1月第4次印刷
印　　数：4001～6000
定　　价：69.00元

产品编号：085770-02

第 2 版前言

PREFACE

作为信息获取的重要工具，传感器已在各个领域得到越来越广泛的应用。随着技术的进步，传感器本身也在不断完善。人工智能、物联网等新兴技术的发展，使得传感器有了更新、更广泛的应用领域。本书注重将传感器技术与这些新技术相结合，这有助于读者将传统的传感器技术与这些新技术联系起来进行学习和应用，也有助于相关工程技术人员对测控系统进行分析和设计时能更注重对新技术的应用。

第 2 版的内容仍按第 1 版的 7 章安排。改版后第 1 章更系统地对传感器的应用进行了描述，增加了在物联网等新兴领域应用的介绍。第 2 章增加了对数字处理电路和通信技术的简单介绍，这些内容包括适合于各种传感器进行通信的现场总线以及无线通信技术等。第 3 章中更新了部分传感器原理的介绍，包括电涡流传感器、磁阻传感器和光纤传感器等。

本书改版时对第 1 版书的部分插图做了更新或完善，更能帮助读者理解传感器的原理与结构；也对第 1 版书的一些不当之处进行了修改，但同时也难免仍存在不足之处，敬请读者批评指正。

编　者

2020 年 2 月

第1版前言

PREFACE

测量技术与控制技术已是现代工业及现代科学技术的重要基础，而控制技术的本身对测量技术就有着很大程度的依赖。

不论是培养具有理论与实际相结合的高素质人才，还是进行科学实验，测量技术都是工程实验或工程项目的重要组成部分。

基于以上考虑，我们致力编写一部能为工业控制技术或工业工程提供帮助的有关传感器与检测技术的教材，旨在为读者打下良好的工程基础。

本书简要介绍了工业控制技术对参数测量及传感器的基本要求、传感器的基本特性、误差的基本分析技术，以及测量信号调理的基本方法和实现形式等。

由于位移参数是许多其他参数测量的基础，本书介绍了诸如电容式、电感式、压电式、压阻式、应变式等位移传感器的基本原理。同时介绍了许多与位移测量有着紧密联系的加速度、液位、压力等传感器的基本原理。

本书还介绍了工业控制中常用的温度测量方法，如热电偶、热电阻等；以及工业控制中常用的流量测量方法，如孔板流量计、涡轮流量计、电磁流量计、涡街流量计以及质量流量计等。

由于光学材料及光学技术的发展带动了许多新型传感器的发展，本书也介绍了部分光学技术传感器的原理与结构。本书最后还对部分工业过程中常用的几种分析类传感器进行了简单介绍。

本书可作为自动化类专业或相关专业本科生“检测与传感器”课程教材或教学参考书。

本书体系结构较为完整，其内容涵盖工业过程控制常用参数的检测方法及传感器等。本书内容与工程结合性较强，可读性好。全书图文并茂，较为通俗易懂，各章自成体系又融会贯通，可方便读者有选择地学习。本书既注重系统性又注重时代性，既系统地介绍了过程控制常用的检测方法，又结合国内外该领域的教学和技术发展，介绍了在该领域中传感器的一些新进展。

限于作者水平，书中难免存在不足之处，敬请读者批评指正。

编　者

2014年3月

学 习 建 议

教 学 内 容	学习要点及教学要求	课时安排	
		全部授课	部分授课
第 1 章 自动控制与检测	• 了解控制系统的基础知识 • 熟练掌握参数检测的基本知识 • 掌握传感器的基本特性 • 熟练掌握各种单位系统的使用与转换 • 掌握误差处理的基本方法	2	2
第 2 章 信号调理	• 了解信号调理的基础概念 • 掌握运算放大器构成信号调理电路的基本方法 • 掌握对桥路的基本分析方法 • 掌握对 *RC* 滤波电路的基本分析方法 • 了解数字处理电路与通信原理	6	4～6
第 3 章 机械量传感器	• 了解各类位移测量的基本方法 • 了解各类接近开关的基本原理 • 掌握电位计型位移传感器、电容型位移传感器、电感型位移传感器、压电型位移传感器以及其他类型位移传感器的基本原理和基本结构 • 掌握应变计的基本原理和基本结构 • 掌握霍尔传感器的基本原理和基本结构 • 掌握各种物位传感器的基本原理和基本结构 • 掌握各种运动传感器的基本原理和基本结构 • 掌握各种压力传感器的基本原理和基本结构	12	8～10
第 4 章 流量传感器	• 了解流量的基本特性与测量方法 • 熟练掌握阻塞式流量传感器的基本原理以及对应传感器的基本结构 • 掌握障碍式流量传感器的基本原理以及对应传感器的基本结构 • 掌握电磁流量计、超声波流量计和容积式流量计的基本原理以及对应传感器的基本结构 • 掌握间接质量流量测量和直接质量流量测量的基本原理以及对应传感器的基本结构 • 掌握皮托管、均速管、热线式流体测速传感器的基本原理以及对应传感器的基本结构	6	4
第 5 章 温度传感器	• 了解温度与温标的基本概念 • 熟练掌握电阻式温度传感器的基本原理和基本结构 • 熟练掌握热电式温度传感器的基本原理和基本结构 • 掌握膨胀式温度传感器的基本原理和基本结构等	6	4

续表

教学内容	学习要点及教学要求	课时安排	
		全部授课	部分授课
第6章 光学传感器	• 了解电磁辐射的基本概念 • 熟练掌握各类光电传感器的基本原理以及对应传感器的基本结构 • 熟练掌握光学高温计的基本原理以及对应传感器的基本结构 • 掌握光纤传感器的基本原理以及对应传感器的基本结构 • 掌握红外分析仪的基本原理以及对应传感器的基本结构 • 了解光源及光电耦合器件的基本知识	6	2～6
第7章 其他工业参数的测量	• 了解过程参数成分分析的基本概念 • 掌握热导式气体分析仪的基本原理以及对应传感器的基本结构 • 掌握氧化锆气体分析仪的基本原理以及对应传感器的基本结构 • 掌握电导仪的基本原理以及对应传感器的基本结构 • 掌握酸度计的基本原理以及对应传感器的基本结构	2	0
实验	实验内容主要涉及传感器静态特性实验和各类传感器的验证性实验。如果实验总学时为16学时,可以开设金属应变片的单臂电桥电路基本认识实验和多臂电桥电路基本认识实验、变面积电容传感器静态特性实验、差动变压器传感器的静态特性实验、电涡流传感器的静态特性实验、磁电式传感器的性能实验、压电传感器的静态特性实验、光纤传感器的静态特性实验、热电偶与热电阻基本原理与分度表的应用实验等内容。如果实验总学时为8学时,可以开设金属应变片的单臂电路基本认识实验、变面积电容传感器静态特性实验、差动变压器传感器的静态特性实验、热电偶基本原理与分度表的应用实验等内容	8～16	0～8
教学总学时建议	建议测控技术与仪器专业和物联网工程专业等开设56学时,即40+16(理论+实验)。自动化专业和电子信息工程专业等开设48学时(40+8)。其他专业开设32(24+8)学时或32(32+0)学时	48～56	24～40

目录
CONTENTS

第1章 自动控制与检测 …… 1

1.1 控制系统与传感器 …… 1

1.1.1 过程控制的基本原理 …… 1

1.1.2 伺服机械系统 …… 2

1.1.3 离散状态控制系统 …… 3

1.1.4 参数检测 …… 4

1.1.5 传感器及其基本特性 …… 7

1.2 控制系统与结构图表达 …… 11

1.2.1 结构图的组成 …… 11

1.2.2 系统元件 …… 12

1.3 标准与单位 …… 12

1.3.1 标准 …… 12

1.3.2 单位 …… 13

1.4 误差与测量结果处理 …… 16

1.4.1 误差的基本概念 …… 16

1.4.2 测量结果处理 …… 20

1.5 本章小结 …… 26

习题 …… 26

参考文献 …… 27

第2章 信号调理 …… 28

2.1 信号调理的基本概念 …… 28

2.1.1 信号等级与偏置的改变 …… 28

2.1.2 线性化 …… 28

2.1.3 转换 …… 29

2.1.4 滤波与阻抗匹配 …… 29

2.2 运算放大器 …… 30

2.2.1 运算放大器的基本特性 …… 31

2.2.2 传感器及仪表用运算放大器 …… 32

2.3 分压电路与桥路 …… 38

2.3.1 分压电路 …… 38

2.3.2 分压电路的负载效应 …… 38

2.3.3 惠斯登电桥 …… 38

2.3.4 电桥的灵敏度 …… 39

2.3.5 电桥放大器 …… 40

2.3.6　电抗或阻抗电桥 …… 41
2.4　滤波器 …… 43
2.4.1　RC 低通滤波器 …… 43
2.4.2　RC 高通滤波器 …… 44
2.4.3　RC 带通滤波器与带阻滤波器 …… 45
2.4.4　LC 滤波器 …… 47
2.4.5　有源滤波器 …… 47
2.4.6　数字滤波器 …… 48
2.5　数字处理电路 …… 49
2.5.1　功能与构成 …… 49
2.5.2　传感器的数字通信 …… 50
2.5.3　无线传感网 …… 52
2.6　本章小结 …… 53
习题 …… 53
参考文献 …… 54

第3章　机械量传感器 …… 55

3.1　位移传感器 …… 55
3.1.1　电阻电位计传感器 …… 55
3.1.2　电容位移传感器 …… 59
3.1.3　电感位移传感器 …… 64
3.1.4　压电位移传感器 …… 68
3.2　应变传感器 …… 71
3.2.1　应力与应变 …… 71
3.2.2　应变计的基本原理 …… 73
3.2.3　金属应变计 …… 73
3.2.4　半导体应变计 …… 75
3.2.5　应变计的信号调理 …… 76
3.3　其他位移传感器 …… 77
3.3.1　涡流式位移传感器 …… 77
3.3.2　光纤式位移传感器 …… 80
3.3.3　挡板喷嘴式位移传感器 …… 82
3.3.4　超声波式位移传感器 …… 84
3.3.5　编码器式位移传感器 …… 87
3.4　霍尔传感器 …… 90
3.4.1　霍尔效应 …… 90
3.4.2　霍尔元件及检测电路 …… 92
3.4.3　霍尔式位移传感器 …… 93
3.4.4　霍尔式电流传感器 …… 93

3.5 接近开关…… 94
3.5.1 接近开关的主要功能与用途 …… 95
3.5.2 电磁感应型接近开关 …… 96
3.5.3 霍尔型接近开关 …… 96
3.5.4 电容型接近开关 …… 97
3.5.5 光电型接近开关 …… 97
3.6 物位传感器…… 98
3.6.1 机械型液位传感器 …… 98
3.6.2 电气型液位传感器…… 102
3.6.3 超声波液位传感器…… 105
3.6.4 压力型液位传感器…… 107
3.7 运动传感器 …… 109
3.7.1 运动类型描述…… 109
3.7.2 加速度计的基本原理…… 110
3.7.3 加速度计的类型与应用…… 113
3.7.4 微加速度传感器…… 116
3.7.5 速度传感器…… 118
3.8 压力传感器 …… 124
3.8.1 压力测量单位及测量方法…… 124
3.8.2 流体压力传感器…… 126
3.8.3 弹性压力传感器…… 127
3.8.4 电气式压力传感器…… 130
3.8.5 固态压力传感器…… 134
3.8.6 荷重传感器与称重系统…… 135
3.8.7 高压传感器…… 146
3.8.8 低压传感器…… 146
3.8.9 声压传感器…… 148
3.8.10 微压力传感器 …… 149
3.9 本章小结 …… 152
习题…… 153
参考文献…… 156

第4章 流量传感器…… 157

4.1 流体基本特性及测量方法 …… 157
4.2 流体的体积流量测量 …… 161
4.2.1 阻塞式流量计…… 161
4.2.2 障碍式流量计…… 167
4.2.3 其他体积式流量计…… 175
4.3 质量流量计 …… 183

4.3.1 质量流量的推理方法和补偿方法…… 183
4.3.2 质量流量的直接测量方法…… 184
4.4 流体测速传感器 …… 187
4.4.1 静态皮托管…… 187
4.4.2 平均皮托管…… 188
4.4.3 热线流速计…… 189
4.5 本章小结 …… 191
习题…… 192
参考文献…… 193

第5章 温度传感器…… 194

5.1 温度测量的基本概念 …… 194
5.1.1 温度与温标…… 194
5.1.2 测温方法…… 195
5.2 电阻温度传感器 …… 196
5.2.1 金属电阻与温度…… 196
5.2.2 金属电阻测温传感器…… 198
5.2.3 电阻测温传感器的信号调理…… 201
5.2.4 热敏电阻温度传感器…… 205
5.3 热电偶温度传感器 …… 208
5.3.1 热电效应…… 208
5.3.2 热电偶测温传感器…… 210
5.3.3 热电偶传感器的信号调理…… 213
5.4 其他温度传感器 …… 216
5.4.1 双金属测温传感器…… 217
5.4.2 气体测温传感器…… 218
5.4.3 液体膨胀测温传感器…… 220
5.5 本章小结 …… 221
习题…… 222
参考文献…… 223

第6章 光学传感器…… 224

6.1 电磁辐射的基本概念 …… 224
6.1.1 电磁辐射的性质…… 224
6.1.2 光的基本属性…… 226
6.2 光电传感器 …… 228
6.2.1 光发射传感器…… 229
6.2.2 光敏传感器…… 231
6.3 光学高温计 …… 237

6.3.1 热辐射的基本原理…… 237
6.3.2 宽带高温计…… 239
6.3.3 部分辐射高温计…… 244
6.3.4 窄带高温计…… 245
6.3.5 输出信号的调制…… 247
6.4 光纤传感器 …… 248
6.4.1 光导纤维与光纤传感器…… 248
6.4.2 光纤温度传感器…… 251
6.5 红外分析仪 …… 252
6.5.1 透射介质的性质…… 252
6.5.2 红外气体分析仪…… 253
6.6 光源与光电耦合器件 …… 255
6.6.1 光源…… 255
6.6.2 光电耦合器件…… 256
6.7 本章小结 …… 257
习题…… 258
参考文献…… 259

第7章 其他工业参数的测量…… 261

7.1 参数成分分析类传感器 …… 261
7.1.1 热导式气体分析仪…… 262
7.1.2 氧化锆气体分析仪…… 265
7.1.3 电导仪…… 267
7.1.4 pH 传感器 …… 269
7.2 本章小结 …… 273
习题…… 273
参考文献…… 273

附录A 部分热电阻分度表…… 274

附录B 部分热电偶分度表…… 275

部分习题参考答案…… 278

第1章

自动控制与检测

教学目标

本章将简要介绍过程控制的基本概念和过程控制系统中常用的基本元件、参数测量与传感器的基本概念与特性、误差及其处理的基本方法等。通过对本章内容及相关例题的学习，希望读者能够：

- 了解控制系统的基础知识；
- 熟练掌握参数检测的基本知识；
- 掌握传感器的基本特性；
- 熟练掌握各种单位系统的使用与转换；
- 掌握误差处理的基本方法。

1.1 控制系统与传感器

1.1.1 过程控制的基本原理

人类社会之所以取得今天的文明，在很大程度上就是人类学会了控制环境的方法。所谓“控制”(Control)就是将环境中的某个参数改变成能满足期望值的过程。日常生活中的例子之一就是对室温的控制，例如我们希望将室温控制在22℃，从而使我们的身体感觉更为舒适。在工业过程中的控制例子则可用水槽的水位控制来加以说明。

如图1-1所示，假设流入水槽的水量为Q_i，流出水槽的水量为Q_o，希望水槽水位高度为H，实际水槽水位高度为h。由于水位压头的原因，流出水槽的水流量与水位高度的关系为$Q_o=Kh^{1/2}$。如果$Q_i=Q_o$，则水槽的水位h恒定不变；如果$Q_i>Q_o$，水槽的水位将上升；如果$Q_i<Q_o$，水槽的水位将下降。

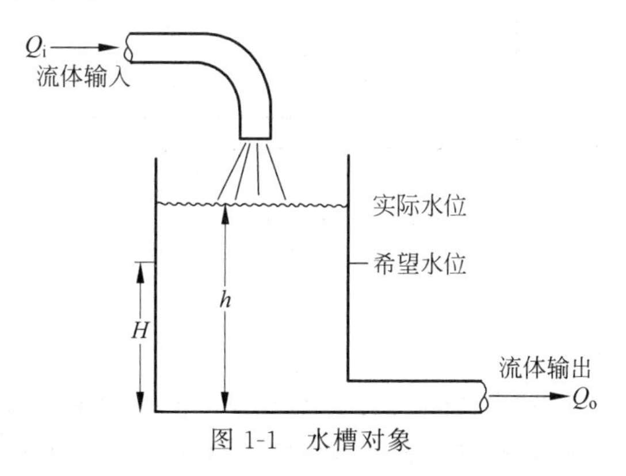

图1-1 水槽对象

如果希望维持水槽水位恒定，则需要一些调节手段来帮助实现。假如输入水量Q_i会因为某种扰动而发生变化，这时需要对输出水量进行调节才能维持水槽水位不变。图1-2展示了一种人工实现水位调节的方法。这时水槽实际水位就被称为被控变量，输出水量称为操作变量或控制变量，该系统也就称为手动控制系统。该系统调节的过程就是从水位观测玻璃管上观测水位的高度,将其与希望的水位值高进行比较,再来打开或关小输出水阀,从而控制水槽水位高度。

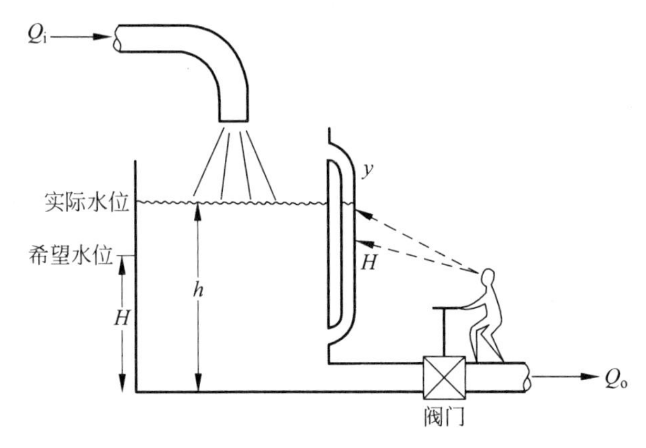

图 1-2　水槽的人工控制

如果对图 1-2 做些修改,使用一些机械化的、电子化的或计算机化的装置来代替图 1-2 中的功能,就可构成一个自动控制系统,如图 1-3 所示。在图 1-3 系统中,采用了传感器(Sensor)来代替人眼对水位高度进行测量,采用了控制器(Controller,控制器可以是模拟控制器、数字控制器,或计算机等)来代替人的手和脑,控制器可以判断实际水位与期望水位的高度是否一致,不一致时可以进行相关运算,并发出控制信号去控制一台可以操纵阀门的执行器(Actuator)。

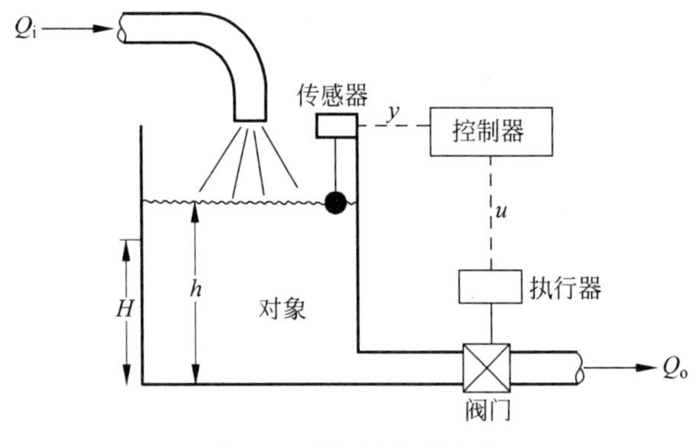

图 1-3　水槽的自动控制

1.1.2　伺服机械系统

另一类与 1.1.1 节描述的控制系统稍有不同的系统则是伺服机械系统(Servo-Mechanism System)。在伺服机械系统中,我们期望对象参数能够按照一定规律变化,因此有时也将这类系统称为跟踪控制系统。1.1.1 节中提及的过程控制系统是希望输出变量(如水位)能够恒定在我们希望的给定值上,而伺服机械系统则是希望输出变量能够跟踪给定值的变化。伺服机械系统的一个例子就是如图 1-4 所示的机器人系统。在该系统中,可能会期望机器臂能从位置 A 运动到位置 B。伺服机械系统的另一个例子则是如图 1-5 所示的光盘驱动器。在该系统中,我们也会期望激光头能从某一位置到达任意位置,从而能去读取某一文件。

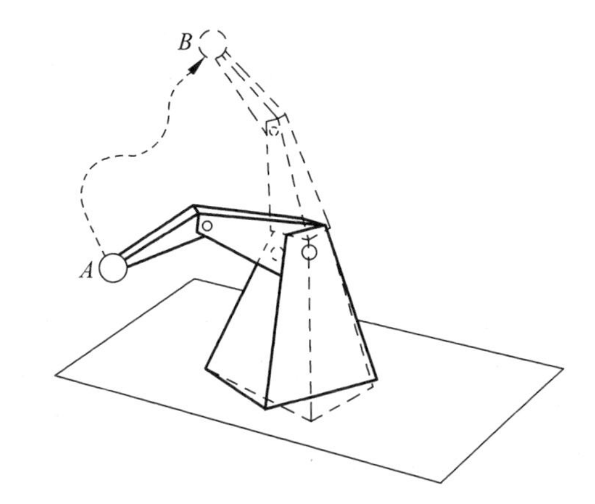

图 1-4 伺服机械系统

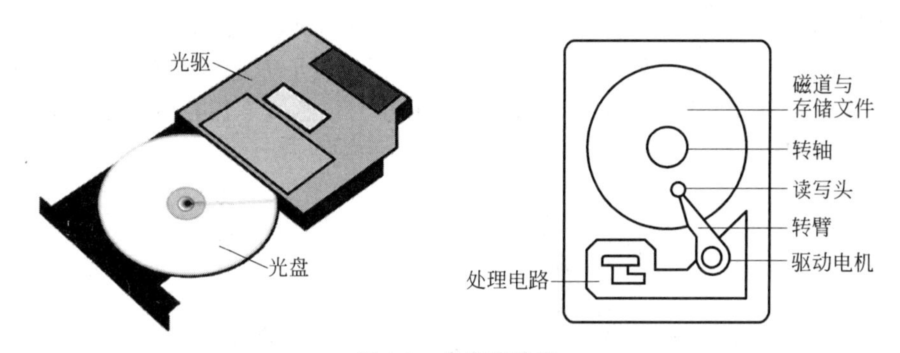

图 1-5 光盘驱动器

1.1.3 离散状态控制系统

离散状态控制系统(Discrete-State Control System)一般是指对过程按事件发生的顺序进行控制,而不是如前所述的连续变量的控制。例如在一些生产过程中,可能会涉及许多如温度、流量、压力、速度等过程参数的控制问题。实现对每个该类过程参数的控制就形成所谓的过程控制回路,如温度控制回路、压力控制回路等。但是在这个生产流程中也可能存在另一类控制情形,如有些生产设备需要先启动(或停车),另外一些设备则需要在满足一定条件后再启动(或停车)。例如需要对某种介质进行加温,加到一定温度后再对其进行输送或储存等。通常将这类依照时间或条件的事件进行控制的控制系统称为离散状态控制系统。

有一点要说明的是,当选用数字控制器对连续的过程变量进行控制时,由于需要将连续的信号采样成离散信号后送由数字计算机处理,有时也将这种数字控制器构成的系统简称为离散控制系统。在这种系统中,过程对象可以接收的信号是连续信号,而数字计算机(或数字控制器)能处理的信号只能是离散的(0 或 1),系统中必须配有模数转换器(A/D)和数模转换器(D/A)。准确地说,这类系统应该称为采样数据系统。

1.1.4 参数检测

参数检测是利用各种物理或化学效应,选择合适的方法与装置,将生产、科研或生活等方面的有关信息参数,或者是上述所举例中需要进行控制的水槽水位、伺服机械臂位置以及生产线上工件位置等被控参数,通过检测的方法赋予定性或定量结果的过程。

在当今信息化的社会中,不论是日常生活,还是生产活动或科学实验,几乎都离不开对参数的检测。下面几个例子可简要说明这种情形。

例子之一是工业生产过程。如前面图1-3的水槽控制,我们首先就要对水槽水位参数进行检测,在此基础上才能进行自动控制。另外在一些冶金或炼钢生产过程中,都会需要对一些冶金炉窑或炼钢高炉的温度进行控制,这就意味着需要对这些炉窑的炉温参数进行检测。在石油化工等生产流程中,经常需要对一些反应槽罐的液位或进出槽罐的流量进行控制,这就意味着需要对这些液位参数或流量参数进行检测。

例子之二是航空航天领域。载人航天器要实现与空间站的对接,需要对航天器和空间站各自相对位置和速度进行精确控制,这就意味着需要对这些位置和速度参数进行精确的测量。同样飞机在飞行过程中也需要对飞行高度、飞行速度以及飞行状态等参数进行精确测量。如图1-6所示的是空间站系统。空间站中广泛使用了加速度传感器、速度传感器、位置传感器、光学传感器、图像传感器、温度传感器和压力传感器等各类感知装置,以实现对空间站的测控和操作运行。

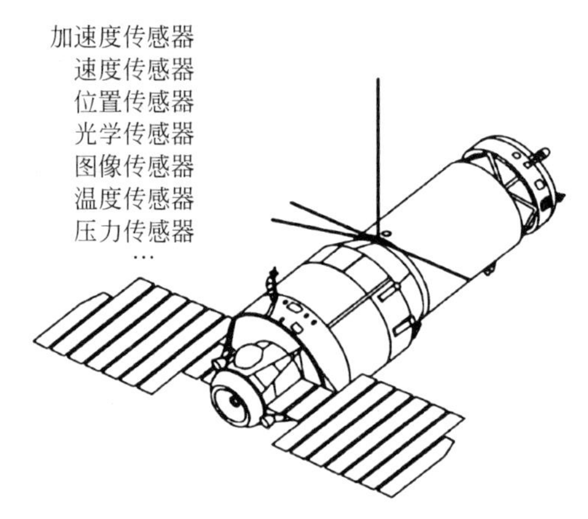

图1-6 传感器在空间站中的应用

例子之三是军事领域。传感器在军事上的应用极为广泛,大到星体、导弹、飞机、舰船、坦克、火炮等装备系统,小到单兵作战武器,无时不用、无处不用。例如导弹制导就要用到红外传感器对目标进行检测搜索,导弹防御系统也要用到雷达对拦截目标进行检测跟踪,尤其是无人机或机器人坦克等,更是要用到各种传感器以代替人的操作等。如图1-7所示的是火炮系统。该系统中广泛使用了加速度传感器、速度传感器、位置传感器、光学传感器、图像传感器、温度传感器等各类感知装置,以实现对火炮射击的测控。

例子之四是汽车。尤其是现代高档汽车,其发动机系统的参数、传动系统的参数、安全系统的参数,以及一些有关运行的参数都需要进行检测。例如发动机系统的控制就需要对一些温度参数、压力参数、液位参数、流量参数、电流和电压参数等进行检测,然后送到汽车的电控单元 ECU 进行控制。另外还有一些其他参数(如燃油油位、机油油压、冷却水水温、空调自动启动的温度、车门未关紧或安全带未系的位置参数等)都需进行检测,以便进行车辆管理或安全提示等。如图 1-8 所示的是传感器在汽车中的应用。汽车中广泛使用了加速度传感器、速度传感器、位置传感器、光学传感器、图像传感器、油位传感器、温度传感器和胎压传感器等各类感知装置,以实现对汽车的测控和操作运行。

图 1-7 传感器在坦克火炮中的应用

图 1-8 传感器在汽车中的应用

例子之五是医疗卫生领域。传感器已被广泛用于外科手术设备、加护病房、医院疗养和家庭护理中。例如用于投影心搏图的测量、动脉血管内血流量的测量、血液分析仪、血细胞分析仪、免疫测定分析仪、临床化学分析仪等的各种医疗诊断用器械,以及一些大型医疗诊断设备,如断层扫描、核磁共振设备等,就要用到各类传感器。如图 1-9 所示的是传感器在断层扫描装置中的应用。断层扫描装置中广泛使用了加速度传感器、位置传感器、光学传感器、射线传感器、温度传感器等各类感知装置,以实现对断层扫描装置的操作运行。

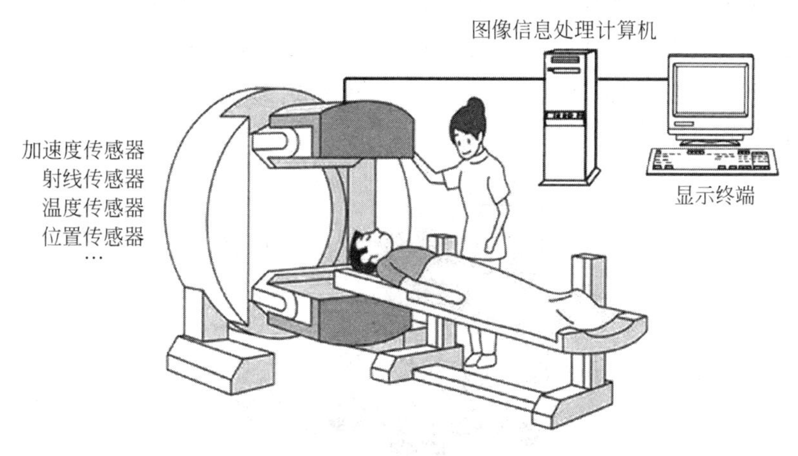

图 1-9 传感器在断层扫描系统中的应用

例子之六是其他生活用品。日常生活方面有关参数检测的例子也是无处不在。最直观的就是家庭用水、用电、用天然气等参数都要进行检测计量。除此之外,家用冰箱、家用电磁炉与微波炉、空调、计算机等都涉及温度控制问题,这就意味着这些家用电器设备都需要对温度参数进行检测。现代人们常用的数码相机,或是高端手机的照相功能,都会涉及自动曝光的光强度检测、自动对焦的距离检测、防抖功能的偏移角度或偏移位置的检测,以及用于成像的CMOS或MOS传感器实现对各像素点光量的检测等。如图1-10所示的是传感器在数码相机中的应用。数码相机中广泛使用了光学传感器、图像传感器、测距传感器等各类感知装置,以实现数码相机的操作运行。

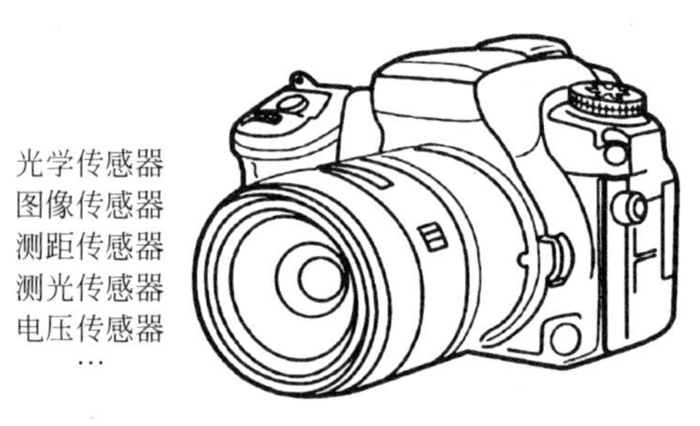

图1-10 传感器在数码相机中的应用

例子之七是当今迅速发展的物联网技术。物联网(Internet of Things,IoT)是在互联网、移动通信网等通信网络的基础上,针对不同应用领域的需求,用具有感知、通信与计算能力的智能装置所构成的系统。物联网能够自动获取物理世界的各种信息,并将所有能够独立寻址的物理对象互联起来,实现全面感知、可靠传输、智能处理,构建人与物、物与物互联的智能信息服务系统。物联网可分为感知层、传输层和应用层等三个层次。感知层以射频识别设备(RFID)和传感器为主,实现检测、感知和操作执行。传输层则通过现有的互联网、移动通信网等接入物联通信网,实现数据的进一步处理和传输。应用层包括输入/输出(I/O)设备和控制终端(计算机或手机等服务器和相关应用软件),可实现对传输层发送信息的存储、挖掘、处理和应用。如图1-11所示的是物联网系统结构。由图1-11可见,传感器在物联网中有着非常重要的作用。物联网技术已经在各类经济领域和日常生活中得到越来越广泛的应用。目前非常成熟、典型的应用包括智能电网、智能交通、智能物流、精细农业、公共安全、智慧医疗、智能环保以及智能家居等领域。如图1-12所示的是传感器在智能家居系统中的应用。

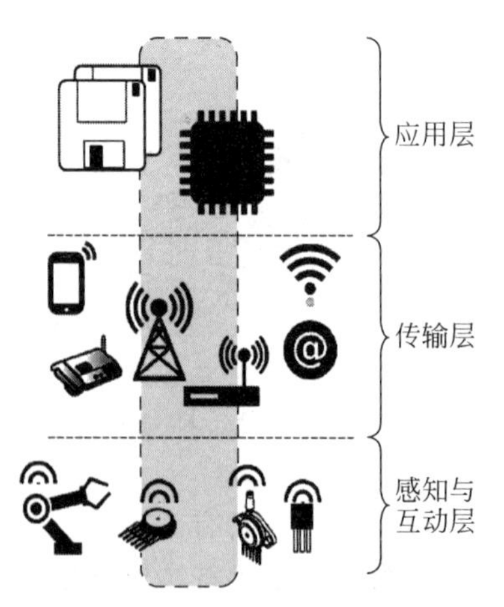

图1-11 物联网系统结构图

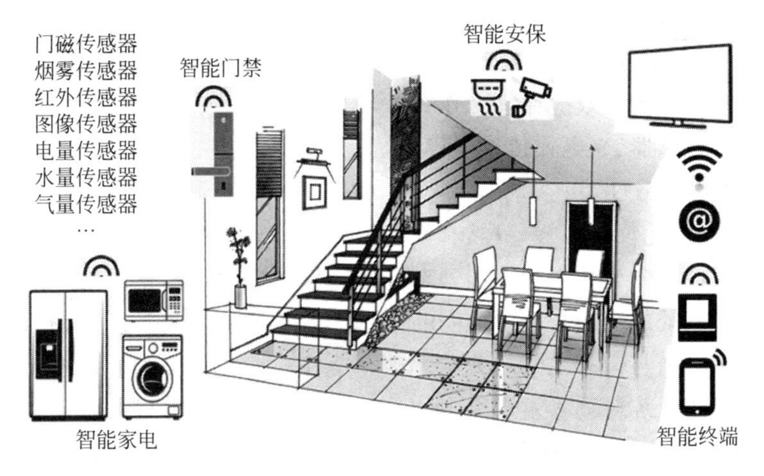

图1-12　传感器在智能家居系统中的应用

1.1.5　传感器及其基本特性

1. 传感器的定义与分类

正如前面所述，参数检测是要借助专门的技术和仪器设备，采用一定的方法来获取某一客观事物的定量数据信息。实现这一过程所使用的仪表设备通常被称为传感器。广义来讲，传感器可以定义为以测量为目的、以一定精度把被测量转换成与之有确定对应关系的、便于处理的另一种物理量的装置或器件。通常，传感器的输出信号多为易于处理的电量信号，如电压、电流或频率等。

传感器一般由敏感元件、传感元件及信号调理转换电路三部分组成，有时还需外加辅助电源提供转换能量，如图1-13所示。敏感元件是直接感受被测量的元件，被测量参数经过传感器的敏感元件转换成与被测量有确定关系且易于转换的非电量参数。非电量参数再经过后续的传感元件转换成电量参数。由于传感器输出信号一般都很微弱，因此传感器输出的信号一般需要进行信号调理、转换、放大、运算与调制之后才能进行显示和参与控制。信号调理转换电路的作用就是将传感元件输出的电量参数转换成易于处理的电压、电流或频率等电量参数。应该指出，由于不同用途的传感器会有不同的构造，再加之集成技术的发展，不是所有的传感器都有敏感元件、传感元件或转换电路之分，有时它们会是二者合一或三者合一的构造。

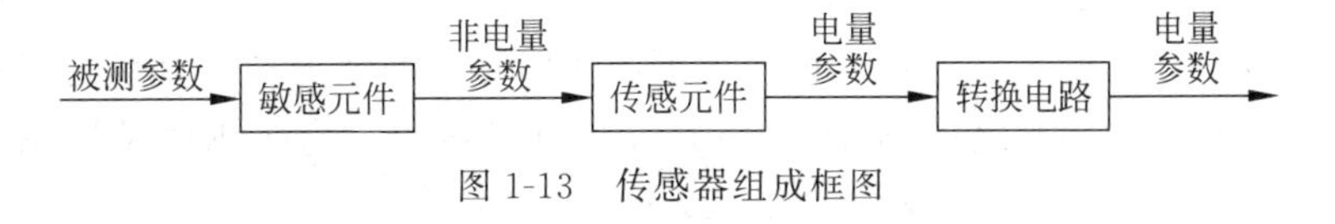

图1-13　传感器组成框图

由于传感器的种类繁多，许多情况下，对某一物理量的测量可以使用不同的传感器，而同一传感器又往往可以测量不同的多种物理量。所以，传感器从不同的角度有许多分类方法。目前一般采用两种分类方法。

(1) 按被测量分类　如对温度、压力、位移、速度等参数的测量，相应地就有温度传感器、压力传感器、位移传感器、速度传感器等。

(2) 按测量原理分类　如按应变原理工作式、按电容原理工作式、按压电原理工作式、按磁电原理工作式、按光电效应原理工作式等，相应地有应变式传感器、电容式传感器、压电式传感器、磁电式传感器、光电式传感器等。

2. 传感器的基本特性

传感器也如同其他仪器装置一样，有其基本特性。装置特性一般是指其输入输出之间的关系。同时，特性也分为静态特性和动态特性。静态特性是指系统的输入为不随时间变化的恒定信号时，系统的输出与输入之间的关系。动态特性是指系统的输入为随时间变化的信号时，系统的输出与输入之间的关系。动态特性一般与响应的概念联系在一起。简单地说，响应是装置或系统对输入重现能力的一种度量。响应也可以被定义为对装置或系统准确敏感地传递和表达被测量所包含的所有信息的能力的一种评价。在测量过程中我们非常关心输出信号是否真实地表达了输入信号。例如输入是正弦波、方波或锯齿波的形式，输出信号是否也相应为这些形式出现。复杂输入信号中的各次谐波分量是否被相同地对待等。通过分析装置或系统的响应则可回答以上这些问题。响应通常包括幅值响应、频率响应、时间响应等。

(1) 幅值响应　幅值响应可评价装置或系统处理所有输入信号幅值的能力。

(2) 频率响应　频率响应可评价装置或系统处理输入信号所有频率成分的能力。装置或系统在处理较为复杂的输入信号时，对应输出信号的相位也是一个非常有用的指标。

(3) 时间响应　也可以说是频率响应的另外一种形式。通常我们是在装置或系统的输入加上单位阶跃信号，再观察其输出信号的变化情况。

3. 传感器的特性指标

就像其他仪器仪表一样，传感器的基本特性是通过指标的形式来表达的。反映传感器特性的指标包括静态特性性能指标和动态特性性能指标。

反映传感器静态特性的性能指标主要有：

(1) 灵敏度。灵敏度(Sensitivity)是传感器静态特性的一个重要指标。其定义为输出量的增量 Δy 与引起该增量的相应输入量增量 Δx 之比。用 S 表示灵敏度，即

$$S = \Delta y / \Delta x \tag{1-1}$$

它表示单位输入量的变化所引起传感器输出量的变化，显然，灵敏度 S 值越大，表示传感器越灵敏，如图1-14所示。

(2) 线性度。线性度(Linearity)是指传感器输出量与输入量之间的实际关系曲线偏离拟合直线的程度。线性度定义为在全量程范围内实际特性曲线与拟合直线之间的最大偏差值 Δ_{max} 与满量程输出值 y_{FS} 之比，如图1-15所示。线性度也称为非线性误差，用 γ 表示为

$$\gamma = (\pm \Delta_{max} / y_{FS}) \times 100\% \tag{1-2}$$

(3) 分辨率。分辨率(Resolution)是指传感器能检测出被测信号的最小变化量，它是一个有量纲的量。当被测量的最小变化小于分辨率时，传感器对输入量的变化无反应。对数字传感器或仪表而言，分辨率一般是指该装置指示数据最后一位数值。

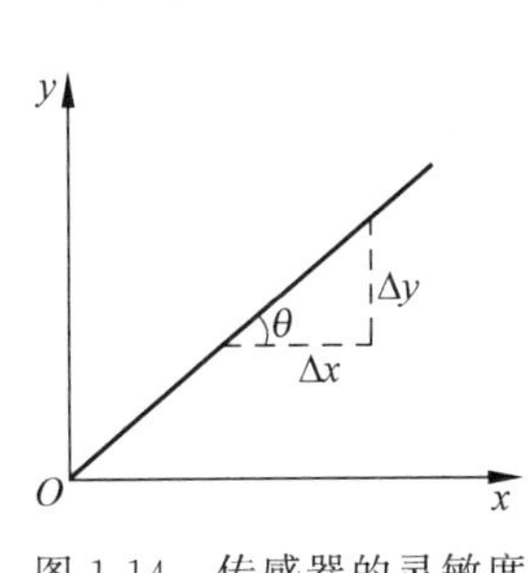

图 1-14 传感器的灵敏度

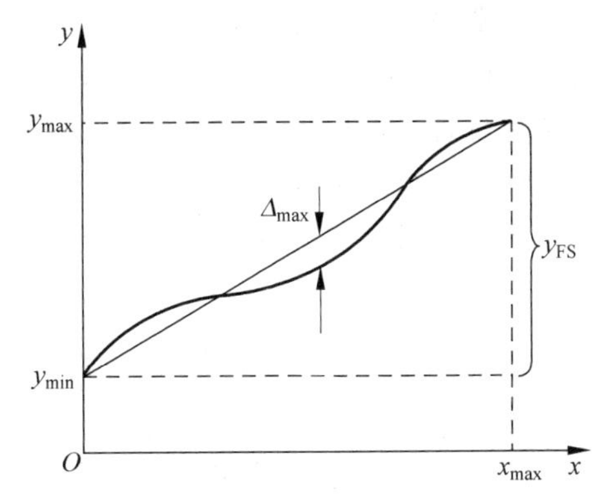

图 1-15 传感器的线性度

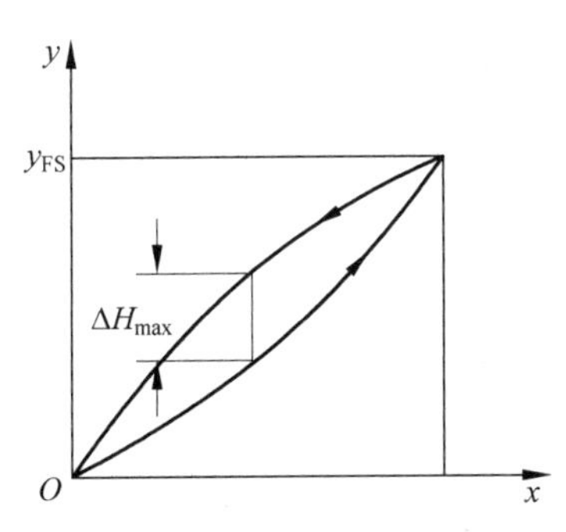

图 1-16 传感器的迟滞特性

(4) 迟滞。传感器在输入量由小到大(正行程)及输入量由大到小(反行程)变化期间其输入输出特性曲线不重合的现象称为迟滞(Hysteresis),如图 1-16 所示。也就是说,对于同一大小的输入信号,传感器的正反行程输出信号大小不相等,这个差值称为迟滞差值。传感器在全量程范围内最大的迟滞差值 ΔH_{max} 与满量程输出值 y_{FS} 之比称为迟滞误差,用 γ_H 表示,即

$$\gamma_H = (\pm \Delta H_{max}/y_{FS}) \times 100\% \tag{1-3}$$

产生迟滞现象的主要原因是由于传感器敏感元件材料的物理性质和机械零部件的缺陷所造成的,例如弹性敏感元件弹性滞后、运动部件摩擦、传动机构的间隙、紧固件松动等。

(5) 重复性。重复性(Reproducibility)是指传感器在输入量按同一方向作全量程连续多次变化时,所得特性曲线不一致的程度,如图 1-17 所示。重复性误差属于随机误差,常用标准差 σ 计算,也可用正反行程中最大重复差值 ΔR_{max} 计算,若用 γ_R 表示重复性,则

$$\gamma_R = (\pm \Delta R_{max}/y_{FS}) \times 100\% \tag{1-4}$$

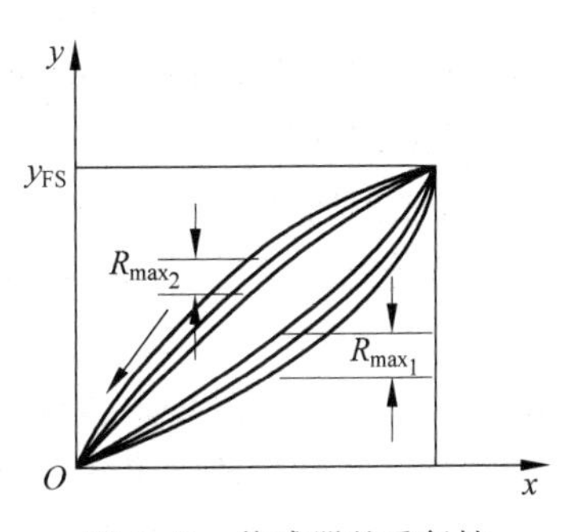

图 1-17 传感器的重复性

(6) 漂移。传感器的漂移(Shift)是指在输入量不变的情况下,传感器输出量随着时间变化,此现象称为漂移。产生漂移的原因有两个方面:一是传感器自身结构参数的改变;二是周围环境(如温度、湿度等)的影响。最常见的漂移是温度漂移,即周围环境温度变化而引起输出量的变化,温度漂移主要表现为温度零点漂移和温度灵敏度漂移。

(7) 可靠性。可靠性(Reliability)是反映传感器或检测系统在规定的条件下,在规定的时间内是否可用的一种综合性质量指标。常用的可靠性指标主要有以下几种:平均故障间隔时间(两次故障的间隔时间)、平均修复时间(排除故障所花的时间)和故障率(也称失效率,即装置发生故障的概率)。

反映传感器动态特性的性能指标主要是单位阶跃响应性能指标。单位阶跃响应是对传感器的时间响应评价方式。由于传感器种类繁多、结构各异，对传感器的数学描述也就较为复杂。通常尽量将其近似为一阶或二阶系统来描述。对一阶传感器，其时间响应就是一阶时间响应；对二阶传感器，其时间响应就是二阶时间响应。

一阶传感器的时间响应特性如图1-18所示，其数学描述可用下式来表达：

$$y(t)=y_i+(y_f-y_i)(1-e^{-\frac{t}{\tau}}) \tag{1-5}$$

式中　$y(t)$——一阶传感器对应单位阶跃输入的输出；

y_i——$t=0$时传感器的初始输出值；

y_f——$t\to\infty$时传感器的极限输出值；

τ——传感器的时间常数。

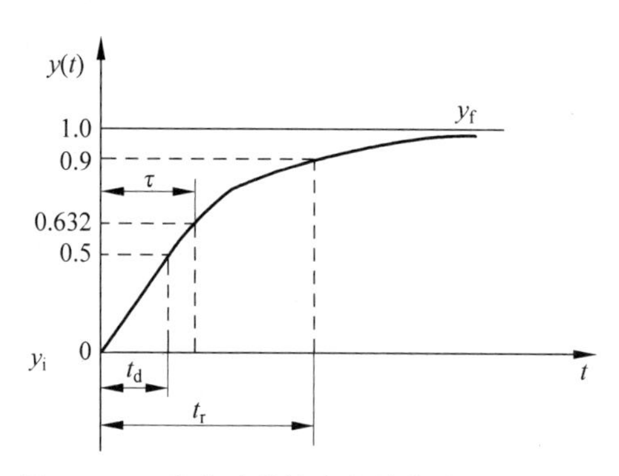

图1-18　一阶传感器输出的单位阶跃响应曲线

评价一阶传感器动态性能的单位阶跃响应的性能指标主要有以下几个。

(1) 时间常数(Time Constant)τ：一阶传感器输出上升到稳态值的63.2%所需的时间。

(2) 延迟时间(Time Delay)t_d：传感器输出达到稳态值的50%所需的时间。

(3) 上升时间(Rise Time)t_r：传感器输出达到稳态值的90%所需的时间。

二阶传感器的时间响应特性如图1-19所示，其数学描述可用下式来表达：

$$y(t)=y_o e^{-at}\sin(2\pi f_n t) \tag{1-6}$$

式中　$y(t)$——二阶传感器对应单位阶跃输入的输出；

y_o——由初始输出条件决定的响应幅值；

a——输出阻尼常数；

f_n——自然振荡频率。

评价二阶传感器动态性能的单位阶跃响应的性能指标主要有以下几个。

(1) 峰值时间(Peak-Time)t_p：振荡峰值所对应的时间。

(2) 最大超调量(Percent Overshoot)M_p：响应曲线偏离单位阶跃曲线的最大值。

(3) 上升时间(Rise Time)t_r：响应曲线从稳态值的10%上升到稳态值的90%所需的时间。

(4) 延迟时间(Time Delay)t_d：响应曲线上升到稳态值的50%所需的时间。

(5) 调节时间(Settling Time)t_s：响应曲线进入并且不再超出误差带所需要的最短时间。误差带通常规定为稳态值的±5%或±2%。

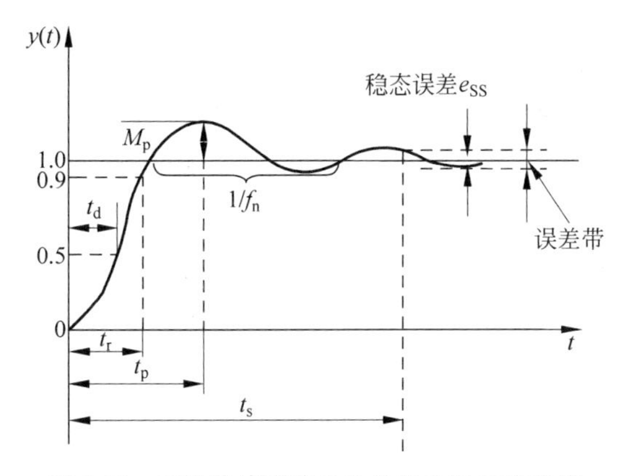

图 1-19　二阶传感器输出的单位阶跃响应曲线

(6) 稳态误差(Steady-State Error)e_{SS}：系统响应曲线的稳态值与希望值之差。

1.2　控制系统与结构图表达

控制系统的结构图(Block Diagram)是由具有一定函数关系的若干方框组成，按照系统中各环节之间的联系，将各方框连接起来，并标明信号传递方向的一种图形。在结构图中，方框的一端为相应环节的输入信号，另一端为输出信号，信号传递方向用箭头表示，方框中的函数关系即为相应环节的传递函数。

结构图能简单明了地表达系统的组成、各环节的功能和信号的流向，它既是一种描述系统各元部件之间信号传递关系的图形，也是系统数学模型结构的图解表示，更是求取复杂系统传递函数的有效工具。

1.2.1　结构图的组成

控制系统的结构图一般由 4 种基本单元组成。

1. 信号线

信号线是带有箭头的直线。其中，箭头表示信号的流向，在直线旁标记信号的时间函数或复域函数。因此，信号线也标志着系统的变量。

2. 引出点

引出点又称为分支点或测量点，它把信号分两路或多路输出，表示信号引出或测量的位置。同一位置引出的信号大小和性质完全一样。

3. 比较点

比较点又称为综合点或相加点，是对两个或两个以上的信号进行加减(比较)的运算。＋表示相加，－表示相减，＋号可省略不写。但要注意的是，进行相加减的量，必须具有相同的物理量纲。

4. 功能方框

方框又称环节。方框表示对信号进行的数学变换，方框中写入元部件或系统的传递函数。

使用结构图时有几个重要概念要注意。一是前向通道，即沿信号传递方向，箭头指向，从系统的输入端到输出端的信号通道。二是反馈通道，即从输出端返回到输入端的信号通道。三是回路,这时若通道的终点就是通道的始点,并且通道中各点都要经过也只经过一次。四是不接触回路,这种回路中没有公共部分。

对于如图1-3所示的控制系统,其对应的结构图如图1-20所示。在图1-20中可见系统结构图是由信号线、引出点、比较点以及功能方框等组成的。

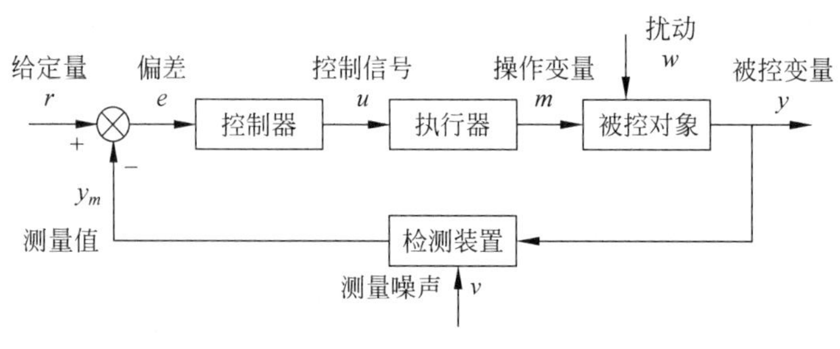

图1-20 控制系统结构图

1.2.2 系统元件

图1-20中每一个方框都代表着一个元件。这里着重表达了几个主要元件。首先就是对象,所谓对象就是我们希望能够控制或改变它的内部参数(即图1-20中的 y,而 w 则为扰动变量)的某个实体。它可以是一个很小的元件,也可以是一个非常庞大的装置或设备。要控制对象的某个参数,就必须检测出该参数,这就是检测元件的功能(图1-20中的 y_m 即为测量变量)。被测参数还将要与我们期望的目标值进行比较(图1-20中的 r 即为目标值或给定值,而 e 则为偏差值),然后按照一定的规律(也称为控制算法)进行控制(图1-20中的 u 就是控制变量,而 m 则为执行操纵变量),进行控制运算就是控制元件(或称控制器)的功能。控制信号去操纵对象时,需要一个执行器对信号进行转换或进行能量放大(图1-20中的 m 就是经放大的执行操纵变量),许多时候人们都将执行器与被控对象合并在一起来考虑,并合称为广义对象。由于简化的原因,有些元件没有在结构图中予以表达,例如检测元件有时可能会由传感器与变送器等几个装置构成;回路中各元件都需要专门的电源供电;回路中许多信号需要进行显示或记录;有些信号在控制室与一些特殊的现场之间传递时需要进行隔离;如果选用数字控制器对连续的过程变量进行控制,信号在离散控制器与连续对象之间传递时须进行A/D转换与D/A转换等。这些功能元件都没有在图1-20中作出表达。

1.3 标准与单位

1.3.1 标准

当使用传感器进行参数测量时,在传感器上得出测量参数的方法有两种:一是将其与一个原始标准或二次标准作直接比较;二是通过使用一个标定的系统作间接比较。

标准可以被认为是一个基本的量纲。它代表一个被测量实体的确定特性。而量纲单位则是该实体的量化基础。例如,长度是一个量纲,米则是长度的一个单位;时间是一个量纲,而秒则是时间的一个单位。一个量纲是唯一的,但一种特定的量纲可以用不同的单位来表达,如长度量纲,其单位可以是米、厘米或英寸等。

国际上最基本的量纲标准有4个，它们是长度标准、质量标准、时间标准以及温度标准。其他的量纲标准都可以由它们推导而出。

1. 长度标准

长度的标准用米来度量。长度标准也经历了几次定义变更。最初米被定义为地球四分之一圆周的一千万分之一，后来米又被定义为在真空中对应于氪－86原子的能级 $2p_{10}$ 和 $5d_5$ 间跃迁所产生的辐射波长的1 650 763.73倍。目前使用的米标准则是光在真空中在1/299 792 458s时间内所走过的路程的长度。

2. 质量标准

质量的标准用千克来度量。国际千克原型器保存在巴黎的国际计量局中。该标准也是世界上目前唯一一个用原型器来建立的标准。它是用90%的铂和10%的铱合金精心制成的形状为高度和直径均为39mm的一个圆柱体，铂铱合金的密度为 $21.5g/cm^3$。

3. 时间标准

时间的标准用秒来度量。最初秒被定义为地球绕其轴转动的平均周期的1/86 400，后来秒又被定义为铯133原子基本态的两个超精细能级间跃迁所对应的周期时间的9 192 631 770倍。

4. 温度标准

温度的标准用开尔文来度量。这是因为开尔文勋爵曾提出了热力学温标概念。后来温标采用了基于6个取决于某些材料性质的固定温度点，其中包括水的冰点和汽化点。

有两个非常重要的概念与温度标准有关，它们是绝对温度标度与相对温度标度。

绝对温度标度是将物体没有热能时的温度定为零度，这时物体的内部分子由于没有热能而不会发生振动。用于绝对温度标度有两种，它们是开尔文温度标度和兰金温度标度。

相对温度标度可以说是在绝对温度标度的基础上将零位温度位移的一种标度。用于相对温度标度也有两种，它们是摄氏温度标度和华氏温度标度。摄氏温度标度将零位温度定在水的冰点，而华氏温度标度将零位温度定在氯化铵和冰水的混合物的温度为温度计的零度。

需要说明的是，温度标准与上面介绍的长度标准、质量标准及时间标准在性质上是完全不同的。如两个相同长度的物体合并时，其长度是原来的一倍，两个时间间隔和两个质量体合并时的情形也是一样。但两个温度相同的物体合并时的情况就完全不同了，合并后物体的温度将和原来一样。

1.3.2 单位

为了确保工程技术领域中良好的技术交流与沟通，人们有必要对检测参数的单位作出定义。米制单位系统就是工程技术中最常用的单位体系。人们通常将其称为国际单位系统（International System of Units）而通常采用法文的缩写SI（Systeme International D'Unites），在我国也将其称为国际计量单位系统。另外还有厘米-克-秒单位系统。在许多国家或许多领域，英制单位系统也在广泛使用，如常描述电视机或显示器为47英寸或21英寸等。

1. 国际计量单位系统

国际计量单位系统或米制单位系统，主要是基于7个基本单位和2个补充单位而建立的,如表1-1所示。其他的国际单位都可以由这9个单位导出,如以牛顿为单位测量的力,被定义为$1N=1kg\cdot m/s^2$;以焦为单位测量的能量,被定义为$1J=1kg\cdot m^2/s^2$。导出单位如表1-2所示。另外,有些导出单位还不具有专门的符号,这些单位如表1-3所示。

表1-1 国际单位系统

单位类型	量	单位	符号
基本单位	长度	米	m
	质量	千克	kg
	时间	秒	s
	电流	安[培]	A
	温度	开[尔文]	K
	物质的量	摩[尔]	mol
	光照度	坎[德拉]	cd
补充单位	平面角	弧度	rad
	立面角	立面弧度	sr

表1-2 导出单位系统

量	单位	符号	公式
电容	法[拉]	F	C/V
电导	西[门子]	S	A/V
电感	亨[利]	H	Wb/A
电压	伏[特]	V	W/A
电阻	欧[姆]	Ω	V/A
能量	焦[耳]	J	N·m
力	牛[顿]	N	$kg\cdot m/s^2$
频率	赫[兹]	Hz	1/s
磁通量	韦[伯]	Wb	V·s
磁通密度	特[斯拉]	T	Wb/m^2
功率	瓦[特]	W	J/s
压力	珀[斯卡]	Pa	N/m^2
电荷量	库[仑]	C	A·s

表1-3 无专门符号的导出单位

量	公式	量	公式
加速度	m/s^2	热通量	W/m^2
角加速度	rad/s^2	力矩	N·m
角速度	rad/s	速度	m/s
面积	m^2	黏度	Pa·s
质量密度	kg/m^3	体积	m^3
能量密度	J/m^3		

2. 厘米-克-秒单位系统

厘米-克-秒单位系统可以说是米制单位系统的延伸,其体系如表1-4所示。

表 1-4　厘米-克-秒单位系统

量	单　　位	与 SI 单位的转换
长度	cm	100cm=1m
质量	g	1000g=1kg
时间	s	1s=1s
力	dyne(达英)	10^5dyne=1N
能量	erg(尔格)	10^7erg=1J
压力	dyne/cm^2	1dyne/cm^2=1Pa

3. 英制单位系统

英制单位系统则是一种源自英国的度量衡单位制。长度名称中,为了与米制或中国传统单位区别,多在单位前加一个“英”字,或冠以口字旁称之,如英里(哩)、英尺(呎)、英寸(吋),或简称哩、呎、吋。

英制单位系统如表 1-5 所示。下面一些例子则可说明单位之间的转换。

表 1-5　英制单位系统

量	单　　位	变　　换	与 SI 单位的转换
长度	ft(英尺)	12in(英寸)=1ft 1yd(码)=3ft 1mi(英里)=5280ft	1in=0.025 40m
面积	ft^2	144in^2=1ft^2 1acre(英亩)=21 789ft^2	10.76ft^2=1m^2
体积	ft^3	1728in^3=1ft^3	35.31ft^3=1m^3
		1gal(加仑)=0.134ft^3	1gal=3.785L(升) 1gal=0.003 875m^3
		4qt(夸脱)=1gal 2pt(品脱)=1qt	
力	lb(磅)	16oz(盎司)=1lb	1lb=4.448N
质量	lb		1lb=0.454kg
能量	ft·lb		1ft·lb=1.356J
压力	psi(lb/in^2)	1atm(大气压)=14.7psi	1psi=6895Pa
功率	hp(马力)		1hp=746W

例 1-1　求 5.7m 为多少英尺? 21in 为多少厘米?

解:由于 1in=0.025 40m=2.54cm,则 1m=39.37in,注意到 1ft=12in,所以

$$5.7\text{m}=5.7\text{m}\times 39.37\text{in/m}\times 1\text{ft}/12\text{in}=18.7\text{ft}$$

$$21\text{in}=21\text{in}\times 2.54\text{cm/in}=53.34\text{cm}$$

4. 米制前缀

米制前缀(Metric Prefixes)有时也称为倍率因子。米制前缀主要用来解决测量参数的变化范围过大问题,如所测得的参数小数点前或小数点后的位数太多,表达起来比较麻烦。米制前缀或倍率因子均以 10 的幂次方来表达,如表 1-6 所示。

表 1-6 米制前缀

倍　数	SI 词头	符　号
10^{18}	exa(艾)	E
10^{15}	peta(拍)	P
10^{12}	tera(太)	T
10^{9}	giga(吉)	G
10^{6}	mega(兆)	M
10^{3}	kilo(千)	k
10^{2}	hecto(百)	h
10	deka(十)	da
10^{-1}	deci(十分之一)	d
10^{-2}	centi(百分之一)	c
10^{-3}	milli(毫)	m
10^{-6}	micro(微)	μ
10^{-9}	nano(纳)	n
10^{-12}	pico(皮)	p
10^{-15}	femto(飞)	f
10^{-18}	atto(阿)	a

例 1-2　用米制词头表达 0.000 021 5s 和 3 781 000 000W。

解：

$$0.000\,021\,5\text{s}=21.5\times10^{-6}\text{s}=21.5\mu\text{s}$$

$$3\,781\,000\,000\text{W}=3.781\times10^{9}\text{W}=3.781\text{GW}$$

1.4 误差与测量结果处理

1.4.1 误差的基本概念

测量的目的是为了获得被测量的真实值。但是,由于种种原因,如测量方法、测量仪表、测量环境等的影响,任何被测量的真实值都无法得到。本章所介绍的误差分析与数据处理就是希望通过正确认识误差的性质和来源,正确地处理测量数据,以得到最接近真值的结果。应该注意到,在测量过程中必须合理地制定测量方案,科学地组织实验,正确地选择测量方法和仪器,以便在条件允许的情况下得到最理想的测量结果。

首先一个概念是真值。真值,是指在一定的时间及空间(位置或状态)条件下,被测量所体现的真实数值。通常所说的真值可以分为"理论真值""约定真值"和"相对真值"。

理论真值又称为绝对真值,是指在严格的条件下,根据一定的理论,按定义确定的数值。例如三角形的内角和恒为180°。一般情况下,理论真值是未知的。

约定真值是指用约定的办法确定的最高基准值,就给定的目的而言它被认为充分接近于真值,因而可以代替真值来使用。例如,基准米定义为"光在真空中 1/299 792 458s 的时间间隔内行程的长度"。测量中,修正过的算术平均值也可作为约定真值。

相对真值也叫实际值,是指将测量仪表按精度不同分为若干等级,高等级的测量仪表的测量值即为相对真值。例如,标准压力表所指示的压力值相对于普通压力表的指示值而言,即可认为是被测压力的相对真值。通常,高一级测量仪表的误差若为低一级测量仪表的

1/3～1/10 即可认为前者的示值是后者的相对真值。相对真值在误差处理中应用最为广泛。

测量结果与被测量真值之差称为测量误差。在实际测试中真值无法确定，因此常用约定真值或相对真值代替真值来确定测量误差。测量误差可以用以下几种方法表示。

1. 绝对误差

绝对误差(Absolute Error)是指测量值与被测量的真值之间的差值，即

$$e = x_i - x_o = \Delta x_i \tag{1-7}$$

式中　e、Δx_i——绝对误差；

x_o——真值，其可为相对真值或约定真值；

x_i——测量值。

绝对误差 Δx_i 说明了系统示值偏离真值的大小，其值可正可负，具有和被测量相同的量纲。

2. 相对误差

相对误差(Relative Error)定义为绝对误差 Δx_i 与真值 x_o 之比的百分数，即

$$e_{x_o} = (\Delta x_i / x_o) \times 100\% \tag{1-8}$$

式中　e_{x_o}——实际相对误差。

在实际使用中，我们也将相对误差分为几种，它们是实际相对误差、示值相对误差和满度相对误差或称引用误差。

(1) 实际相对误差(Relative Error for Actual Value)　实际相对误差是绝对误差 Δx 与真值 x_o 之比的百分比，即式(1-8)。

(2) 示值相对误差(Relative Error for Reading Value)　示值相对误差是绝对误差 Δx 与被测量 x_i 之比的百分比，即

$$e_{x_i} = (\Delta x_i / x_i) \times 100\% \tag{1-9}$$

(3) 满度相对误差(Relative Error for Full Scale)　绝对误差 Δx 与测量装置的满量程 x_m 之比的百分比，即

$$e_{x_m} = (\Delta x_i / x_m) \times 100\% \tag{1-10}$$

式中　e_{x_m}——引用误差或满度相对误差。

在测量领域，检测仪器的精度等级是由引用误差大小划分的。通常，用最大引用误差去掉正负号和百分号后的数字来表示精度等级，精度等级用符号 G 表示。即

$$G = | \Delta x_{max} / x_m | \times 100 \tag{1-11}$$

为统一和方便使用，国家标准《电测量指示仪表通用技术条件》(GB 776—76)规定，测量指示仪表的精度等级 G 分为 0.1、0.2、0.5、1.0、1.5、2.5、5.0 七个等级，这也是工业检测仪器常用的精度等级。

3. 精度

精度(Accuracy)这个术语是用来定义传感器或仪表等装置在处理测量参数时可能出现的最大误差，而精度通常是以不确定度来描述的。传统意义上不确定度被定义为以被测值为中心的一个数值范围，这个数值范围以所描述的概率包含着真值。由此不确定度的概念强调了观测值和真值之间的关系是不确定的。

“不确定度”(Uncertainty)和“误差”不是同义词。误差表示一个未知的物理量，而不确

定度则表示了计量学家对于被测量的实际值的看法。表述不确定度的意图是向用户提供测量的信息,使用户能够计算出使用该测量结果时的风险。

精度,或者说不确定度有以下几种表达形式。

(1) 被测变量可变范围的表达形式　如某温度测量的精度是±2℃,这就意味着对任意一个温度测量值都可能存在着±2℃的不确定因素。

(2) 仪表或传感器满刻度读数的百分数表达形式　如一台满刻度为5V的仪表,若其测量的精度是±0.5%FS(FS即为Full-Scale,满刻度),这就意味着对任意一个测量值都可能存在着±0.025V的不确定因素。

(3) 仪表或传感器量程的百分数表达形式　如一台测量范围是20～50Pa的压力表,若其测量的精度为量程的±3%,则意味着对任意一个测量值其精度应该是(±0.03)(50－20)Pa=±0.9Pa。或者说任意一个测量值都可能存在±0.9Pa的不确定因素。

(4) 实际读数的百分数表达形式　如有一台电压表,若其精度为实际读数值的±2%,则意味着对某一具体测量值,例如采用2V的电压读数值时,仪表可能存在着(±0.02)(2V)=±0.04V的不确定因素。

例1-3　一温度传感器的量程是20～250℃,有一温度测量结果是55℃。若仪表精度分别是满刻度的±0.5%、量程的±0.75%以及读数的±0.8%,问误差各为多少?每种情况中可能的温度为多少?

解:根据上述定义,有

(1) $e_m=(\pm 0.005)(250℃)=\pm 1.25℃$,可能的温度范围是53.75～56.25℃。

(2) $e_l=(\pm 0.0075)(250-20)℃=\pm 1.725℃$,可能的温度范围是53.275～56.725℃。

(3) $e_d=(\pm 0.008)(55℃)=\pm 0.44℃$,可能的温度范围是54.56～55.44℃。

4. 系统精度

当一个测量系统是由多个元件构成时,测量精度就是整个系统的精度了。对于系统精度(System Accuracy)的表达可借助于传递函数。例如考虑如图1-21所示的测量系统,它是由传递函数为K和传递函数为G的元件串联的测量系统。由于每个元件都存在不确定度,如元件K有$\pm\Delta K$的不确定度,元件G有$\pm\Delta G$的不确定度。如果输入变量是X,输出变量是Y,则系统不确定度可由下式描述:

$$Y\pm\Delta Y=(K\pm\Delta K)(G\pm\Delta G)X \tag{1-12}$$

式中　Y——输出变量;

ΔY——输出变量的不确定度;

K、G——各分立元件的标称传递函数;

ΔK、ΔG——各分立元件的不确定度;

X——输入动态变量。

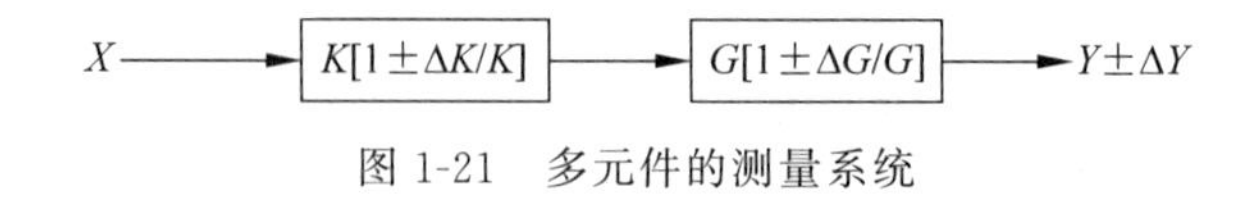

图1-21　多元件的测量系统

式(1-12)还可写成不确定度的分式形式:

$$\frac{\Delta Y}{Y}=\pm\frac{\Delta K}{K}\pm\frac{\Delta G}{G}\pm\left(\frac{\Delta Y}{Y}\right)\left(\frac{\Delta K}{K}\right)$$

注意到，以分式形式表达的不确定度 $\Delta Y/Y$ 与 $\Delta K/K$ 都是非常小的（≪1），所以它们的乘积更是远小于 1，工程上可将其忽略不计，这样就有

$$\frac{\Delta Y}{Y}=\pm\frac{\Delta K}{K}\pm\frac{\Delta G}{G} \tag{1-13}$$

式(1-13)表明系统精度最坏的情形是各分立元件不确定度的和。

统计分析的经验告诉我们，用均方根(Root Mean Square，rms)的方法表征系统精度更为合适。均方根形式表达的系统精度一般会比式(1-13)给出的系统精度在最坏时的值稍低，但它更能反映真实情况。系统精度的均方根表达为

$$\left[\frac{\Delta Y}{Y}\right]_{\mathrm{rms}}=\pm\sqrt{\left(\frac{\Delta K}{K}\right)^{2}+\left(\frac{\Delta G}{G}\right)^{2}} \tag{1-14}$$

例 1-4　对于如图 1-22 所示系统，若传感器的传递函数是 $10\mathrm{mV}/(\mathrm{m}^3/\mathrm{s})\pm1.5\%$，信号调理器的传递函数是 $2\mathrm{mA}/\mathrm{mV}\pm0.5\%$，问系统精度为多少？

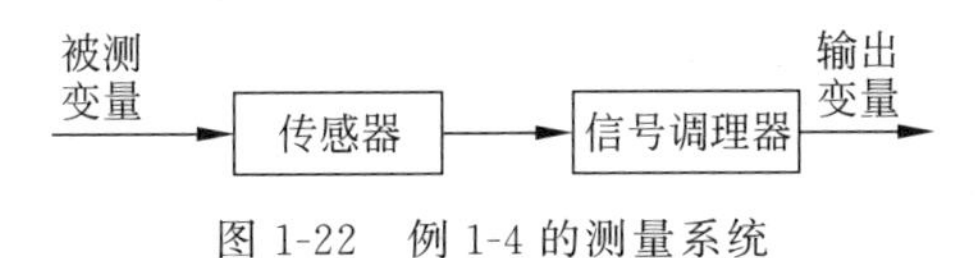

图 1-22　例 1-4 的测量系统

解：由式(1-13)，得出系统的相对精度为

$$\frac{\Delta Y}{Y}=\pm\frac{\Delta K}{K}\pm\frac{\Delta G}{G}=\pm(0.015+0.005)=\pm0.02=\pm2\%$$

$$KG=10\mathrm{mV}/(\mathrm{m}^3/\mathrm{s})\times2\ \mathrm{mA}/\mathrm{mV}=20\mathrm{mA}/(\mathrm{m}^3/\mathrm{s})$$

于是，包括不确定因素的系统传递函数为 $20\mathrm{mA}/(\mathrm{m}^3/\mathrm{s})\pm2\%$。

由式(1-14)，得出系统的相对精度则为

$$\left[\frac{\Delta Y}{Y}\right]_{\mathrm{rms}}=\pm\sqrt{\left(\frac{\Delta K}{K}\right)^{2}+\left(\frac{\Delta G}{G}\right)^{2}}=\pm\sqrt{(0.015)^{2}+(0.005)^{2}}=\pm0.0158=\pm1.6\%$$

包括不确定因素的系统传递函数为 $20\mathrm{mA}/(\mathrm{m}^3/\mathrm{s})\pm1.6\%$。

5. 系统误差

在相同的条件下，对同一物理量进行多次测量，如果误差按照一定规律出现，则把这种误差称为系统误差(System Error)，简称系差。系统误差可分为定值系统误差（简称定值系差）和变值系统误差（简称变值系差）。数值和符号都保持不变的系统误差称为定值系差。数值和符号均按照一定规律变化的系统误差称为变值系差。变值系差按其变化规律又可分为线性系统误差、周期性系统误差和按复杂规律变化的系统误差。

系统误差的来源包括仪表制造、安装或使用方法不正确、测量设备的基本误差、读数方法不正确以及环境误差等。系统误差是一种有规律的误差，故可以通过理论分析采用修正值或补偿校正等方法来减小或消除。

6. 随机误差

当对某一物理量进行多次重复测量时，若误差出现的大小和符号均以不可预知的方式变化，则该误差为随机误差(Random Error)。随机误差产生的原因比较复杂，虽然测量是

在相同条件下进行的,但测量环境中温度、湿度、压力、振动、电场等总会发生微小变化,因此,随机误差是大量对测量值影响微小且又互不相关的因素所引起的综合结果。随机误差就个体而言并无规律可循,但其总体却服从统计规律,总的来说,随机误差具有下列特性。

(1) 对称性　绝对值相等、符号相反的误差在多次重复测量中出现的可能性相等。

(2) 有界性　在一定测量条件下,随机误差的绝对值不会超出某一限度。

(3) 单峰性　绝对值小的随机误差比绝对值大的随机误差在多次重复测量中出现的机会多。

(4) 抵偿性　随机误差的算术平均值随测量次数的增加而趋于零。

随机误差的变化通常难以预测,因此也无法通过实验方法确定、修正和清除。但是通过多次测量比较可以发现随机误差服从某种统计规律(如正态分布、均匀分布、泊松分布等)。

7. 粗大误差

明显超出规定条件下的预期值的误差称为粗大误差(Abnormal Error)。粗大误差一般是由于操作人员粗心大意、操作不当或实验条件没有达到预定要求就进行实验等造成的,如读错、测错、记错数值、使用有缺陷的测量仪表等。含有粗大误差的测量值称为坏值或异常值,所有的坏值在数据处理时应剔除掉。

1.4.2 测量结果处理

测量结果处理或数据处理是对测量所获得的数据进行深入的分析,找出变量之间相互制约、相互联系的依存关系,有时还需要用数学解析的方法,推导出各变量之间的函数关系。只有经过科学的处理,才能去粗取精、去伪存真,从而获得反映被测对象的物理状态和特性的有用信息,这就是测量数据处理的最终目的。

测量数据总是存在误差的,而误差又包含着各种因素产生的分量,如系统误差、随机误差和粗大误差等。显然一次测量无法判别误差的统计特性,只有通过足够多次的重复测量才能由测量数据的统计分析获得误差的统计特性。

而实际的测量只能是有限次的,因而测量数据只能用样本的统计量作为测量数据总体特征量的估计值。测量数据处理的任务就是求得测量数据的样本统计量,以得到一个既接近真值又较可信的估计值,同时还要对它偏离真值的程度进行估计。

误差分析的理论大多基于测量数据的正态分布,而实际测量由于受各种因素的影响,使得测量数据的分布情况复杂。因此,测量数据必须经过消除系统误差、正态性检验和剔除粗大误差后,才能做进一步处理,以得到可信的结果。

1. 对随机误差的分析与处理

随机误差与系统误差的来源和性质不同,所以处理的方法也不同。由于随机误差是由一系列随机因素引起的,因而随机变量可以用来表达随机误差的取值范围及概率。若有一非负误差函数 $f(x)$,其对任意实数有分布函数 $F(x)$,即

$$F(x)=\int_{-\infty}^{x} f(x)\mathrm{d}x \tag{1-15}$$

称 $f(x)$ 为 x 的概率分布密度函数。而下式

$$P\{x_1 \leqslant x \leqslant x_2\}=F(x_2)-F(x_1)=\int_{x_1}^{x_2} f(x)\mathrm{d}x \tag{1-16}$$

为误差在$[x_1,x_2]$的概率。在测量系统中,只有系统误差已经减小到可以忽略的程度后才可对随机误差进行统计处理。

1）随机误差的规律与估计

实践和理论证明,大量的随机误差服从正态分布规律。正态分布曲线如图1-23所示。图1-23中的横坐标表示随机误差$\Delta x_i = x_i - x_o$,纵坐标为误差的概率密度$f(\Delta x)$。应用概率论方法可导出

$$f(\Delta x)=\frac{1}{\sigma\sqrt{2\pi}}e^{-\frac{1}{2}\frac{\Delta x^2}{\sigma^2}} \tag{1-17}$$

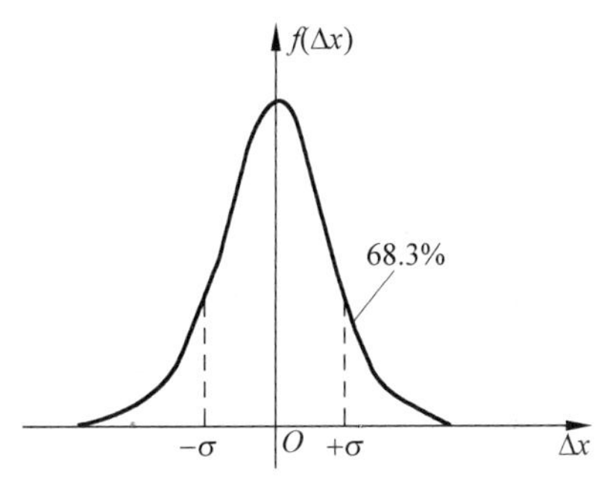

图1-23　随机误差的正态分布曲线

在式(1-17)中,特征量σ为

$$\sigma=\sqrt{\frac{\sum \Delta x_i^2}{n}}\quad (n\to\infty) \tag{1-18}$$

而σ称为标准差(Standard Deviation),其中n为测量次数。

若设对某一物理量进行直接多次测量,测量值分别为$x_1,x_2,\cdots,x_n$,各次测量值的随机误差为$\Delta x_i = x_i - x_o$。将随机误差相加有

$$\sum_{i=1}^{n}\Delta x_i=\sum_{i=1}^{n}(x_i-x_o)=\sum_{i=1}^{n}x_i-nx_o \tag{1-19}$$

两边同除n,得

$$\frac{1}{n}\sum_{i=1}^{n}\Delta x_i=\frac{1}{n}\sum_{i=1}^{n}x_i-x_o \tag{1-20}$$

用$\bar{x}$代表测量值的算术平均值(Arithmetic Mean),有

$$\bar{x}=\frac{1}{n}(x_1+x_2+x_3+\cdots+x_n)=\frac{1}{n}\sum_{i=1}^{n}x_i \tag{1-21}$$

将式(1-20)改写为

$$\frac{1}{n}\sum_{i=1}^{n}\Delta x_i=\bar{x}-x_o \tag{1-22}$$

根据随机误差的抵偿特征,即$\lim\limits_{x\to\infty}\frac{1}{n}\sum_{i=1}^{n}\Delta x_i=0$,于是$\bar{x}\to x_o$。

可见,当测量次数很多时,算术平均值趋于真实值。也就是说,算术平均值受随机误差影响比单次测量小。且测量次数越多,影响越小。因此,可以用多次测量的算术平均值代替真实值,并称为最可信数值。

应该注意到,标准偏差的严格定义应为

$$\sigma=\sqrt{\frac{\sum_{i=1}^{n}(x_i-x_o)^2}{n-1}} \tag{1-23}$$

式(1-23)的分母称为自由度数。自由度指的是正在被评价的独立离散数据的数目。在计算样本平均值$\bar{x}$时,所有n个数据是独立的。然而,计算标准偏差时使用前面对$\bar{x}$的计算结果,该结果与剩余的数据却不是独立的。这样在计算标准偏差时,其自由度数便被减少了一个。

对于单次测量值的标准差,由于其真值未知,随机误差 Δx_i 则不可求,这时可用各次测量值与算术平均值之差来代替误差 Δx_i 来估算有限次测量中的标准差,得到的结果就是单次测量的标准差。单次测量的标准差的计算式为

$$\sigma=\sqrt{\frac{\sum_{i=1}^{n}(x_i-\bar{x})^2}{n-1}} \tag{1-24}$$

这一公式也称为贝塞尔(Bessel)公式。

例 1-5 有8个温度测量值为21.2℃,25.0℃,18.5℃,22.1℃,19.7℃,27.1℃,19.0℃,20.0℃。求其算术平均值和标准偏差。

解:

$$\bar{T}=\frac{21.2+25+18.5+22.1+19.7+27.1+19+20}{8}=21.6℃$$

$$\sigma=\sqrt{\frac{(21.2-21.6)^2+(25-21.6)^2+\cdots+(19-21.6)^2+(20-21.6)^2}{8-1}}=3.04℃$$

2) 标准偏差的解释

两组不同的测量样本有时也会有相同的平均值。例如测量结果(50,40,30,70)和测量结果(5,150,21,14),它们有相同的平均值47.5。但显然第二组测量结果的单个测量值与平均值的偏离程度比第一组测量结果大。标准偏差就是用来评价单次测量结果与平均值的差值的。标准偏差实际上就是各次离散测量值与平均值的差的平均值,即

$$d_1=x_1-\bar{x}$$

$$d_2=x_2-\bar{x}$$

$$\vdots$$

$$d_n=x_n-\bar{x}$$

用标准偏差来定义它们的平均差值时则表达式为

$$\sigma=\sqrt{\frac{d_1^2+d_2^2+\cdots+d_n^2}{n-1}}=\sqrt{\frac{\sum_{i=1}^{n}d_i}{n-1}}=\sqrt{\frac{\sum_{i=1}^{n}(x_i-\bar{x})^2}{n-1}} \tag{1-25}$$

它是一定测量条件下随机误差最常用的估计值。其物理意义可以由对误差函数 $f(x)$ 的几个定积分来加以说明。

$$\int_{-1}^{1}f(x)\mathrm{d}x=0.6827 \tag{1-26}$$

$$\int_{-2}^{2}f(x)\mathrm{d}x=0.9545 \tag{1-27}$$

$$\int_{-3}^{3}f(x)\mathrm{d}x=0.9973 \tag{1-28}$$

式(1-26)~式(1-28)分别表示随机误差落在$(-\sigma,+\sigma)$区间的概率为68.3%,随机误差落在$(-2\sigma,+2\sigma)$区间的概率为95.5%,随机误差落在$(-3\sigma,+3\sigma)$区间的概率为99.7%。区间$(-\sigma,+\sigma)$称为置信区间(即测量数据 x 的取值范围),相应的概率称为置信概率(即随机变量落于该置信区间的概率)。显然,置信区间扩大,则置信概率提高。换句话说,68.3%

的测量读数落在测量平均值周围的$\pm\sigma$内，95.4%的测量读数落在测量平均值周围的$\pm 2\sigma$内；99.7%的测量读数落在测量平均值周围的$\pm 3\sigma$内。

图 1-24 给出了两条分布曲线，它们分别代表两台传感器测量同一个变量x(此时是将变量x的平均值取为零位)时的测量样本分布情况。由于传感器的输出存在不确定度，由图 1-24 可以看出传感器 2 的读数样本分布曲线更尖，也就是说传感器 2 的单个读数值比传感器 1 的单个读数值更接近实际值(或说真值)。也可以说传感器 2 的标准偏差比传感器 1 的标准偏差要小。

例如，一台压力传感器测量一压力值时其读数平均值为 300kPa，标准偏差为 90kPa。而另外一台压力传感器也测量该压力值，其读数平均值也是 300kPa，但其标准偏差为 20kPa。显然第二台压力传感器的测量结果分布曲线比第一台传感器的更尖。可以这么说，第二台压力传感器所测得的测量结果中，有 68%是位于 280～320kPa，而第一台压力传感器，68%的测量结果是位于 210～390kPa。

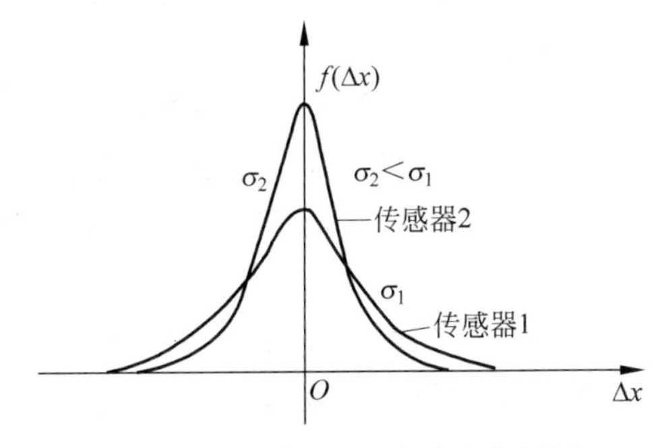

图 1-24　不同σ的概率密度曲线图

例 1-6　在土豆片装袋生产线安装一套控制系统。分别在控制系统安装前和安装后取 15 袋样品。通过比较样品的算数平均值和标准偏差来评价控制系统安装后的效果。每袋土豆片应为 200g。

控制系统安装前的样品为 201，205，197，185，202，207，215，220，179，201，197，221，202，200，195。

控制系统安装后的样品为 197，202，193，210，207，195，199，202，193，195，201，201，200，189，197。

解：安装控制系统之前的样本平均值与标准偏差分别为

$$\overline{W}_{\mathrm{b}}=\frac{201+205+197+185+202+207+215+220+179+201+197+221+202+200+195}{15}\mathrm{g}$$

$$=202\mathrm{g}$$

$$\sigma_{\mathrm{b}}=\sqrt{\frac{(201-202)^2+(205-202)^2+\cdots+(200-202)^2+(195-202)^2}{15-1}}\mathrm{g}=11\mathrm{g}$$

安装控制系统之后的样本平均值与标准偏差分别为

$$\overline{W}_{\mathrm{a}}=\frac{197+202+193+210+207+195+199+202+193+195+201+201+200+189+197}{15}\mathrm{g}$$

$$=199\mathrm{g}$$

$$\sigma_{\mathrm{a}}=\sqrt{\frac{(197-199)^2+(202-199)^2+\cdots+(189-199)^2+(197-199)^2}{15-1}}\mathrm{g}=5\mathrm{g}$$

可见,安装控制系统后每袋产品会更接近期望值200g。换句话说,99%(即3σ)的袋装产品质量会在199±15g内。而控制系统安装前,99%的袋装产品质量在202±33g内。

3) 粗大误差的检验与判断

在一组重复测量数据中,有个别数据与其他同组数据存在明显差异,该数据是可能含有粗大误差(简称粗差)的可疑数据,这种可疑数据,需要通过相应的判断方法来确定其是否是这组数据的异常值。粗大误差的产生原因主要有机械冲击、外界振动、电网供电电压突变、电磁干扰等测量条件意外地改变,引起仪器示值或被测对象位置的改变而产生粗大误差。测量者工作责任心不强,工作过于疲劳,对仪器熟悉与掌握程度不够等原因,引起操作不当,或在测量过程中不小心、不耐心、不仔细等,从而造成错误的读数或错误的记录。还有仪器内部故障,以及零件松动等。对于这类异常值是必须要剔除的。反之,在同一组测量数据中,若由于测量结果的不集中,而把部分属于正常波动范围的测量数据误认为坏值加以删除,同样也会对测量结果造成歪曲。因此,只有经过正确的分析和判断,将确实属于坏值的数据加以剔除,才能保证测量结果的正确性。

通常判断坏值的方法有几种,这些方法的基本思想都是规定一个置信概率和相应的置信系数。换句话说也就是确定一个置信区间,将误差超过此区间的测量值划归于坏值加以剔除。最常用的判断坏值的方法主要有拉依达准则、肖维奈准则、格拉布斯准则和狄克逊准则等。

(1) 拉依达准则(Pauta Criterion,也即3σ准则) 设对被测量进行等精度测量,独立得到结果$x_1,x_2,\cdots,x_n$,算出其算术平均值$\bar{x}$及剩余误差(即某个独立测量值与测量序列平均值的差值)$e_i=x_i-\bar{x}(i=1,2,\cdots,n)$,并按贝塞尔公式算出标准偏差$\sigma$。若某个测量值$x_i$的剩余误差为$e_i(1<i<n)$,满足式(1-29)

$$|e_i|=|x_i-\bar{x}|>3\sigma \tag{1-29}$$

则认为x_i是含有粗大误差值的坏值,应予剔除。

由于式(1-29)用到3σ,故该准则又被称为3σ准则。在该准则中,坏值剔除后,应重新计算剔除了坏值后的标准偏差σ,再按准则进行判断,直至余下的测量值无坏值存在。

(2) 其他准则 其他准则包括肖维奈(Chanvenet)准则、格拉布斯(Grubbs)准则和狄克逊(Dixon)准则等。肖维奈准则、格拉布斯准则和狄克逊准则等都与拉依达准则有相似之处,例如都要判断测量值与标准偏差的关系。不同的是它们要将式(1-29)中σ前的固定系数3换成另外的一个系数。如肖维奈准则中使用的是判别系数k_c

$$|e_i|=|x_i-\bar{x}|>k_c\sigma \tag{1-30}$$

这里k_c需从相关的经验表中查取。而格拉布斯准则使用格拉布斯准则鉴别值

$$|e_i|=|x_i-\bar{x}|>[g(n,a)]\sigma \tag{1-31}$$

这里$g(n,a)$为格拉布斯准则判别系数,n为测量次数,a为粗大误差误判概率。同样$[g(n,a)]$也需从相关的经验表中查取。

例1-7 运用拉依达准则和格拉布斯准则分别对下列测量数据进行判断,若有坏值则将其舍去。格拉布斯准则的判别系数如表1-7所示。

测量数据为38.5,37.8,39.3,38.7,38.6,37.4,39.8,38.0,41.2,38.4,39.1,38.8。

表 1-7　格拉布斯准则的判别系数

n	$a=0.01$	$a=0.05$
3	1.15	1.15
4	1.49	1.46
5	1.75	1.67
6	1.94	1.82
7	2.10	1.94
8	2.22	2.03
9	2.32	2.11
10	2.41	2.18
11	2.48	2.23
12	2.55	2.28
⋮	⋮	⋮

解：$n=12$，平均值

$$\bar{x}=\frac{1}{n}(x_1+x_2+x_3+\cdots+x_n)=\frac{1}{12}\sum_{i=1}^{12}x_i=38.8$$

剩余误差 e_i（即 $x_i-\bar{x}$）为 $-0.3,-1.0,0.5,-0.1,-0.2,-1.4,1.0,-0.8,2.4,-0.4,0.3,0.0$。

按贝塞尔公式计算标准偏差为

$$\sigma=\sqrt{\frac{\sum_{i=1}^{n}(x_i-\bar{x})^2}{n-1}}\approx 1.0$$

按拉依达准则判断：

$$3\sigma=3.0$$

$$e_{\max}=e_9=2.4<3\sigma$$

因而 e_9 不属于粗大误差，该组测量数据中无坏值。

按格拉布斯则判断：

选 a 为 0.05，由表 1-7 可查得当 $n=12$ 时，$g(n,a)=2.28$，$[g(n,a)]\sigma\approx 2.28$，这样

$$e_{\max}=e_9=2.4>[g(n,a)]\sigma$$

因而 e_9 属于粗大误差，即该组测量数据中的 41.2 为坏值，应予剔除。接下来再对剩余的 11 个测量数据粗大误差判别。同样可得出

$$n=11,\quad \bar{x}=\frac{1}{n}(x_1+x_2+x_3+\cdots+x_n)=\frac{1}{11}\sum_{i=1}^{11}x_i=38.85$$

剩余误差 e_i 为 $-0.08,-0.78,0.72,0.12,0.02,-1.18,1.22,-0.58,-0.18,0.52,0.22$。

再求标准偏差 $\sigma\approx 0.687$，选 a 为 0.05，由表 1-7 可查得当 $n=11$ 时，$g(n,a)=2.23$，$[g(n,a)]\sigma\approx 1.532$，这样 e_i 中无一数值的绝对值大于$[g(n,a)]\sigma$，因此剩余的 11 个数中无坏值。

2. 对系统误差的分析与处理

由于系统误差对测量精度的影响较大，必须消除系统误差的影响才能有效地提高测量精度。系统误差分为定值系统误差和变值系统误差。对于定值系统误差，分析判断的方法

主要有实验对比法、改变外界测量条件法和理论计算及分析法等。对于变值系统误差,分析判断的方法主要有残差观察法、马利科夫准则法、阿贝-赫梅特准则法以及不同公式计算标准差比较法等。

分析和研究系统误差的最终目的是减小和消除系统误差。常用的消除系统误差的方法主要有直接消除系统误差产生的根源、引入更正值和采用特殊测量方法消除系统误差等。

1.5 本章小结

本章内容主要包括过程控制的基本概念,过程控制系统中常用的基本元件、参数测量的基本概念、传感器的基本特性、误差的基本概念和误差处理的基本方法等。通过对本章内容的学习,读者主要学习了如下内容:

- 控制系统通常分为过程控制系统、伺服控制系统和离散状态控制系统等。控制系统通常用结构图(方框图)来表达。在控制系统的表达中,一般包括过程(对象)、传感器、控制器和执行器等。
- 参数检测不论在工业生产过程中、日常生活中有着广泛的应用,同时在航空航天、军事、医疗、科技等领域也有着极其广泛的应用。
- 传感器的基本特性分为静态特性与动态特性。静态特性包括灵敏度、线性度、迟滞、重复性、漂移和可靠性等。动态特性包括上升时间、延迟时间、峰值时间、调节时间、超调量和稳态误差等。
- 常用的单位系统有国际单位系统、导出单位系统和英制单位系统等。国际最高标准有长度标准、质量标准、时间标准和温度标准。
- 对误差的表达包括绝对误差、相对误差、系统误差、随机误差和粗大误差等。传感器的精度通常用满度相对误差来表示。
- 贝塞尔公式是误差处理过程中经常用到的基本工具。公式中的两个主要概念是平均值和标准偏差。处理粗大误差的方法有拉依达准则、肖维奈准则、格拉布斯准则和狄克逊准则等。

习题

1.1 室温控制系统中一般由哪些元件构成?它们的作用各是什么?

1.2 构筑一个冰箱控制系统的方框图。用各框图代表冰箱的元件(如果你不熟悉这些元件,可查阅百科全书或因特网)。

1.3 一个模拟传感器将0～300m^3/h的流量信号线性地转换成0～50mA的电流信号。计算对应225m^3/h流量的电流值。

1.4 检定一台测量范围是0～1000℃的温度仪表,结果如表1-8所示。

表1-8 温度仪表测量范围

标准表读数/℃	0	200	400	600	700	800	900	1000
被校表读数/℃	0	201	402	604	706	805	903	1001

(1) 求该温度仪表的最大绝对误差。

(2) 求该温度仪表的精度等级。

(3) 如果工艺允许的最大绝对误差是±8℃,该仪表是否能用?

1.5　检定一台量程为 0～10MPa 的压力表,结果如表 1-9 所示。

表 1-9　压力表量程

标准表读数/MPa	0	2	4	6	8	10
被校表上行程读数/MPa	0	1.98	3.96	5.94	7.97	9.99
被校表下行程读数/MPa	0	2.02	4.03	6.06	8.03	10.01

(1) 求该压力仪表的变差。

(2) 该仪表是否符合 0.1 级的精度等级?

1.6　有一个温度控制回路其温度设定值为 175℃,允许变化范围是 5℃。若有一扰动引起温度变化,其过渡过程的响应曲线如图 1-25 所示,问该过渡过程的最大误差和过渡时间是多少?

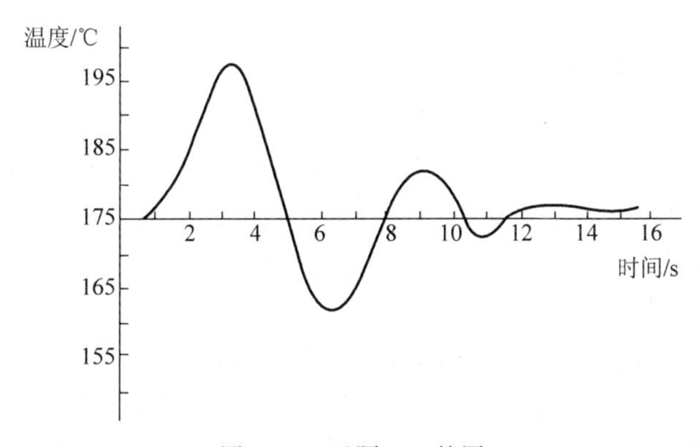

图 1-25　习题 1.6 的图

1.7　假设 5.5～8.6m 液位变化,线性地转换成 3～15psi 的气动信号。液位 7.2m 时压力为多少? 压力 4.7psi 时液位为多少?

1.8　一液位传感器,输入范围是 4.50～10.6ft,输出的压力范围是 3～15psi。求液位与压力之间的方程。液位是 9.2ft 时压力为多少?

1.9　在一周内对某一流量进行监视,并将其值记录如下(L/min):10.1、12.2、9.7、8.8、11.4、12.9、10.2、10.5、9.8、11.5、10.3、9.3、7.7、10.2、10.0、11.3。求其平均值和标准偏差,并按照拉依达准则判断有无粗大误差。

1.10　测得一大气压的值约为 14.7lb/in^2(psi)。该值对应多少帕斯卡?

参考文献

[1]　Curtis D Johnson. 过程控制仪表技术[M]. 8 版. 北京:清华大学出版社,2009.

[2]　祝诗平,等. 传感器与检测技术[M]. 北京:中国林业出版社,2006.

[3]　Roy D Marangoni John H Lienhard V. 机械量测量[M]. 王伯雄,译. 5 版. 北京:电子工业出版社,2004.

[4]　梁森,等. 自动检测技术及其应用[M]. 2 版. 北京:机械工业出版社,2013.

[5]　Fluck Corporation. 校准——理论与实践[M]. 汪铁华,译. 北京:中国计量出版社,2000.

[6]　王毅,张早校. 过程装备控制技术及应用[M]. 2 版. 北京:化学工业出版社,2007.

第2章

信号调理

教学目标

本章简要介绍信号调理的基本概念和原理、信号调理的基本实现方法，包括对信号等级或偏置的改变、信号的线性化、信号传输形式的转换、信号的滤波或阻抗匹配等。通过对本章内容及相关例题的学习，希望读者能够：

- 了解信号调理的基础概念；
- 掌握运算放大器构成信号调理电路的基本方法；
- 掌握桥路的基本分析方法；
- 掌握 *RC* 滤波电路的基本分析方法。

2.1 信号调理的基本概念

由初级传感器产生的模拟量信号或数据，要变换为用于数据采集、控制过程、执行计算、显示读出或其他目的的数字信号，通常需要经过各种处理或调理，这就是所谓的信号调理(Signal Conditioning)。进行信号调理的这些操作或处理通常包括对信号等级或偏置的改变、信号的线性化、信号传输形式的转换和信号的滤波或阻抗匹配等。通常我们习惯用传递函数来对信号调理过程进行表达。

严格意义上说，信号调理也应该包括数字信号的调理，这是因为计算机或微处理器技术的应用已越来越广。数字信号的调理主要包括数字信号的表达、模拟信号对数字信号的转换、数字信号对模拟信号的转换以及有关采样等方面的技术问题。这些知识读者可参阅其他相关书籍。然而绝大多数的初级传感器都是产生模拟量信号，因此，我们这里只针对模拟信号调理问题加以介绍。

2.1.1 信号等级与偏置的改变

信号调理的重要内容之一就是改变信号的等级(或者说大小，多数时候这也会伴随着能量的改变)以及信号的偏置(或者说零位值)。对于用来表达过程变量的信号尤其需要这类调理，例如某传感器对应其测量范围的输出电压是 0.2～0.6V，可能连接该传感器的仪表在该测量范围时的输入电压为 0～5V，这时就需要进行信号调理了。信号调理器首先要将传感器的输出电压从 0.2V 迁移到 0V，这就是所谓的零位迁移或称偏置调整，这时电压范围就由 0.2～0.6V 迁移为 0～0.4V。接下来还要对该电压乘以一个系数 12.5，使得 0～0.4V 的电压变换为 0～5V，系数 12.5 就是增益。增益可以大于 1(即放大)，也可以小于 1(即衰减)。

2.1.2 线性化

在检测系统中，传感器把各种被测量转换成电信号时，大多数传感器的输出信号和被测量之间的关系并非是线性关系。这是由于不少传感器的转换原理并非是线性的，或者由于采用的电路(如电桥电路)具有非线性特性。

以往多采用模拟电路来实现信号的线性化，其原理如图 2-1 所示。若传感器的输入输出关系是非线性关系，如图 2-1(a)所示曲线，则采用一个线性化电路以一定的方式与传感器相连，如图 2-1(b)所示，从而使得最终的输出信号与传感器的初级输入变量呈线性关系，如图 2-1(c)所示。由于计算机技术的发展，现在许多传感器或仪表都借助于计算机采用软件进行信号线性化处理。这种处理方式使得线性化的精度和速度与模拟电路相比都有很大提升。

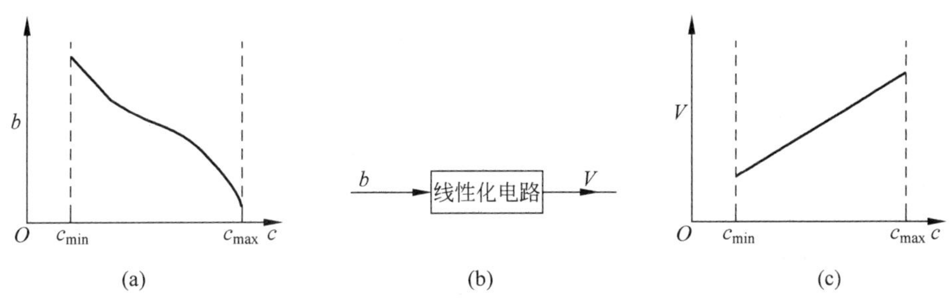

图 2-1　线性化电路的基本功能

2.1.3　转换

信号调理的另一个功能是将一种形式的信号转变为另一种形式的信号。最常见的例子是，很多传感器都利用电阻值可随某个参数变化而改变的特性来进行参数测量，这时，我们还要想办法将电阻的变化转变为与之对应的电压或电流的变化信号，以便后续仪表方便使用。电桥是进行这种转换的最有效且最为简单的一种电路。另外，由于过程控制中所用装置之间模拟量信号的传输都是采用标准的 4～20mA 信号，这势必导致电阻信号、电压信号或其他形式的信号与电流信号之间的相互转换。由于计算机或微处理器在过程控制与过程检测中应用越来越广泛，人们必须考虑模拟信号对数字信号(A/D)及数字信号对模拟信号(D/A)的转换等。

标度变换也是信号调理要实现的一个转换功能。测量系统中有着各种不同量纲的物理参数，如温度为℃；压力为 Pa；流量为 m^3/s 等。这些参数经过一些转换(如 A/D 转换)后，变成数字量信号输出，这个数字量虽然代表参数值的大小，但并不一定等于原来带有量纲的参数值，必须将它转换成原来参数的真实值才能进行显示、打印或使用。这种转换称为标度变换或工程量变换。

2.1.4　滤波与阻抗匹配

1. 滤波

非电量经传感器转换成的电信号或其他被测电信号，一般都混杂有不同频率成分的干扰。严重情况下，这种干扰信号会淹没待提取的有用信号，因此需要有一种电路能选出有用的频率信号，抑制那些频率与信号不同的干扰。具有这种功能的电路就称为频率滤波电路，简称为滤波器(Filter)。滤波电路(滤波器)是一种选频装置，可以使信号中特定的频率成分通过，而极大地衰减其他频率成分。滤波器的种类繁多，根据滤波器的选频作用，一般将滤波器分为四类，即低通、高通、带通和带阻滤波器；根据构成滤波器的元件类型，可分为 RC、

LC 或晶体谐振滤波器；根据构成滤波器的电路性质，可分为有源滤波器和无源滤波器；根据滤波器所处理的信号性质，分为模拟滤波器和数字滤波器。

2. 阻抗匹配

在测量过程中，若由于传感器的内阻或传输阻抗的存在，在测量信号发生变化会对测量带来误差时，则应考虑阻抗匹配(Impedance Matching)的问题，这也是信号调理的另一个功能。阻抗匹配是指负载阻抗与激励源内部阻抗互相适配，得到最大功率输出的一种工作状态。阻抗匹配的问题主要是源于负载效应。这一点可以通过图2-2来加以说明。如果某传感器在其输入变量值为 x 时，其开路输出电压总可以由戴维宁等效电路给出，即 V_x。这里 R_x 为传感器的输出电阻，R_L 为负载电阻。当负载开路时，R_x 上没有压降。当加上负载时，由于 R_x 上有压降，则 $V_o<V_x$。不同的负载会产生不同的压降。实际的输出电压为

$$V_o=V_x\left(1-\frac{R_x}{R_L+R_x}\right) \tag{2-1}$$

由式(2-1)可以看出，只有在 $R_L \gg R_x$ 时，负载对传感器输出的影响方可忽略。

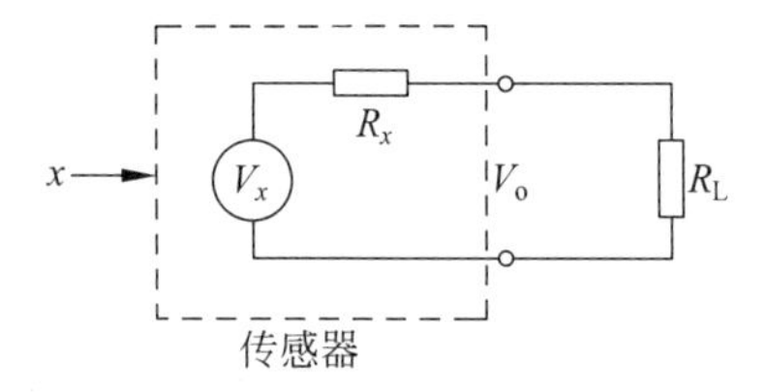

图2-2　传感器接负载的戴维南等效电路图

2.2　运算放大器

对信号的放大有很多种电路可以实现，但工程测试中所遇到的信号，多为100kHz以下的低频信号，在大多数的情况下，都可以用运算放大器(Operational Amplifier)来设计放大电路。运算放大器实际上也就是由二极管、三极管、电阻、电容等器件构成的电路。通常运算放大器还需要一个双极性供电电源。如果只是将它视为一个功能元件，我们一般就只考虑其输入与输出之间的关系，如图2-3所示。图2-3中只标示了输入与输出的关系，电源可以不作表达。在图2-3中若有两个输入端 V_1 与 V_2，这也就是所谓的差动输入。图2-4则表示了输入电压与输出电压之间的关系。

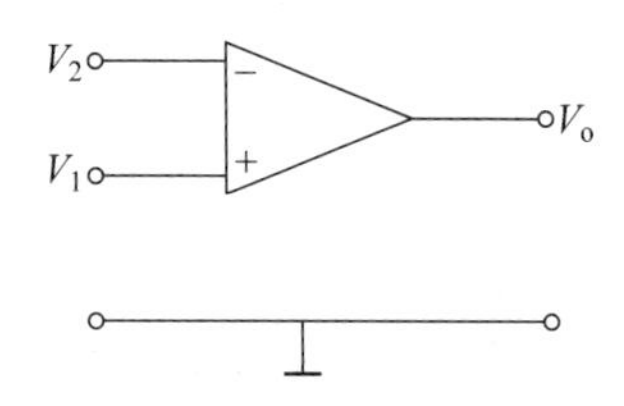

图2-3　运算放大器原理结构图

当 $V_2>V_1$ 时，即 V_2-V_1 为正，输出则为一负饱和电压 $-V_{sat}$。当 $V_2<V_1$ 时，即 V_2-V_1 为负，输出则为一正饱和电压 $+V_{sat}$。我们通常称 V_2 为反向输入端，而 V_1 为正向输入端。在图2-4中可见差动输入电压在零位附近存在一个 ΔV。在 ΔV 范围内，输出电压会由正饱和变为负饱和。图2-4给出的特性是理想放大器的特性，这是假设了运算放大器的开环放大倍数为无穷大、输入阻抗为无穷大、输出阻抗为零时给出的特性。但在实际中运算放大器则是有限的开环放大倍数、有限的输入阻抗和非零的输出阻抗，其特性如图2-5所示。这时运算放大器的开环放大倍数为

$$A=\left|\frac{\Delta V_o}{\Delta(V_2-V_1)}\right|=\left|\frac{2V_{sat}}{\Delta V}\right| \tag{2-2}$$

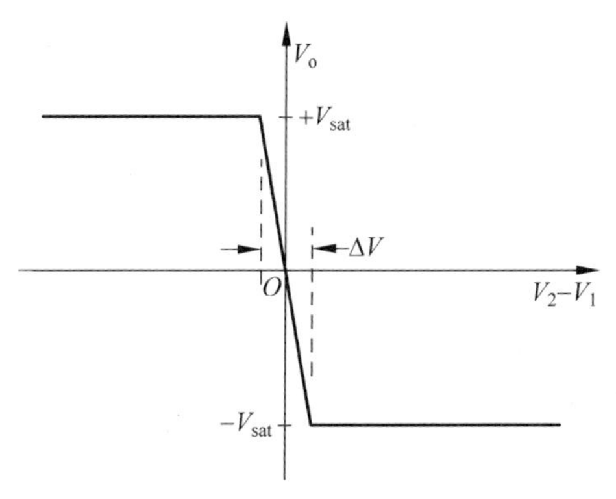

图 2-4　理想运算放大器输入输出关系图

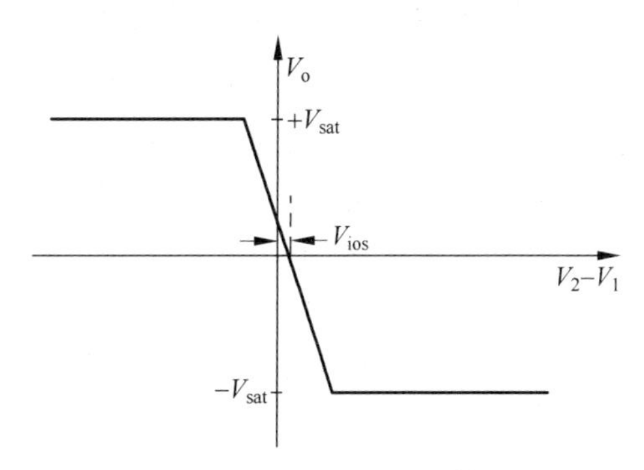

图 2-5　非理想运算放大器输入输出关系图

如果某运算放大器的饱和电压 V_{sat} 为 10V，电压 ΔV 为 100μV，则其开环放大倍数 A 为 200 000。

2.2.1　运算放大器的基本特性

运算放大器的特性指标一般包括开环增益、失调电压、失调电流、偏置电流、输入阻抗、输出阻抗、转换速率、单位增益频率带宽等。

(1) 开环增益　即由式(2-2)表达的运算放大器的输出电压与输入电压的比值。应该指出的是，开环增益也是一个取决于信号频率的指标。

(2) 输入失调电压　对于如图 2-5 所示的非理想运算放大器的特性，要使输出电压为零时在输入端必须施加的电压 V_{ios}。

(3) 输入失调电流　使输出电压为零时与输入失调电压对应的输入电流。

(4) 输入偏置电流　使输出电压为零时，两个输入端电流的平均值。

(5) 转换速率　在运算放大器的输入端加上一阶跃输入，其输出电压变为饱和值时的速率。通常转换速率用伏特每微秒来表达，即 V/μs。

(6) 单位增益频率带宽　运算放大器的频率响应通常以开环电压增益与频率的波特图来表达。运算放大器在处理交流信号时，频率响应指标显得尤为重要。单位增益频率带宽就定义为在该波特图上开环电压变为一个单位时所对应的频带宽度。

为了便于分析和理解，在使用运算放大器构建实际电路时，通常忽略运算放大器的某些实际特性，而使用运算放大器的理想模型。运算放大器一些主要指标在理想模型和实际模型之间的比较如表 2-1 所示。

表 2-1　部分运算放大器的指标

特　　性	理　想　值	典型的实际值
开环增益 A	∞	100 000V/V
失调电压 V_{ios}	0	在 25℃时，±1mV
偏置电流 i_1，i_2	0	$10^{-14}\sim10^{-6}$ A
输入阻抗 Z_i	∞	$10^5\sim10^{11}\,\Omega$
输出阻抗 Z_o	0	1～10Ω

2.2.2 传感器及仪表用运算放大器

对信号的放大有很多种电路可以实现,但过程参数的测量中所遇到的信号,多为100kHz以下的低频信号,在大多数的情况下,都可以用运算放大器来设计放大电路。

1. 基本放大电路

1)反相放大电路

反相放大电路是集成运算放大器基本的应用电路之一,许多集成运放的功能电路都是在反相放大电路或同相放大电路的基础上组合和演变而来的。

简单的反相比例放大器如图2-6所示。在理想运放的情况下,其输入输出关系如下。由于$I_s \approx 0$,由欧姆定律有

$$I_1 = \frac{V_i - 0}{R_1} = \frac{V_i}{R_1}$$

$$I_2 = \frac{V_o - 0}{R_2} = \frac{V_o}{R_2}$$

注意到$I_1 + I_2 = 0$,因此

$$V_o = -\frac{R_2}{R_1} V_i \tag{2-3}$$

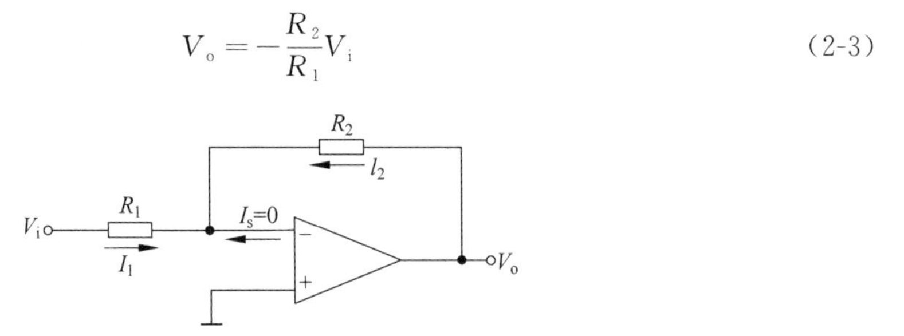

图2-6 反相比例放大器结构图

2)同相放大电路

同相比例放大器电路如图2-7所示,在理想运放情况下,同样有

$$\frac{V_i}{R_1} + \frac{V_i - V_o}{R_2} = 0$$

所以

$$\frac{V_o}{R_2} = \frac{V_i}{R_1} + \frac{V_i}{R_2}$$

即

$$V_o = \left(1 + \frac{R_2}{R_1}\right) V_i \tag{2-4}$$

3)差动放大电路

简单的差动比例放大器如图2-8所示。由理想运放特性可得

$$\frac{V_1 - V_a}{R_1} + \frac{V_o - V_a}{R_2} = 0$$

$$V_a = V_b = \frac{R_2}{R_1 + R_2} V_2$$

联立上面两式，解得

$$V_o=\frac{R_2}{R_1}(V_2-V_1) \tag{2-5}$$

差动放大器由于有两个输入端，这就涉及另一个重要指标共模抑制比，即差动放大器对差模信号的电压放大倍数与对共模信号的电压放大倍数之比绝对值，且通常以分贝为单位来表示。

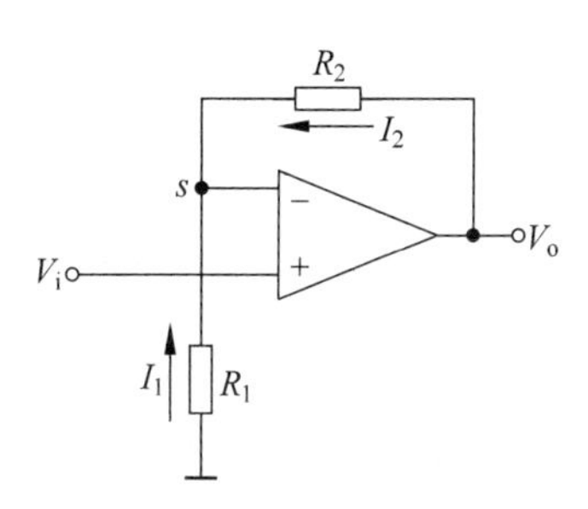

图 2-7　同相比例放大器结构图

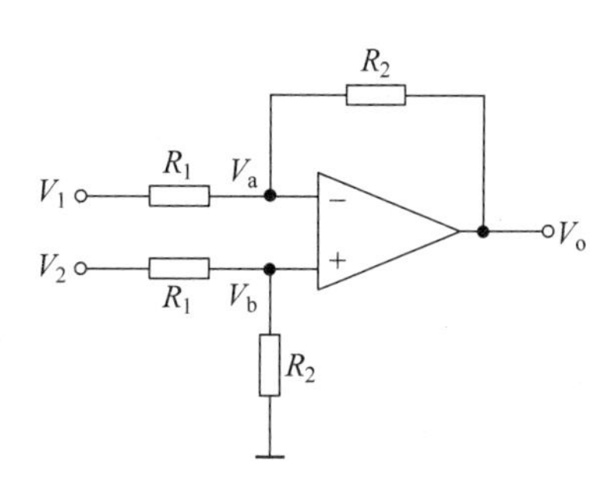

图 2-8　差动放大器结构图

4）电压跟踪电路

电压跟踪电路或称阻抗变换电路，就是将运算放大器的输出连接到运放的反向输入端即可，如图 2-9 所示。由图可以看出，$V_o=V_-=V_+=V_i$。

5）求和电路

求和电路如图 2-10 所示。同样由理想运放特性可得

$$V_o=-\left(\frac{R_2}{R_1}V_1+\frac{R_2}{R_3}V_2\right) \tag{2-6}$$

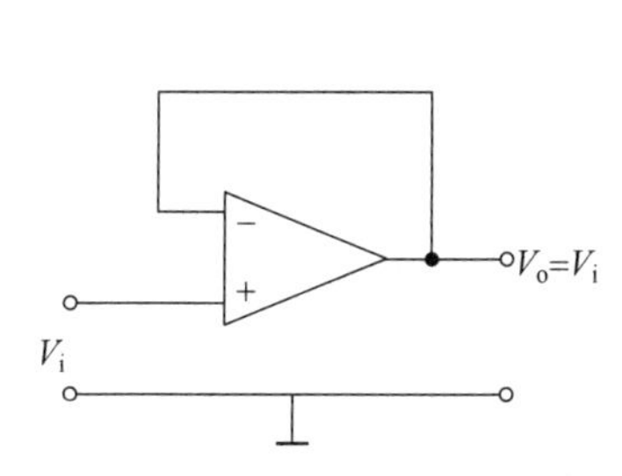

图 2-9　电压跟踪器结构图

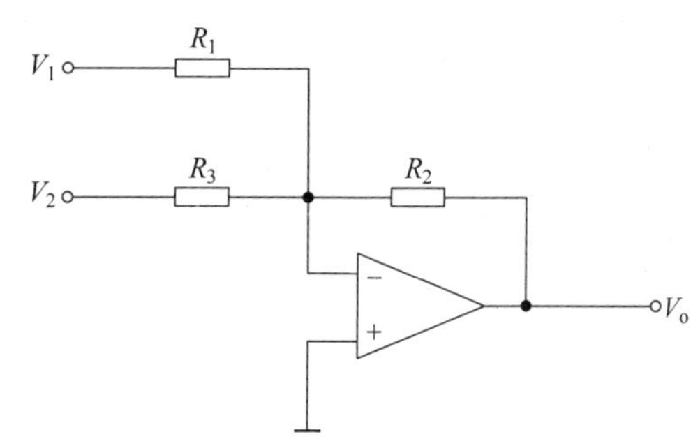

图 2-10　求和器结构图

6）电流对电压或电压对电流的转换电路

电流对电压的转换电路比较简单，如图 2-11 所示。其输入输出关系也可容易地得出

$$V_o=-I_iR \tag{2-7}$$

电压对电流的转换电路如图 2-12 所示。其输入输出关系也可容易地得出

$$I_o=\frac{V_i}{R_1+R_2} \tag{2-8}$$

另一种电压对电流的转换电路如图 2-13 所示。在选择 $R_2R_4=R_1(R_3+R_5)$时，其输

入输出关系可近似为

$$I_o = -\frac{R_2}{R_1 R_3} V_i \tag{2-9}$$

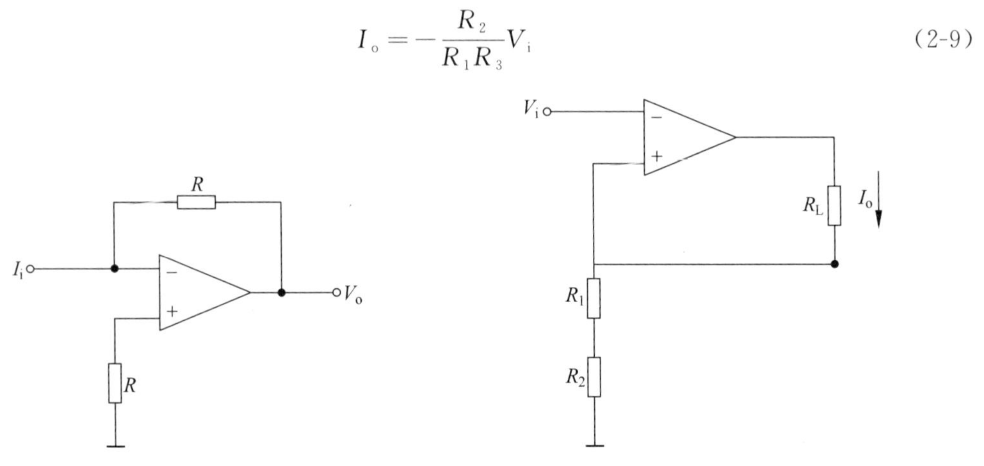

图 2-11　I-V 转换电路结构图　　　图 2-12　V-I 转换电路结构图

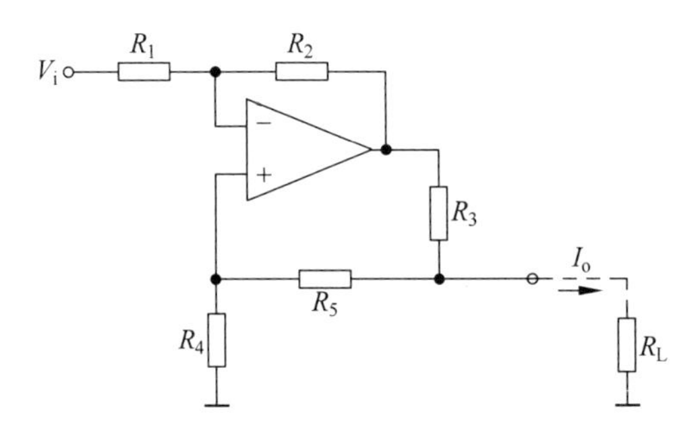

图 2-13　另一种 V-I 转换电路结构图

7）电压比较电路

电压比较电路如图 2-14 所示。图中 V_i 与 V_{ref} 之间的微小电压差就可使输出变化到电源所允许的电压极限。可以设置 V_{ref} 为我们所需要的参考电压。当 $V_i > V_{ref}$ 时，输出为正饱和；当 $V_i < V_{ref}$ 时，输出为负饱和。如果 V_i 逐步上升(或下降)，当它的值达到 V_{ref} 时，输出电压的极性将会反转。电路中的二极管用于限制差动输入。适当地选择电路中的电阻值，如取 $R_1 \approx R_2 R_3/(R_2 + R_3)$，可以使运算放大器的正端与负端具有近似相等的阻抗。

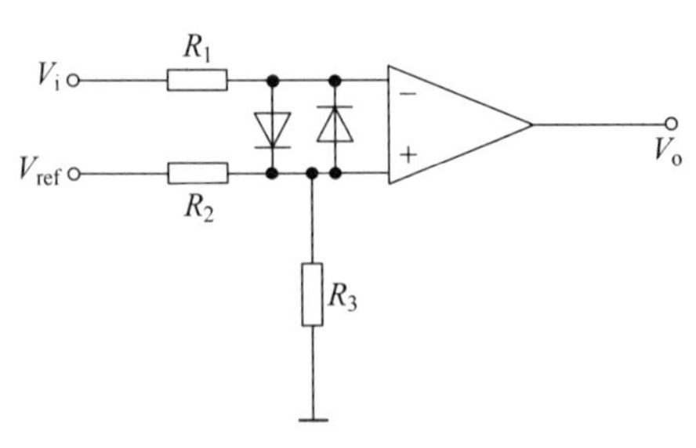

图 2-14　电压比较器结构图

上面的电压比较电路在输入电压中有噪声时，会使输出电压频繁地翻转。解决这一问题的方法之一就是设置一个相对参考电压的死区或称迟滞窗口。实现迟滞比较电路的方案也有多种，图 2-15 是较为通用的一种。图 2-15(a)为电路实现，图 2-15(b)则说明了迟滞死区。在图 2-15(a)中，由理想运放特性我们有

$$\frac{V_i - V_{ref}}{R} + \frac{V_o - V_{ref}}{R_f} = 0$$

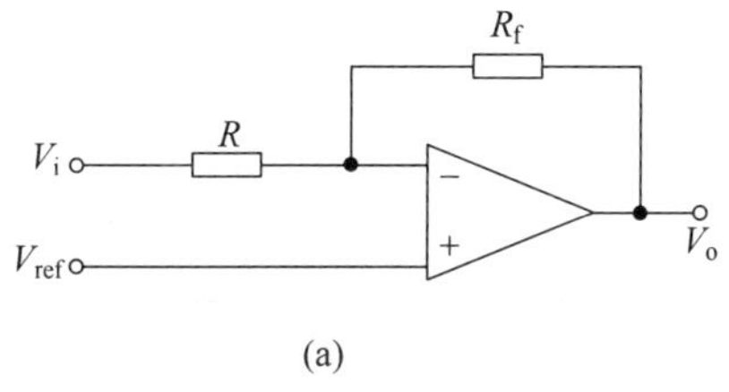

图 2-15　带迟滞的电压比较器结构图

即

$$V_i = \left(1 + \frac{R}{R_f}\right) V_{ref} - \frac{R}{R_f} V_o$$

在 $R_f \gg R$ 时，有

$$V_i \approx V_{ref} - \frac{R}{R_f} V_o$$

这样在满足条件

$$V_i \geqslant V_{ref} \tag{2-10}$$

比较器输出电压翻转为高电平。但须满足条件

$$V_i \leqslant V_{ref} - \frac{R}{R_f} V_o \tag{2-11}$$

比较器输出电压才翻转为低电平，如图 2-15(b)所示。

8）积分电路

运算放大器还可构筑一些计算功能，如积分计算。积分计算电路只需在反馈回路配置电容即可，用运算放大器构筑的积分电路如图 2-16 所示。由理想运放特性我们同样可有

$$\frac{V_i}{R} + C\frac{dV_o}{dt} = 0$$

对上式积分并稍加整理有

$$V_o = -\frac{1}{RC}\int V_i \, dt \tag{2-12}$$

这里 RC 为积分时间常数。

9）微分电路

微分计算电路则是在输入通道配置电容，用运算放大器构筑的微分电路如图 2-17 所示。由理想运放特性我们同样可有

$$C\frac{\mathrm{d}V_{\mathrm{i}}}{\mathrm{d}t}+\frac{V_{\mathrm{o}}}{R}=0$$

对上式稍加整理有

$$V_{\mathrm{o}}=-RC\frac{\mathrm{d}V_{\mathrm{i}}}{\mathrm{d}t} \tag{2-13}$$

这里 RC 为微分时间常数。

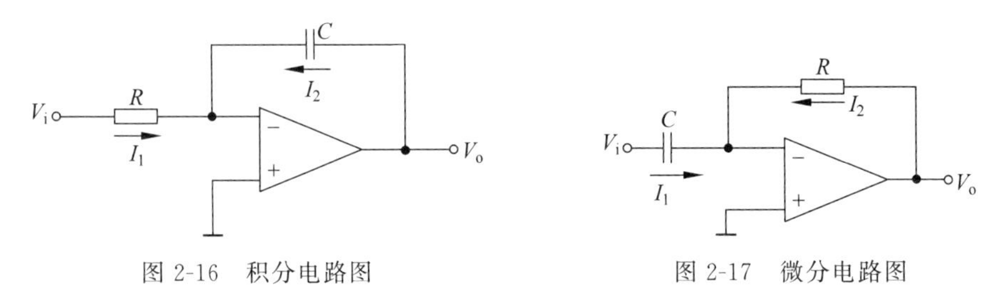

图 2-16　积分电路图　　　　图 2-17　微分电路图

例 2-1　对于图 2-16 的积分电路，如果其 $R=1\mathrm{k}\Omega$，$C=1\mu\mathrm{F}$，用其来处理 10V/ms 的斜坡输入信号时，其输出为多少？

解：由式(2-12)有

$$V_{\mathrm{o}}=-\frac{1}{RC}\int V_{\mathrm{i}}\mathrm{d}t=-\frac{1}{RC}t=(10\times10^{3})t$$

2. 传感器或仪表用测量放大电路

实际中，传感器的信号多为非常小的电压差，需要对其在具有较大共模抑制比的情况下进行精确放大。同时，还必须保证从传感器抽取的电流要非常小，以免对传感器形成负载效应和降低信号的质量。一般的运算放大器都难以满足这些要求，需要对其进行一些组合处理。

1) 仪表放大电路

仪表放大电路通常采用三个运算放大器来补救上述问题，如图 2-18 所示。仪表放大器本质上就是一个差动放大器，此放大器在每个输入端都带有一个电压跟踪器。电压跟踪器提高了仪表放大电路的输入阻抗。在跟踪器之间的附加电阻 R_{G} 具有提高共模抑制比的作用。

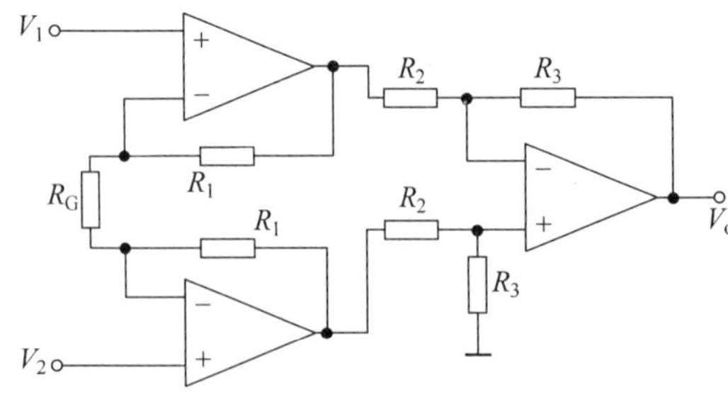

图 2-18　仪表放大器电路图

对于理想运放特性，可以采用前面同样的方法，得出仪表放大器的输入输出关系为

$$V_{\mathrm{o}}=\left(1+2\frac{R_{1}}{R_{\mathrm{G}}}\right)\left(\frac{R_{3}}{R_{2}}\right)(V_{2}-V_{1}) \tag{2-14}$$

2）隔离放大电路

隔离放大电路是一种特殊的测量放大电路，其输入回路与输出回路之间是电绝缘的，没有直接的电耦合，即信号在传输过程中没有公共的接地端。在隔离放大器中，信号的耦合方式主要有两种：一种是通过光电耦合，称为光电耦合隔离放大器；另一种是通过电磁耦合，即经过变压器传递信号，称为变压器耦合隔离放大器。图 2-19 是隔离放大器的原理图。

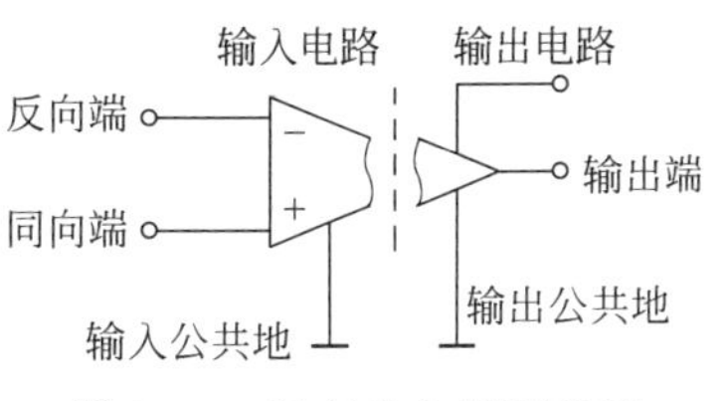

图 2-19　隔离放大器原理图

3）电荷放大电路

电荷放大器是一个与压电传感器配套使用的放大器。压电传感器在有压电效应时所产生的电压（电荷）非常微小，同时需要后续的处理电路有很高的输入阻抗。电荷放大器可产生正比于电荷的输出，具有很高的输入阻抗，同时还可避免高阻抗电源电位噪声的干扰。电荷放大器电路如图 2-20 所示。图 2-20 中 C_t、C_c、C_f 分别为传感器电容、电缆电容和反馈电容，$Q(t)$为压电材料在变化负载作用下产生的电荷。

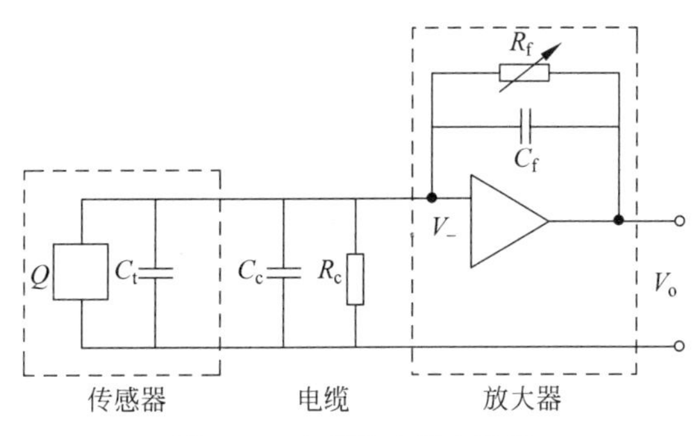

图 2-20　电荷放大器电路图

由图 2-20 可见其输出电压为

$$V_o = -GV_-$$

这里 G 为运算放大器的放大倍数。

而电容 C_f 两端的电压为

$$V_{C_f} = V_- - (-GV_-) = V_-(1+G)$$

当 R_f 足够大时，由于 R_f 与 C_f 并联，这时 $1/R_f \approx 0$，则

$$Q = Q_t + Q_c + Q_f = V_-[C_t + C_c + (1+G)C_f]$$

所以

$$V_- = \frac{Q}{C_t + C_c + (1+G)C_f}$$

$$V_o = -GV_- = \frac{-GQ}{C_t + C_c + (1+G)C_f} = \frac{-Q}{C_f + \dfrac{C_t + C_c + C_f}{G}}$$

当放大倍数 G 足够大时，上式可近似为

$$V_o \approx -\frac{Q}{C_f} \tag{2-15}$$

由式(2-15)可见,输出电压只与反馈电容有关。这就意味着传感器等效电容、线路等效电容或放大器等效电容都不会对输出产生影响。放大器中的 R_f 用于限制电荷放大器对频率低于 $f=1/(2\pi R_f C_f)$ 部分的影响。

2.3 分压电路与桥路

分压电路(Divider Circuit)与桥路(Bridge Circuit)是多年来使用非常广泛的信号调理电路,虽然近年来许多现代的有源电路逐步地取代了部分分压电路与桥路,但由于分压电路与桥路有许多不可替代的优点,它们仍然在广泛使用。

2.3.1 分压电路

如图2-21所示,分压电路的基本功能就是能将电阻信号转换成电压信号。分压电路的输入输出关系可表示为

$$V_D=\frac{R_2 V_s}{R_1+R_2} \tag{2-16}$$

式中 V_s——电源电压;

R_1、R_2——分压电阻。

在上面的分压电路中,R_1 和 R_2 都可以是传感器中用来测量参数的感知元件。在使用分压电路时,有以下几点是应该注意的。

(1) 由式2-16可知,分压电路的输出电压 V_D 与分压电阻 R_1 和 R_2 的关系是非线性的。

(2) 分压电路的输出阻抗是 R_1 与 R_2 的并联,负载效应的影响必须考虑。

(3) 在分压电路中,会有电流流过 R_1 和 R_2,不论是传感器还是分压电路,功率耗散问题都必须考虑。

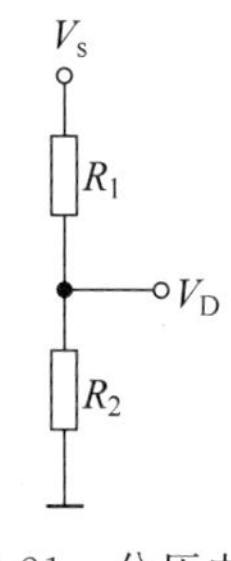

图2-21 分压电路图

2.3.2 分压电路的负载效应

从上面的讨论可以看出,虽然分压电路的输出电压 V_D 与单个的分压电阻 R_1 和 R_2 的关系是非线性的,但是其输出电压 V_D 与分压比$(R_1 R_2)/(R_1+R_2)$的关系是线性的。这种关系在分压电路接上负载后,如图2-22所示,其情况就会发生改变。因为分压电路接上负载后输出电压与电阻的关系为

$$V_D=\frac{\dfrac{R_2 R_m}{R_2+R_m}}{\dfrac{R_2 R_m}{R_2+R_m}+R_1}V_s=\frac{R_2}{R_1+R_2+\dfrac{R_1 R_2}{R_m}}V_s \tag{2-17}$$

由式(2-17)可见输出电压与分压比的关系是非线性的。只有当 $R_m \gg R_1 R_2$ 时,输出电压与分压比的关系才是线性的。

2.3.3 惠斯登电桥

惠斯登电桥(Wheatstone Bridge)是传感器或测试系统中最常用的电路之一,其结构如图2-23所示。电阻电桥是由电源和4个电阻桥臂组成的。在实际使用中,电桥中的一个或

多个桥臂可以是传感器中的传感元件。

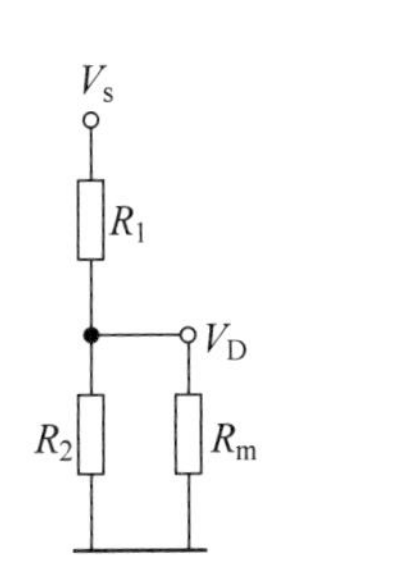

图 2-22　分压电路的负载效应

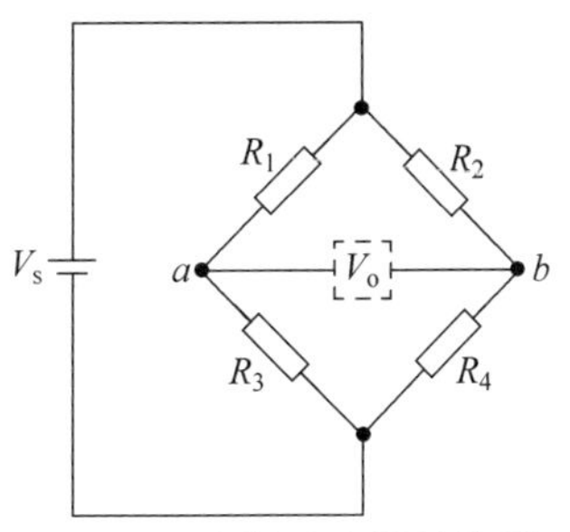

图 2-23　惠斯登电桥结构图

电桥可以实现高精度的电阻测量。这种测量的实现即可通过电桥的平衡(平衡是指使电桥的输出电压为零,所以也被称为检零方式)来测出,也可以通过读取电桥的不平衡电压(即电桥的输出电压,也被称为检偏方式)来测出。

对电桥的平衡检测方式(检零方式)的分析如下:

$$V_a = \frac{R_3}{R_1 + R_3} V_s$$

$$V_b = \frac{R_4}{R_2 + R_4} V_s$$

若使输出电压为零,则有

$$V_o = V_a - V_b = \frac{R_2 R_3 - R_1 R_4}{(R_1 + R_3)(R_2 + R_4)} V_s = 0 \tag{2-18}$$

也即

$$R_2 R_3 = R_1 R_4 \tag{2-19}$$

或

$$\frac{R_2}{R_1} = \frac{R_4}{R_3} \tag{2-20}$$

式(2-19)或式(2-20)就是电桥的平衡条件。

2.3.4　电桥的灵敏度

假定图 2-23 电桥中 1 号桥臂的电阻 R_1 变化 ΔR_1,那么它引起输出端电压变化的大小为

$$V_o = \frac{R_2 R_3 - (R_1 + \Delta R_1) R_4}{(R_1 + \Delta R_1 + R_3)(R_2 + R_4)} V_s \tag{2-21}$$

注意到电桥的平衡条件 $R_2 R_3 = R_1 R_4$,以及 $R_1 \gg \Delta R_1$,由此有

$$V_o = \frac{-\Delta R_1 R_4}{(R_1 + R_3)(R_2 + R_4)} V_s$$

$$= \frac{-\Delta R_1 R_4}{R_1 R_2 + R_1 R_4 + R_2 R_3 + R_3 R_4} V_s$$

分子分母同除以 $R_1 R_4$,有

$$V_o=\frac{-\frac{\Delta R_1}{R_1}}{\frac{R_2}{R_4}+1+1+\frac{R_3}{R_1}}V_s$$

令$-\frac{\Delta R_1}{R_1}=m_1$,$\frac{R_3}{R_1}=\frac{R_4}{R_2}=n$,则1号桥臂的相对灵敏度为

$$S_1=\frac{V_o}{m_1}=\frac{V_s}{\frac{1}{n}+1+1+n} \tag{2-22}$$

其他各桥臂的灵敏度也与式(2-22)的表达一样。由式(2-22)可知,提高供桥电压是提高桥路灵敏度的有效途径。另外当$n=1$时(即各桥臂电阻相等时)桥路的灵敏度最大,然而实际的应用桥路都不会设计成各桥臂电阻相等(除非几个桥臂都为工作臂)。

2.3.5 电桥放大器

如电阻传感器、电感传感器、电容传感器等都是通过电桥的方式,将被测非电量转换成电压或电流信号,并用放大器作进一步放大,所以电桥放大器是非电量测试系统中常见的一种放大电路。图2-24展示了一种与电阻传感器配套使用的电桥放大器。这里电桥电源与放大器共地,电阻传感器接入电桥一臂,例如1号桥臂,其电阻相对变化量为

$$\delta=\frac{\Delta R_1}{R_1}$$

为了分析方便,假设桥路4个臂的电阻都相等,即$R_1=R_2=R_3=R_4=R$,这样桥路的输出电压则可表示为

$$\Delta V=\frac{R_2R_3-(R_1+\Delta R_1)R_4}{(R_1+\Delta R_1+R_3)(R_2+R_4)}V_s=\frac{1-(1+\delta)}{(1+\delta+1)(2)}V_s=-\frac{V_s}{4}\frac{\delta}{1+\frac{\delta}{2}}$$

当δ较小时,可将$\delta/2$忽略不计,上式可简化为

$$\Delta V=-\frac{V_s}{4}\delta=-\frac{V_s}{4}\frac{\Delta R_1}{R_1} \tag{2-23}$$

桥路的输出电压是后面差动放大器的输入,这样,合并整理式(2-5)与式(2-23),有

$$V_o=-\frac{V_s}{4}\frac{R_6}{R_5}\frac{\Delta R_1}{R_1} \tag{2-24}$$

式(2-24)表明,传感器电阻的变化信号,通过电桥放大器就转换成了电压信号,也即检偏输出。

例2-2 一电流平衡电桥如图2-25所示。电路中$R_1=R_2=10\text{k}\Omega$,$R_3=1\text{k}\Omega$,$R_4=950\Omega$,$R_5=50\Omega$,电源电压为10V,D为一台高阻抗电压表。问当R_3变化1Ω时需要多大的电流来使得桥路输出为零?

解:初始时:

$$V_a=\frac{1\text{k}\Omega}{10\text{k}\Omega+1\text{k}\Omega}\times 10\text{V}=0.9091\text{V}$$

$$V_b=\frac{950\Omega+50\Omega}{10\text{k}\Omega+950\Omega+50\Omega}\times 10\text{V}=0.9091\text{V}$$

当 R_3 增加 1Ω 时

$$V_a = \frac{1.001\text{k}\Omega}{10\text{k}\Omega + 1.001\text{k}\Omega} \times 10\text{V} = 0.9099\text{V}$$

要使 $V_a = V_b$，即 $V_o = 0$，这时 V_b 必须增加 0.8mV，因此

$$50I_o = 0.8\text{mV}$$

$$I_o = 16\mu\text{A}$$

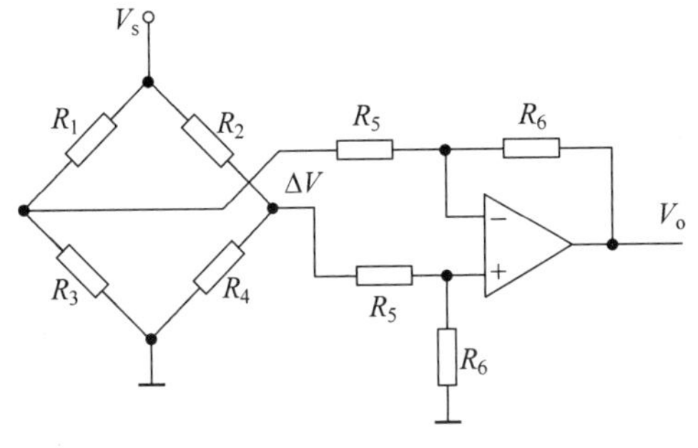

图 2-24　电桥放大器结构图

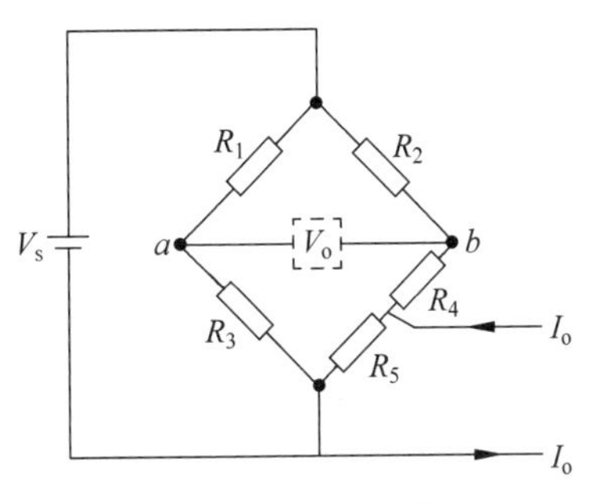

图 2-25　例 2-2 电路图

2.3.6　电抗或阻抗电桥

电抗或阻抗电桥也被称为交流电桥。除了在一个或多个桥臂上包含有电抗元件(电容或电感)外，电抗或阻抗电桥的结构与惠斯登电桥具有相同的一般性。由于电抗元件是频率敏感元件，所以电抗或阻抗电桥采用交流激励。电抗或阻抗电桥的特性分析与惠斯登电桥一样，用复域向量符号对变量进行表达的电路如图 2-26 所示。同样用复域向量符号对变量进行表达的电抗电桥的输出电压可表达为

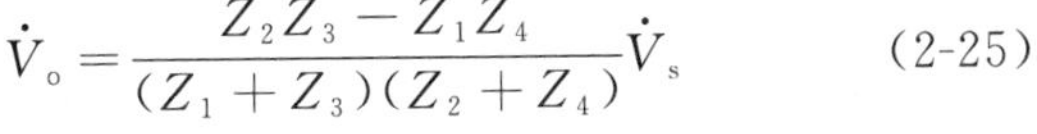

$$\dot{V}_o = \frac{Z_2 Z_3 - Z_1 Z_4}{(Z_1 + Z_3)(Z_2 + Z_4)} \dot{V}_s \tag{2-25}$$

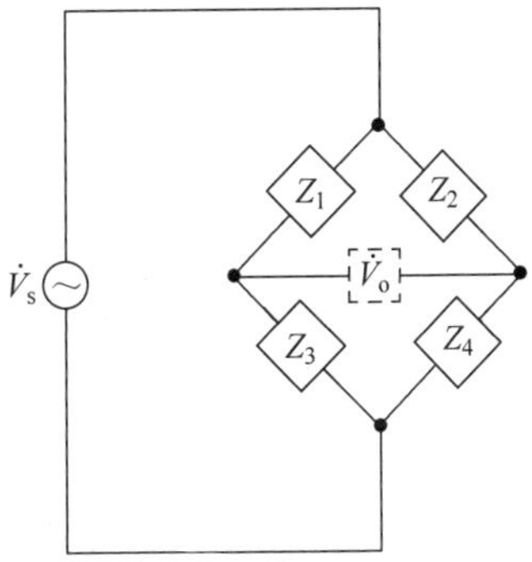

图 2-26　交流放大器结构图

式中　$\dot{V}_o$——桥路输出电压；

$\dot{V}_s$——正弦激励电压；

Z_1, Z_2, Z_3, Z_4——桥路的阻抗或电抗。

同样，电抗或阻抗电桥的平衡条件也有下式表达：

$$Z_2 Z_3 = Z_1 Z_4 \tag{2-26}$$

图 2-27 给出了几种常用的交流电桥以及常用的测量元件类型和平衡条件。

图 2-27(a)为常规交流电桥，它可用于测量电感和电容，其平衡方程为

$$R_x = R_s \frac{R_2}{R_1} \tag{2-27}$$

若被测元件是电感，则

$$L_x = L_s \frac{R_2}{R_1} \tag{2-28}$$

若被测元件是电容,则

$$C_x = C_s \frac{R_1}{R_2} \tag{2-29}$$

式中 R_x,L_x 和 C_x 分别为阻性、感性和容性被测元件; R_s、L_s 和 C_s 分别为电阻传感器、电感传感器和电容传感器。

图 2-27(b)为谢宁电桥,它可用于测量电容,其平衡方程为

$$C_x = C_3 \frac{R_1}{R_2} \tag{2-30}$$

以及

$$R_x = R_2 \frac{C_1}{C_3} \tag{2-31}$$

图 2-27(c)为麦克斯韦电桥,它可用于测量电感,其平衡方程为

$$L_x = R_2 R_3 C_1 \tag{2-32}$$

以及

$$R_x = R_2 \frac{R_3}{R_1} \tag{2-33}$$

图 2-27(d)为谐振电桥,它可用于测量电感和电容(当频率已知时),也可测量频率(当 L 和 C 已知时)。其平衡方程为

$$L_x = C_x, \quad LC = \frac{1}{\omega^2} \tag{2-34}$$

图 2-27(e)为海氏电桥,它可用于测量电感,其平衡方程为

$$L_x = \frac{R_2 R_3 C_1}{1 + \omega^2 C_1^2 R_1^2} \tag{2-35}$$

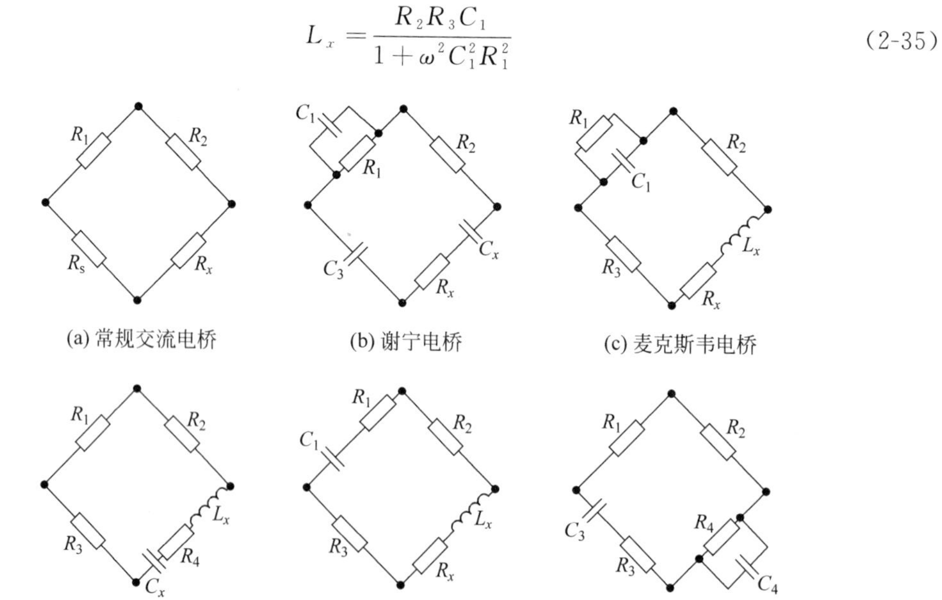

图 2-27 几种常用的交流电桥结构图

以及

$$R_x=\frac{\omega^2 C_1^2 R_1 R_2 R_3}{1+\omega^2 C_1^2 R_1^2} \tag{2-36}$$

图 2-27(f)为文氏 RC 电桥,它可用于测量频率,其平衡方程为

$$f=\frac{1}{2\pi\sqrt{R_3 R_4 C_3 C_4}} \tag{2-37}$$

以及

$$\frac{R_1}{R_2}=\frac{R_3}{R_4}+\frac{C_4}{C_3} \tag{2-38}$$

2.4 滤波器

无源 RC 滤波器电路简单、抗干扰性强、有较好的低频性能,并且选用标准阻容元件也容易实现,因此在检测系统中有较多的应用。

2.4.1 *RC* 低通滤波器

RC 低通滤波器复域向量符号表达的典型电路如图 2-28 所示。图中滤波器的输入信号电压为 $\dot{V}_i$,输出信号电压为 $\dot{V}_o$,电路对应时域的微分方程表达式为

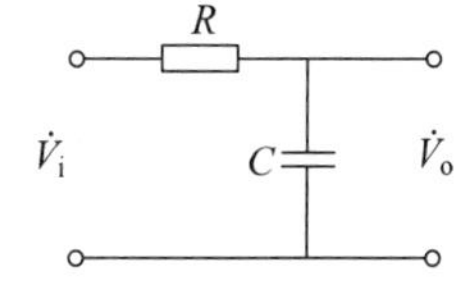

图 2-28　RC 低通滤波器电路图

$$RC\frac{\mathrm{d}V_o}{\mathrm{d}t}+V_o=V_i$$

令 $\tau=RC$,称为时间常数。对上式进行拉普拉斯变换和傅里叶变换,可得频率特性函数

$$G(\mathrm{j}\omega)=\frac{\dot{V}_o}{\dot{V}_i}=\frac{1}{\mathrm{j}\omega\tau+1} \tag{2-39}$$

这是一个典型的一阶系统。当 $\omega \ll 1/\tau$ 时,幅频特性 $\dot{V}_o/\dot{V}_i=1$,此时信号几乎不受衰减地通过,并且相位关系为近似于一条通过原点的直线。因此,可以认为,在此种情况下,RC 低通滤波器是一个不失真的传输系统。

当 $\omega=1/\tau$,$\dot{V}_o/\dot{V}_i=1/2^{1/2}$ 时,即

$$f_c=\frac{1}{2\pi RC} \tag{2-40}$$

式(2-40)表明,RC 值决定着上截止频率。因此,适当改变 RC 的值时,就可以改变滤波器的截止频率。其输出电压对输入电压的比值可表示为

$$\left|\frac{\dot{V}_o}{\dot{V}_i}\right|=\frac{1}{[1+(f/f_c)^2]^{1/2}} \tag{2-41}$$

式(2-41)对应的低通滤波器输入与输出信号响应的幅值如图 2-29 所示。由图 2-29 可见,在 $0 \sim f_c$(即 $f/f_c=1$)频率,幅频特性平直,它可以使信号中低于 f_c 的频率成分几乎不受衰减地通过,而高于 f_c 的频率成分受到极大地衰减。

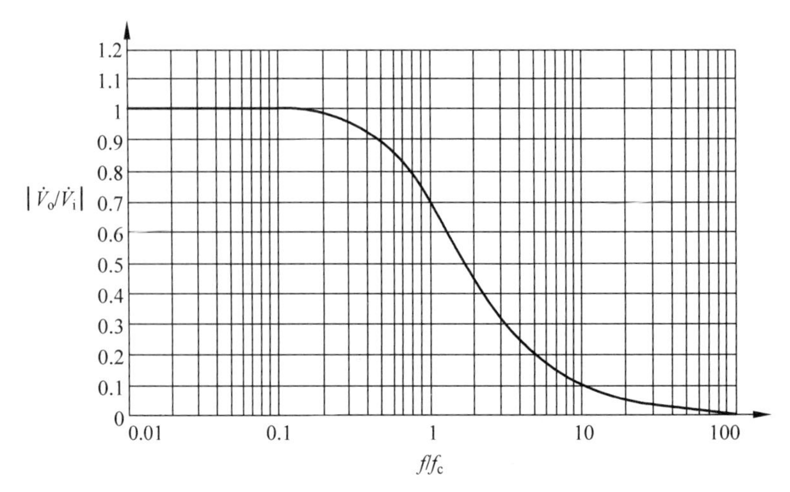

图 2-29 *RC* 低通滤波器响应特性图

2.4.2 *RC* 高通滤波器

图 2-30 为高通滤波器复域向量符号表达的电路图。图中输入信号电压为 $\dot{V}_i$,输出信号电压为 $\dot{V}_o$,则时域微分方程式为

$$V_o + \frac{1}{RC}\int V_o \mathrm{d}t = V_i$$

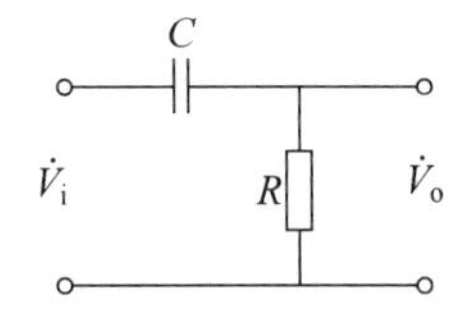

图 2-30 *RC* 高通滤波器电路图

同样,令 $RC=\tau$,其频率特性、幅频特性和相频特性分别为

$$G(\mathrm{j}\omega) = \frac{\dot{V}_o}{\dot{V}_i} = \frac{\mathrm{j}\omega\tau}{\mathrm{j}\omega\tau + 1} \tag{2-42}$$

$$|G(\mathrm{j}\omega)| = \frac{\omega\tau}{\sqrt{(\omega\tau)^2 + 1}} \tag{2-43}$$

$$\angle G(\mathrm{j}\omega) = \arctan\frac{1}{\omega\tau} \tag{2-44}$$

当 $\omega = 1/\tau$ 时,$\dot{V}_o/\dot{V}_i = 1/2^{1/2}$,即滤波器的 -3dB 截止频率为

$$f_c = \frac{1}{2\pi RC} \tag{2-45}$$

当 $\omega \gg 1/\tau$ 时,$\dot{V}_o/\dot{V}_i \approx 1$,$\varphi(\omega) \approx 0$。即当 ω 相当大时,幅频特性接近于 1,相移趋于零,此时 *RC* 高通滤波器可视为不失真传输系统。其输出电压对输入电压的比值可表示为

$$\left|\frac{\dot{V}_o}{\dot{V}_i}\right| = \frac{f/f_c}{[1 + (f/f_c)^2]^{1/2}} \tag{2-46}$$

式(2-46)对应的高通滤波器输入与输出信号响应的幅值如图 2-31 所示。由图 2-31 可见,与低通滤波相反,频率 $f_c \sim \infty$,其幅频特性平直。它使信号中高于 f_c 的频率成分几乎不受衰减地通过,而低于 f_c 的频率成分将受到极大地衰减。

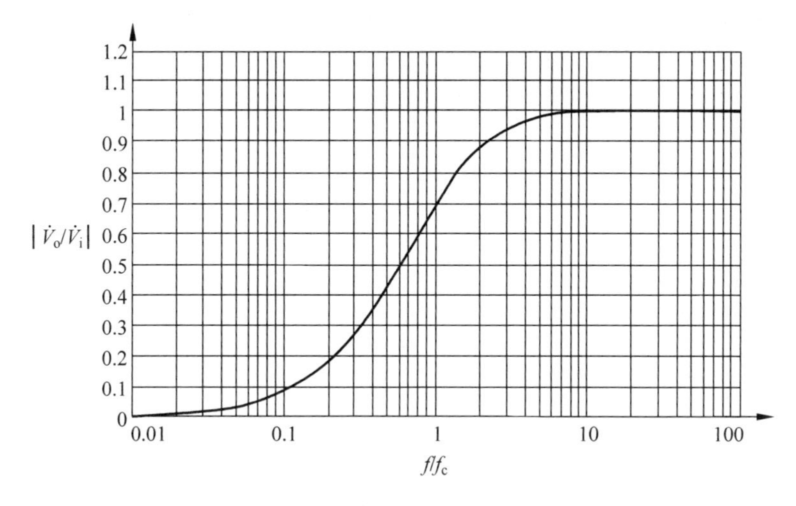

图 2-31 *RC* 高通滤波器响应特性图

2.4.3 *RC* 带通滤波器与带阻滤波器

带通滤波器可以看作为低通滤波器和高通滤波器的串联，其复域电路如图 2-32 所示，其幅频特性为

$$\left|\frac{\dot{V}_o}{\dot{V}_i}\right|=\frac{f_H f}{\sqrt{(f^2-f_H f_L)^2+[f_L+(1+r)f_H]^2 f^2}} \tag{2-47}$$

式中 f_H——高通频率；

f_L——低通频率；

r——R_H 与 R_L 的比值，即 R_H/R_L。

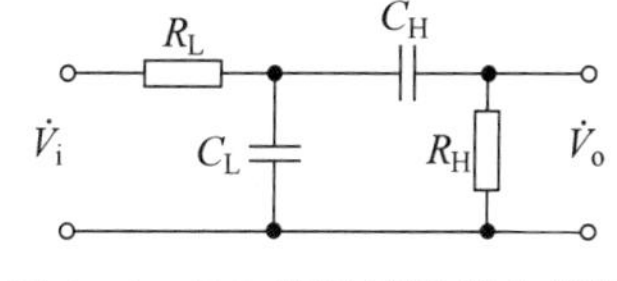

图 2-32 *RC* 带通滤波器电路图

介于 f_H 和 f_L 之间的频率即为通带。这时极低和极高的频率成分都完全被阻挡，不能通过，只有位于频率通带内的信号频率成分能通过。对应的截止频率则为

$$f_H=1/(2\pi R_L C_L) \tag{2-48}$$

$$f_L=1/(2\pi R_H C_H) \tag{2-49}$$

式(2-48)与(2-49)对应的带通滤波器输入与输出信号响应的幅值如图 2-33 所示。

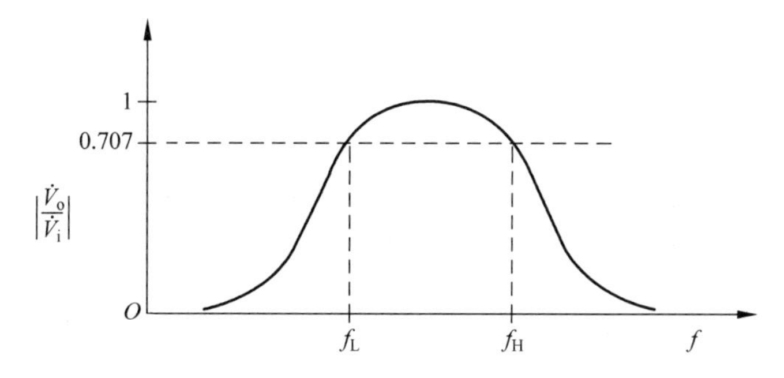

图 2-33 *RC* 带通滤波器响应特性图

能让高频率成分与低频率成分通过，而不让位于某一频率通带内的信号频率成分通过的电路为带阻滤波器。用得较多的一种带阻滤波器是双T形电路，复域电路表达如图2-34所示。带阻滤波器输入与输出信号响应的幅值如图2-35所示。

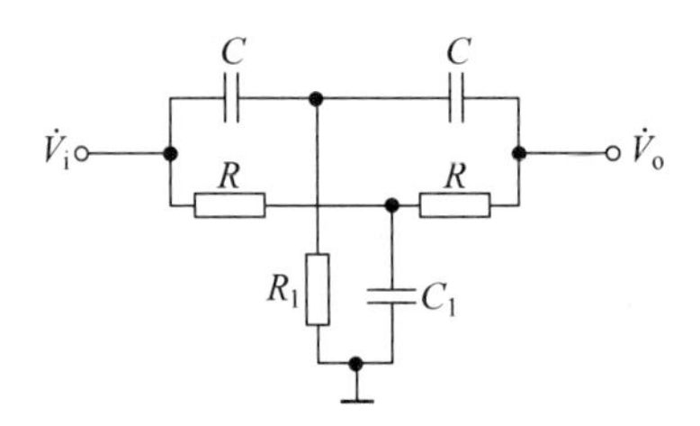

图2-34　双T形RC带阻滤波器电路图

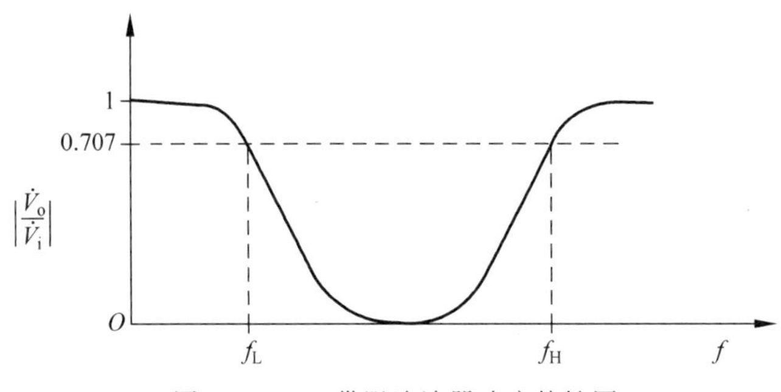

图2-35　RC带阻滤波器响应特性图

理想滤波器是一个理想化的模型，虽然在物理上是不能实现的，但对其进行深入了解对掌握滤波器的特性是十分有帮助的。根据线性系统的不失真测试条件，理想测量系统的频率响应函数为

$$H(f)=\begin{cases}A_0 e^{-j2\pi f t_0} \\ 0\end{cases} \tag{2-50}$$

式中　A_0，t_0 都是常数。若滤波器的频率响应满足下列条件：

$$H(f)=\begin{cases}A_0 e^{-j2\pi f t_0} & |f|\leqslant f_c \\ 0\end{cases} \tag{2-51}$$

则称为理想低通滤波器。图2-36为理想低通滤波器的幅、相频特性图，其相频图中直线斜率为$-2\pi t_0$。

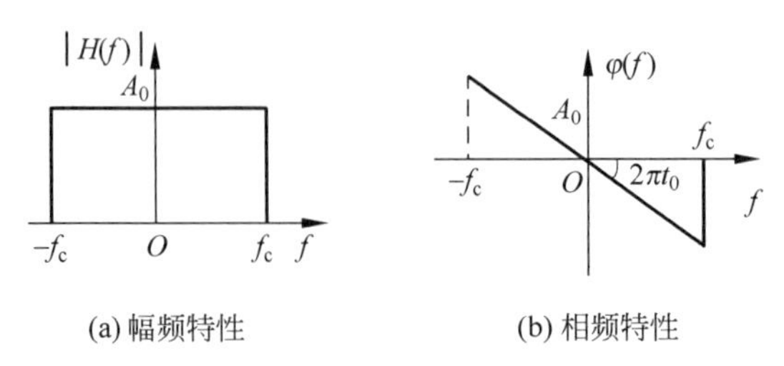

(a) 幅频特性　　(b) 相频特性

图2-36　理想低通滤波器的幅、相频特性图

理想滤波器是不存在的，在实际滤波器的幅频特性图中，通带和阻带之间没有严格的界限。在通带和阻带之间存在一个过渡带。在过渡带内的频率成分不会被完全抑制，只会受到不同程度的衰减。当然，希望过渡带越窄越好，也就是希望对通带外的频率成分衰减得越快、越多越好。因此，在设计实际滤波器时，总是通过各种方法使其尽量逼近理想滤波器。与理想滤波器相比，实际滤波器需要用更多的概念和参数去描述它，这些参数主要有纹波幅度、截止频率、带宽、品质因数以及倍频程选择性等。

2.4.4 *LC* 滤波器

LC 滤波器比 *RC* 滤波器有着更好的滤波效果，也即它能产生更为陡峭的滤波器边缘。几种常用的 *LC* 滤波器配置方案复域表达如图 2-37～图 2-39 所示。

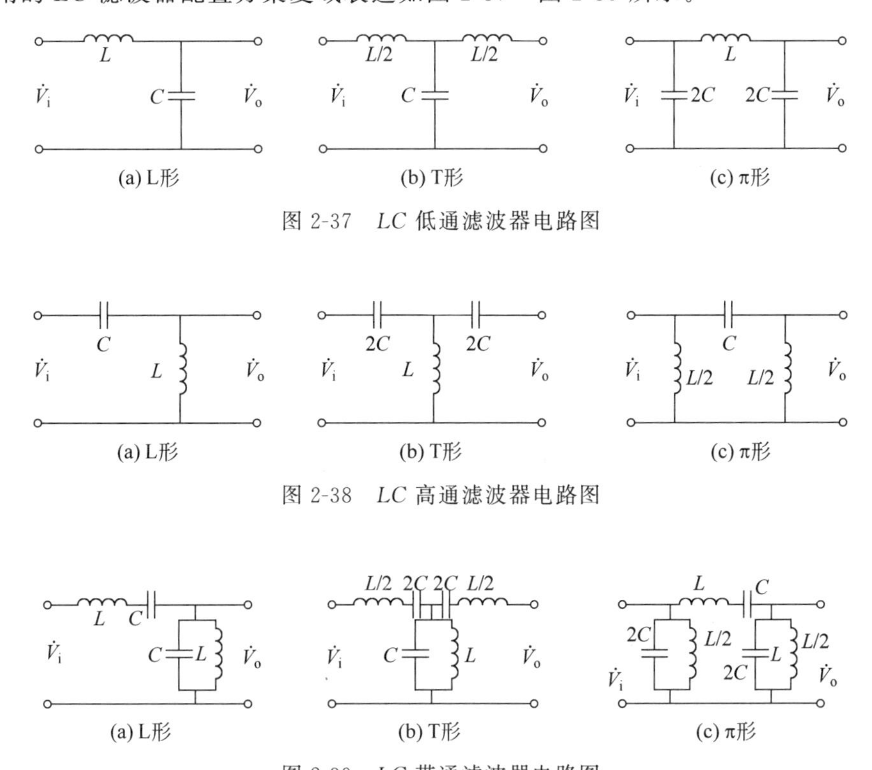

(a) L形　(b) T形　(c) π形

图 2-37　*LC* 低通滤波器电路图

(a) L形　(b) T形　(c) π形

图 2-38　*LC* 高通滤波器电路图

(a) L形　(b) T形　(c) π形

图 2-39　*LC* 带通滤波器电路图

2.4.5 有源滤波器

前面所介绍的 *RC* 调谐式滤波器仅由电阻、电容等无源元件构成，通常称为无源滤波器。一阶无源滤波器过渡带衰减缓慢，选择性不佳，虽然可以通过串联无源的 *RC* 滤波器，以提高阶次，增加在过渡带的衰减速度，但受级间耦合的影响，效果是互相削弱的，而且信号的幅值也将逐渐减弱。为了克服这些缺点，需要采用有源滤波器。

有源滤波器采用 *RC* 网络和运算放大器组成，其中运算放大器是有源器件，既可起到级间隔离作用，又可起到对信号的放大作用，而 *RC* 网络则通常作为运算放大器的负反馈网络，如图 2-40 所示的是一阶反相有源滤波器，运放起隔离、增益和提高带负载能力的作用，其截止(临界)频率与式(2-40)、式(2-45)和式(2-48)与式(2-49)的表达相同。图2-41为一阶同相有源低通滤波器,它将RC无源低通滤波器接到运放的同相输入端。

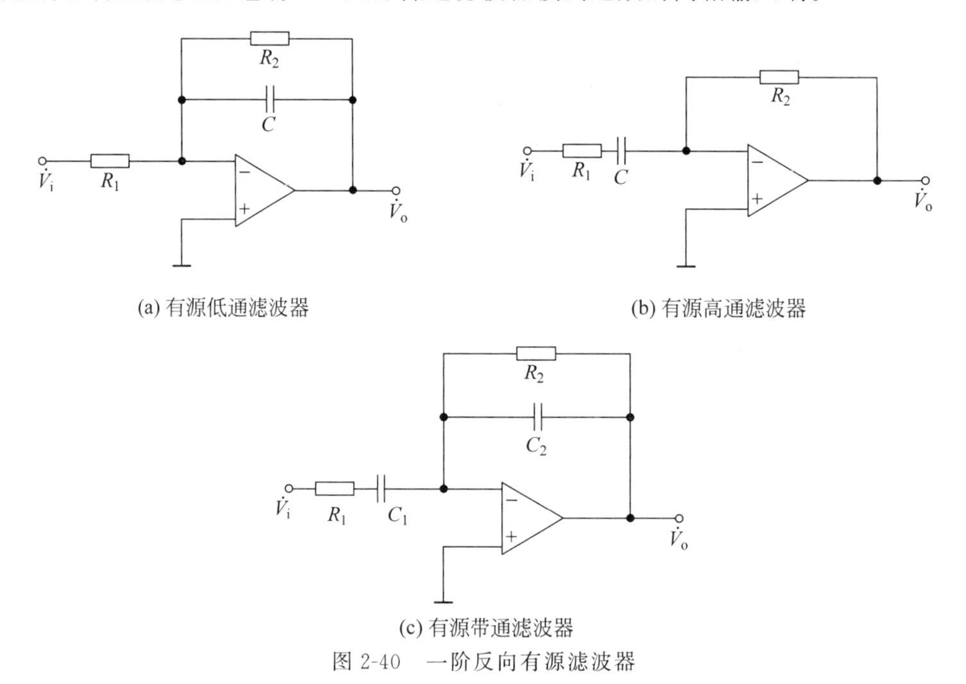

(a) 有源低通滤波器

(b) 有源高通滤波器

(c) 有源带通滤波器

图2-40 一阶反向有源滤波器

其截止频率为

$$f_c=\frac{1}{2\pi RC} \tag{2-52}$$

放大倍数为

$$K=1+\frac{R_2}{R_1} \tag{2-53}$$

有源滤波器具有非常陡峭的下降带,任意平直的通带,甚至可调的截止频率。

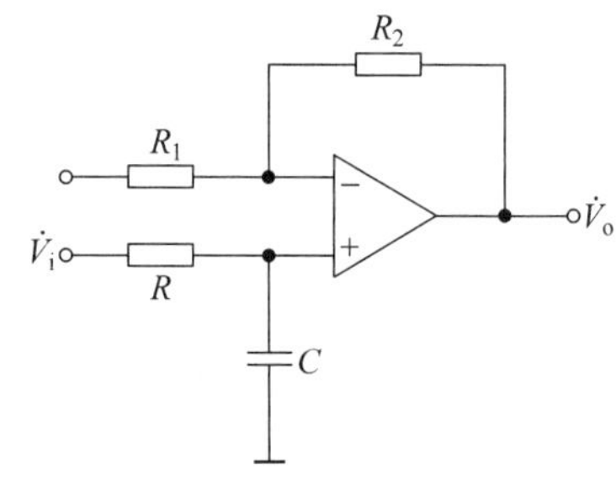

图2-41 有源同相滤波器电路图

2.4.6 数字滤波器

模拟滤波器一般用电容、电感等模拟器件搭建而成,以实现对模拟信号的滤波功能。数字滤波器是通过数字运算器件对输入的数字信号进行运算和处理,从而实现设计要求的信号特性。数字运算器件包括寄存器、延时器、加法器、乘法器、大规模集成数字硬件等。数字滤波器工作在数字信号域,由采样器件与模数转换器件将模拟信号转换成数字信号,然后在数字器件中进行处理。与模拟信号对应的信号滤波特性由相关算法进行描述,再用计算机软件实现对应算法的运算。如图2-42所示的是模拟滤波与数字滤波对阶跃输入的响应特性的比较。

数字滤波器中,输入的模拟信号采样频率应大于被处理信号带宽的两倍,其频率响应才会具有以采样频率为间隔的周期重复特性。数字滤波信号可直接输出给后续数字电路进行处理,也可经数模转换后得到模拟输出信号,送给后续模拟电路处理。

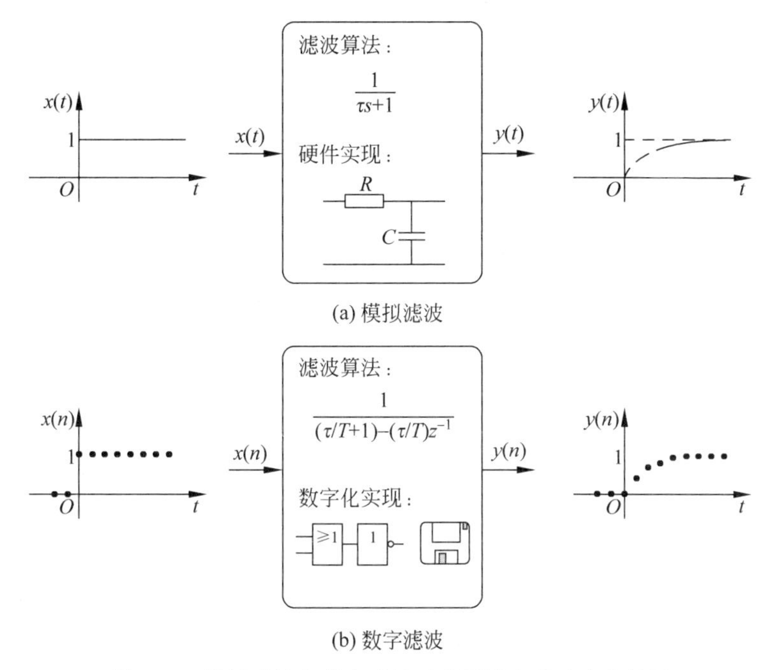

图 2-42　模拟滤波与数字滤波对阶跃输入的响应特性图

模拟滤波器存在电压漂移、温度漂移和噪声等问题，而数字滤波器不存在这些问题，因而可以达到很高的稳定性和精度。改变模拟滤波器参数时，要更换或调整电容、电感，比较麻烦。改变数字滤波器参数时，只需要修改相关软件参数就可以实现。因此，数字滤波器具有高精度、高可靠性、可编程改变特性或复用、便于集成等优点。数字滤波器在语言信号处理、图像信号处理、医学生物信号处理以及其他应用领域都得到了广泛应用。数字滤波器有低通、高通、带通、带阻和全通等类型。它可以是时不变的或时变的、因果的或非因果的、线性的或非线性的。其中线性、时不变数字滤波器应用最为广泛。

2.5　数字处理电路

2.5.1　功能与构成

处理模拟信号的电子电路为模拟电路。模拟电路研究的重点是信号在处理过程中的波形变化以及器件和电路对信号波形的影响等。处理数字信号的电子电路则为数字电路。数字电路着重研究各种电路的输入和输出之间的逻辑关系，这种关系对应着模拟信号的离散表达。

数字电路通常包含各种门电路、触发器以及由它们构成的各种组合逻辑电路和时序逻辑电路。这些数字逻辑器件（也可与模拟器件一起）被集成在微小的芯片上构成集成电路。与模拟电路相比，数字电路主要处理以 0 与 1 两个状态表示的数字信号，因此抗干扰能力较强。逻辑代数中的变量 0 和 1 分别用来表示完全两个对立的逻辑状态，逻辑代数中与、或、非三种基本的逻辑运算是由对应的逻辑门电路来实现的。如图 2-43 所示为基本逻辑运算电路图。这些基本的逻辑门与其他逻辑器件一起可构成各种复合逻辑门、触发器、锁存器、计数器、移位寄存器、储存器和时序逻辑等电路。

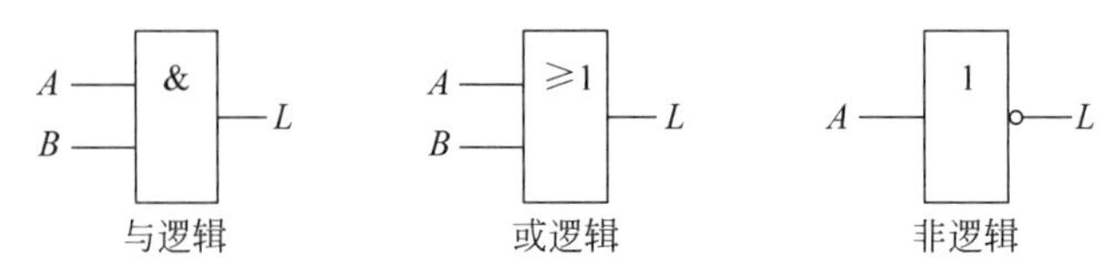

图 2-43 基本逻辑运算电路图

一个数字系统一般由控制部件和运算部件组成,在时钟脉冲的驱动下,控制部件控制运算部件完成所要执行的运算。通过模数转换器或数模转换器,数字电路可以和模拟电路互相连接。典型的数字处理电路的功能框图如图 2-44 所示。

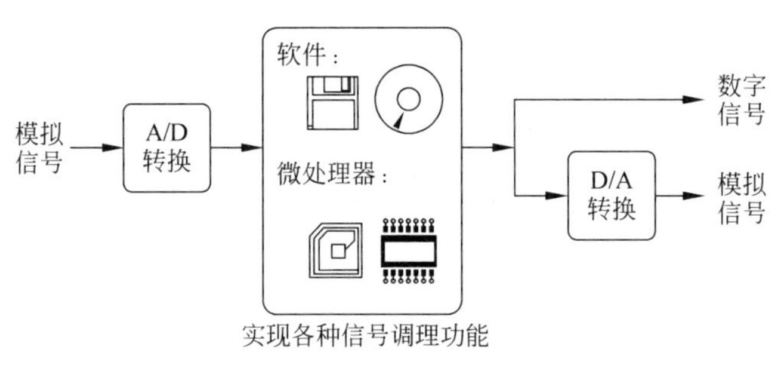

图 2-44 数字处理电路功能框图

在智能传感器中,对检测信号的调理是由数字电路完成的。因此,智能传感器的精度更高、功能更强。智能传感器可依据需要提供数字信号输出或模拟信号输出。

2.5.2 传感器的数字通信

随着传感器技术的不断发展,越来越多的传感器采用数字通信的方式对输出信号进行传输。采用数字通信方式的传感器是基于数字处理电路的。数字通信的优点包括抗干扰能力较强、差错可控、易于加密、易于与计算机技术、数字存储技术、数字交换技术、数字处理技术与现代技术相结合等。传感器的数字通信方式也越来越多地借助于总线方式完成。目前常用的智能传感器总线主要有 1-Wire 总线、I^2C 总线、SMBus 总线、SPC 总线、USB 总线,以及多种现场总线等。

1-Wire 总线也称单总线,它采用一根通信线路对信号进行双向传输,具有接口简单、易于扩展等特点,适用于由单主机和多从机构成的系统。

I^2C(Inter-IC)总线和 SMBus 总线属于二线串行总线。总线上可接多个从机,主机通过地址对从机进行识别。

SPC(Serial Peripheral Interface)总线为三线串行总线,可将智能型传感器通过专用接口与主机进行通信。

USB(Universal Serial Bus)总线是一种通用串行总线,它不但可用于计算机与外设之间通信,也可用于传感器与主机进行通信。

现场总线是工业现场的智能化仪器仪表、控制器、执行机构等现场设备间的进行数字通信的工业数据总线。现场总线包括输入输出位传输型现场总线、设备或字节型现场总线和数据包信息型现场总线。输入输出位传输型现场总线上传输的主要是位信号,主要包括开关或信号灯的开闭状态信号。设备或字节型现场总线上传输的是多位信号或称字节信号，它主要用于设备复杂状态的表达，或对模拟量数据的编码表达等。数据包信息型现场总线上传输的是数百上千位数据信号，有时也称数据包。它可对现场自动化仪表的测量控制信息，以及各种状态信息进行表达与传输。典型的位传输现场总线包括AS-I总线、DeviceNet总线和CAN总线等。典型的字节传输现场总线包括Profibus总线、ControlNet总线、Interbus总线和CC-Link总线等。典型的数据包传输现场总线包括FF总线和Ethernet等。单个传感器CAN总线进行数据通信的原理框图如图2-45所示。传感器与相应的数字处理电路构成传感器节点，传感器节点中包括传感器本体、主控制器和通信接口(收发器)。传感器采集的现场信息借助一定的通信协议通过CAN总线与主机进行数据交换。更高级的传感器数字处理和通信方式则是基于基金会现场总线(FF)，这时传感器与数字处理数字通信电路一道已构成了智能仪表。基于FF总线的智能传感器(仪表)的原理框图如图2-46所示。这种智能装置包含了传感器、多路转换器、A/D转换器、数字处理器和通信接口等。设备配置非常灵活，选择不同传感器可实现对不同参数的测量。选择不同通信接口可实现不同通信协议的总线通信，或模拟信号的输出等。这里所说的通信协议又称通信规程，是指通信双方对数据传送控制的一种约定。这些约定包括对数据格式、同步方式、传送速度、传送步骤、检纠错方式以及控制字符定义等问题做出统一规定，通信各方必须共同遵守。

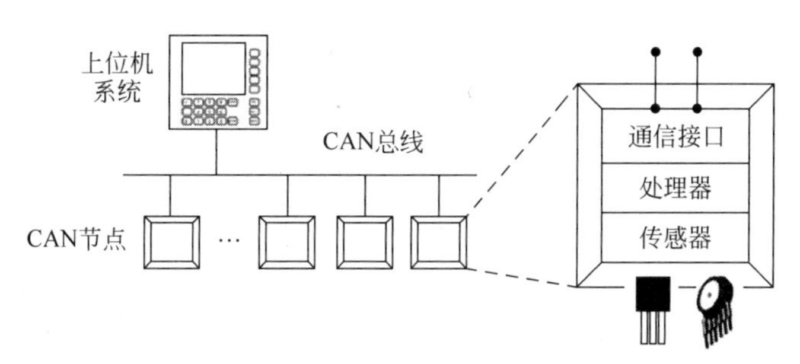

图2-45 单个传感器CAN总线进行数据通信的原理框图

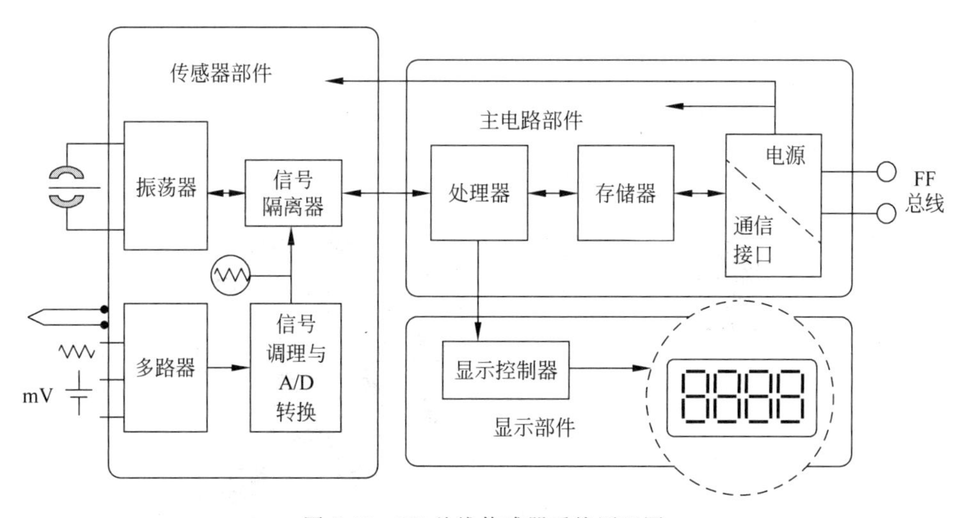

图2-46 FF总线传感器系统原理图

2.5.3　无线传感网

基于数字处理电路也可使传感器实现无线通信。无线通信可使传感器的应用更加灵活，物联网技术正是无线通信传感器的一个主要应用领域。实现传感器之间的无线通信需要借助于无线传感器网络。无线传感器网络是由多个微型传感器节点，通过无线通信的方式形成一个多跳自组织网络系统。工作在无线传感网中的传感器节点通常由传感器、信号调理电路、A/D转换器、处理器、存储器、无线通信(射频)模块和电源模块等构成，如图2-47所示。无线通信传感器通常采用电池供电，为了节约用电，需要对电源的有效使用进行管理和安排。

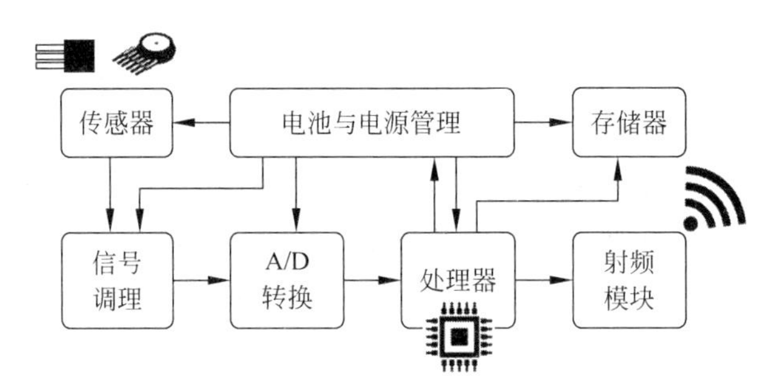

图2-47　无线传感器网络节点结构图

无线传感器网络系统通常包括传感器节点、汇聚节点和管理节点，如图2-48所示。传感器通常是随机部署在监测区域，通过自组织方式构成网络。传感器节点采集的数据通过其他传感器节点逐跳地在网络中传输，数据在输过程中可能被多个传感器节点处理，经过多跳后由汇聚节点通过互联网或其他网络系统传送到数据处理中心。信号的传输也可沿着相反的方向传输，即管理节点对传感器节点进行管理，或是管理节点发布监测任务和收集监测数据等。同样地，无线传感器网络也需要借助于网络协议对网络的运行进行管理和相关应用支撑。

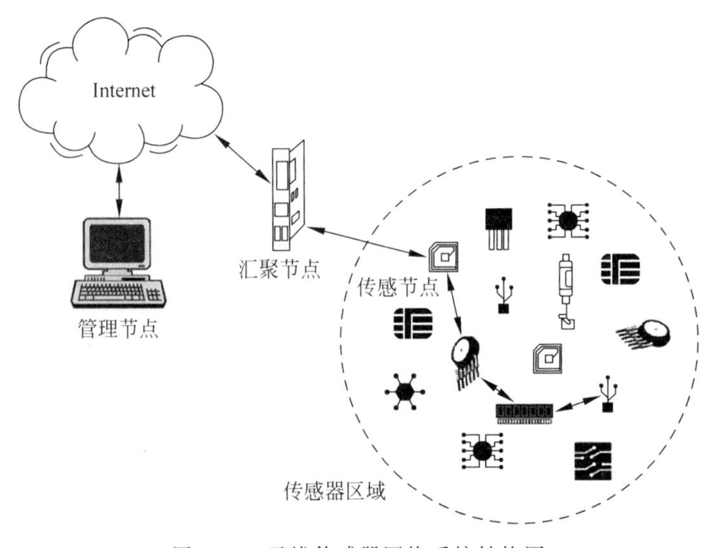

图2-48　无线传感器网络系统结构图

无线传感网是一种新近发展的技术，仍有许多方面需要完善。其关键技术涉及时间同步技术、定位技术、分布式数据管理和数据融合、安全技术、网络拓扑管理、精细控制和能量工程等。目前常用的短距离无线传感网技术主要有红外数据传输技术、蓝牙技术和无线局域网 802.11 等。

2.6　本章小结

本章内容主要包括信号调理的基本概念和原理，信号调理的基本实现方法，包括对信号等级或偏置的改变、信号的线性化、信号传输形式的转换、信号的滤波或阻抗匹配等。通过对本章内容的学习，读者主要学习了如下内容：

- 信号调理的作用、内容与基本概念。
- 运算放大器的基本特性。运算放大器在参数检测、信号调理中的基本应用包括同相运放、反相运放、差动运放、电压跟踪、求和运算，以及仪表用放大电路、隔离放大电路、电荷放大电路等。
- 桥路的基本特性。桥路在参数检测、信号调理中的基本应用包括平衡电桥（检零方式）、不平衡电桥（检偏方式）等。
- *RC* 滤波器的基本特性。*RC* 滤波器在参数检测、信号调理中的基本应用包括低通滤波器、高通滤波器、带通滤波器、带阻滤波器，另外还包括 *LC* 滤波器、有源滤波器和数字滤波器等。

习题

2.1　结合图 2-2 推导式(2-1)。

2.2　一个惠斯登电桥，如图 2-22 所示。在零位时 $R_1=227\Omega$，$R_2=448\Omega$，$R_3=1414\Omega$。求 R_4。

2.3　一个传感器其标称电阻为 50Ω，将其用在桥路中，且 $R_1=R_2=100\Omega$，$V=10\text{V}$，$R_3=100\Omega$ 的可变电阻，要求传感器阻值分辨率为 0.1Ω。

(1) 桥路为零位时 R_3 为多少？

(2) 上述桥路输出电压的分辨率为多少？

2.4　一个交流惠斯登桥路，其所有桥臂都是电容。桥路平衡时 $C_1=0.4\mu\text{F}$，$C_2=0.31\mu\text{F}$，$C_3=0.27\mu\text{F}$，求 C_4。

2.5　有一个测力传感器使用电阻元件作为敏感元件。若将其接入简单的电流敏感电路中，该电路中串联的电阻 R_m 为 100Ω，此电阻为测力传感器标称电阻的 1/2。如果输入电压为 10V，求当被测力分别为满量程的 25%，50%和 75%时的电流。

2.6　有一低通 *RC* 滤波器，其截止频率 $f_c=3.5\text{kHz}$。求信号为 1kHz 时其幅值衰减。

2.7　若要求差动放大器的增益为 22，试选择电路的元件参数。

2.8　推导式(2-14)。

2.9　用一个反向放大器、一个积分器和一个求和放大器构造一个满足下面表达式的电路。

$$V_o=10V_i+4\int V_i\,\mathrm{d}t$$

2.10　构造一个 *V-I* 转换器，使其满足 $I_o=0.0021V_i$。

参考文献

[1] Curtis D Johnson. 过程控制仪表技术[M]. 8版. 北京：清华大学出版社，2009.
[2] 祝诗平，等. 传感器与检测技术[M]. 北京：中国林业出版社，2006.
[3] Roy D Marangoni John H Lienhard V. 机械量测量[M]. 王伯雄，译. 5版. 北京：电子工业出版社，2004.
[4] Ernest O Doebelin. 测量系统应用与设计[M]. 王伯雄，译. 5版. 北京：电子工业出版社，2007.
[5] 常健生，等. 检测与转换技术[M]. 3版. 北京：机械工业出版社，2004.

第3章

机械量传感器

教学目标

本章将简要介绍机械量测量的基本概念和原理、机械量测量的基本实现方法，包括对与机械量相关的位移信号测量、运动测量、物位测量、压力测量等。通过对本章内容及相关例题的学习，希望读者能够：

- 了解各类位移测量的基本方法；
- 了解各类接近开关的基本原理；
- 掌握电位计型位移传感器、电容型位移传感器、电感型位移传感器、压电型位移传感器以及其他类型位移传感器的基本原理和基本结构；
- 掌握应变计的基本原理和基本结构；
- 掌握霍尔传感器的基本原理和基本结构；
- 掌握各种物位传感器的基本原理和基本结构；
- 掌握各种运动传感器的基本原理和基本结构；
- 掌握各种压力传感器的基本原理和基本结构。

3.1 位移传感器

对位移量的测量或者说对尺寸的测量，以及与之相关的运动量的测量，涉及国际测量系统四个基本量(长度、时间、质量和温度)中的两个，即长度和时间。另外，位移与运动的测量也可构成许多其他量(如压力、加速度、温度等)测量传感器的基础。换句话说，在对力、压力、温度、加速度等变量的测量方法中，经常将它们转换成位移量来测量。这也就是位移传感器显得如此重要，并且应用如此广泛的原因。

位移传感器(Displacement Sensor)包括电位计型位移传感器、电容型的位移传感器、电感型位移传感器、压电型位移传感器以及涡流式、光纤式、挡板喷嘴式、超声波式和编码式等类型位移传感器。

3.1.1 电阻电位计传感器

电阻电位计传感器(Potentiometric Sensor)基本上由一个电阻和一个可移动触头组成，如图 3-1 所示。该触头的运动可以是平动，也可以是转动，或是两者的混合运动。因此，该装置可以用来测量转动位移和平动位移。电阻式电位计根据其结构可划分为绕线型电位计、导电塑料型电位计、沉积薄膜型电位计以及金属陶瓷型电位计等。电阻式电位计既可以用直流电源驱动，也可以用交流电源驱动。

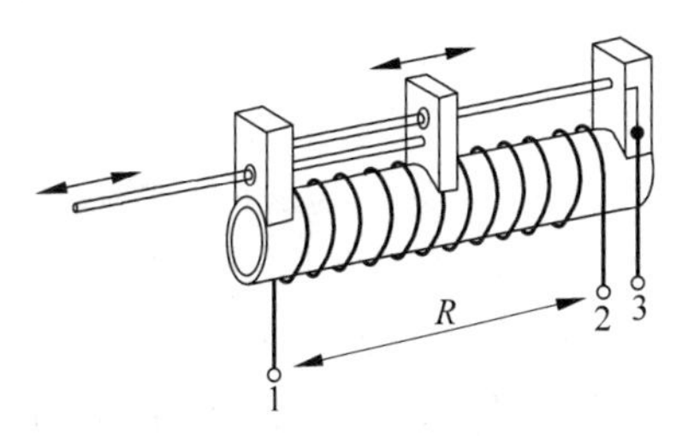

图 3-1 电阻电位计原理图

如果电阻相对于滑动触头的移动行程分布是线性的，且如果输出端是开路的话，则电位计的输入输出关系可以由式(3-1)给出(见图 3-2(a))：

$$\frac{V_o}{V_s}=\frac{x_i}{x_t} \tag{3-1}$$

式中 V_o——输出电压；

V_s——电源电压；

x_t——电位计全量程时对应的位移量；

x_i——输入位移。

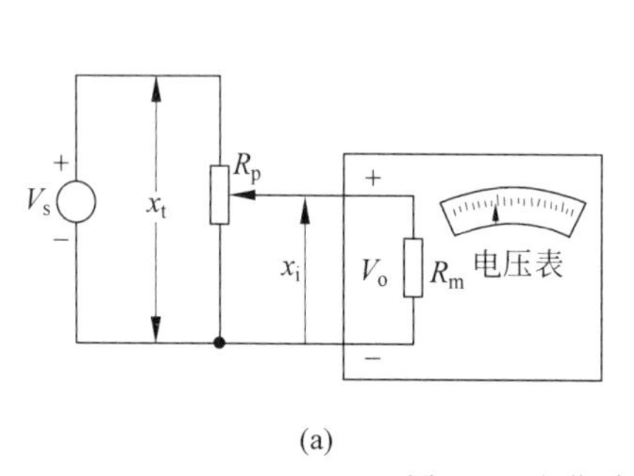

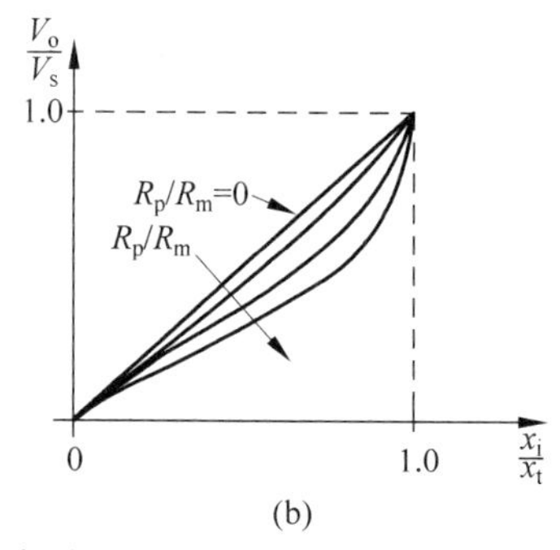

图 3-2 电位计的负载效应

式(3-1)表明输出电压与输入位移呈线性关系，或者说 V_o/V_s 与 x_i/x_t 呈线性关系。然而，电位计的输出电压一般要由一台仪表来测量，输出电压接至仪表的输入端时，该仪表会从电位计获取一定的电流。因此在电位计带上负载后其输入输出关系则会变为

$$\frac{V_o}{V_s}=\frac{1}{\left(R_p-\frac{x_i}{x_t}R_p\right)+\frac{R_mR_p(x_i/x_t)}{R_m+R_p(x_i/x_t)}}\cdot\frac{R_mR_p(x_i/x_t)}{R_m+R_p(x_i/x_t)}$$

$$=\frac{1}{\left[\frac{1}{(x_i/x_t)}+\frac{R_p}{R_m}\right]\left(1-\frac{x_i}{x_t}\right)}$$

上式表明 V_o/V_s 与 x_i/x_t 不呈线性关系。这里只有当 $R_m=\infty$ 时，才有 $R_p/R_m=0$。上式也就变成式(3-1)。V_o/V_s 与 x_i/x_t 的关系如图 3-2(b)所示，由图可以看出，在 $R_p/R_m=1$ 时，误差约为满刻度的 12%，而在 $R_p/R_m=0.1$ 时误差为 1.5%。

电位计的分辨率受电阻元件结构的影响。对于使用较多的绕线式结构的电阻元件，其电阻的变化不是线性连续地变化，而是随着滑臂从电阻的一圈移动至下一圈以小台阶形式的变化，如图 3-3 所示。这个现象就造成了电阻的尺寸对分辨率的基本限制。在绕线足够密的情况下，平动型电位计的分辨率可以达到 0.025～0.05mm。提高电位计分辨率的方法之一是采用导电膜作为电阻元件，常用的是碳合成膜，其结构是将石墨或碳颗粒悬浮在环氧或聚酯的黏合剂中。碳合成膜电位计型的原理结构如图 3-4 所示。一般电位计型传感器的结构如图 3-5 所示。

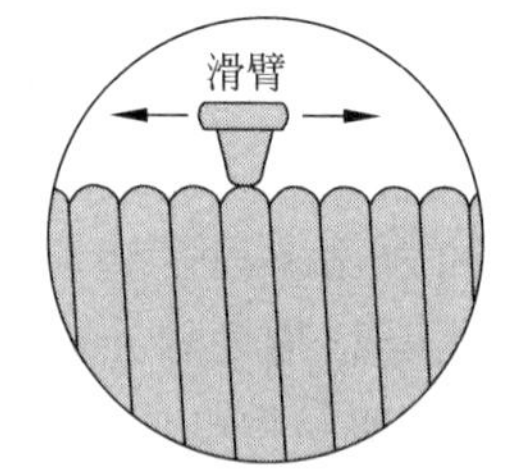

图 3-3 绕线式电位计的分辨率示意图

例 3-1 有一个电位计型的位移传感器，用来测量一个 0～10cm 的运动工件。对应该位移行程电位计的电阻变化范围是 0～1kΩ。若用运算放大器作为信号调理电路，如图 3-6 所示。问调理电路的输出电压为多少？

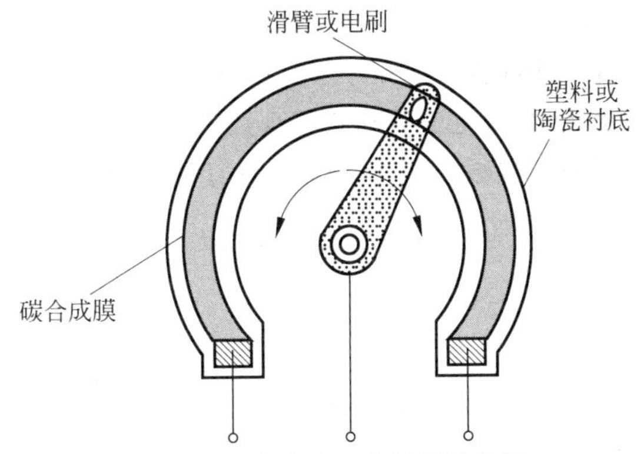

图 3-4　碳合成膜电位计的结构图

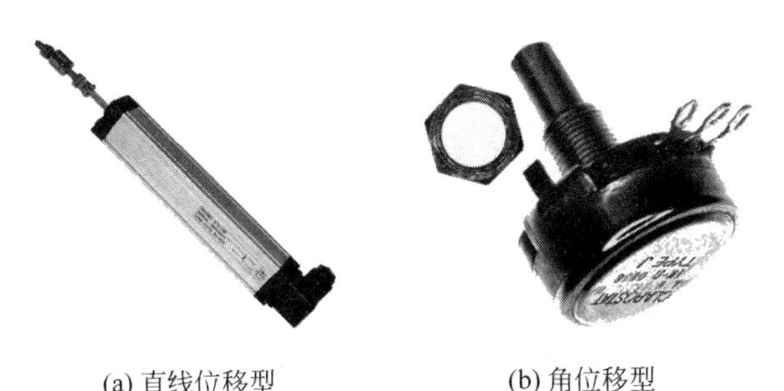

图 3-5　电位计型传感器的结构图

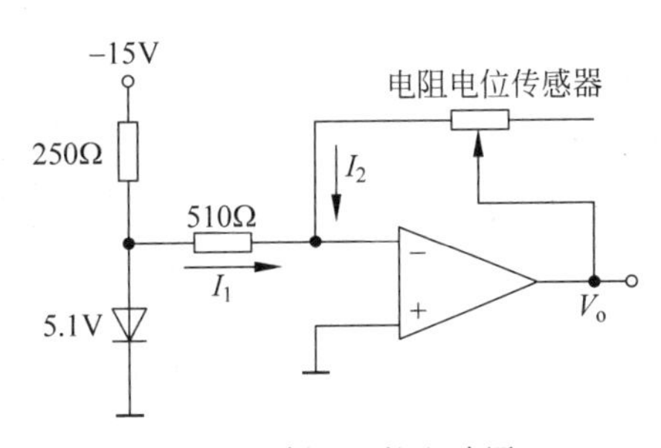

图 3-6　例 3-1 的电路图

解：如图 3-6 所示的调理电路是一个电阻电位计带负载并能实现线性化的有效途径。运算放大器的输入端由一个稳压管稳定在 5.1V。这样其输出电压为

$$V_o = -\frac{R_2}{R_1}V_i = -\frac{0 \sim 1000\Omega}{510\Omega} \times (-5.1\text{V}) = 0 \sim 10\text{V}$$

一种与电阻电位计相似的装置是磁阻式位移传感器。该传感器是基于磁阻效应原理。磁阻效应是指置于磁场中的载流金属导体或半导体材料，其电阻值随磁场变化的现象，称为磁致电阻变化效应，简称为磁阻效应。磁阻效应的机理是导体中的载流子因受洛伦兹力作用而发生偏转，载流子运动方向的偏转使电子流动的路径发生变化，起到了加大电阻的作用；磁场越强时，载流子偏转越厉害，增加电阻的作用越强。磁阻效应与材料性质、几何形状等因素有关。导体或半导体材料产生磁阻效应的同时，也会产生一定的霍尔效应（参见 3.4 节）。为了消除霍尔效应，并获得最大的磁阻效应，通常将磁敏电阻制作成圆形或扁条

长方形,目前最常见的是扁条长方形。常用的磁电效应敏感材料主要有锗(Ge)、硅(Si)、砷化镓(GaAs)、砷化姻(InAs)、锑化铟(InSb)等,其中N型硅具有良好的温度特性和线性度,灵敏度高,应用较多。在磁场中,电流的流动路径会因磁场的作用而加长,使得材料的电阻率增加。当温度恒定时,磁阻效应与磁场强度、载流子的迁移率和几何形状之间的关系可表示为

$$\frac{\rho-\rho_0}{\rho_0}=\frac{\Delta\rho}{\rho_0}=k\mu^2B^2[1-f(L/W)]=0.273\mu^2B^2 \tag{3-2}$$

式中 B——磁感应强度;

ρ——材料在磁感应强度为 B 时的电阻率;

ρ_0——材料在磁感应强度为0时的电阻率;

μ——载流子的迁移率;

K——比例系数;

L、W——磁敏电阻的长(沿电流方向)和宽;

$f(L/W)$——磁敏电阻的形状效应系数。

由式(3-2)可以看出,在磁场一定时,载流子的迁移率越高,其磁阻效应越明显。

磁阻效应型传感器如图3-7(a)所示。两个装在静止壳体上的磁阻元件按如图3-7(a)所示连接,可旋转的永磁铁可改变其磁场。在端点1和端点3之间加10V直流电压,并在端点1和端点2之间输出。当永磁铁旋转时,磁阻元件上的磁场发生改变,元件电阻也发生变化,因而元件的输出电压是永磁铁旋转角度的函数,变化关系如图3-7(b)所示。

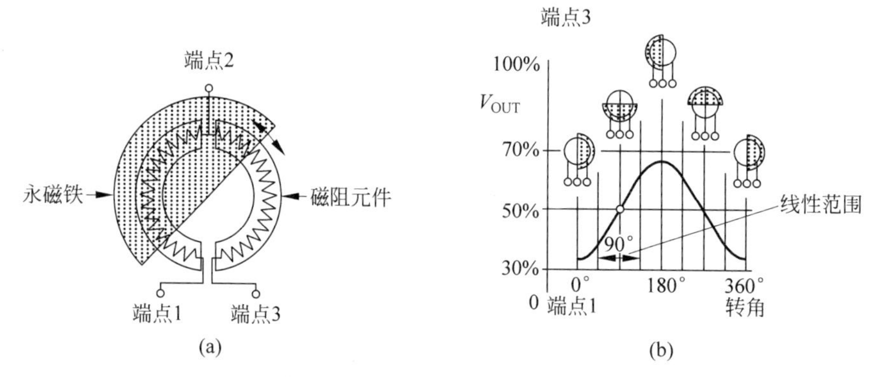

图3-7 磁阻式位移传感器示意图

磁敏电阻不仅可以用作位移传感器,也可以用作电流传感器、磁敏接近开关、角速度/角位移传感器、磁场传感器等。

同样与磁阻传感器相似的还有霍尔传感器。关于霍尔传感器可参见3.4节。霍尔传感器是基于霍尔效应,一个霍尔半导体材料的薄板在两个端点加直流电压作为激励,在与该板垂直的反向施加一个磁场,则在薄板的另一个端点上会产生一与磁场强度成正比的输出电压,如图3-8所示。若薄板和磁场之间有相对运动,输出电压会随之变化,这和磁阻效应型传感器十分相似,这也可等效为电位计变化时的输出电压

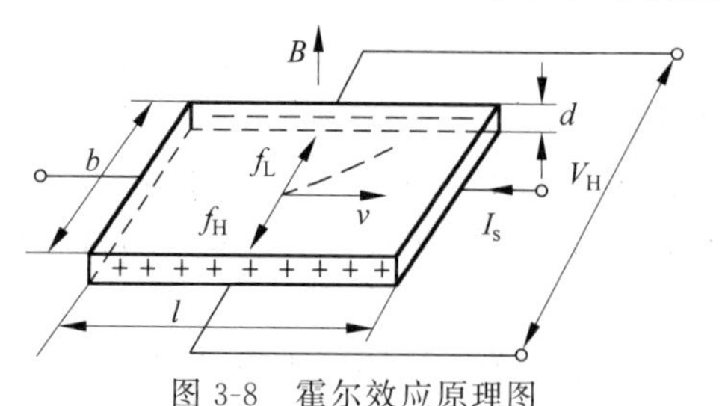

图3-8 霍尔效应原理图

变化，因此霍尔传感器也可以用作位移传感器。霍尔位移传感器的详细结构等可参见3.4.3节，其原理见式(3-84)。

3.1.2 电容位移传感器

电容式传感器(Capacitive Sensor)也是实现位移测量的传感器之一，它是以各种类型的电容器作为敏感元件，将被测物理量的位移变化转换为电容量的变化，再由转换电路(测量电路)转换为电压、电流或频率，以达到检测的目的。因此，凡是能引起电容量变化的有关非电量，均可用电容式传感器进行检测变换。

电容式传感器不仅能测量位移，还能测量荷重、振动、角度、加速度等机械量，以及测量压力、液面、料面、成分含量等热工量。这类传感器具有结构简单、灵敏度高、动态特性好等一系列优点，在机电控制系统中占有十分重要的地位。

1. 电容式传感器的工作原理

由绝缘介质分开的两个平行金属板组成的平板电容器，如果不考虑边缘效应，其电容量为

$$C=\frac{\varepsilon A}{d} \tag{3-3}$$

式中 ε——电容器极板间介质的介电常数，$\varepsilon=\varepsilon_0\varepsilon_r$(其中 $\varepsilon_0=8.85\times10^{-12}\mathrm{F/m}$，为真空的介电常数，$\varepsilon_r$ 为极板间介质的相对介电常数)；

A——两平行板所覆盖的面积，$\mathrm{m^2}$；

d——两平行板之间的距离，m。

当被测参数变化使得式(3-3)中的 A、d 或 ε 发生变化时，电容量 C 也随之变化。如果保持其中两个参数不变，而仅改变其中一个参数，就可把该参数的变化转换为电容量的变化，通过测量电路就可转换为电量输出。因此，电容式传感器可分为变极距型、变面积型和变介电常数型三种。如图3-9所示为常见的电容式传感元件的结构形式。

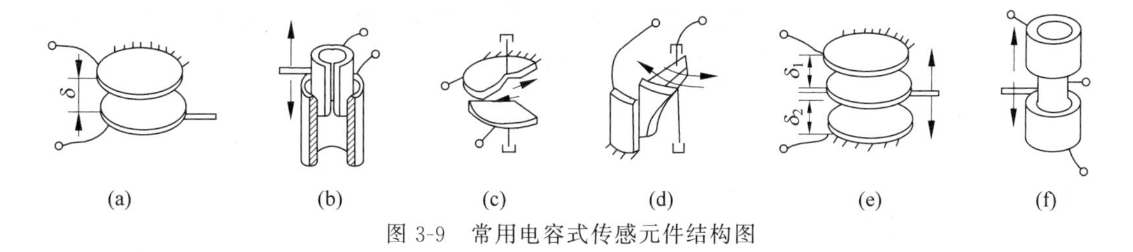

图3-9 常用电容式传感元件结构图

2. 变极距型电容传感器

如图3-10所示为变极距型电容式传感器的原理图。当传感器的 ε_r 和 A 为常数、初始极距为 d_0 时，由式(3-3)可知其初始电容量 C_0 为

$$C_0=\frac{\varepsilon_0\varepsilon_r A}{d_0} \tag{3-4}$$

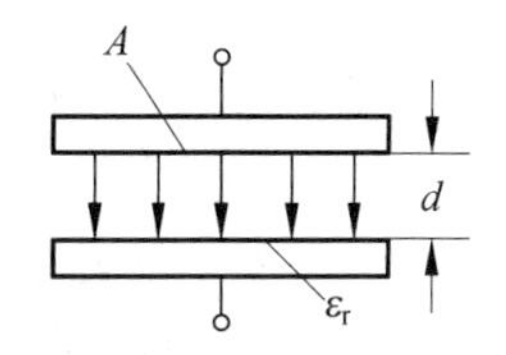

图3-10 变极距型电容式传感器的原理图

若电容器极板间距离由初始值 d_0 缩小了 Δd，电容量增大了 ΔC，则有

$$C=C_0+\Delta C=\frac{\varepsilon_0\varepsilon_r A}{d_0-\Delta d} \tag{3-5}$$

由式(3-5)可见,电容器极板间距离的变化与电容的关系为非线性关系。对式(3-5)稍作处理,有

$$C=\frac{\varepsilon_0\varepsilon_r A}{d_0-\Delta d}=\frac{C_0}{1-\dfrac{\Delta d}{d_0}}=\frac{C_0\left(1+\dfrac{\Delta d}{d_0}\right)}{1-\left(\dfrac{\Delta d}{d_0}\right)^2}$$

在上式中,若 $\Delta d/d_0 \ll 1$ 时,则 $1-(\Delta d/d_0)^2 \approx 1$,则上式可以简化为

$$C \approx C_0 + C_0\frac{\Delta d}{d_0} \tag{3-6}$$

此时 C 与 Δd 近似为线性关系。应该注意的是,变极距型电容式传感器只有在 $\Delta d/d_0$ 很小时,才有近似的线性关系。

3. 变面积型电容传感器

要改变电容器极板的面积,通常采用线位移型和角位移型两种形式。如图 3-11 所示线位移型的变面积型电容传感器原理结构示意图。被测量通过动极板移动引起两极板有效覆盖面积 A 改变,从而得到电容量的变化。当动极板相对于定极板沿长度方向平移 Δx 时,则电容变化量为

$$\Delta C \approx C - C_0 = \frac{\varepsilon_0\varepsilon_r b(a-\Delta x)}{d}-\frac{\varepsilon_0\varepsilon_r ab}{d}=-\frac{\varepsilon_0\varepsilon_r b}{d}\Delta x=-C_0\frac{\Delta x}{a}$$

式中　C_0——初始电容,$C_0=\varepsilon_0\varepsilon_r ba/d$。

电容相对变化量为

$$\frac{\Delta C}{C_0}=\frac{\Delta x}{a} \tag{3-7}$$

由式(3-7)可以看出,这种形式的传感器的电容量 C 与水平位移 Δx 呈线性关系。

如图 3-12 所示的是电容式角位移传感器原理图。当动极板有一个角位移 θ 时,与定极板间的有效覆盖面积就发生改变,从而改变了两极板间的电容量。当 $\theta=0$ 时,则

$$C=\frac{\varepsilon_0\varepsilon_r A_0}{d_0}$$

式中　ε_r——介质相对介电常数;

d_0——两极板间距离;

A_0——两极板间初始覆盖面积。

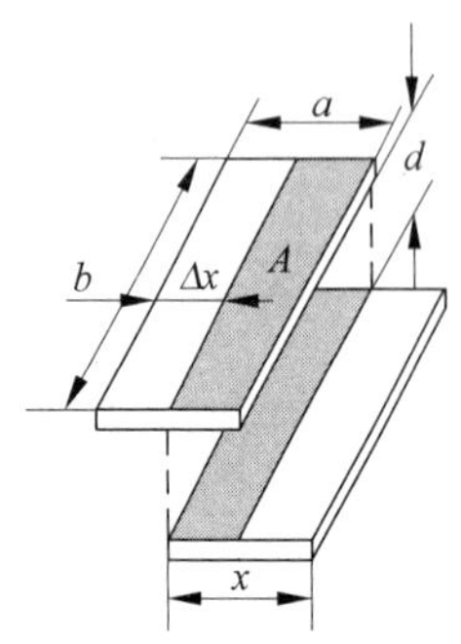

图 3-11　变面积型电容传感器原理图

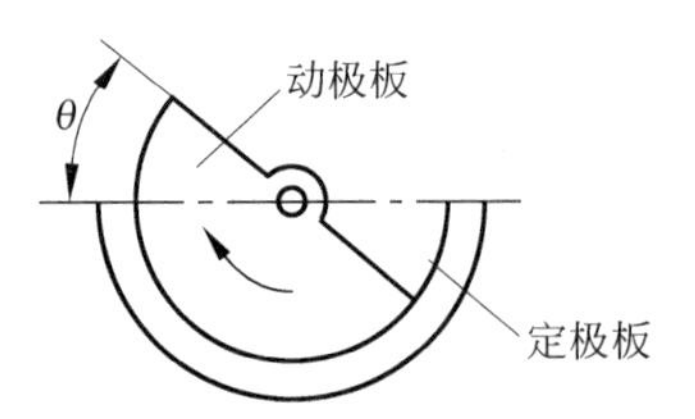

图 3-12　电容式角位移传感器原理图

当 $\theta \neq 0$ 时，则

$$C = \frac{\varepsilon_0 \varepsilon_r A_0 \left(1 - \frac{\theta}{\pi}\right)}{d_0} = C_0 - C_0 \frac{\theta}{\pi} \tag{3-8}$$

从式(3-8)可以看出，传感器的电容量 C 与角位移 θ 呈线性关系。

4. 变介质型电容传感器

变介质型电容式传感器有多种结构形式，可以用来测量纸张、绝缘薄膜等的厚度，也可用来测量粮食、纺织品、木材或煤等非导电固体介质的湿度。如图 3-13 所示的是一种常用的结构形式。图 3-13 中两平行电极固定不动，极距为 d_0，相对介电常数为 ε_{r2} 的电介质以不同深度插入电容器中，从而改变两种介质的极板覆盖面积。传感器总电容量 C 为

$$C = C_1 + C_2 = \frac{\varepsilon_o b_0 \varepsilon_{r1}(L_0 - L) + \varepsilon_o b_0 \varepsilon_{r2} L}{d_0}$$

式中　L_0、b_0——极板的长度和宽度；

L——第二种介质进入极板间的长度。

若电介质 $\varepsilon_{r1} = 1$，当 $L = 0$ 时，传感器初始电容 $C_0 = \varepsilon_{r1} \varepsilon_0 L_0 b_0 / d_0$。当被测介质 ε_{r2} 进入极板间 L 深度后，引起电容相对变化量为

$$\frac{\Delta C}{C_0} = \frac{C - C_0}{C_0} = \frac{(\varepsilon_{r2} - 1)L}{L_0} \tag{3-9}$$

式(3-9)可见，电容量的变化与电介质 ε_{r2} 的移动量 L 呈线性关系。

例 3-2　如图 3-14 所示为一电容位移传感器，用于监测工件的微小变化。两个金属圆柱体由 1mm 厚的塑料隔开，在 1kHz 时介电常数为 2.5。如果圆柱体半径为 2.5cm，求在上面的圆柱体上下移动时电容传感器的灵敏度是多少？如果圆柱体高度在 1～2cm 变化，其电容变化范围是多少？

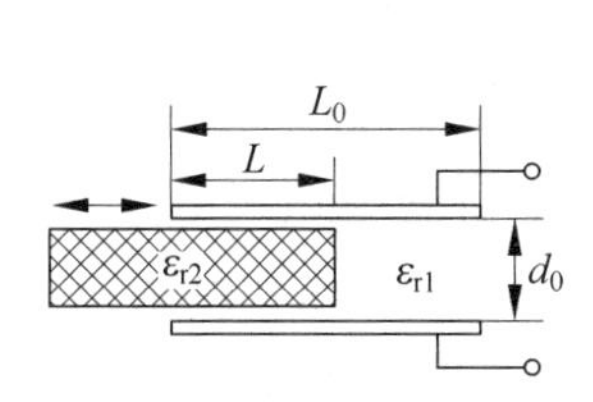

图 3-13　变介质型电容式传感器原理图

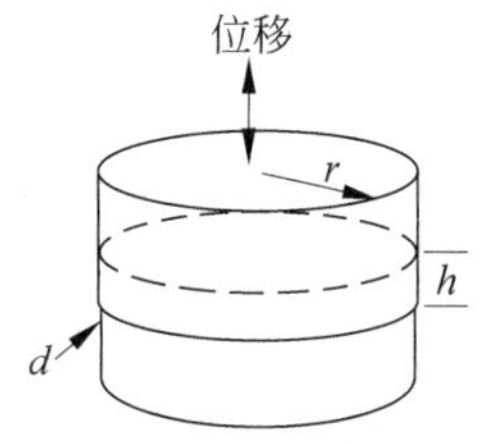

图 3-14　例 3-2 电容位移传感器示意图

解：由式(3-3)有

$$C = 2\pi\varepsilon_r\varepsilon_0 \frac{rh}{d}$$

电容相对高度变化的灵敏度为

$$\frac{dC}{dh} = 2\pi\varepsilon_r\varepsilon_0 \frac{r}{d} = 2\pi \times 2.5 \times 8.85\text{pF/m} \times \frac{2.5 \times 10^{-2}\text{m}}{10^{-3}\text{m}} = 3475\text{pF/m}$$

相对高度变化的电容变化范围是

$$C_{min} = 3475\text{pF/m} \times 10^{-2} = 34.75\text{pF}$$

$$C_{max} = 3475\text{pF/m} \times (2 \times 10^{-2}) = 69.50\text{pF}$$

5. 电容传感器的测量电路

直接使用电容传感器会有线性化和对电容的测量比较困难的问题,因此在使用电容传感器时必须进行信号调理,一是尽量实现信号的线性化,二是将对电容的测量转换为对其他量的测量,例如对电压或电流的测量。

对电容传感器信号调理的方法之一是借助于运算放大器,用复域向量符号表达的测量电路如图3-15所示。图中对应时域表达有 $I_f=I_x$,则时域表达的输出电压为

$$V_o=\frac{1}{C_x}\int I_x\mathrm{d}t=-\frac{1}{C_x}\int I_f\mathrm{d}t=-\frac{C_f}{C_x}\frac{1}{C_f}\int I_f\mathrm{d}t$$

$$=-\frac{C_f}{C_x}V_s=\frac{C_fV_s}{\dfrac{\varepsilon_0\varepsilon_rA}{d}}=Kd \tag{3-10}$$

由式(3-10)可见,输出电压与电容器极板间距离变化的关系为线性关系。

另外一种对电容传感器信号调理的方法是采用差动电容器,再配以桥路,如图3-16所示。当两个电容大小相等时,桥路输出为零。当一个电容变化或两个电容同时变化(一般设计为一个变大一个变小)时,则桥路会输出一个与电容变化成正比的电压。

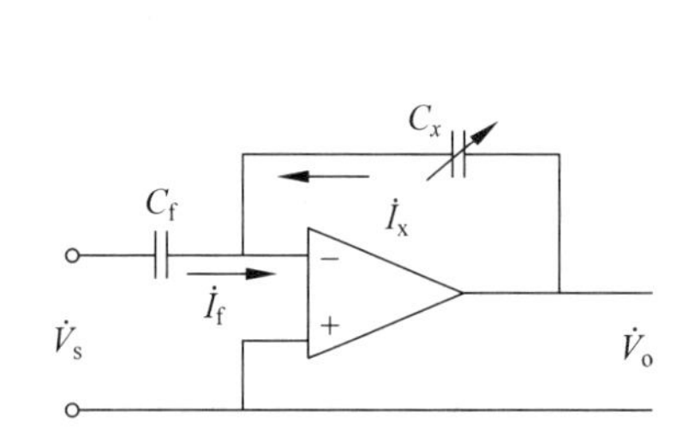

图3-15 电容传感器与运算放大器结构图

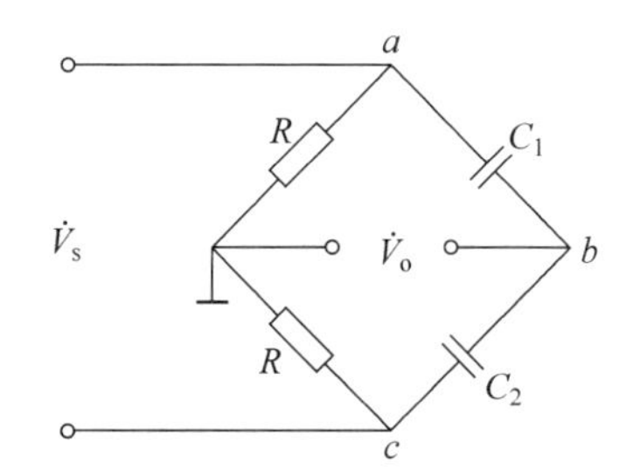

图3-16 差动电容传感器与桥路结构图

还有一种对电容传感器信号调理的方法是基于脉冲宽度调制的方法。传感器电容被设置为如图3-17所示的差动方式布置在传感器中。图3-17中电压 V_1 和 V_2 以一定的频率在激励电压(例如6V直流)和地之间来回切换。输出电压则为 V_1 和 V_2 差值经低通滤波后的平均值。传感器在零位时,V_1-V_2 为一个零平均值的对称方波,所以其输出为零。电路中的 V_3 或 V_4 电位的值通过与固定的3V参考电压比较时,控制两个比较器翻转,同时带动4个固态开关换位。例如在 V_3 接地时,电容 C_1 放电,而电容 C_2 则由6V的电源以时间常数 RC_2 在充电。当 C_2 充电时,电位 V_4 上升,在 V_4 电位达到3V参考电压时,比较器4翻转,并使4个固态开关换位。随后则 V_4 接地,电容 C_2 放电,而电容 C_1 则由6V的电源以时间常数 RC_1 充电。由此便建立起一个振荡过程,其振荡周期 t_1+t_2 由 R 和 C_1+C_2 所决定,但往复充电的脉冲宽度比可以随 C_1 和 C_2 的改变而改变。这样电路的输出电压为

$$V_o=\frac{V_st_1}{t_1+t_2}-\frac{V_st_2}{t_1+t_2}=V_s\frac{C_1-C_2}{C_1+C_2} \tag{3-11}$$

由于传感器为差动电容形式,因此

$$C_1=\frac{C_0d_0}{d_0-\Delta d},\quad C_2=\frac{C_0d_0}{d_0+\Delta d} \tag{3-12}$$

将式(3-12)代入式(3-11),有

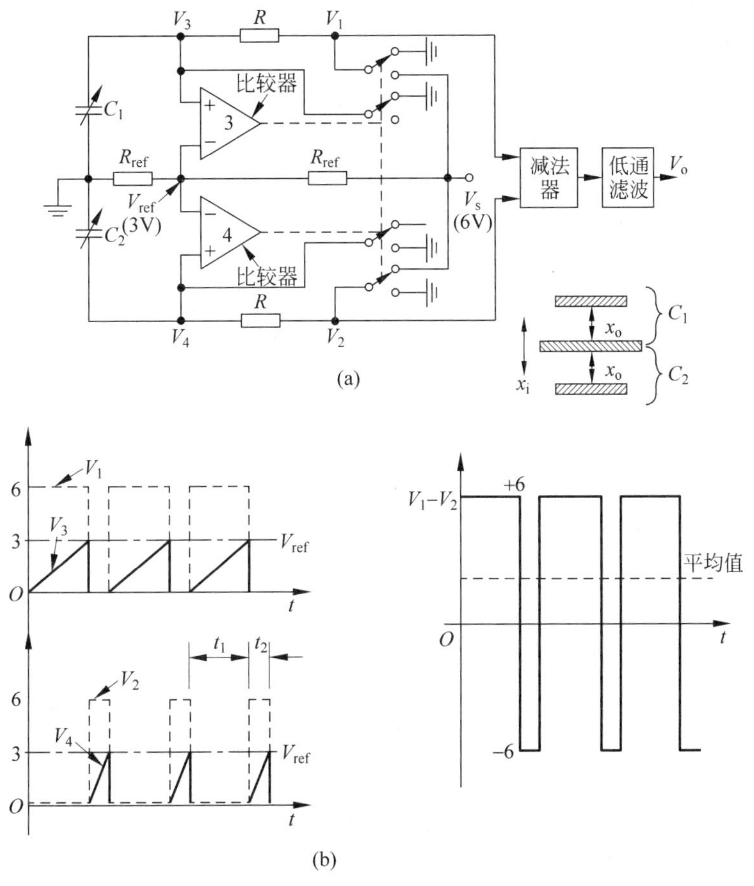

图 3-17 基于脉宽调制的差动电容传感器原理图

$$V_o = V_s \frac{\Delta d}{d_0} \tag{3-13}$$

式(3-13)表明，输出电压与电容的极距之间是线性比例关系。

部分电容式传感器的结构如图 3-18 所示。

图 3-18 部分电容式传感器

3.1.3 电感位移传感器

电感式传感器(Inductive Sensor)是利用线圈自感或互感系数的变化来实现非电量检测的一种装置。利用电感式传感器,不仅能对位移参数进行测量,也能对压力、振动、应变、流量等参数进行测量。它具有结构简单、灵敏度高、输出功率大、输出阻抗小、抗干扰能力强及测量精度高等一系列优点,因此在机电控制系统中得到了广泛的应用。

电感式传感器种类很多,一般分为自感式和互感式两大类。习惯上讲的电感式传感器通常指自感式传感器,而互感式传感器由于是利用变压器原理,又往往做成差动形式,所以常称为差动变压器式传感器。

1. 自感型电感传感器

如图3-19所示是变气隙厚度式的自感式传感器的结构。传感器由线圈、铁芯和衔铁三部分组成。铁芯和衔铁由导磁材料如硅钢片或坡莫合金(即铁镍合金)制成,在铁芯和衔铁之间有气隙,气隙厚度为δ,传感器的运动部分与衔铁相连。当衔铁移动时,气隙厚度δ发生改变,引起磁路中磁阻变化,从而导致电感线圈的电感值发生变化。因此,只要能测出电感线圈电感量的变化,就能确定衔铁位移量的大小和方向。

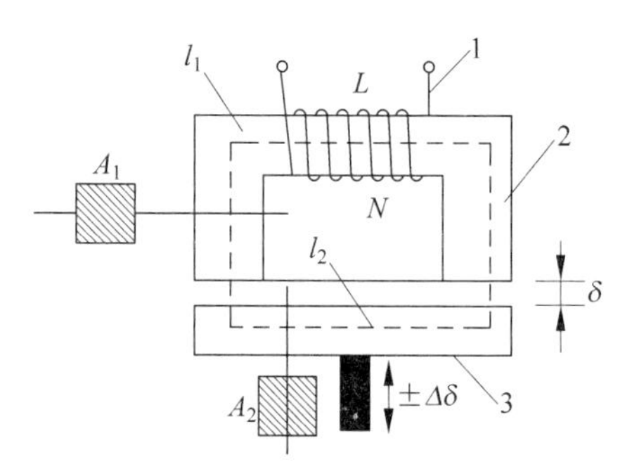

图3-19 自感式传感器结构图

1—线圈;2—定铁芯;3—衔铁(动铁芯)

在图3-19中,A_1、A_2分别为定铁芯和衔铁(动铁芯)的截面积,δ为气隙厚度,I为通过线圈的电流(单位:A),N为线圈的匝数。其线圈自感系数为

$$L=\frac{N\Phi}{I} \tag{3-14}$$

磁路总磁阻为

$$R_{\mathrm{m}}=\sum\frac{l_i}{\mu_i A_i} \tag{3-15}$$

式中 R_{m}——磁路总磁阻;

l_i、μ_i、A_i——磁通通路的长度及对应的磁导率和截面积。

由于空气的磁阻R_{m0}远大于铁磁物质的磁阻,所以略去铁芯的磁阻后可得

$$R_{\mathrm{m}}=\sum\frac{l_i}{\mu_i A_i}+\frac{2\delta}{\mu_0 A_0}\approx\frac{2\delta}{\mu_0 A_0} \tag{3-16}$$

因此线圈自感系数可以写成

$$L=\frac{N^2}{R_{\mathrm{m}}}=\frac{\mu_0 A_0 N^2}{2\delta} \tag{3-17}$$

由式(3-17)可以看出,当线圈匝数N为常数时,线圈自感系数L是磁路中磁阻R_{m}的函数,同样,改变气隙厚度δ或气隙截面积A_0都会导致自感系数变化。因此自感式传感器又可分为变气隙厚度δ的传感器和变气隙面积A_0的传感器。目前使用最广泛的是变气隙厚度的自感式传感器。自感式传感器的几种原理结构图如图3-20所示。

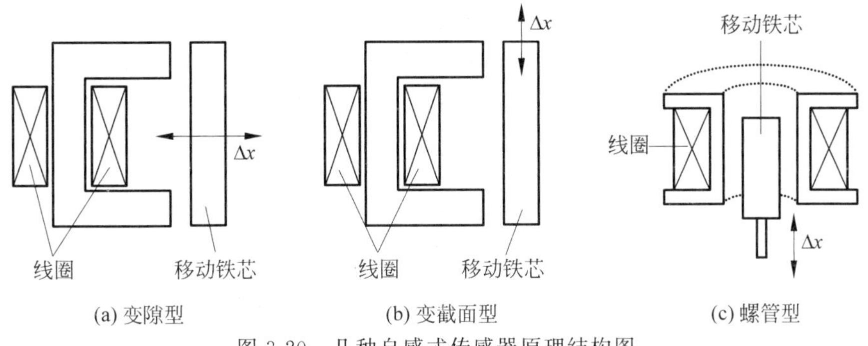

图 3-20　几种自感式传感器原理结构图

另外一种自感型传感器为差动螺管式电感传感器，也称可变磁阻型传感器，其结构如图 3-21 所示。差动螺管式传感器是由两个完全相同的螺线管组成，并将两个线圈接入一电桥桥路，使其成为电桥的两个臂。活动铁芯的初始位置处于线圈的对称位置，两侧螺线管Ⅰ、Ⅱ(匝数分别为 N_1、N_2)的初始电感量相等。因此由其组成的电桥电路在平衡状态时没有电流流过负载，电桥平衡，输出电压为零。当铁芯移动 Δx 后，使一边电感值增加，另一边电感值减小，这样电桥将产生与活动铁芯位移成正比的输出。

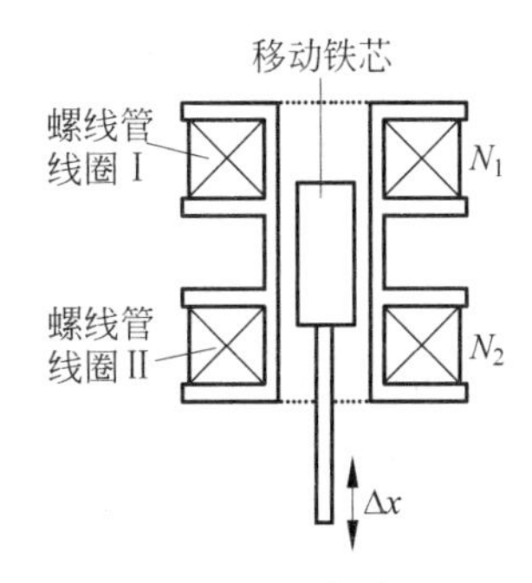

图 3-21　差动螺管式传感器的结构图

2. 互感型电感传感器

最常用的互感型电感传感器为差动变压器型传感器。这种传感器也被称为线性可变差动变压器(Linear Variable Differential Transformer，LVDT)。差动变压器是指把被测的非电量变化转换成线圈互感量的变化。这种传感器是根据变压器的基本原理制成的，并且次级绕组用差动的形式连接，故称为差动变压器式传感器。

差动变压器结构形式较多，有变隙式、变面积式和螺线管式等，变隙式和变面积式差动变压器的结构示意图如图 3-22 所示。

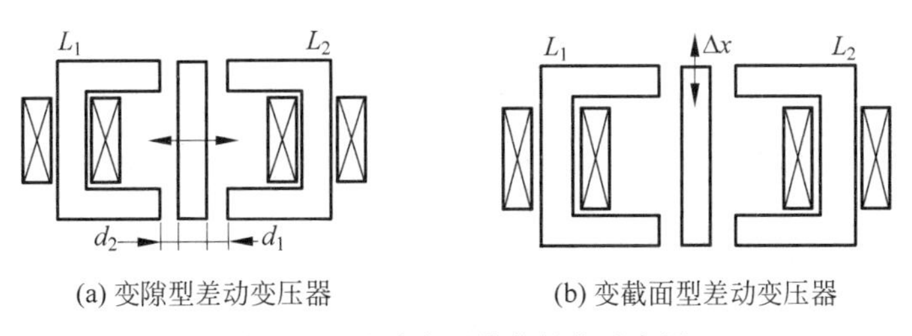

图 3-22　差动变压器的结构示意图

在非电量测量中，应用最多的是螺线管式差动变压器，它可以测量 1～100mm 机械位移，并具有测量精度高、灵敏度高、结构简单、性能可靠等优点。螺线管式差动变压器的结构如图 3-23(a)所示，主要由一个初级线圈、两个次级线圈和插入线圈中央的圆柱形铁芯等组成。

螺线管式差动变压器传感器中的两个次级线圈反相串联，并且在忽略铁损、导磁体磁阻和线圈分布电容的理想条件下，其复域表达的等效电路如图 3-23(b)所示。当初级绕组加

以激励电压 V_s 时,根据变压器的工作原理,在两个次级绕组中便会产生感应电势 E_{s1} 和 E_{s2}。如果工艺上保证变压器结构完全对称,则当活动衔铁处于初始平衡位置时,必然会使两互感系数相等,即 $M_1=M_2$。根据电磁感应原理,将有 $E_{s1}=E_{s2}$。由于变压器两个次级绕组反相串联,因而输出电压 $V_o=E_{s1}-E_{s2}=0$,即差动变压器输出电压为零。

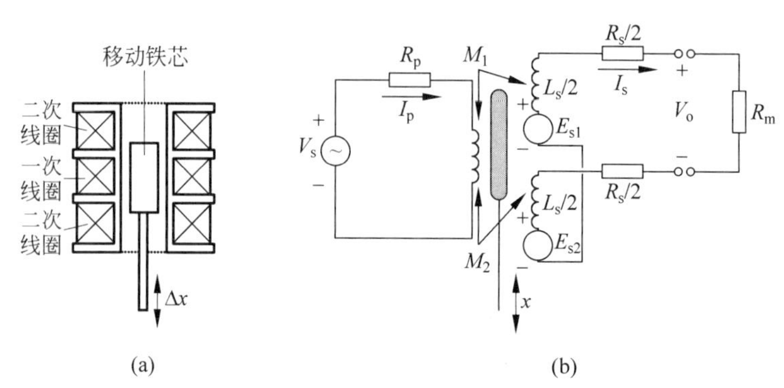

图 3-23 螺线管式差动变压器的等效电路图

当活动衔铁向上移动或向下移动时,会导致一个线圈有较大的互感,而另一个线圈有较小的互感,随着衔铁位移 x 变化时,V_o 也必将随 x 而变化。

当差动变压器的输出端开路时,对于变压器原边,时域表达时由基尔霍夫定律有

$$I_pR_p+L_p\frac{dI_p}{dt}-V_s=0 \tag{3-18}$$

在次级线圈上感应的电势为

$$E_{s1}=M_1\frac{dI_p}{dt} \tag{3-19}$$

$$E_{s2}=M_2\frac{dI_p}{dt} \tag{3-20}$$

次级线圈的输出电压为

$$V_o=E_{s1}-E_{s2}=(M_1-M_2)\frac{dI_p}{dt} \tag{3-21}$$

用 D 算子来表达微分,并将式(3-18)代入式(3-21)有

$$V_o=E_{s1}-E_{s2}=(M_1-M_2)\frac{D}{L_pD+R_p}V_s \tag{3-22}$$

当次级线圈带上负载后,次级回路中将有电流 I_s 流过。于是用 D 算子表达的回路电压和输入输出关系为

$$I_pR_p+L_pDI_p-(M_1-M_2)DI_s-V_s=0 \tag{3-23}$$

$$(M_1-M_2)DI_p+(R_s+R_m)I_s+L_sDI_s=0 \tag{3-24}$$

以及

$$\frac{V_o}{V_s}(D)=\frac{R_m(M_1-M_2)D}{[(M_1-M_2)^2+L_pL_s]D^2+[L_p(R_s+R_m)+L_sR_p]D+(R_s+R_m)R_p} \tag{3-25}$$

差动变压器的输入输出关系不但与幅值有关,而且与信号频率和相位有关。解决这个问题的方案之一是对差动变压器配置相敏解调电路,方案之二是对差动变压器配置整流与滤

波电路，将交流信号转变为直流信号。图 3-24(a)就是一种方案二的电路形式。在图 3-24(a)的上部整流电路中，当 e 为正 f 为负时，电流路径为 $fehabgf$，而当 f 为正 e 为负时，电流路径为 $fgabhef$。因此流经电阻 R 的电流始终从 c 点至 d 点。图 3-24(a)中的右侧整流电路情况也相同。输出电压则是

$$V_o = V_{ab} + V_{cd}$$

输出电压的波形如图 3-24(b)所示，该信号再经 RC 滤波即可得到直流信号。当差动变压器的铁芯位于中央时，输出电压为零，当差动变压器的铁芯向左移动或向右移动时，输出电压的大小与铁芯位移量成正比，方向由铁芯的运动方向而定。

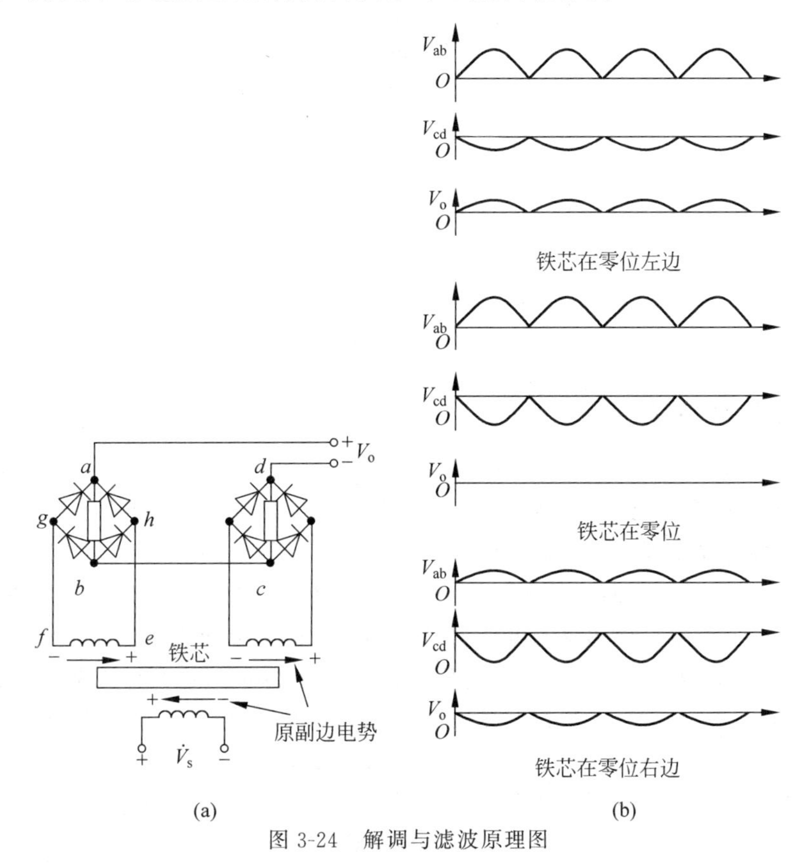

图 3-24　解调与滤波原理图

如图 3-25 所示的为线性可变差动变压器用于板材厚度检测的一个例子。图 3-25 中有两个 LVDT 分别检测有板材时和无板材时的位移量，将其差值进行放大便得板材的厚度。

例 3-3　一个 LVDT 的铁芯最大移动范围是±1.5cm，在该范围的线性度是±0.3%，其传递函数为 23.8mV/mm。若用其来跟踪一运动范围是−1.2～+1.4cm 的工件，问其输出电压是多少？由于非线性产生的位置误差是多少？

解：输出电压分别为

$$V(-1.2\text{cm}) = 23.8\text{mV/mm} \times (-12\text{mm}) = -286.6\text{mV}$$

$$V(1.4\text{cm}) = 23.8\text{mV/mm} \times 14\text{mm} = 333\text{mV}$$

测量不确定度为

$$(\pm 0.003) \times 23.8\text{mV/mm} = \pm 0.0714\text{mV/mm}$$

对应的测量电压范围是

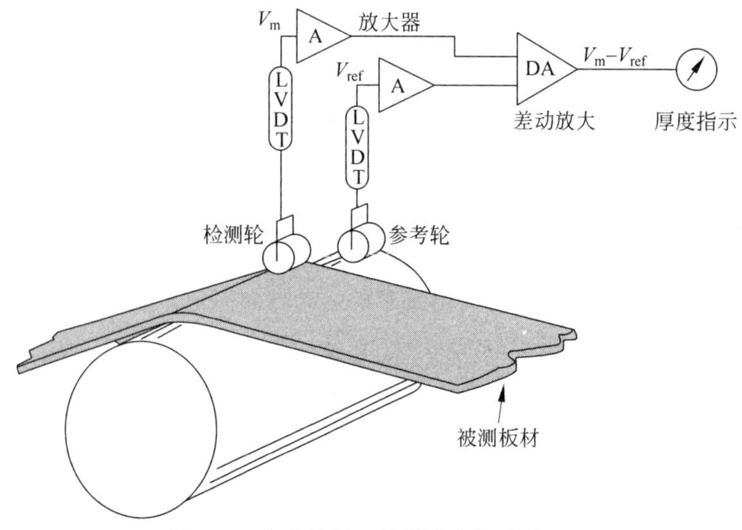

图 3-25 位移计用于板材厚度检测原理图

$$23.8\text{mV/mm}-0.0714\text{mV/mm}=23.73\text{mV/mm}$$
$$23.8\text{mV/mm}+0.0714\text{mV/mm}=23.87\text{mV/mm}$$

3.1.4 压电位移传感器

压电式传感器(Piezoelectric Sensor)是利用某些具有压电效应的电介质材料(如石英晶体)制成的。有些电介质材料在一定方向上受到外力(压力或拉力)作用而变形时,在其表面上产生电荷从而可以实现对非电量的检测。压电效应分为正向压电效应和逆向压电效应。某些电介质,当沿着一定方向对其施加外力而使它变形时,内部就产生极化现象,相应地会在它的两个表面上产生符号相反的电荷,当外力去掉后,又重新恢复到不带电状态,这种现象称为压电效应。当外力方向改变时,电荷的极性也随之改变,这种将机械能转换为电能的现象,称为正压电效应。相反,当在电介质极化方向施加电场时,这些电介质也会产生一定的机械变形或机械应力,这种现象称为逆向压电效应,也称为电致伸缩效应。

具有压电效应的材料主要包括压电晶体(如石英 SiO_2)、压电陶瓷(如钛酸钡、钛酸铅、铌镁酸铅等)和高分子压电材料(如聚二氟乙烯和聚氯乙烯等)。

1. 压电效应

石英晶体是典型的压电晶体,我们以石英晶体为例来说明其原理。天然结构的石英晶体外形示意图如图 3-26(a)所示。它是一个正六面体。石英晶体各个方向的特性是不同的(各向异性体),可以用三个相互垂直的轴来表示,其中纵向轴 z 称为光轴(或称为中性轴),经过六面体棱线并垂直于光轴的 x 称为电轴,与 x 和 z 轴同时垂直的轴 y 称为机械轴,如图 3-26(b)所示。通常把沿电轴 x 方向的力作用下产生电荷的压电效应称为纵向压电效应,而把沿机械轴 y 方向的力作用下产生电荷的压电效应称为横向压电效应。而沿光轴 z 方向的力作用时不产生压电效应。

若从晶体上沿 y 方向切下一块如图 3-26(c)所示的晶片,当沿电轴方向施加作用力 F_x 时,则在与电轴 x 垂直的平面上将产生电荷,其大小为

$$q_x=d_xF_x \tag{3-26}$$

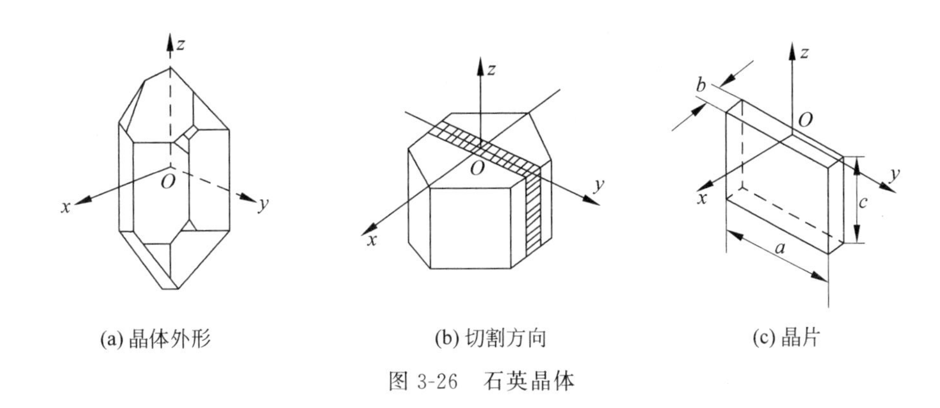

(a) 晶体外形　(b) 切割方向　(c) 晶片

图 3-26 石英晶体

式中 F_x——x 方向受的力，N；

d_x——x 方向受力的压电系数，C/N。

若在同一切片上，沿机械轴 y 方向施加作用力 F_y，则仍在与 x 轴垂直的平面上产生电荷 q_y，其大小为

$$q_y = d_y \frac{a}{b} F_y \tag{3-27}$$

式中 d_y——y 轴方向受力的压电系数，根据石英晶体的对称性，有 $d_y = -d_x$；

a, b——晶体切片的长度和厚度，如图 3-26(c)所示。

电荷 q_x 和 q_y 的符号一方面可区分压电体是受压力还是受拉力决定，另外一方面也表示沿 x 轴施加的压缩力所产生的电荷极性与沿 y 轴施加的压缩力所产生的电荷极性相反。

人工制造的压电陶瓷则是多晶体压电材料。材料的内部晶粒有许多自发极化的电畴，具有一定的极化方向。压电陶瓷材料在没有进行极化处理时，不具有压电效应，是非压电材料。对压电陶瓷材料进行极化处理(即给压电陶瓷施加外电场，使电畴的极化方向发生转动，趋向外电场方向规则排列)后，压电陶瓷材料具有压电效应，并且材料具有极高的压电系数。另外，高分子压电材料经过拉伸和极化等特殊处理后，也同压电陶瓷一样具备压电效应，并且具有很高的压电系数和较好的材料特性。

2. 压电传感器与调理电路

压电式传感器的基本原理就是利用压电材料的压电效应特性，即当有力作用在压电材料上时，传感器就有电荷(或电压)输出。

由于外力作用而在压电材料上产生的电荷只有在无泄漏的情况下才能保存，即需要测量回路具有很高的输入阻抗。解决这个问题的方法之一是采用运算放大器进行高阻转换；方法之二是尽量使压电材料在交变力的作用下，电荷可以不断补充，以供给测量回路一定的电流，故适用于动态测量。

图 3-27(a)是运用运算放大器构成的阻抗转换电路图。我们将上面对石英晶体的讨论分析建立在一个定量的基础上，石英晶体产生的电荷可以表述为

$$Q = K_q x_i \tag{3-28}$$

式中 K_q——压电系数，C/cm；

x_i——晶体变形，cm。

我们可以将图 3-27(a)的电荷发生器等效为一个电流发生器，如图 3-27(b)和图 3-27(c)

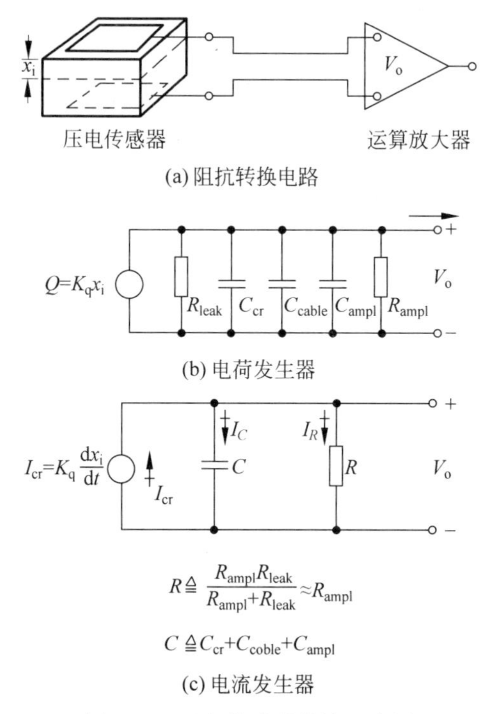

图 3-27　压电传感器等效电路图

所示，则有

$$I_{cr}=\frac{dQ}{dt}=K_q\frac{dx_i}{dt} \tag{3-29}$$

注意到

$$I_{cr}=I_C+I_R$$

因此有

$$V_o=V_C=\frac{\int I_C dt}{C}=\frac{\int (I_{cr}-I_R)dt}{C}$$

$$C\frac{dV_o}{dt}=I_{cr}-I_R=K_q\frac{dx_i}{dt}-\frac{V_o}{R} \tag{3-30}$$

对式(3-30)用 D 算子进行表达有

$$\frac{V_o}{x_i}(D)=\frac{K\tau D}{\tau D+1} \tag{3-31}$$

式中　K——灵敏度，$K=K_q/C$；

τ——时间常数，$\tau=RC$。

式(3-31)也说明了上面所讨论的压电传感器对于一个恒定的位移输入 x_i 的稳态响应为零。

电荷放大器常作为压电传感器的输出转换电路，它由一个带有反馈电容 C_f 的高增益运算放大器构成，等效电路如图 2-20 所示。由于传感器的漏电阻 R_{leak} 和电荷放大器的输入电阻 R_{ampl} 很大，可以看作开路，而运算放大器输入阻抗极高，在其输入端几乎没有分流，故

可略去 R_{leak} 和 R_{ampl} 并联电阻，参见 2.2.1 节。电荷放大器可克服线路分布电容等因素的影响，其输出只与反馈电容有关，即

$$V_o = -\frac{Q}{C_f} \tag{3-32}$$

单片压电元件产生的电荷量非常微弱，为了提高压电传感器的输出灵敏度，在实际应用中常采用将两片(或两片以上)同型号的压电元件黏结在一起。由于压电材料的电荷是有极性的，因此接法也有两种，如图 3-28 所示。从作用力看，元件是串接的，因而每片受到的作用力相同，产生的变形和电荷数量大小都与单片时相同。图 3-28(a)是两个压电片的负端黏结在一起，中间插入的金属电极成为压电片的负极，正电极在两边的电极上。从电路上看，这是并联接法，类似两个电容的并联。所以，外力作用下正负电极上的电荷量增加了 1 倍，电容量也增加了 1 倍，输出电压与单片时相同。图 3-28(b)是两压电片不同极性端黏结在一起，从电路上看是串联的，两压电片中间黏结处正负电荷中和，上、下极板的电荷量与单片时相同，总电容量为单片的 1/2，输出电压增大了一倍。

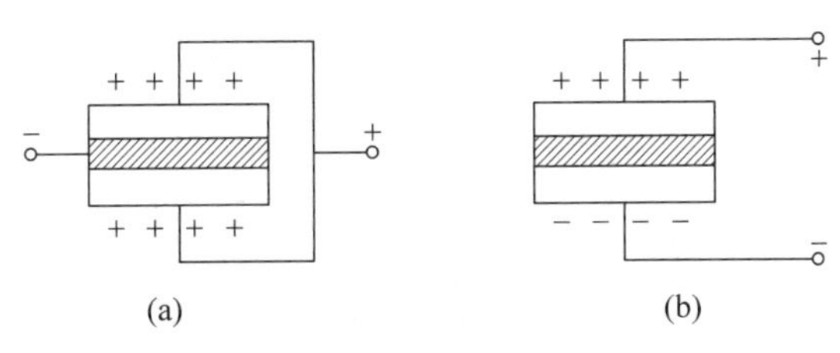

图 3-28　压电元件连接方式图

在上述两种接法中，并联接法输出电荷大、本身电容大、时间常数大，适宜用在测量缓慢变化信号并且以电荷作为输出量的场合。而串联接法输出电压大、本身电容小，适宜用于以电压作输出信号，并且测量电路输入阻抗很高的场合。部分压电型传感器的结构如图 3-29 所示。

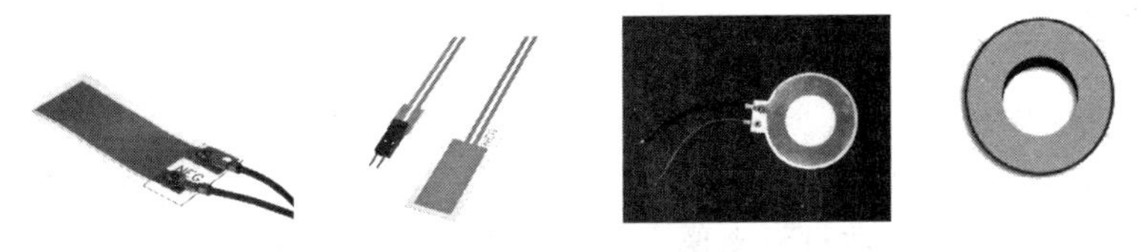

图 3-29　部分压电传感器图

3.2　应变传感器

导体或半导体材料在外界力的作用下产生机械变形时，电阻值会相应地发生变化，这种现象称为应变效应。电阻应变片的工作原理就是基于应变效应。应变效应是基于弹性体一些基本性质的，可参阅 3.8.3 节。应变传感器不但可以用来测量位移，还可以用来测量压力等其他参数。

3.2.1　应力与应变

在讨论应变传感器之前，先简要介绍应力(Stress)、应变(Strain)、弹性模量(Modulus

of Elasticity)及泊松比(Poisson's Ratio)的概念。

应力定义为单位面积上所受的力,即 F/A,如图 3-30 所示。同时也规定使物体拉长的拉应力为正,而使物体压缩的压应力为负。应力作用的结果是使物体产生变形,也即应变。应变定义为物体受到应力后长度的变化与物体未受到应力时原有长度之比,也可以说是物体在受到应力后产生的长度相对变化量,$\varepsilon=\Delta l/l$。同样规定拉伸应变为正,压缩应变为负。在一定范围内对某一物体来说,应变与应力呈线性关系,直线的斜率就称作物体的弹性模量,或者说,弹性模量是物体产生单位应变所需的应力,即

$$E=\frac{F/A}{\Delta l/l} \tag{3-33}$$

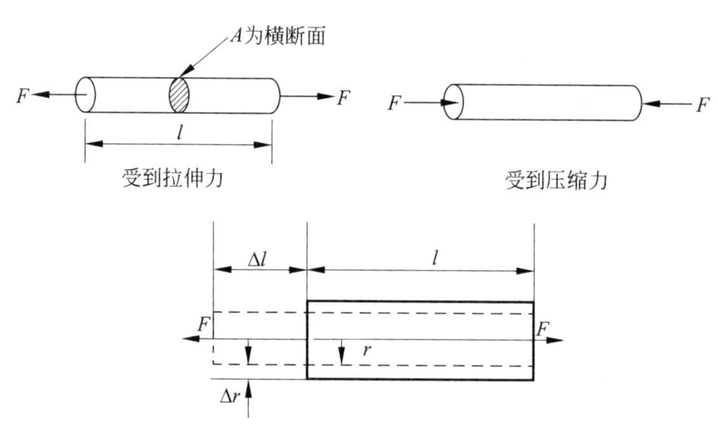

图 3-30 应力与应变

对于线性拉伸或压缩,弹性模量称作杨氏模量,对于剪切应力,相关的弹性模量称作剪切模量。部分材料的弹性模量如表 3-1 所示。物体受到纵向应变时(即应变方向与应力方向一致),物体同样会有横向变形,也即会有横向应变产生,如图 3-31 所示。纵向应变与横向应变的关系为

$$\varepsilon_{\mathrm{T}}=-\nu\varepsilon_{\mathrm{L}} \tag{3-34}$$

式中 ε_{T}——纵向应变;

ε_{L}——横向应变;

ν——泊松比,对于多数材料来说,ν 的大小为 0.25~0.4。

表 3-1 部分材料的弹性模量

材料	弹性模量/($\mathrm{N\cdot m^{-2}}$)
铝	6.89×10^{10}
铜	11.73×10^{10}
钢	20.70×10^{10}
聚乙烯	3.45×10^{8}

例 3-4 1000N 的力作用在长度为 10m 断面为 $4\times10^{-4}\mathrm{m}^2$ 的铝梁上,求其应变为多少?

解:由表 3-1 有 $E=6.89\times10^{10}\mathrm{N/m^2}$。根据式(3-33),有

$$\Delta l/l=\frac{F}{EA}=\frac{10^3\mathrm{N}}{(4\times10^{-4}\mathrm{m}^2)\times(6.89\times10^{10}\mathrm{N/m}^2)}=3.63\times10^{-5}\mathrm{m/m}=36.3\mu\mathrm{m/m}$$

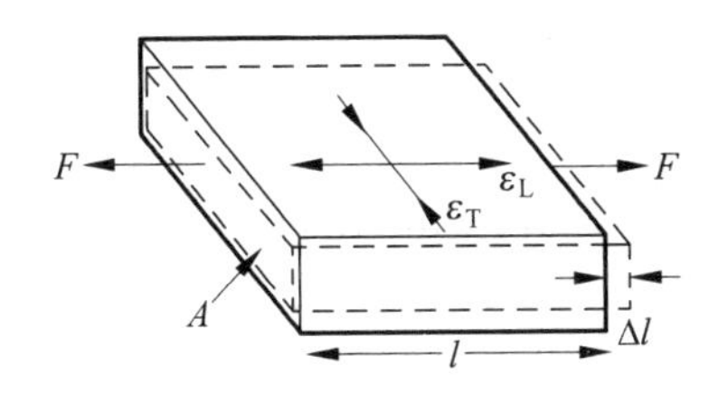

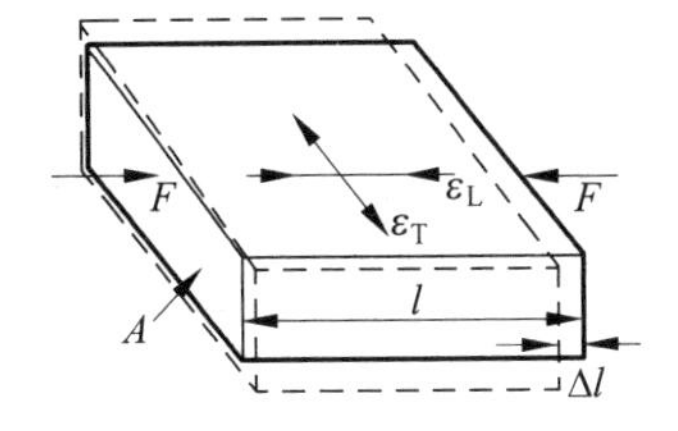

图 3-31　泊松比

3.2.2　应变计的基本原理

导体或半导体材料在外界力的作用下产生机械变形时，电阻值会相应地发生变化。对图 3-30 所示的金属电阻丝，在其未受力时，假设其初始电阻值为

$$R_0 = \rho \frac{l_0}{A_0} \tag{3-35}$$

式中　ρ——电阻丝的电阻率；

l_0——电阻丝的长度；

A_0——电阻丝的截面积。

当电阻丝受到轴向的拉力 F 作用时，将伸长 Δl，横截面积相应减小 ΔA，而导体材料的体积不会改变，将维持在 $V=l_0A_0$，即

$$V = l_0A_0 = (l_0 + \Delta l)(A_0 - \Delta A) \tag{3-36}$$

由于电阻率的变化相对来说非常小，在不考虑电阻率的影响时，当长度和面积都发生改变后，此时导体的电阻为

$$R = \rho \frac{l_0 + \Delta l}{A_0 - \Delta A} \tag{3-37}$$

将式(3-36)代入式(3-37)有

$$R \approx \rho \frac{l_0}{A_0}\left(1 + 2\frac{\Delta l}{l_0}\right) \tag{3-38}$$

拉伸作用引起的电阻值变化量为

$$\Delta R \approx 2R_0 \frac{\Delta l}{l_0} \tag{3-39}$$

式(3-39)说明电阻的变化与应变成正比。

例 3-5　求一个标称线电阻为 120Ω 的应变计，在产生 1000μm/m 应变时，电阻变化为多少?

解：

$$\Delta R \approx 2R_0 \frac{\Delta l}{l_0} = 2 \times (120\Omega \times 10^{-3}) = 0.24\Omega$$

3.2.3　金属应变计

金属电阻应变片可分为金属丝式应变片、金属箔式应变片和金属薄膜式应变片等。应变片的核心部分是敏感栅(即金属丝)，它粘贴在绝缘的基片上，在基片上再粘贴起保护作用的覆盖层，两端焊接引出导线，应变片的结构如图 3-32 所示。

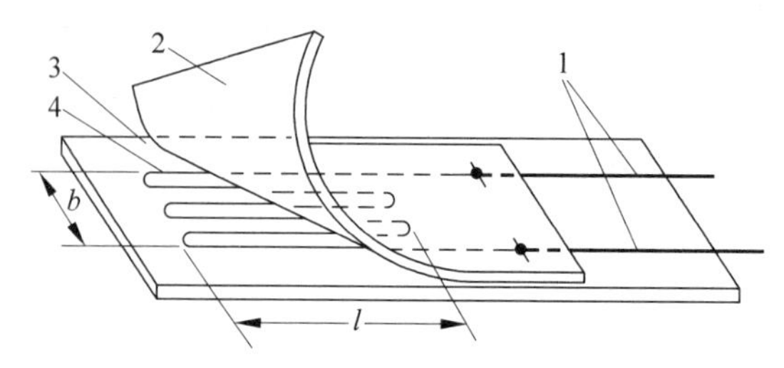

图 3-32　金属应变计结构图

1—引出线；2—覆盖层；3—基底；4—金属电阻丝

金属电阻应变片的敏感栅有丝式和箔式两种形式。丝式金属电阻应变片的敏感栅由直径为 0.01～0.05mm 的电阻丝平行排列而成，如图 3-33 所示。箔式金属电阻应变片是利用光刻、腐蚀等工艺制成的一种很薄的金属箔栅，其厚度一般为 0.003～0.01mm，可制成各种形状的敏感栅(如应变花)，其优点是表面积和截面积之比大，散热性能好，允许通过的电流较大，可制成各种所需的形状，便于批量生产。覆盖层与基片将敏感栅紧密地粘贴在中间，对敏感栅起几何形状固定和绝缘、保护作用，基片要将被测体的应变准确地传递到敏感栅上，因此它很薄，一般为 0.03～0.06mm。此外它还具有良好的绝缘性能、抗潮性能和耐热性能。基片和覆盖层的材料有胶膜、纸、玻璃纤维布等。几种常用的箔式金属电阻应变片的基本形式如图 3-34 所示。

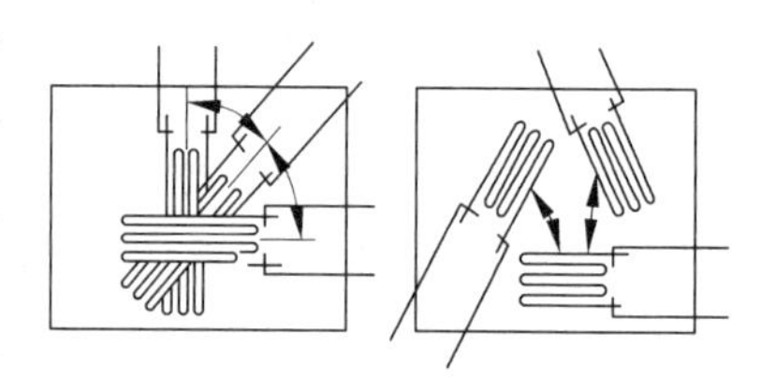

图 3-33　丝式金属电阻应变计结构图

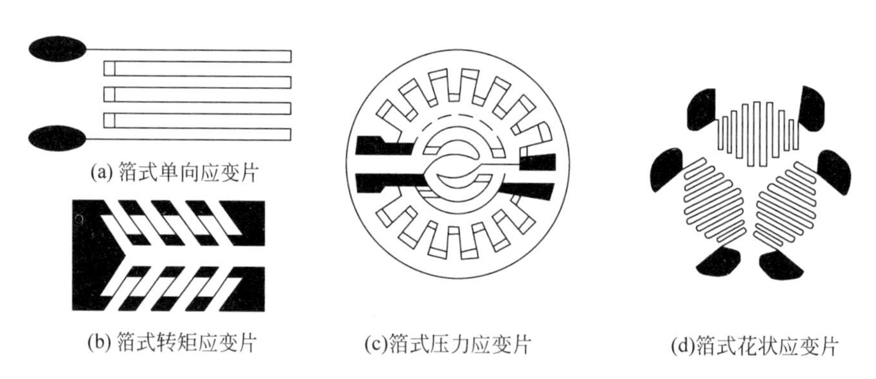

图 3-34　箔式金属电阻应变计结构图

制造应变片敏感元件的材料主要有铜镍合金、镍铬合金、铁铬铝合金、铁镍铬合金和贵金属等。目前应用最广泛的应变丝材料是康铜(含 45%的镍和 55%的铜)，这是由于它有如下优点。

(1) 灵敏系数稳定性好，不但在弹性变形范围内能保持为常数，进入塑性变形范围内也基本上能保持为常数。

(2) 电阻温度系数较小且稳定，当采用合适的热处理工艺时，可使电阻温度系数在 $\pm 50\times 10^{-6}$/℃内。

(3) 加工性能好，易于焊接。

电阻应变片的性能参数主要包括灵敏度系数(即应变片电阻值的相对变化量 $\Delta R/R$ 与沿应力方向的应变 ε 之比)、应变片的电阻值 R_0(即应变片未粘贴时,在室温下所测得的电阻值。一般情况下,R_0 越大,允许的工作电压也越大,有利于灵敏度的提高。常用的 R_0 值的大小有 60Ω、120Ω、250Ω、350Ω、1000Ω 等,其中以 120Ω 最为常用)、绝缘电阻值(即已粘贴的应变片的敏感栅以及引出线与被测件之间的电阻值)、最大工作电流(也称为允许电流,是指已安装的应变片允许通过敏感栅而不影响其工作特性的最大电流 I_{max}。工作电流越大,输出信号越大,灵敏度越高)、应变极限(即在温度一定时,应变片的指示应变值和真实应变值的相对误差不超过 10%,应变片所能达到的最大应变值称为应变极限)、应变片的机械滞后和横向效应等。

3.2.4 半导体应变计

半导体应变计(Semiconductor Strain Gauge,SSG)是用半导体材料制成的,其工作原理是基于半导体材料的压阻效应。因此半导体应变计也被称为压阻传感器。

当半导体材料受到某一轴向外力作用时,其电阻率 ρ 发生变化的现象称为半导体材料的压阻效应。当半导体应变片受轴向力作用时,其电阻率的相对变化量为

$$\frac{\Delta\rho}{\rho}=k\sigma=kE\varepsilon \tag{3-40}$$

式中 k——半导体材料的压阻系数;

σ——半导体材料所承受的应变力,$\sigma=\varepsilon E$;

E——半导体材料的弹性模量;

ε——半导体材料的应变。

由于要考虑电阻率的影响,当电阻丝受到拉力 F 作用时,将伸长 Δl,横截面积相应减小 ΔA,电阻率因材料晶格发生变形等因素影响而改变了 $\Delta\rho$,从而引起电阻值相对变化量为

$$\frac{\Delta R}{R}=\frac{\Delta l}{l}-\frac{\Delta A}{A}+\frac{\Delta\rho}{\rho} \tag{3-41}$$

设 r 为电阻丝的半径(见图 3-30),微分后可得 $\Delta A=2\pi r\,\mathrm{d}r$。注意到在弹性范围内,金属丝受拉力时,沿轴向伸长,沿径向缩短,令 $\Delta l/l=\varepsilon$ 为金属电阻丝的轴向应变,那么轴向应变和径向应变的关系可表示为

$$\frac{\Delta r}{r}=-\nu\frac{\Delta l}{l}=-\nu\varepsilon \tag{3-42}$$

式中 ν——电阻丝材料的泊松比,负号表示应变方向相反。

注意到式(3-40)时,则电阻的相对变化量为

$$\frac{\Delta R}{R}=(1+2\nu)\varepsilon+\frac{\Delta\rho}{\rho}=(1+2\nu)\varepsilon+kE\varepsilon=(1+2\nu+kE)\varepsilon \tag{3-43}$$

一般情况下,kE 比 $1+2\nu$ 大两个数量级左右,即 $kE>(1+2\nu)$,这样可略去 $1+2\nu$,我们对半导体应变计用灵敏系数来表达,其值近似为

$$K=\frac{\frac{\Delta R}{R}}{\varepsilon}\approx kE \tag{3-44}$$

式(3-44)说明对半导体应变计的应变可直接引起电阻的变化,也被称为仪表系数。通常,半导体应变片的灵敏系数比金属丝式高50～80倍,其主要缺点是温度系数大,应变时的非线性比较严重,因此应用范围受到一定的限制。

半导体应变片可分为体型半导体应变片、扩散型半导体应变片、薄膜型半导体应变片和PN结元件等。

3.2.5 应变计的信号调理

由于机械应变一般都很小,要把微小应变引起的微小电阻变化测量出来,比较困难。另外对变量电阻的测量也比较麻烦,通常要将其转换为电压或电流信号来测量。因此,需要有专用测量电路来实现应变变化量对电阻变化量或电压变化量的转换。通常采用直流电桥或交流电桥来承担这项工作。若将组成桥臂的一个或几个电阻换成电阻应变片,就构成了应变测量电桥。根据电桥供电电压的性质,测量电桥可以分为直流电桥和交流电桥;如果按照测量方式,测量电桥又可以分为平衡电桥和不平衡电桥。下面介绍直流电桥。

对于不平衡电桥我们可将图2-23重画,假设R_1就是应变计R_A,如图3-35所示。如果定义应变计的仪表系数为单位应变可引起应变计电阻的相对变化,即

$$\mathrm{GF}=\frac{\Delta R_A/R_A}{\varepsilon}=\frac{\Delta R_A/R_A}{\Delta l/l} \tag{3-45}$$

由式(2-23)可得

$$V_o=-\frac{V_s}{4}\frac{\Delta R_A}{R_A}=-\frac{V_s}{4}\mathrm{GF}\varepsilon \tag{3-46}$$

式(3-46)说明通过信号调理我们可以直接测量桥路输出电压来得到应变参数。

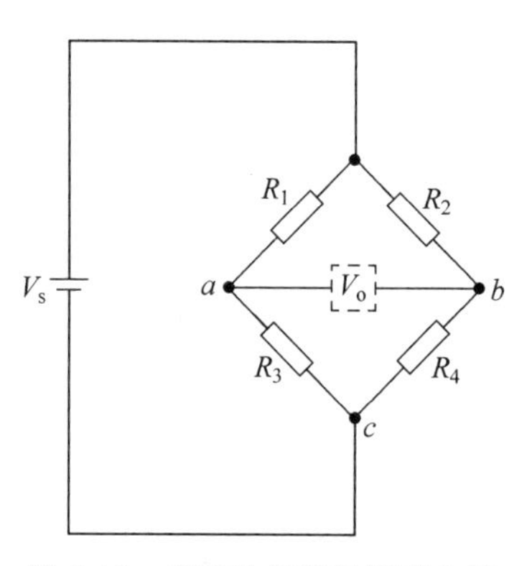

图3-35　应变计与信号调理电路

例3-6　有一只GF=2.03的应变计,其桥路电阻$R_A=350\Omega$,且$R_1=R_2=350\Omega$,补偿应变片$R_D=350\Omega$,如图3-35所示。如果$V_s=10\text{V}$,在测量电阻产生1450μm/m的应变时,其偏置电压为多少?并求零位补偿电压与应变之间的关系。若应变为1micro,输出电压为多少?

解:由式(3-46)可得

$$V_o=-\frac{V_s}{4}\mathrm{GF}\varepsilon=-\frac{1}{4}\times 10\text{V}\times 2.03\times(1.45\times 10^{-3})=0.007\text{V}$$

零位补偿电压与应变之间的关系可由式(3-46)给出,即

$$V_o=-5.075\varepsilon$$

可见1micro可对应5.075μV。

对于平衡电桥的工作原理可参见5.2.3节。

由于应变片的敏感栅是由金属或半导体材料制成的,因此工作时既能感受应变,又是温度的敏感元件。信号调理同样还应对温度的影响进行补偿。

假如电阻丝阻值随温度变化的关系可用下式表示:

$$R_T=R_0(1+\alpha_0\Delta T) \tag{3-47}$$

式中　R_T——温度为T时的电阻值,Ω;

R_0——温度为 T_0 时的电阻值，Ω；

α_0——温度为 T_0 时金属丝的电阻温度系数，1/℃；

ΔT——温度变化值，$\Delta T = T - T_0$。

当温度变化 ΔT 时，电阻丝电阻的变化值为

$$\Delta R_T = R_T - R_0 = R_0 \alpha_0 \Delta T \tag{3-48}$$

例 3-7　在例 3-5 中，若 $\alpha_0 = 0.004/℃$，温度的变化量为 $\Delta T = 1℃$，问应变计的电阻变化为多少？

解：从式(3-48)可得

$$\Delta R_T = R_0 \alpha_0 \Delta T = 120\Omega \times (0.004/℃ \times 1℃) = 0.48\Omega$$

由此可见，温度的影响比应变本身的影响来得还要大。

最常用的且效果较好的线路补偿法是电桥补偿法(原理如图 3-35 所示)。将 R_3 换成补偿电阻即可，这时电桥输出电压 V_o 与桥臂参数的关系可由式(2-18)写为

$$V_o = K_C(R_2 R_D - R_1 R_A) \tag{3-49}$$

式中　K_C——由桥臂电阻和电源电压决定的常数；

R_A——工作应变片；

R_D——补偿应变片。

由式(3-49)可知，当 R_2 和 R_1 为常数时，R_A 和 R_D 对电桥输出电压 V_o 的作用方向相反。利用这一基本关系可实现对温度的补偿。当温度升高或降低 ΔT 时，两个应变片因温度相同而引起的电阻变化量相等($\Delta R_{AT} = \Delta R_{DT}$)，电桥仍处于平衡状态。测量应变时，工作应变片 R_A 粘贴在被测试件表面上，补偿应变片 R_D 粘贴在与被测试件材料完全相同的补偿块上，且仅工作应变片承受应变即可实现对温度的补偿作用。

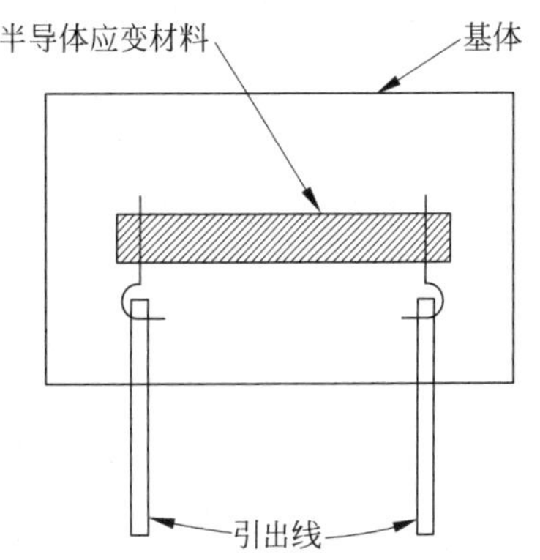

图 3-36　半导体应变传感器的结构图

对于半导体应变传感器，由于其半导体的制作工艺，可将测量传感器与信号调理桥路制作在同一硅片上，这可使得传感器的工艺一致性更好、灵敏度更均衡。这种体积小、集成度高、性能好的传感器在工业中得到越来越广泛的应用。图 3-36 是一种半导体应变传感器的结构图。

3.3　其他位移传感器

3.3.1　涡流式位移传感器

1. 电涡流效应

置于变化磁场中的块状金属导体或在磁场中作切割磁力线的块状金属导体，则在此块状金属导体内将会产生旋涡状的感应电流，该现象称为电涡流效应，该旋涡状的感应电流称为电涡流，简称涡流。

2. 电涡流传感器的工作原理

根据电涡流效应原理制成的传感器称为电涡流式传感器(Eddy Current Sensor)。将一

个通以正弦交变电流 I_1,频率为 f,外半径为 r_{os} 的扁平线圈置于金属导体附近,则线圈周围空间将产生一个正弦交变磁场 H_1,使金属导体中产生感应电涡流 I_2,I_2 又产生一个与 H_1 方向相反的交变磁场 H_2,如图 3-37 所示。根据楞次定律,H_2 的反作用必然削弱线圈的磁场 H_1。由于磁场 H_2 的作用,涡流要消耗一部分能量,导致传感器线圈的等效阻抗发生变化。线圈阻抗的变化取决于被测金属导体的电涡流效应。对其原理的说明可借助于如图 3-38 所示的等效电路进行分析。当传感器激励线圈远离被测体时,相当于次级开路,而一次绕组的电感和电阻分别为 L_{10} 和 R_{10},电路的总阻抗为

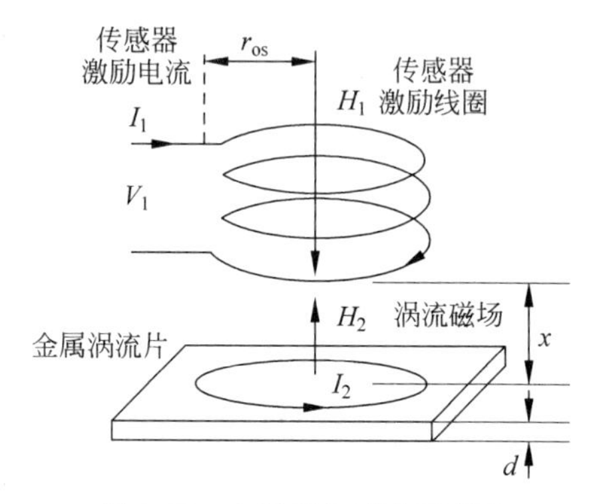

图 3-37 电涡流传感器原理图

$$Z_{10}=R_{10}+j\omega L_{10}$$

当线圈靠近金属导体时,导体中产生涡流 I_2,并产生磁场 H_2 对涡流线圈产生反作用,次级通过互感对初级线圈产生作用。设电流为正反向,则该等效电路基于基尔霍夫第二定律的回路方程为

$$R_{10}\dot{I}_1+j\omega L_{10}\dot{I}_1-j\omega M\dot{I}_2=\dot{V}_1$$

$$R_2\dot{I}_2+j\omega L_2\dot{I}_2=j\omega M\dot{I}_1$$

解方程可得到传感器的等效阻抗为

$$Z_1=\frac{\dot{V}_1}{\dot{I}_1}=R_{10}+\frac{\omega^2M^2R_2}{R_2^2+(\omega L_2)^2}+j\omega\left[L_{10}-\frac{\omega^2M^2L_2}{R_2^2+(\omega L_2)^2}\right]$$

式中,$Z_1=R_1+j\omega L_1$。

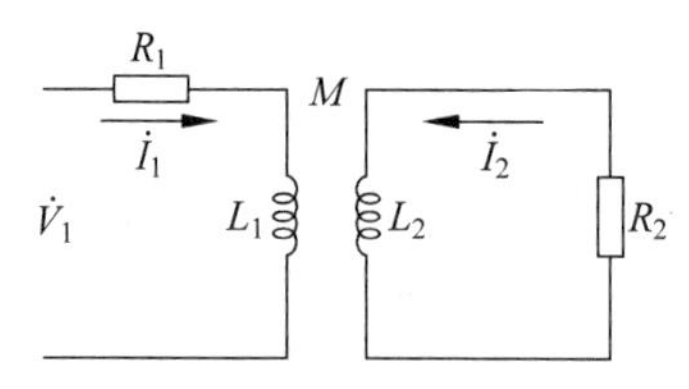

图 3-38 电涡流传感器等效电路图

等效电阻为

$$R_1=R_{10}+\frac{\omega^2M^2R_2}{R_2^2+(\omega L_2)^2}$$

等效电感为

$$L_1=L_{10}-\frac{\omega^2M^2L_2}{R_2^2+(\omega L_2)^2}$$

由上面分析可知,电涡流传感器中,凡是能引起 R_2、L_2、M 变化的物理量,均可引起传感器线圈和发生变化。同样,被测金属体的电导率 ρ、磁导率 μ、被测金属厚度 d、线圈与被测体之间的距离 x,以及激励线圈的角频率 ω 等都可对涡流效应和线圈阻抗 Z 发生关系,使之发生变化。因此,传感器线圈的等效阻抗 Z 和这些参数的函数关系式为

$$Z=F(\rho,\mu,x,d,\omega)$$

如果保持上式中其他参数不变，而只使其中一个参数发生变化，则传感器线圈的阻抗 Z 就仅仅是这个参数的单值函数。通过与传感器配用的测量电路测出阻抗 Z 的变化量，即可实现对该参数的测量。如图 3-39 所示的是电涡流传感器的结构示意图。当 x 改变时，电涡流密度也发生变化，即电涡流强度随距离 x 的增大而迅速减小。这是由于电涡流在金属导体上分布不均所造成的。根据线圈与导体系统的电磁作用，金属导体表面的电涡流强度与距离 x 的近似为

$$I_2=I_1\left(1-\frac{x}{\sqrt{x^2+r_{os}^2}}\right) \tag{3-50}$$

式中　I_1——激励线圈中的电流；

I_2——金属导体中涡流的等效电流；

x——激励线圈到金属导体表面的距离；

r_{os}——线圈的外径。

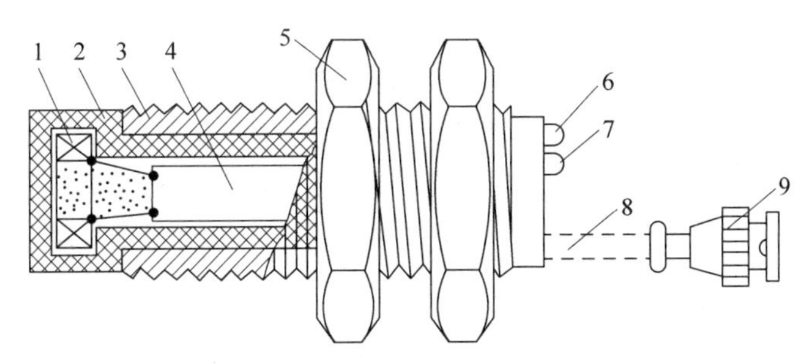

图 3-39　电涡流传感器结构图

1—电涡流线圈；2—探头外壳；3—位置调节螺纹；4—内部电路板；5—固定螺母；6、7—指示灯；8—输出电缆；9—电缆插头

根据式(3-50)可作出 I_2/I_1 与 x/r_{os} 之间的归一化曲线，如图 3-40 所示。

3. 电涡流传感器的转换电路

由于电涡流传感器是将探头与被测金属之间的距离转换成了线圈的等效阻抗与品质因数等参数，而这些参数也是比较难于测量的，因此还要将这些参数调理为频率信号或电压信号。

用于电涡流传感器的测量电路主要有调频式和调幅式电路两种。

1）调频式电路

传感器线圈接入 LC 振荡回路，当传感器与被测导体距离 x 改变时，在涡流影响下，传感器的电感变化，将导致振荡频率的变化，该变化的频率是距离 x 的函数，即 $f=L(x)$，该频率可由数字频率计直接测量，或者通过 f-V 变换，用数字电压表测量对应的电压。振荡器测量电路如图 3-41 所示。

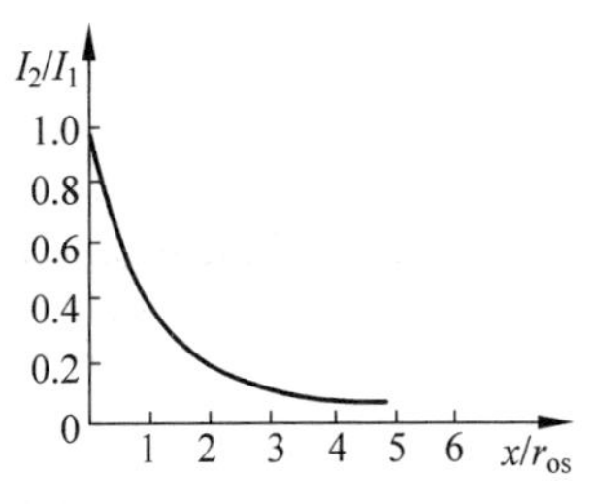

图 3-40　电涡流强度与距离归一化曲线

2）调幅式电路

由传感器线圈 L、电容器 C 和石英晶体组成的石英晶体振荡电路如图 3-42 所示。石英晶体振荡器起恒流源的作用，

给谐振回路提供一个频率 f_0 和稳定的激励电流 I_o，LC 回路输出电压为

$$V_o = I_o Z \tag{3-51}$$

式中　Z——LC 回路的阻抗。

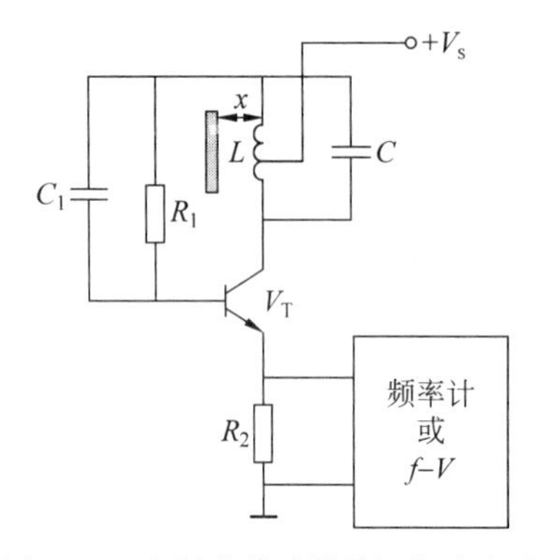

图 3-41　电涡流传感器的调频式电路

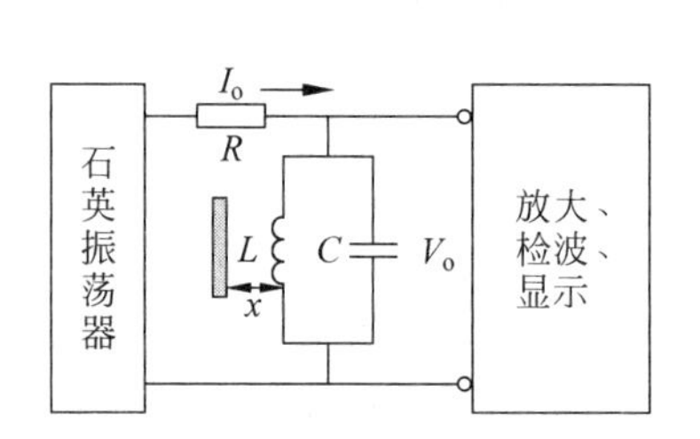

图 3-42　电涡流传感器的调幅式电路

当金属导体远离或去掉时，LC 并联谐振回路谐振频率即为石英振荡频率 f_0，回路呈现的阻抗最大，谐振回路上的输出电压也最大；当金属导体靠近传感器线圈时，线圈的等效电感 L 发生变化，导致回路失谐，从而使输出电压降低，L 的数值随距离 x 的变化而变化。因此，输出电压也随 x 而变化。输出电压经放大、检波后，由指示仪表直接显示出 x 的大小。

3.3.2　光纤式位移传感器

光纤传感器(Fiber-Optic Sensor)的工作原理是将光源入射的光束经由光纤送入调制器，在调制器内与外界被测参数的相互作用，使光的光学性质(如光的强度、波长、频率、相位、偏振态等)发生变化，成为被调制的光信号，再经过光纤送入光电器件，经解调器后获得被测参数。光纤传感器的基本原理可参见 6.4 节。

光纤位移传感器的一种结构原理如图 3-43(a)所示，主要由两块波形板和一根多模光纤组成。波形板中的一块是活动板，另一块是固定板。波形板一般采用尼龙、有机玻璃等非金属材料制成。一根多模光纤从一对波形板之间通过，当活动板受到位移或压力作用时，多模

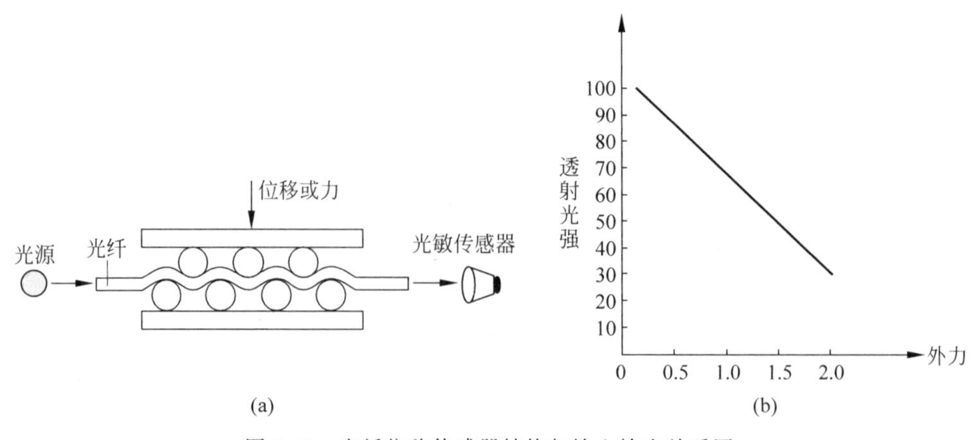

图 3-43　光纤位移传感器结构与输入输出关系图

光纤就会发生微弯曲，引起传播光的光能散射损耗。如果活动板所受压力较小(即活动板与固定板之间的位移较大)时，引起传播光的散射损耗就小，光纤芯模的输出光强度就大；反之，光纤芯模的输出光强度就小。光纤位移传感器表明了光纤微弯对传播光的影响。光纤芯模的透射光强与压力的关系如图 3-43(b)所示。可见通过检测光纤芯模的透射光强，可以测量位移的大小。

另一种光纤微位移传感器是 Y 形光纤微位移传感器，其测量原理如图 3-44 所示。测量系统主要由 Y 形光纤微位移传感器、光电二极管、放大与处理电路等组成，如图 3-44(a)所示。其中，Y 形光纤微位移传感器由光源入射光纤、接收光纤和包层等组成。一根光纤表示入射光线，另一根光纤表示反射光线。测量时光纤的轴线与被测面须保持垂直状态，且光纤与被测物反射面的微位移(S)应在 4mm 以内。光源经多股发射光缆传到被测物体表面，光纤端口处光线呈圆锥状扩散，照射到物体表面；被测物反射光的一部分再经多股接收光缆传到光敏元件，接收光范围同样是圆锥状，所以照射光圆锥与接收光圆锥相重叠部分的光线强度将被检测输出。随着被测物体的位移变化，重叠部分的光强也发生变化，根据光强信号就可以检测位移，如图 3-44(b)所示。为了增加反射光强度，可以对发射和接收光纤进行不同的组合，如随机排列(R)、半球排列(H)及同心内传(CTI)或同心外传(CTO)排列等，如图 3-44(c)所示。接收光强度与距离的关系如图 3-44(d)所示。在前后斜坡工作段元件有较好的直线性。光电二极管可将接收光纤的光强信号转换成电流信号(参见 6.2.2 节)，通过后续运放实现信号形式的变换，使反射光转换成电压输出，这种光纤微位移传感器还包括由折射平面所构成的棱镜等光学系统，它是由两个或两个以上的不平行的折射平面包围而成的透明媒质元件。

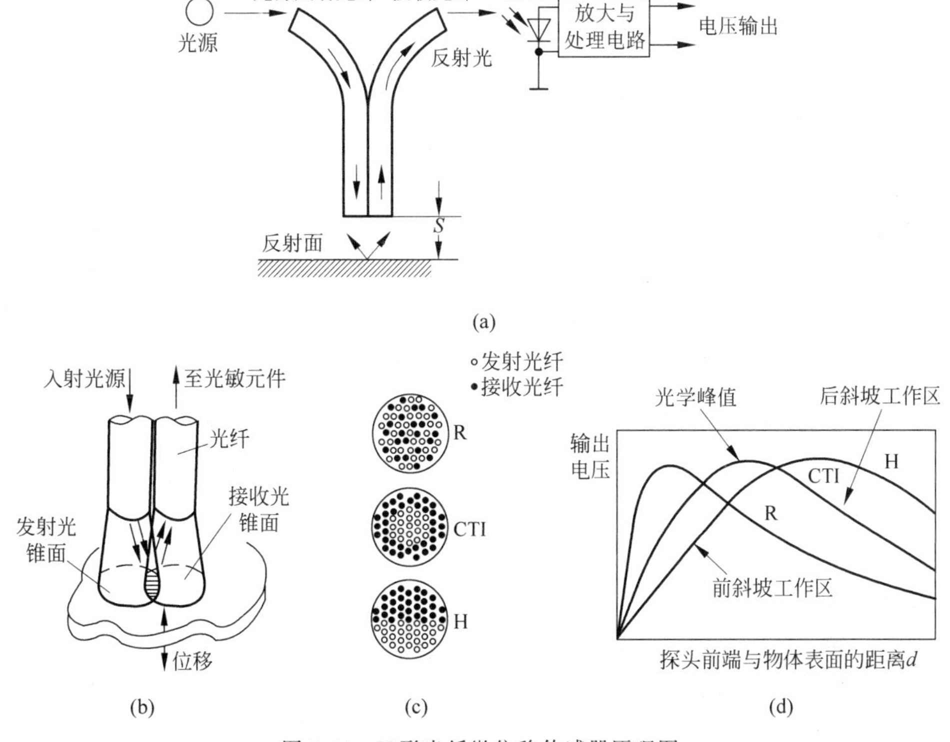

图 3-44　Y 形光纤微位移传感器原理图

3.3.3　挡板喷嘴式位移传感器

挡板喷嘴位移传感器(Flapper/Nozzle Displacement Sensor)是所有气动变送器的基础。它是由一个固定的节流孔与一个可变的节流孔(即挡板和喷嘴)组成,如图3-45所示。改变挡板和喷嘴之间的距离 x,也就改变了空气流的阻力和输出的压力 P。x 增加将引起阻力下降,压力也就下降。如果用体积 V 代表从传感器到指示器的传输线的容量,则挡板喷嘴位移传感器系统可以由一个固定电阻串联一个可变电阻(电位计),同时在可变电阻两端还并联了一个电容的等效电路来进行表达,如图3-46所示。

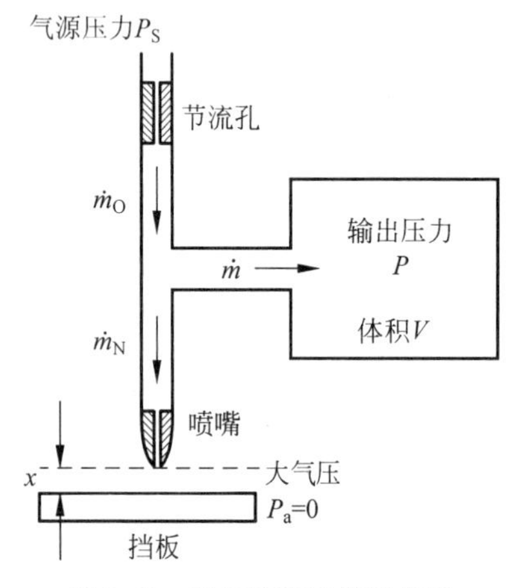

图3-45　挡板喷嘴系统结构图

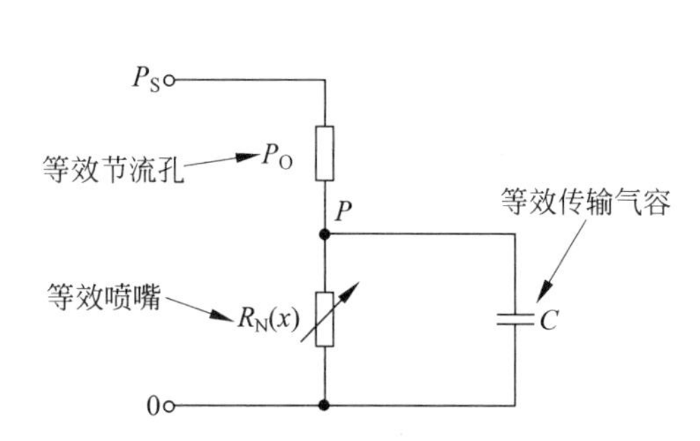

图3-46　挡板喷嘴系统的电气等效图

由图3-45有气体质量流量的平衡方程

$$\dot{m} = \dot{m}_O - \dot{m}_N \tag{3-52}$$

由理想气体定律

$$PV = nR\theta = \frac{1000m}{w}R\theta \tag{3-53}$$

并由气体流量方程(参见第4.3.1节)有

$$\dot{m} = \frac{wV}{1000R\theta}\frac{\mathrm{d}P}{\mathrm{d}t} \tag{3-54}$$

$$\dot{m}_O = C_D \frac{\pi}{4} d_O^2 \sqrt{2\rho(P_S - P)} \tag{3-55}$$

在 x 很小时,可假设喷嘴出口的有效面积为直径是 d_N、长度是 x 的圆柱的表面积,则有

$$\dot{m}_N = C_D \pi d_N x \sqrt{2\rho(P - P_a)} \tag{3-56}$$

式中　w——空气分子量;

V——体积,m^3;

R——理想气体常数,J/(K·mol);

θ——环境绝对温度,K;

C_D——流量系数;

ρ——空气密度，kg/m^3；

d_O——节流孔直径，m；

d_N——喷嘴直径，m；

P_S——气源压力，Pa；

P——容积室压力，Pa；

P_a——大气压力，这里取 $P_a=0$。

在静态条件下，dP/dt 和 dm/dt 都为零，所以

$$\dot{m}_O=\dot{m}_N$$

即

$$\frac{d_O^2}{4}\sqrt{2\rho(P_S-P)}=d_N x\sqrt{P} \tag{3-57}$$

这样就可得压力 P 与挡板-喷嘴之间位移的静态关系为

$$P=\frac{P_S}{1+16\dfrac{d_N^2 x^2}{d_O^4}} \tag{3-58}$$

式(3-58)表明压力 P 与位移 x 之间的关系是非线性的，如图3-47所示。

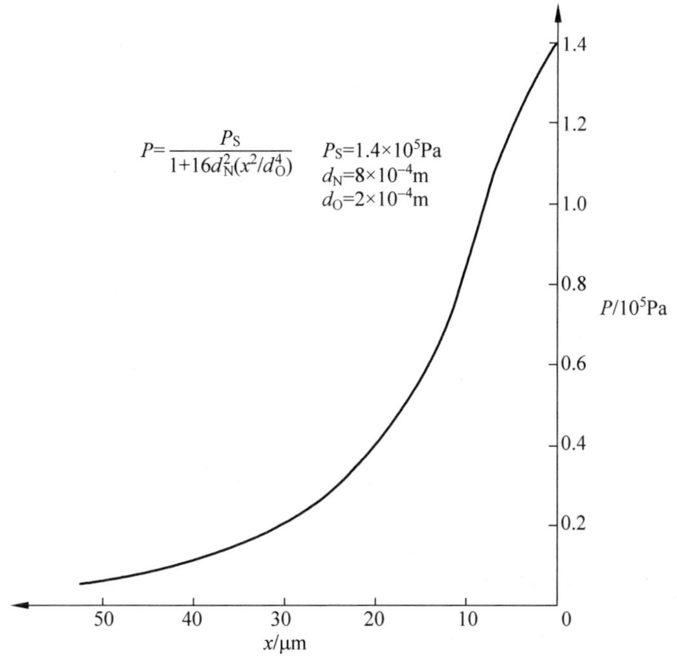

图3-47 挡板喷嘴的静态特性图

在式(3-54)中假设容量

$$C=\frac{wV}{1000R\theta}$$

由式(3-52)～式(3-56)，有

$$C\frac{\mathrm{d}P}{\mathrm{d}t}=C_{\mathrm{D}}\frac{\pi}{4}d_{\mathrm{O}}^{2}\sqrt{2\rho(P_{\mathrm{S}}-P)}-C_{\mathrm{D}}\pi d_{\mathrm{N}}x\sqrt{2\rho P} \tag{3-59}$$

由于在静态情况下 $\mathrm{d}m/\mathrm{d}t(\mathrm{d}P/\mathrm{d}t)$为零,并用$(x_0,P_0)$代表系统静态条件,那么有

$$0=C_{\mathrm{D}}\frac{\pi}{4}d_{\mathrm{O}}^{2}\sqrt{2\rho(P_{\mathrm{S}}-P_0)}-C_{\mathrm{D}}\pi d_{\mathrm{N}}x\sqrt{2\rho P_0} \tag{3-60}$$

令 Δx 和 ΔP 是在上述平衡位置的微小偏离,即

$$P=P_0+\Delta P$$

$$\frac{\mathrm{d}P}{\mathrm{d}t}=\frac{\mathrm{d}\Delta P}{\mathrm{d}t}\quad\left(\text{因为}\frac{\mathrm{d}P_0}{\mathrm{d}t}=0\right)$$

$$x=x_0+\Delta x$$

由此得到

$$C\frac{\mathrm{d}\Delta P}{\mathrm{d}t}=C_{\mathrm{D}}\frac{\pi}{4}d_{\mathrm{O}}^{2}\sqrt{2\rho[P_{\mathrm{S}}-(P_0+\Delta P)]}$$

$$-C_{\mathrm{D}}\pi d_{\mathrm{N}}(x_0+\Delta x)\sqrt{2\rho(P_0+\Delta P)} \tag{3-61}$$

我们对平方根中的函数在 P_0 处用泰勒级数展开,并略去二次以上的高阶项,整理后有

$$\frac{C}{K_1+K_2}\frac{\mathrm{d}\Delta P}{\mathrm{d}t}+\Delta P=\frac{K_3}{K_1+K_2}\Delta x \tag{3-62}$$

式中,$K_1=\dfrac{C_{\mathrm{D}}\pi d_{\mathrm{O}}^{2}\sqrt{2\rho}}{8\sqrt{P_{\mathrm{S}}-P_0}}$;$K_2=\dfrac{C_{\mathrm{D}}\pi d_{\mathrm{N}}x_0\sqrt{2\rho}}{2\sqrt{P_0}}$;$K_3=C_{\mathrm{D}}\pi d_{\mathrm{N}}\sqrt{2\rho P_0}$。

用 D 算子对式(3-62)进行表达(或对该式进行拉氏变换)得

$$(\tau D+1)\Delta P=-K\Delta x \tag{3-63}$$

即挡板喷嘴位移传感器的动态传递函数为

$$\frac{\Delta P}{\Delta x}=-\frac{K}{\tau D+1} \tag{3-64}$$

式中 K——静态灵敏度,$K=\dfrac{K_3}{K_1+K_2}$;

τ——时间常数,$\tau=\dfrac{C}{K_1+K_2}$。

式(3-64)表明对位移的测量,可转换成对压力的测量。但是在第3.8节中我们会看到多数情况下对压力的测量又会转换成对位移的测量。

3.3.4 超声波式位移传感器

超声波是指频率高出人耳感受范围的电磁波,可参见6.1节。超声波遵守低频声波相同的基本运动规律。超声波位移传感器(Ultrasonic Displacement Sensor)包括超声波发射器和超声波接收器。超声波发射器发出超声波脉冲,超声波接收器在时间 Δt 后接收到该脉冲,由于在一定介质中声波的传播速度是一定的,如表3-2所示,因此距离(或位移)可按下式得到

$$l=\Delta t\cdot c \tag{3-65}$$

式中 l——距离(或位移),m;

c——超声波在一定介质中的传播速度,m/s;

Δt——发射脉冲到接收脉冲的时差，s。

按照超声波发射的原理可将超声波位移传感器分为压电式和磁伸缩式等。

表 3-2　超声波在部分介质中的传播速度一览表

介质	空气	水	玻璃	钢	铁
传播速度/($\mathrm{m \cdot s^{-1}}$)	340	1470	5640	5660	4570

1. 压电式超声波位移传感器

压电式超声波传感器的声波发射，利用了压电的逆效应。

由压电晶体的输入输出关系（参见 3.1.4 节）可知其正向效应（式(3-23)）为

$$q_x = d_x F_x \tag{3-66}$$

而其逆向效应就是作用在晶体上的电压 V_s 会引起机械位移 x，即

$$x = d_x V_s \tag{3-67}$$

考虑到力与位移的关系

$$F = kx \tag{3-68}$$

式(3-68)就将作用力 F 和刚性为 k 的晶体的变形 x 联系起来了，于是有

$$q_x = d_x k x \tag{3-69}$$

其正向效应时的输出电流为

$$I_s = \frac{\mathrm{d}q}{\mathrm{d}t} = d_x k \dot{x} \tag{3-70}$$

对于其逆向效应也类似地有输入输出关系

$$F = d_x k V_s \tag{3-71}$$

压电式超声波发送器的两端口网络基本等效电路如图 3-48 所示。输入端口连接到一个外部的正弦波发生器上，而机械输出端口可以视为短接。晶体的输入阻抗是纯容性的。作用在晶体上的电压 V_s 产生一个力 F，它将造成在晶体的输出机械阻抗上产生速度 $\mathrm{d}x/\mathrm{d}t$。机械阻抗由惯性、柔性和阻性元件串联而成，它们分别对应的是晶体的质量、弹性和阻尼性质。对于弹簧质量体的分析（类似 3.7.2 节中的分析方法），由牛顿定律和胡克定律有

$$F - \lambda \dot{x} - kx = ma = m\ddot{x} \tag{3-72}$$

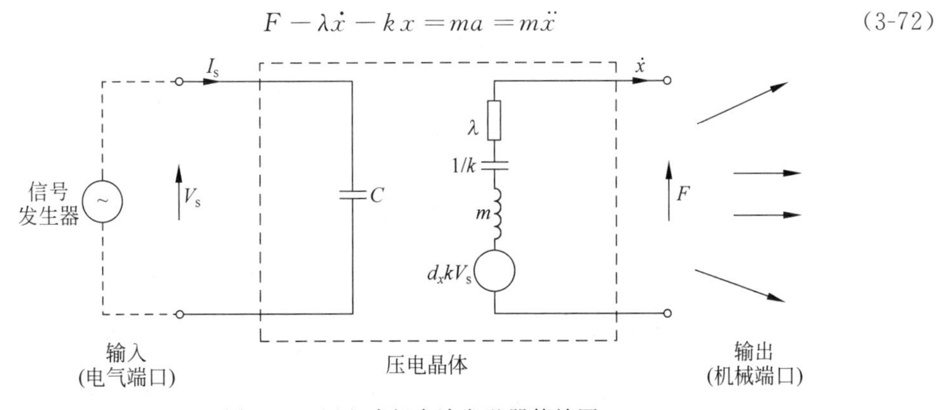

图 3-48　压电式超声波发送器等效图

用 D 算子来表达上式有

$$\frac{F}{x}(D)=D^2m+\lambda D+k$$

注意到式(3-68)有

$$\frac{d_x k V_s}{x}(D)=D^2m+D\lambda+k$$

所以

$$\frac{x}{V_s}(D)=\frac{d_x k}{D^2m+D\lambda+k}=\frac{d_x}{D^2\frac{m}{k}+D\frac{\lambda}{k}+1} \tag{3-73}$$

即

$$x(D)=\frac{d_x}{\frac{1}{\omega_n}D^2+\frac{2\xi}{\omega_n}D+1}V_s \tag{3-74}$$

式中　ω_n——自然振荡频率，$\omega_n=\sqrt{\frac{k}{m}}$；

δ——阻尼比，$\delta=\frac{\lambda}{2\sqrt{km}}$。

式(3-74)说明晶体的输入电压被转换成位移，该位移通过传感器上的膜片转换成声压发射出去。

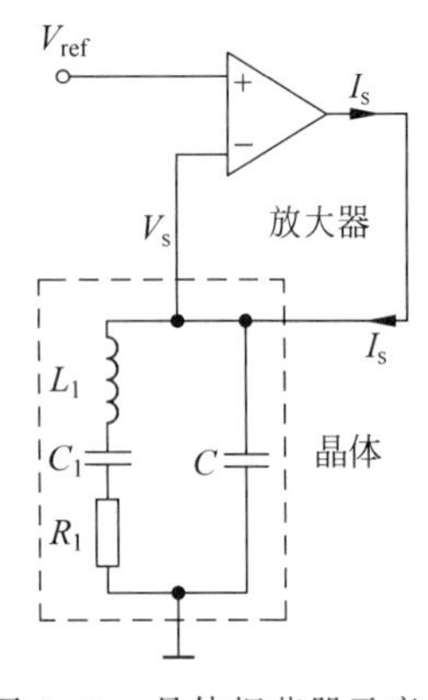

图 3-49　晶体振荡器示意图

通常并不是用外部信号发生器来激励晶体，而是使用晶体振荡器来实现这一目的，如图 3-49 所示。这样做的好处是我们可以通过调整电路参数来得到我们所需要的超声波频率。

压电式超声波传感器的声波接收，利用了压电的正效应，简单地说就是在 3.1.4 节中讨论的压电传感器。波动的压力压在电晶体面上形成了力 F，该力使晶体发生位移，从而产生了电荷，经电荷放大器放大后就可得到输出的电压信号。

超声波测量系统可以用如图 3-50 所示的示意图来概括。图 3-50 中正弦激励电压信号作用在发送晶体上，使之产生变形位移。晶体的振动传送到介质起始端的粒子，它们产生正弦运动，并引起其他粒子振动，最终把扰动传送到介质的另一端。这些粒子的正弦形位移引起介质相应的正弦压力或应力变化，并由另一端的超声波接收器检测接收。

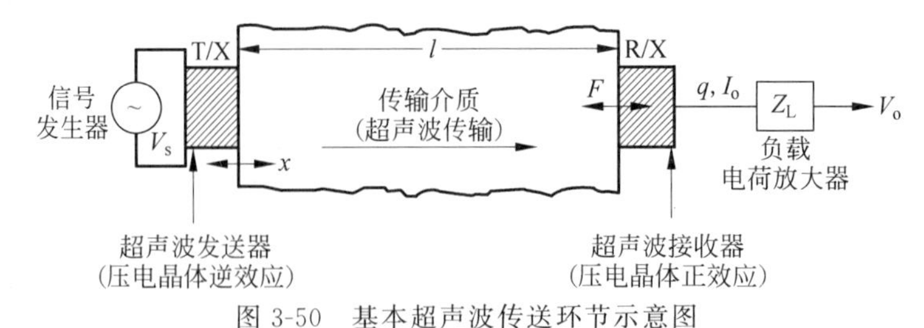

图 3-50　基本超声波传送环节示意图

2. 磁伸缩式超声波位移传感器

磁伸缩式超声波位移传感器采用了一个永磁铁，该永磁铁相对于一个封闭在非铁磁材料保护管中的磁伸缩导线（也称波导管）在运动，如图 3-51(a)所示。电子电路产生一个被称为“询问信号”的脉冲沿着传感器内以磁致伸缩材料制造的导线（波导管）以声音的速度运行。由于询问信号的传播会在导线周围产生一个磁场，因此在磁铁所在位置，分布了两个不同的磁场，如图 3-51(b)所示。当两个磁场相交时，波导管发生磁致伸缩现象，即产生一个应变脉冲（也被称为“返回信号”）。该脉冲同样以声音的速度传播到接收器所在的位置。在接收器上有一个检测线圈可以检测脉冲的到达。起始电流脉冲和被检测到的应力脉冲之间的时间间隔与位移 x_i（磁致伸缩装置的运动）成正比。从产生询问信号的一刻到返回信号被控测到所需的时间周期乘以固定的声音速度，我们便能准确地计算出磁铁的位置变化。

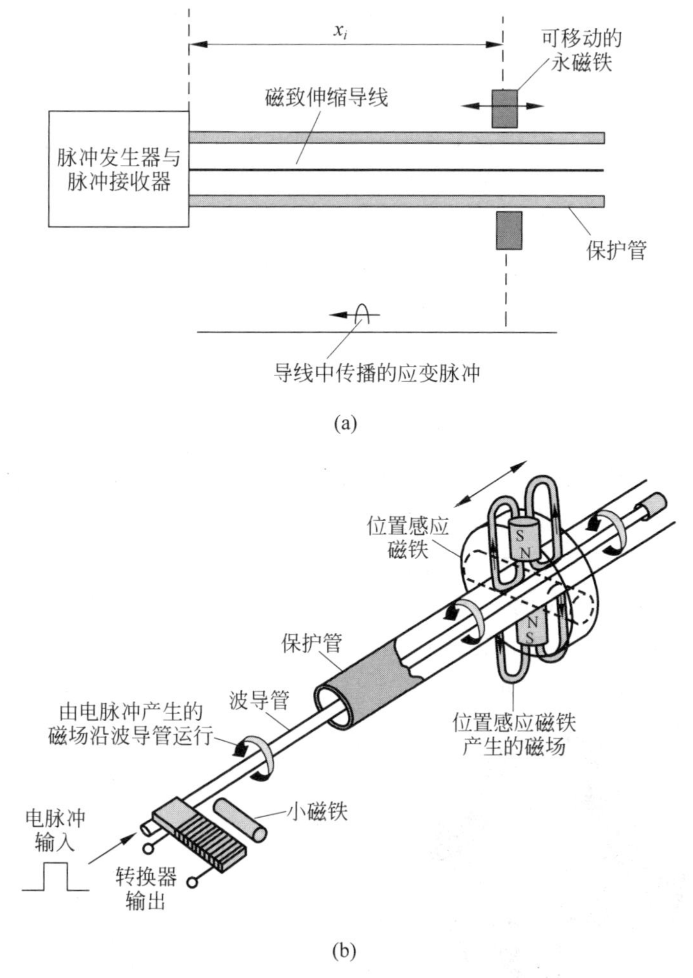

图 3-51　磁伸缩式超声波位移传感器示意图

3.3.5　编码器式位移传感器

编码器式位移传感器（Encoder Displacement Sensor）是基于脉冲编码器原理的。编码器式位移传感器用以测量轴的旋转角度位置变化、旋转速度变化或直线位置变化等,其输出信号为电脉冲。它通常与驱动电动机同轴安装,驱动电动机可以通过齿轮箱或同步齿轮驱动丝杠,也可以直接驱动丝杠。脉冲编码器随着电动机的旋转,可以连续发出脉冲信号,例如电动机每转一圈,脉冲编码器可发出2000个均匀的方波信号,微处理器通过对该信号的接收、处理、计数即可得到电动机的旋转角度,从而算出被控对象的位置。目前,脉冲编码器每转可发出数百至数万个方波信号,因此可满足高精度位置检测的需要。按码盘的读取方式,脉冲编码器可分为光电式、接触式(电阻式)和电磁式。就精度与可靠性而言,光电式脉冲编码器优于其他两种。根据编码类型,光电旋转编码器分为绝对式编码器和增量式旋转编码器。

1. 绝对式编码器

绝对式编码器是在码盘的每一转角位置刻有表示该位置的唯一代码,因此称为绝对码盘。对于编码的识别方式同样包括光电式、电磁感应式和电阻式(接触式)。

绝对式编码器是通过读取编码盘上的图案来表示数值的。如图3-52(a)所示为电阻式四码道接触式二进制编码盘结构及工作原理图,其中黑色部分为导电部分表示为"1",白色部分为绝缘部分表示为"0",4个码道都装有电刷,最里面一圈是公共极,如图3-52(b)所示。由于4个码道产生四位二进制数,码盘每转一周产生0000～1111 16个二进制数,因此将码盘圆周分成16等分。当码盘旋转时,4个电刷依次输出16个二进制编码0000～1111,编码代表实际角位移,码盘分辨率与码道多少有关,n位码道角盘分辨率为

$$\theta=\frac{360^{\circ}}{2^{n}}$$

用二进制代码做的码盘,如果电刷安装不准,会使得个别电刷错位,而出现很大的数值误差。在图3-52(a)中,当电刷由位置0111向1000过渡时,可能会出现从8(1000)～15(1111)的读数误差,一般称这种误差为非单值性误差。为消除这种误差,可采用格雷码盘,如图3-53(a)所示。格雷码盘的特点是每相邻十进制数之间只有一位二进制码不同,图案的切换只用一位数(二进制的位)进行,所以能把误差控制在一个数单位之内,提高了可靠性。光电式读码器的结构如图3-53(b)所示。

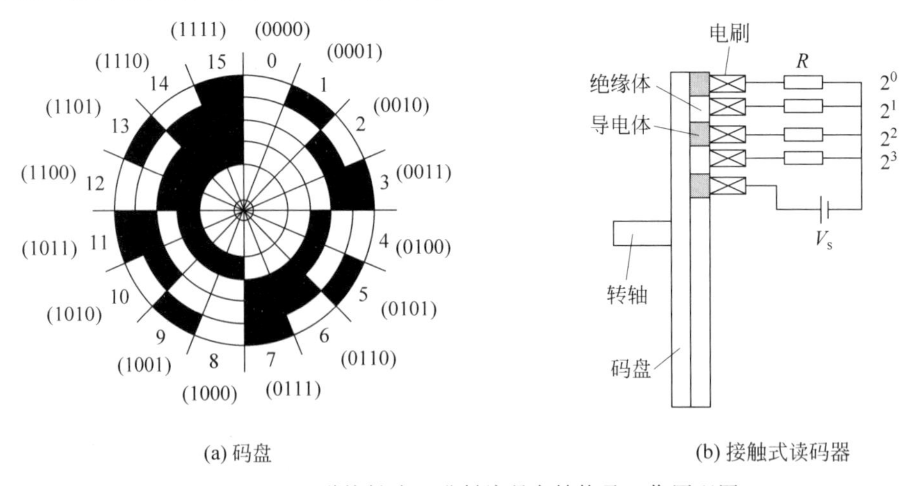

(a) 码盘　　(b) 接触式读码器

图3-52 四码道接触式二进制编码盘结构及工作原理图

与旋转编码相似的另一种编码方式为平动编码。平动编码器的工作原理则如图 3-54 所示。它可以用来测量平动位移(直线位移),同样,不同的编码代表着不同的位移量。

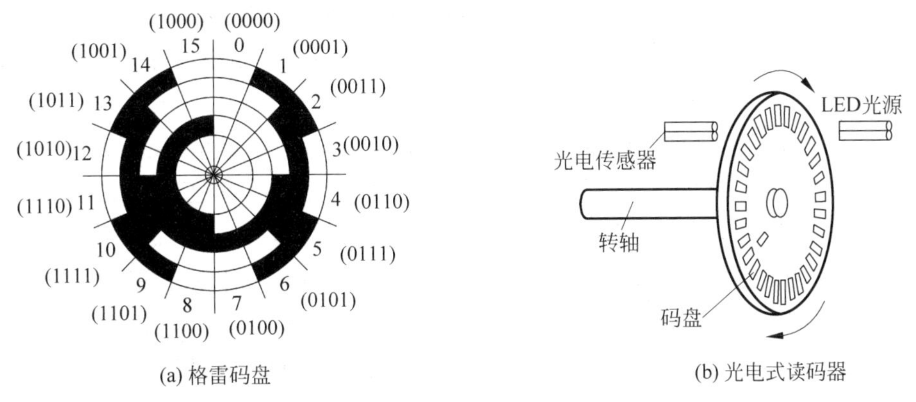

图 3-53　格雷码盘示意图

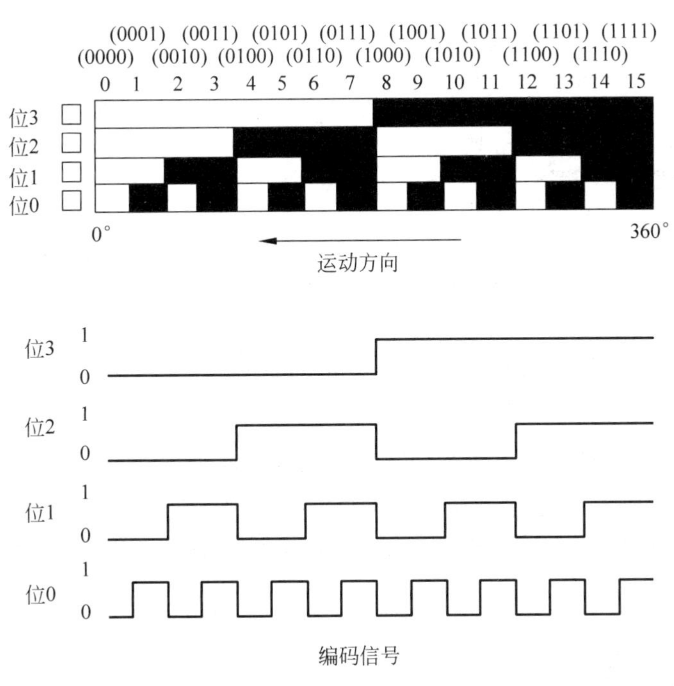

图 3-54　平行编码器示意图

另外一种测量直线位移的方法是将直线位移通过螺杆和丝杆将直线位移转变成角位移,再用旋转编码器进行测量,其原理如图 3-55 所示。

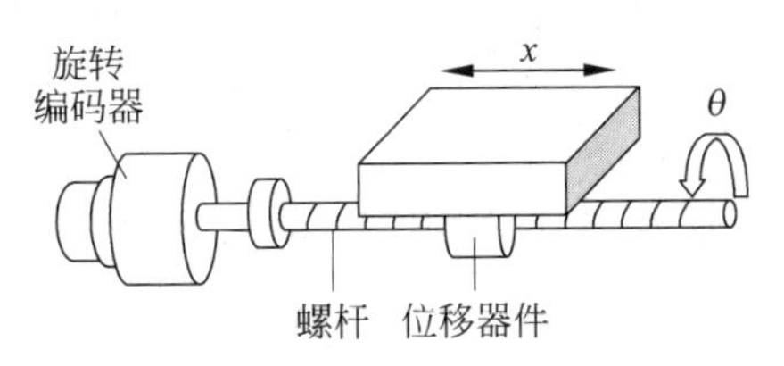

图 3-55　旋转编码器测量直线位移示意图

2. 增量式旋转编码器

增量式光电脉冲编码器亦称光电码盘、光电脉冲发生器等。增量式光电编码器结构如图3-56所示。它主要由光源、透镜、光栅板、码盘基片、透光狭缝、光敏元件、信号处理装置和显示装置等组成。在码盘基片的圆周上等分地刻出几百条到上千条透光狭缝。光栅板透光狭缝为两条,每条后面安装一个光敏元件。码盘基片转动时,光敏元件把通过光电盘和光栅板射来的忽明忽暗的光信号(近似于正弦信号)转换为电信号,经整形、放大等电路的变换后变成脉冲信号,通过计量脉冲的数目,即可测出工作轴的转角,通过测定计数脉冲的频率,即可测出工作轴的转速。从光栅板上两条狭缝中检测的信号A和B,是具有90°相位差的两个正弦波,这组信号经放大器放大与整形,输出波形如图3-57所示。根据这两个信号的先后顺序,即可判断光电盘的正反转。若A相超前于B相,对应电动机正转,B相超前A相,对应电动机反转。若以该方波的前沿或后沿产生计数脉冲,可以形成代表正向位移和反向位移的脉冲序列。

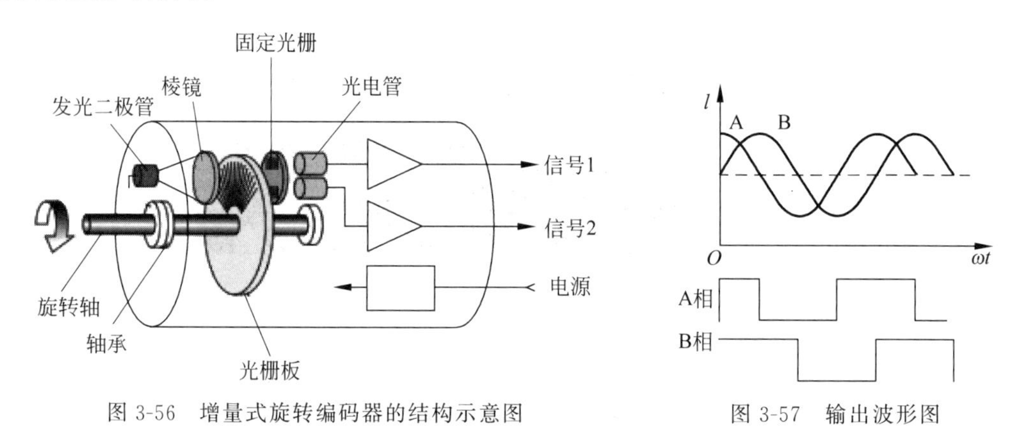

图3-56 增量式旋转编码器的结构示意图

图3-57 输出波形图

此外,在脉冲编码器的里圈还有一条透光条纹C,用以产生基准脉冲,又称零点脉冲,它是轴旋转一周在固定位置上产生一个脉冲,给计数系统提供一个初始的零位信号。在应用时,从脉冲编码器输出的信号是差动信号,采用差动信号可大大提高传输的抗干扰能力。

3.4 霍尔传感器

3.4.1 霍尔效应

置于磁场中的静止载流导体,当它的电流方向与磁场方向不一致时,载流导体上平行于电流和磁场方向上的两个面之间会产生电动势,这种现象称为霍尔效应(Hull Effect)。该电动势称为霍尔电势。如图3-58所示,在垂直于外磁场B的方向上放置一导电板,导电板通以电流I_s,方向如图3-58所示。导电板中的电流使金属中自由电子在电场作用下作定向运动。此时,每个电子受洛伦兹力f_L的作用,f_L的大小为

$$f_L = evB \tag{3-75}$$

式中 e——电子电荷;

v——电子运动平均速度；

B——磁场的磁感应强度。

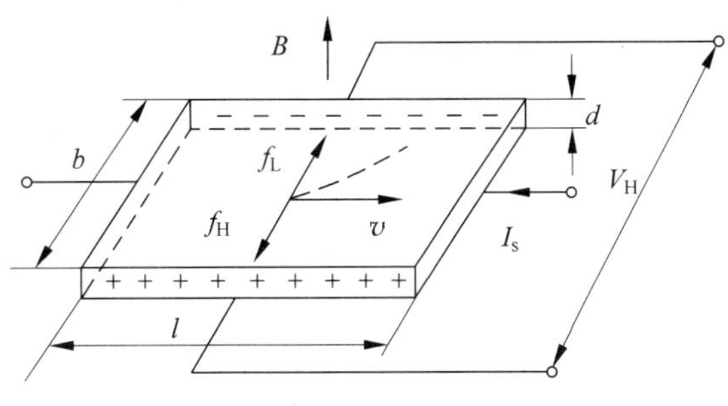

图 3-58 霍尔效应原理图

这里 f_L 的方向在图 3-58 中是向上的，此时电子除了沿电流反方向作定向运动外，还在 f_L 的作用下漂移，结果使金属导电板上侧面积累电子，而下侧面积累正电荷，从而形成了附加内电场 E_H，称为霍尔电场，该电场强度为

$$E_H = \frac{V_H}{b} \tag{3-76}$$

式中 V_H——霍尔电势；

b——霍尔片的宽度。

由于霍尔电场的存在，使作定向运动的电子除了受到洛伦兹力的作用外，还要受到霍尔效应产生的电场力的作用，其力的大小为 $f_H = eE_H$，此力阻止电荷继续积累。随着上、下侧面积累电荷的增加，霍尔电场增大，电子受到的霍尔电场力也增大，因为电子所受洛伦兹力与霍尔电场作用力方向相反，当二者大小相等时有

$$eE_H = eBv \tag{3-77}$$

即

$$E_H = Bv \tag{3-78}$$

达到动态平衡状态，此时电荷将不再向两侧面积累。假设金属导电板单位体积内的电子数为 n，电子电荷为 e，霍尔片的宽度为 b，厚度为 d，电子定向运动平均速度为 v，则霍尔片的激励电流为

$$I_s = nevbd \tag{3-79}$$

则有

$$v = \frac{I_s}{nebd} \tag{3-80}$$

将式(3-80)代入式(3-78)可得

$$E_H = \frac{I_s B}{nebd} \tag{3-81}$$

将式(3-81)代入式(3-76)可得

$$V_H = \frac{I_s B}{ned} \tag{3-82}$$

令 $R_H = 1/ne$，称为霍尔常数，其大小取决于导体载流子密度，则霍尔电势为

$$V_H = \frac{R_H I_s B}{d} = K_H I_s B \tag{3-83}$$

式中 K_H——霍尔片的灵敏度,$K_H = R_H/d$。

由式(3-83)可见,霍尔电势正比于激励电流 I_s 及磁感应强度 B,其霍尔片的灵敏度与霍尔系数 R_H 成正比,而与霍尔片的厚度 d 成反比。因此,为了提高灵敏度,霍尔元件常制成薄片形状。

若要霍尔效应强,则希望有较大的霍尔灵敏度,或者说较大的霍尔系数 R_H,而霍尔系数 R_H 与霍尔片材料的电阻率和载流子迁移率有关。一般金属材料载流子迁移率很高,但电阻率很小;而绝缘材料电阻率极高,但载流子迁移率极低,故只有半导体材料才适于制造霍尔片。目前常用的霍尔元件材料有锗、硅、砷化铟、锑化铟等半导体材料。其中N型锗容易加工制造,其霍尔系数、温度性能和线性度都较好。N型硅的线性度最好,其霍尔系数、温度性能同N型锗。锑化铟对温度最敏感,尤其在低温范围内温度系数大,但在室温时其霍尔系数较大。砷化铟的霍尔系数较小,温度系数也较小,输出特性线性度好。

3.4.2 霍尔元件及检测电路

霍尔元件的结构很简单,它是由霍尔片、四根引线和壳体组成的,如图3-59(a)所示。霍尔片是一块矩形半导体单晶薄片,引出四根引线,1和1′两根引线加激励电压或电流,称为激励电极(或控制电极);2和2′引线为霍尔输出引线,称为霍尔电极。霍尔元件的壳体是用非导磁金属、陶瓷或环氧树脂封装的。在电路中,霍尔元件一般可用两种符号表示,如图3-59(b)所示。

如图3-60所示的是霍尔元件的基本检测电路。R_P 用来调节激励电流的大小,电源 V_s 用以提供激励电流 I_s,霍尔元件输出端接负载电阻 R_L(也可以是测量仪表的内阻或放大器的输入电阻等),霍尔效应建立的时间很短,所以也可以使用频率很高的交流激励电流(如频率高于 10^9 Hz),由于霍尔电势正比于激励电流 I_s 或磁感应强度 B,或者二者的乘积,因此在实际应用中,可以把激励电流 I_s 或磁感应强度 B,或者二者的乘积作为输入信号进行检测。

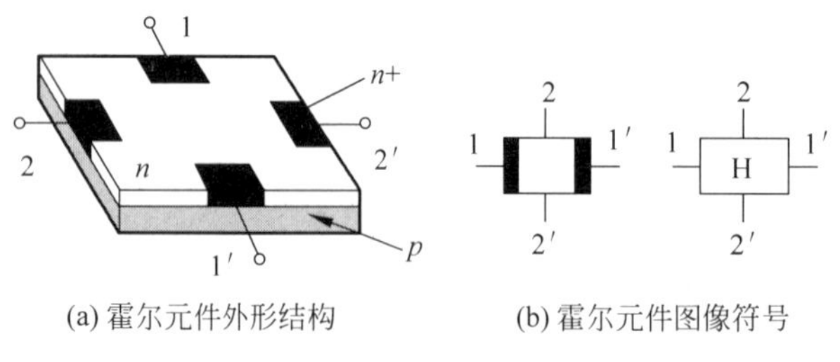

(a) 霍尔元件外形结构　(b) 霍尔元件图像符号

图3-59　霍尔元件示意图

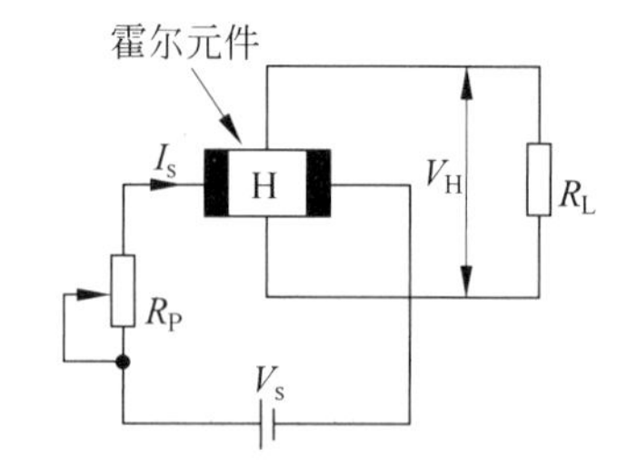

图3-60　霍尔元件基本检测电路图

通常,霍尔电势的转换效率比较低,为了获得更大的霍尔电势输出,可以将若干个霍尔元件串联起来使用。如图3-61所示的是两个霍尔元件串联的接线图。而在霍尔元件输出信号不够大的情况下,可以采用运算放大器对霍尔电势进行放大,如图3-62所示。当然,集成霍尔传感器则更好地解决了上述问题。

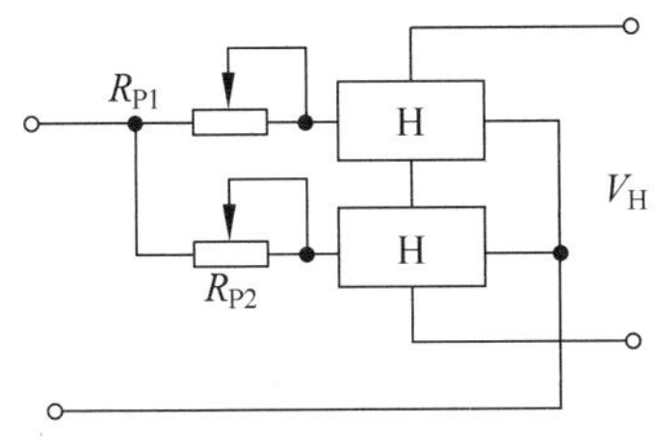

图 3-61　霍尔元件串联电路图

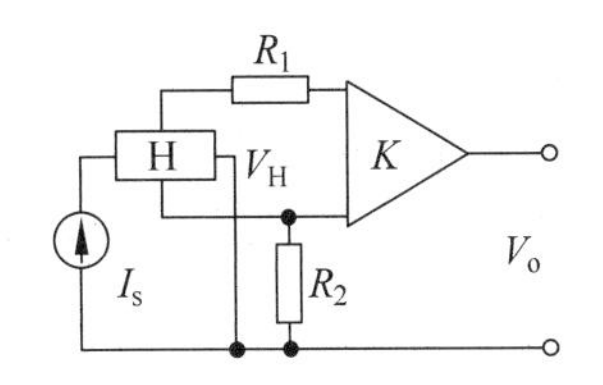

图 3-62　霍尔电势放大电路图

3.4.3　霍尔式位移传感器

霍尔元件具有结构简单、体积小、动态特性好和寿命长的优点，它不仅能用于磁感应强度、有功功率及电能参数的测量，也在位移测量中得到了广泛应用。图 3-63 给出了一些霍尔式位移传感器的工作原理图。图 3-63(a)是磁场强度相同的两块永久磁铁，同极性相对地放置，霍尔元件处在两块磁铁的中间。由于磁铁中间的磁感应强度 $B=0$，因此霍尔元件输出的霍尔电势 V_H 也等于零，此时位移 $x=0$。若霍尔元件在两磁铁中产生相对位移，霍尔元件感受到的磁感应强度也随之改变，这时 V_H 不为零，其量值大小反映出霍尔元件与磁铁之间相对位置的变化量。即在式(3-83)中，有

$$B=K_i x$$

式中　x——霍尔元件与磁铁之间的相对位移；

K_i——对应上述位移时的磁场耦合系数。

这种结构的传感器，其动态范围可达 5mm，分辨率为 0.001mm。

如图 3-63(b)所示的是一种结构简单的霍尔位移传感器，是由一块永久磁铁组成磁路的传感器，在霍尔元件处于初始位置 $x=0$ 时，霍尔电势 V_H 为最大，随着位移增加，霍尔电势 V_H 将逐步减少至零。这样

$$V_H=K_H K_i I_s x \tag{3-84}$$

式(3-84)即可说明霍尔位移传感器的基本原理。

如图 3-63(c)所示的是一个由两个结构相同的磁路组成的霍尔式位移传感器，为了获得较好的线性分布，在磁极端面装有极靴，霍尔元件调整好初始位置时，可以使霍尔电势 $V_H=0$。这种传感器灵敏度很高，但它所能检测的位移量较小，适合于微位移量及振动的测量。

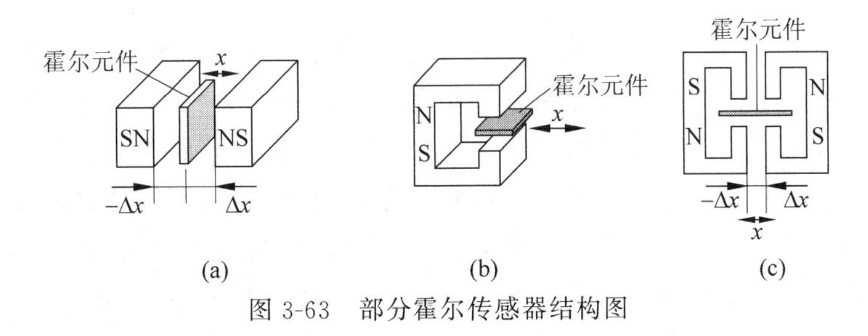

图 3-63　部分霍尔传感器结构图

3.4.4　霍尔式电流传感器

由式(3-83)可知，当磁场 B 一定时，霍尔电势也是激励电流 I_s 的函数，由此可知霍尔元

件也可以用作电流传感器。如图3-64所示的就是一款霍尔电流传感器的结构图。霍尔电流传感器一般用一个环形(或方形)的导磁材料做成铁芯,套在被测电流流过的导线上,这样导线由电流感应的磁场将被聚集在铁芯中。在铁芯上开出一个与霍尔元件厚度相等的气隙,将霍尔元件紧紧地夹在气隙中央。当导线通电后,磁力线将集中通过铁芯中的霍尔元件,这样霍尔元件将产生一个与被测电流成正比的输出电压或电流。

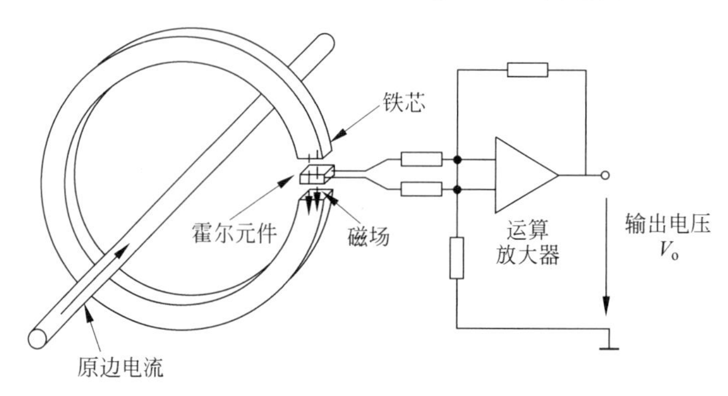

图3-64　霍尔电流传感器结构图

通常将霍尔电流传感器类比于电流互感器,因此将被测电流称作一次电流,而将霍尔电流传感器的输出电流称作二次电流。同时还引用交流电流互感器的匝数比概念,因此

$$\frac{N_1}{N_2}=\frac{I_2}{I_1} \tag{3-85}$$

式中　N_1——一次线圈匝数,一般取 $N_1=1$;

N_2——二次线圈匝数(应该注意的是在霍尔电流传感器中并不存在二次侧);

I_1——被测电流;

I_2——霍尔电流传感器输出的“二次电流”。

霍尔元件除了可用于位移传感器和电流传感器之外,还可用于转速传感器和计数装置等,参见3.5节。

3.5　接近开关

接近开关(Proximity Switch)是一种无须与运动部件进行机械直接接触即可以操作的位置开关(一般将直接接触型的操作位置开关称为机械限位开关或机械行程开关),因此它也可被视为位移传感器。同样,前面介绍的各类位移传感器也都可以用作接近开关。通过接近开关,当物体接近到接近开关的感应面到动作距离之内时,不需要机械接触及施加任何压力即可使开关动作,从而驱动直流电器或给其他控制装置提供控制指令。接近开关是一种开关型传感器(即无触点开关),它既有行程开关、微动开关的特性,同时具有传感性能,且动作可靠、性能稳定、频率响应快、应用寿命长、抗干扰能力强,并具有防水、防震、耐腐蚀等特点。接近开关又称无触点接近开关,是理想的电子开关量传感器。当金属检测体接近开关的感应区域,开关就能无接触、无压力、无火花地迅速发出电气指令,准确反映出运动机构的位置和行程,即使用于一般的行程控制,其定位精度、操作频率、使用寿命、安装调整的方便性和对恶劣环境的适用能力，是一般机械式行程开关所不能相比的。它广泛地应用于机床、冶金、化工、轻纺和印刷等行业。根据操作原理，或者说根据位移传感器的结构原理，接近开关大致可以分为电感感应式、电容式、霍尔式、光电式、超声波式和交直流式等。

3.5.1　接近开关的主要功能与用途

接近开关的主要功能或用途包括以下几个方面。

（1）检验距离　可以检测如电梯、升降设备的停止、启动、通过位置；检测车辆的位置，防止两物体相撞检测；检测工作机械的设定位置、移动机器或部件的极限位置；检测回转体的停止位置、阀门的开或关位置；检测汽缸或液压缸内的活塞移动位置，如图3-65所示。

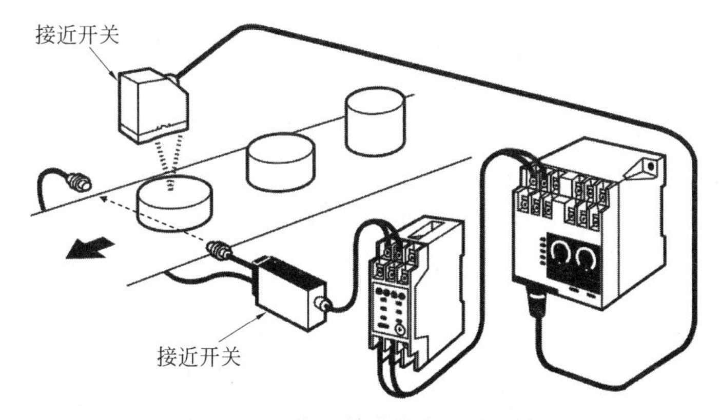

图3-65　接近传感器应用原理图

（2）尺寸控制　可以实现金属板冲剪的尺寸控制装置；自动选择、鉴别金属件长度；检测自动装卸时堆物高度；检测物品的长、宽、高和体积。

（3）定位　可以检测生产包装线上有无产品包装箱；检测有无产品零件。

（4）转速与速度控制　可以控制传送带的速度；控制旋转机械的转速；与各种脉冲发生器一起控制转速和转数。

（5）计数及控制　检测生产线上流过的产品数；高速旋转轴或转盘的转数计量；零部件计数。

（6）检测异常　可以检测瓶盖的有无；产品合格与不合格判断；检测包装盒内的金属制品缺乏与否；区分金属与非金属零件；产品有无标牌检测；起重机危险区报警；安全扶梯自动启停。

（7）计量控制　可以实现产品或零件的自动计量；检测计量器或仪表的指针范围控制；检测浮标控制被测面高度或流量；检测不锈钢桶中的铁浮标；仪表量程上限或下限的控制；流量控制，水平面控制。

（8）对象识别　根据载体上的码识别是与非。

（9）信息传送　在执行器与传感器接口总线（ASI）系统中，可实现对连接在总线上的各种设备在生产线上的相对位置进行定位与控制等。

工业中常用的部分接近开关结构如图3-66所示。

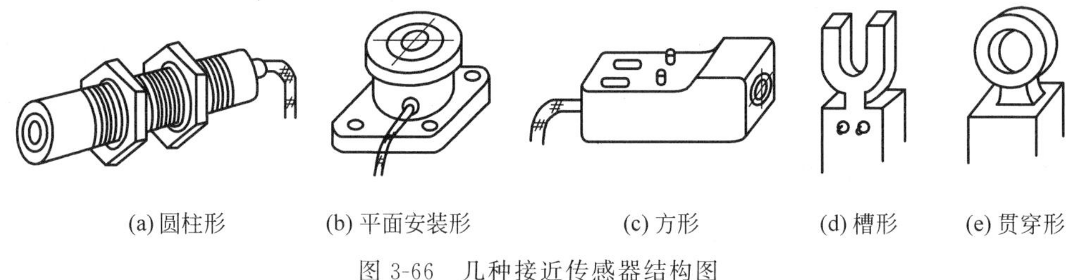

图 3-66 几种接近传感器结构图

3.5.2 电磁感应型接近开关

电磁感应型接近传感器由检测元件、检波单元、放大单元、整型单元和输出单元等组成。这种传感器内部安装的检测元件是由检测线圈和高频振荡器组成,加电后检测线圈产生一个交变的电磁场,当金属物体接近电磁场时,金属表面的磁通密度发生变化而产生感应电流——涡流,涡流产生的磁通总是与检测线圈的磁通方向相反(见 3.3 节)。由于涡流的作用,使检测线圈能耗增加,品质因数下降,振幅降低,以致振荡器停振。反之,当金属物件远离这个作用区时,振荡器又开始振荡。检测电路检测到振幅器的状态变化后,转换为一个开关量信号。图 3-67 为一种电磁感应接近传感器结构图。

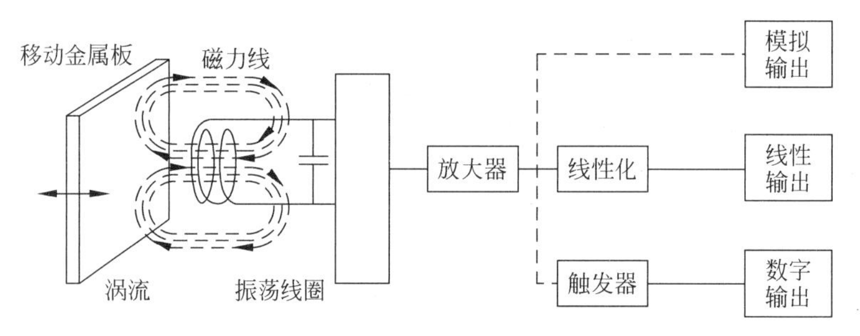

图 3-67 电磁感应型接近传感器结构图

电磁感应型接近传感器只对金属物件敏感,因此电磁感应型接近传感器不能应用于非金属物件检测。同时,由于高频振荡线圈产生的交变磁场是散射的,只要在感测器的周围出现金属物件时感测器也会发出信号。对检测正确性要求较高的场合或感测器安装周围有金属物件的情况下需要选用屏蔽式电磁感应型接近传感器,因为这种类型的感测器事先已经将振荡线圈周围的磁场进行了屏蔽,只有当金属物件处于感测器前端时才触发感测器状态的变化。另外,电磁感应型接近感测器的检测距离会因被测物件的尺寸、金属材料,甚至金属材料表面镀层的种类和厚度不同而不同。

3.5.3 霍尔型接近开关

利用霍尔元件做成的接近开关,为霍尔型接近开关。当磁性物件移近霍尔开关时,开关检测面上的霍尔元件因产生霍尔效应而使开关内部电路状态发生变化(见 3.4 节),由此识别附近有磁性物体存在,进而控制开关的通或断。这种接近开关的检测对象必须是磁性物体。如图 3-68 所示为一种霍尔型接近传感器结构图。

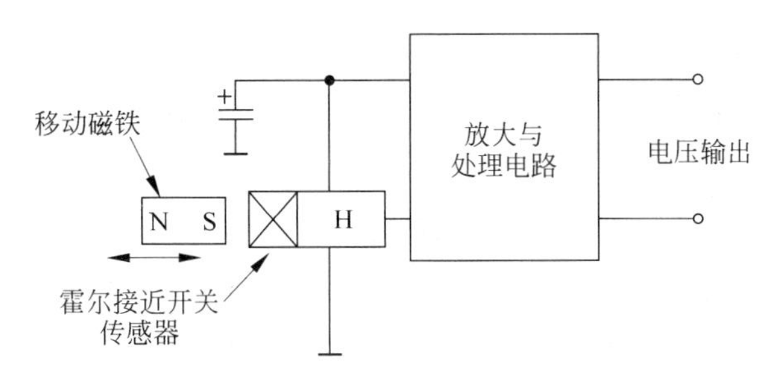

图 3-68　霍尔感应接近传感器结构图

3.5.4　电容型接近开关

电容型接近开关由开关工作面上与被测试目标面构成的一个电容器，接在高频振荡中的振荡回路内，参与振荡回路工作。当被检测物体靠近接近开关工作面时，回路的电容量发生变化，因此由电容量变化可间接推算出移动物或被感测物的运动量或位置变化，此类型感测物可以是金属、塑胶、液体、木材等。如图 3-69 所示为一种电容型接近传感器结构图。

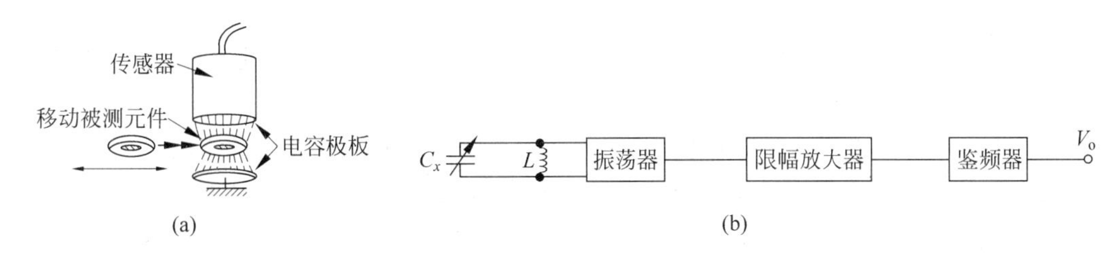

图 3-69　电容型接近传感器结构图

3.5.5　光电型接近开关

光电型接近开关也被称为光电感测器(可参见 6.2 节)，它的种类相当多，其中扩散反射型光电接近开关是较为常用的一种。其感测器内有光源电路，利用光发射器发射光线，通过物体表面反射回来的光量强度，来判断有无物体。此类型传感器不需反射板，实现检测也较容易，不过缺点也较多，如检测距离短、检出精度不太高、感测物体背景需考量、两个光电接近装置过近时容易产生干涉误动作等。

如图 3-70 所示为一种光电型接近传感器结构图。

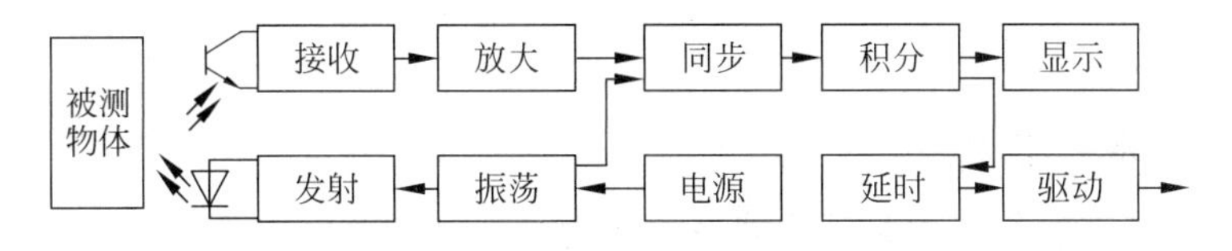

图 3-70　光电型接近传感器结构图

3.6 物位传感器

物位(Level)统指设备和容器中液体或固体物料的表面位置。它一般包括以下几个方面。

(1) 液位　容器中液体介质的高低,测量液位的仪表叫液位计。

(2) 料位　容器中固体或颗粒状物质的堆积高度,测量料位的仪表叫物位计或料位计。

(3) 界位　指两种密度不同液体介质或液体与固体的分界面的高低,测量界位的仪表叫界面计。

物位是液位、料位和界位的总称,对物位进行测量、显示和控制的仪表称为物位传感器或物位检测仪表。在物位检测中,有时需要对物位连续测量,有时仅需要测量物位是否达到上限、下限或某个特定的位置,这种定点测量物位的传感器称为物位开关。物位开关常用来监视物位状况、提供报警或输出控制信号。由于被测对象种类繁多,检测的条件和环境也有很大的差别,因而物位检测的方法有很多。归纳起来有以下几种。

(1) 直读式　采用在设备容器侧壁开窗口或旁通管方式,直接显示物位的高度。这种方法最简单也最常见,方法可靠、准确,但只能就地指示,主要用于液位检测和压力较低的场合。

(2) 静压式　基于流体静力学原理,容器内的液面高度与液柱质量形成的静压力成比例关系,当被测介质密度不变时,通过测量参考点的压力可测量液位。基于这种方法的液位检测仪表有压力式、吹气式和差压式等。

(3) 浮力式　基于阿基米德定理,漂浮于液面上的浮子或浸没在液体中的浮筒,在液位发生变化时其浮力发生相应的变化。这类液位检测仪表有浮子式、浮筒式和翻转式等。

(4) 机械接触式　通过测量物位探头与物料面接触时的机械力实现物位的测量。主要有重锤式、音叉式和旋翼式等。

(5) 电气式　将电气式物位敏感元件置于被测介质中,当物位发生变化时,其电气参数如电阻、电容、磁场等会发生相应的改变,通过检测这些参数就可以测量物位。这种方法既可以测量液位也可以测量料位。主要有电阻式、电容式和磁致收缩式等物位检测仪表。

(6) 声学式　利用超声波在介质中的传播速度以及在不同相界面之间的发射特性来检测物位的。该方法可以测量液位和料位。

(7) 射线式　放射线同位素所发出的射线(如γ射线)穿过被测介质时会因被介质吸收其强度衰减,通过检测放射线强度的变化达到测量物位的目的。这种方法可以实现物位的非接触式测量。

(8) 光纤式　基于物位对光波的折射和反射原理进行物位测量。

下面介绍几种工业控制中常用的液位传感器的基本原理。

3.6.1 机械型液位传感器

常用的机械型液位传感器是浮力式液位传感器。浮力式液位传感器是通过飘浮于液面上的浮子或浸没在液体中的浮筒,在液位发生变化时其浮力发生相应的变化。浮力式液位传感器分为浮子式液位传感器和浮筒式液位传感器。

1. 浮子式液位传感器

浮子式液位传感器是一种恒浮力式液位传感器。作为检测元件的浮子漂浮在液面上，浮子随着液面高低的变化而上下移动，所受到的浮力大小保持一定，检测浮子所在的位置可知液面的高低。浮子的形状常见的有圆盘形、圆柱形和球形等。

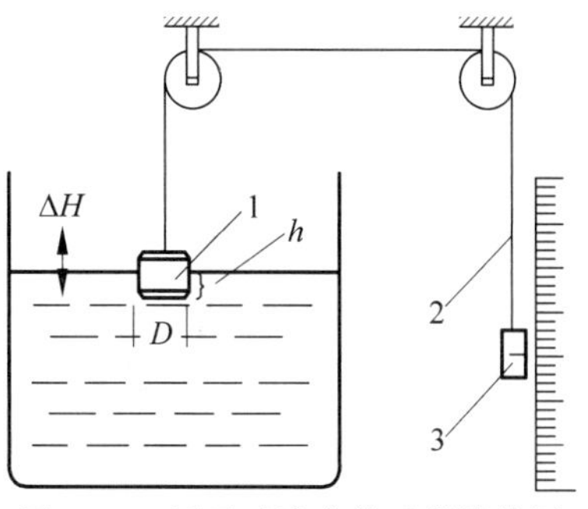

图 3-71　浮子式液位传感器结构图

1—浮子；2—绳带；3—平衡重锤

浮子式液位传感器示意图如图 3-71 所示，浮子通过滑轮和绳带与平衡重锤连接，绳带的拉力与浮子的质量及浮力平衡，从而保证浮子处于平衡状态而漂在液面上。设圆柱形浮子的外直径为 D，浮子浸入液体的高度为 h，液体密度为 ρ，则浮子所受到的浮力为

$$F=\frac{\pi D^2}{4}h\rho g \tag{3-86}$$

当液位发生变化(ΔH)时，浮子浸入液体的深度 h 应保持不变才能使测量准确，但由于摩擦等因素的影响，浮子不会随液位迅速跟随动作，它的浸入深度的变化量为 Δh，所受浮力变化量为

$$\Delta F=\frac{\pi D^2}{4}\rho g\,\Delta h \tag{3-87}$$

只有浮力变化量 ΔH 克服了摩擦力后浮子才会开始动作，这是这种液位计不灵敏区产生的原因。当然液位的高度最终还是通过平衡重锤在标尺上的读数得到。

一种伺服平衡式浮子液位计的原理结构如图 3-72 所示。卷在鼓轮上的测量钢丝绳前端与浮子连接，当浮子静止在液面上时，对钢丝绳产生一定的张力。当液位变化时，浮子所受力改变，钢丝绳张力变化。这使转动轴的转矩改变，同时引起平衡弹簧的伸缩，由张力检测磁铁和磁束感应器组成的张力传感器的输出将发生变化。经与标准张力值比较后给出偏差张力信号，使步进电机向减少偏差的反向转动，步进电机带动由转动皮带、蜗杆、涡轮和磁耦合外轮构成的传动机构使鼓轮旋转，并使浮子移动，直至浮力恢复原来的数值。鼓轮的旋

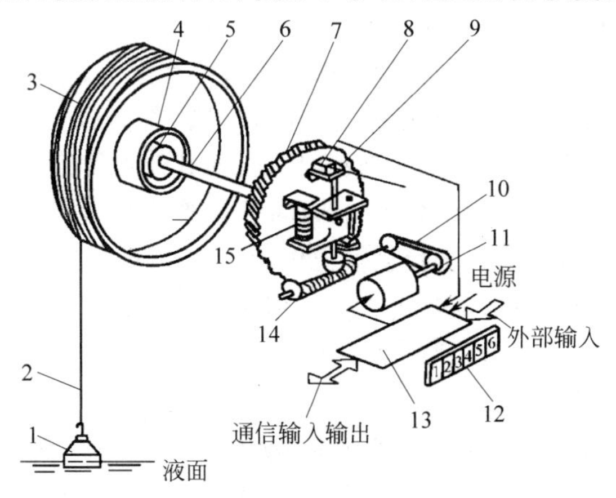

图 3-72　伺服平衡式浮子液位传感器结构图

1—浮子；2—测量钢丝；3—鼓轮；4—磁耦合外轮；5—磁耦合内轮；6—传动轴；7—涡轮；8—磁束感应传感器；9—张力检测磁铁；10—同步皮带；11—步进电机；12—显示器；13—电路板；14—蜗杆；15—平衡弹簧

转量即步进电机的驱动步数反映了液位的变化量。这样的连续控制可使浮子跟踪液位的变化。如果后续再配以微处理器,则还可进行信号转换、运算和修正,还可进行信号的现场显示或对信号实现远传等。

浮子式液位传感器另一种结构是磁翻转型液位传感器,它的结构如图3-73所示。它利用非导磁的不锈钢制成浮子室,该浮子室内装有带磁铁的浮子,浮子室与容器相连,紧贴浮子室壁装有带磁铁的红白两面分明的翻板或带磁铁的翻球的标尺。当浮子随管内液位上升或下降时,利用磁性吸引,使翻板或翻球产生翻转,有液体的位置红色向外,无液体的位置白色向外,红白分界之处就是液位的高度。

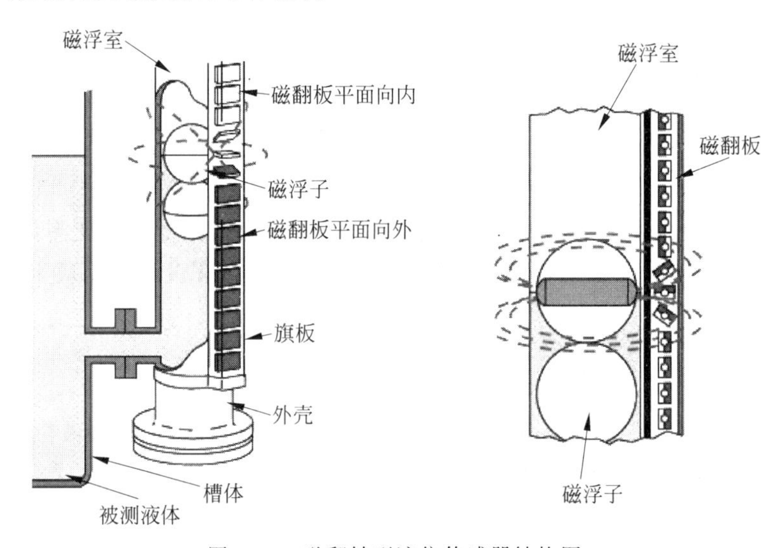

图3-73　磁翻转型液位传感器结构图

磁翻转型液位传感器的结构相对简单,指示直观,测量范围大,特别适合用于测量高温、高压或有毒及有腐蚀性的介质。但该传感器的精度受翻板或翻球尺寸的影响,不是太高。

还有一种浮子式液位传感器则采用了舌簧管式的磁性转换方式,因此也被称为舌簧管型液位传感器,其结构如图3-74所示。在容器内垂直插入下端封闭的不锈钢导管,浮子套在导管外可以上下浮动。图3-74(a)中导管内的条形绝缘板上紧密排列着舌簧管和电阻,浮子里面装有环形永磁体,环形永磁体的两面分别为N极与S极,其磁力线将沿管内的舌簧管闭合,即处于浮子中央位置的舌簧管将吸合导通,而其他舌簧管则为断开状态。舌簧管和电阻按图3-74(b)接线,随着液位的变化,不同的舌簧管将吸合导通,使电路可以输出与液位相对应的信号。图3-74(c)为舌簧管型液位传感器结构图。这种液位传感器结构简单,通常采用两个舌簧管同时吸合以提高其可靠性。但是由于舌簧管尺寸及排列的限制,这种液位传感器的输出信号连续性较差,且精度不太高。

2. 浮筒式液位传感器

浮筒式液位计属于变浮力液位计,其原理图如图3-75所示。浮筒式液位计的典型敏感元件为浮筒,当被测液面位置发生变化时,被浸没的体积发生变化,因而所受的浮力也发生了变化,通过测量浮力变化确定液位变化量的大小。将一截面积为A,质量为m的圆筒形空心金属浮筒悬挂在弹簧上,由于弹簧的上端被固定,弹簧会因浮筒的浮力被压缩。设液位

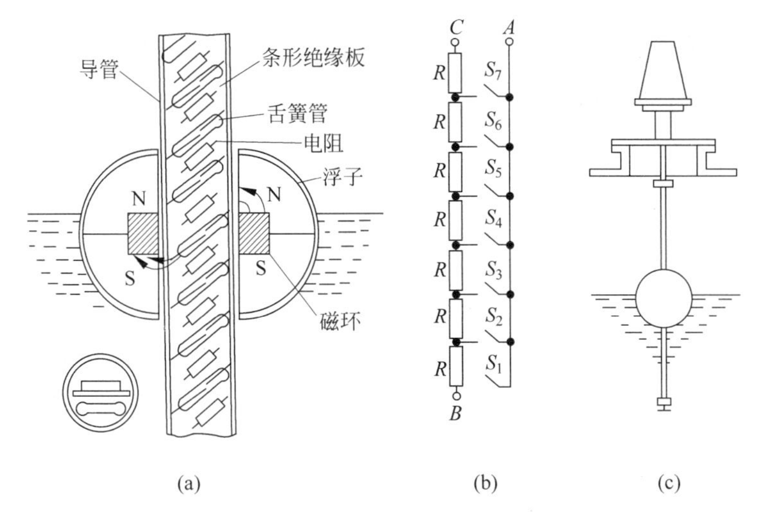

图 3-74　舌簧管型液位传感器结构图

高度为 H，当浮筒的重力与弹簧力达到平衡时，则

$$\begin{cases} W - F = Kx_0 \\ mg - AH\rho g = Kx_0 \end{cases} \tag{3-88}$$

式中　W——浮筒所受重力；

F——浮筒所受浮力；

A——浮筒截面积；

H——液位高度；

K——弹簧的弹性系数；

x_0——弹簧由于浮筒浮力被压缩所产生的位移。

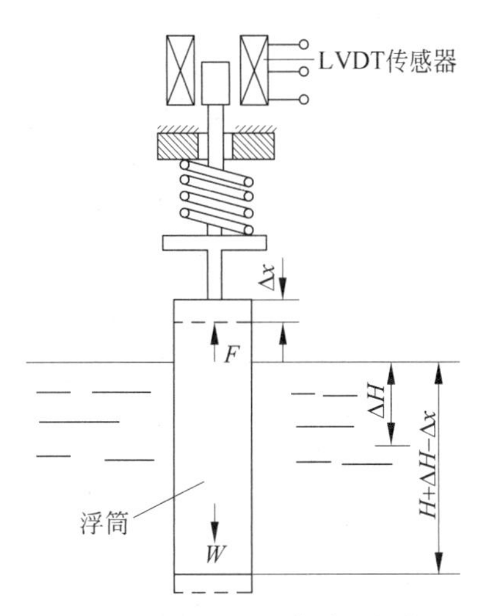

图 3-75　浮筒式液位传感器结构图

这里以液面刚刚接触浮筒处为液面零点。当浮筒的一部分被液体浸没时，浮筒受到液体对它的浮力作用向上移动。当浮力与弹簧力和浮筒的重力平衡时，浮筒停止移动。若液面升高了 ΔH，浮力增加，浮筒由于向上移动，这时浮筒上下移动的距离即弹簧的位移改变量为 Δx，浮筒实际浸在液体里的高度为 $H+\Delta H-\Delta x$，则力平衡方程为

$$mg - A(H + \Delta H - \Delta x)\rho g = K(x_0 - \Delta x) \tag{3-89}$$

因此

$$\Delta H = \left(1 + \frac{K}{A\rho g}\right)\Delta x \tag{3-90}$$

从式(3-90)可以看出，当液位发生变化时，浮筒产生的位移量(即弹簧变形程度)与液位高度成正比。检测弹簧变形有很多转换方法，常用的有差动变压器式、扭力力矩平衡式等。如图 3-75 所示的液位传感器采用的就是 LVDT 位移检测装置。在浮筒的连杆上安装一铁芯，并随浮筒一起上下移动，通过差动变压器使输出电压与位移成正比关系。也可将浮筒所收到的浮力通过扭力管达到力矩平衡，把浮筒的位移量变为扭力力矩的角位移，进一步用其他转换元件转换为电信号，构成一个完整的液位计。改变浮筒的尺寸，可以改变量程。

3.6.2　电气型液位传感器

电气型液位传感器包括电容式、电阻式和磁致收缩式等，下面主要介绍电容型液位传感器和电阻型液位传感器。

1．电容式液位传感器

电容式液位传感器是利用敏感元件直接将液位的变化转换为电容量的变化。电容式液位传感器的结构形式很多，有平极板式、同心圆柱式等。它对被测介质本身性质的要求不像其他方法那样严格，既能测量导电介质和非导电介质，也可以测量倾斜晃动及高速运动的容器的液位；不仅可以进行液位控制，还能用于连续测量，因此在液位测量中的地位比较重要。在液位连续测量中，一般多使用同心圆柱式电容器，其检测原理图如图3-76(a)所示。设电容器的长度为L，外径和内径分别为D和d，当两个圆筒间填充介电常数为ε_1的介质时，该电容器的电容量为

$$C_0=\frac{2\pi\varepsilon_1 L}{\ln(D/d)} \tag{3-91}$$

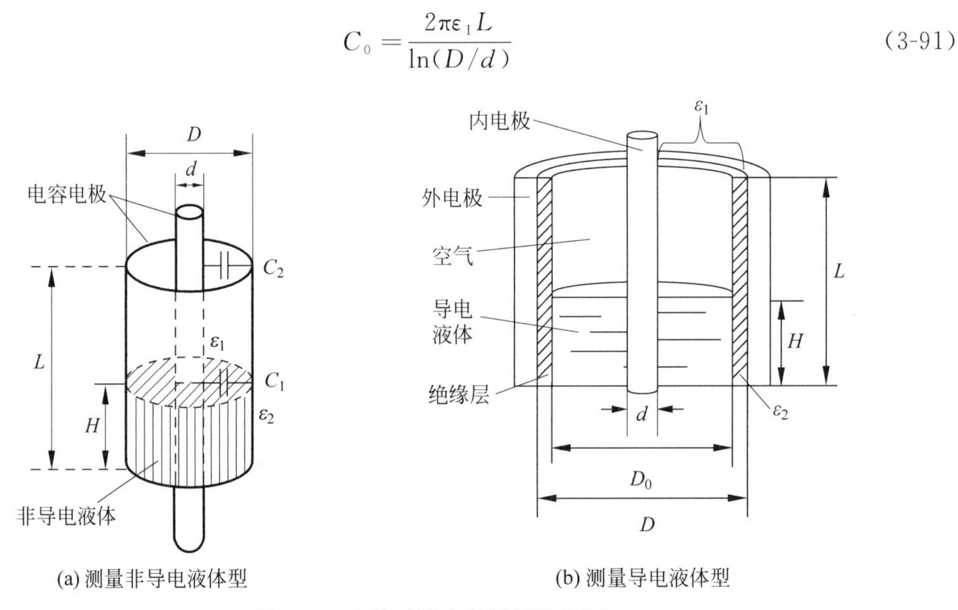

图3-76　电容式液位传感器结构图

如果两圆筒形电极间的一部分被介电常数为ε_2的介质所淹没，设被淹没电极的长度为H，如图3-76(a)所示。则此时的电容量为

$$C=C_1+C_2=\frac{2\pi\varepsilon_1(L-H)}{\ln(D/d)}+\frac{2\pi\varepsilon_2 H}{\ln(D/d)} \tag{3-92}$$

此时电容的变化量为

$$\Delta C=C+C_0=\frac{2\pi(\varepsilon_2-\varepsilon_1)}{\ln(D/d)}H \tag{3-93}$$

式(3-93)表明，当圆筒形电容器的尺寸L、D和d保持不变，而且介电常数ε_1和ε_2也不变时，电容器的电容变化量ΔC与电极被介电常数为ε_2的介质所淹没的高度H之间成正比。两种介质的介电常数的差值$\varepsilon_2-\varepsilon_1$越大，电容变化量$\Delta C$也越大，测量的相对灵敏度就越高。从原理上讲，圆筒形电容式物位计既可检测导电性液体的液位，也可检测固体颗

粒的料位。

如果被测介质为导电性液体，则上述圆筒形电极会被导电液体短路。因此对于导电液体的液位测量，电极要用绝缘物覆盖作为中间电极，一般用紫铜或不锈钢作为内电极，外套用聚四氟乙烯塑料管或涂搪瓷作为绝缘层，而导电液体和容器壁构成电容器的外电极，如图 3-76(b)所示。

容器内没有液体时，内电极和容器壁组成电容器，绝缘层和空气为介电层，液面的高度为 H 时，有液体部分由内电极和导电液体构成电容器，绝缘套为介电层。此时整个电容相当于有液体部分和无液体部分的两个电容并联。有液体部分的电容为

$$C_2 = \frac{2\pi\varepsilon_2 L}{\ln(D/D_0)} \tag{3-94}$$

无液体部分的电容为

$$C_1 = \frac{2\pi\varepsilon_1 (L-H)}{\ln(D_0/d)} \tag{3-95}$$

总等效电容为

$$C = C_1 + C_2 = \frac{2\pi\varepsilon_1 (L-H)}{\ln(D_0/d)} + \frac{2\pi\varepsilon_2 H}{\ln(D/D_0)} \tag{3-96}$$

式中　ε_1——空气和绝缘套组成的介电层的介电常数；

ε_2——绝缘套的介电常数；

L——电极和容器的覆盖长度；

d——内电极的外径；

D——绝缘套的外径；

D_0——容器的内径。

当被测液位 $H=0$ 时，电容的电容值为

$$C_0 = \frac{2\pi\varepsilon_1 L}{\ln(D_0/d)} \tag{3-97}$$

当被测液位为 H 时，电容器的电容变化量为

$$\begin{aligned}\Delta C = C - C_0 &= \frac{2\pi\varepsilon_1 (L-H)}{\ln(D_0/d)} + \frac{2\pi\varepsilon_2 H}{\ln(D/D_0)} - \frac{2\pi\varepsilon_1 L}{\ln(D_0/d)} \\ &= \left[\frac{2\pi\varepsilon_2}{\ln(D/D_0)} - \frac{2\pi\varepsilon_1}{\ln(D_0/d)}\right] H\end{aligned} \tag{3-98}$$

若 $D_0 \gg d$，且 $\varepsilon_1 \gg \varepsilon_2$，则

$$\Delta C = \frac{2\pi\varepsilon_2}{\ln(D/D_0)} H \tag{3-99}$$

从式(3-99)可以看出，电容变化量与液位高度成正比。

例 3-8　用电容传感器测量一个范围是 0～5m 的酒精液位，系统如图 3-76(b)所示。其指标如下：

酒精：$K=26$；

空气：$K=1$；

电容柱间距：$d=0.5\text{cm}$；

电容平板面积：$A=2\pi RL$；

此处 $R=5.75\text{cm}$，$L=$ 轴向距离。

问当液位变化为0～5m时，电容变化为多少？

解：$C=\dfrac{K\varepsilon_0 A}{d}$，而

$$A=2\pi RL=2\pi\times0.0575\text{m}\times5\text{m}=1.806\text{m}^2$$

空气介质的电容为

$$C=\frac{1\times8.85\text{pF/m}\times1.806\text{m}^2}{0.005\text{m}}=3196\text{pF}\approx0.0032\mu\text{F}$$

酒精介质的电容为

$$C=26\times0.0032\mu\text{F}=0.0832\mu\text{F}$$

2. 电阻式液位传感器

电阻式液位计的原理是基于液位变化引起电极间电阻变化，由电阻变化反映液位情况。电阻式液位计既可进行定点液位控制，也可进行连续测量。所谓定点控制是指液位上升或下降到一定位置时引起电路的接通或断开，引发报警器报警。

对于液位开关型传感器(定点液位测量)就是利用液位改变引起浮标高度改变，再带动干簧电阻链的电阻阻值发生变化，阻值改变和液位改变成正比。原理类似于舌簧管式液位传感器，即安装在磁翻柱液位显示面板上的液位开关和液位计处于同一磁耦合系统中，液位计主导管内的浮子随液位变化上下移动，当浮子由下而上接近液位开关时，浮子内的磁钢作用于导杆内的干簧管，发出开关通断信号。常开簧片开关处于磁场中时接通，处于磁场外时呈断开状态。常闭簧片开关处于磁场中时断开，处于磁场外时呈接通状态。干簧式电阻液位传感器的结构类似于舌簧管式液位传感器，如图3-74所示。

对于连续液位测量则采用两根电极是由两根材料、截面积相同的具有大电阻率的电阻棒组成，电阻棒两端固定并与容器绝缘，如图3-77所示。整个传感器电阻为

$$R=\frac{2\rho}{A}(H-h)=\frac{2\rho}{A}H-\frac{2\rho}{A}h=K_1-K_2h \tag{3-100}$$

式中　R——电阻；

ρ——电阻率；

H——总电阻的长度；

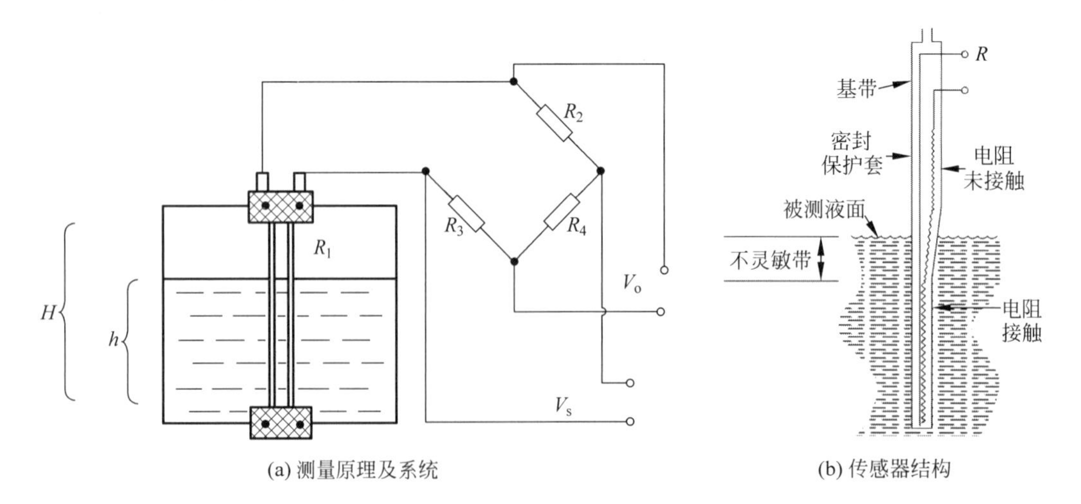

(a) 测量原理及系统　　(b) 传感器结构

图3-77　电阻式液位传感器与桥路结构图

h——液体中电阻的长度；

A——电阻断面。

该传感器的材料、结构与尺寸确定后，K_1 和 K_2 均为常数，电阻大小与液位高度成正比。电阻的测量可用图 3-77 中的电桥电路完成。

3.6.3 超声波液位传感器

超声波在气体、液体和固体中传播，具有一定的传播速度，如表 3-2 所示。超声波在介质中传播时会被吸收而衰减，在气体中传播的衰减最大，在固体中传播的衰减最小。超声波在穿过两种不同介质的分界面时会产生反射和折射，对于声阻抗差别较大的界面，几乎为全反射。从发射超声波至接收发射回来的信号的时间间隔与分界面位置有关，超声波式物位仪表正是利用超声波的这一特点进行物位测量的。有关超声波的发射和接收原理可参见 3.3.4 节。

超声波发射器和接收器既可以安装在容器底部，也可以安装在容器的顶部，发射的超声波在相界面被反射，并由接收器接收，测出超声波从发射到接收的时间间隔，就可以测量物位的高低。

超声波式物位仪表按照传声介质不同，可分为固介式、气介式和液介式三种，如图 3-78 所示。按探头的工作方式可分为自发自收单探头方式和收发分开的双探头方式。相互组合可以得到 6 种超声波物位仪表。在实际测量中，有时液面会有气泡、悬浮物、波浪或液体出现沸腾，引起反射混乱，产生测量误差，因此在复杂情况下宜采用固介式液位计。

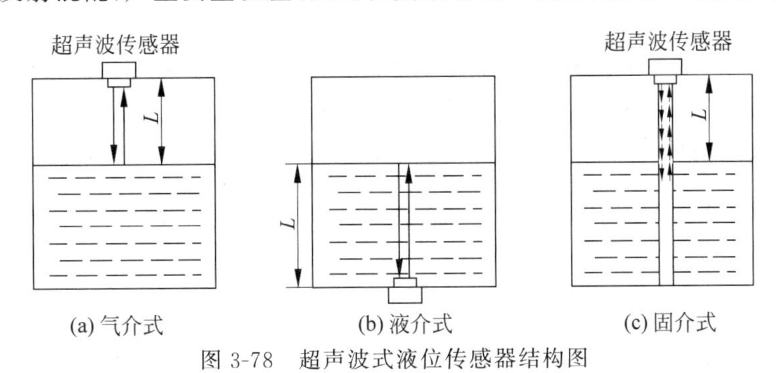

图 3-78 超声波式液位传感器结构图

如图 3-79 所示为单探头超声波液位计，它使用一个换能器，由控制电路控制，分时交替作发射器与接收器。控制电路一般包括脉冲发生器、回声处理器、计数器、信号处理器和显示器等。

对于单探头超声波液位计，设超声波到液面的距离为 l，波的传播速度为 c，传播时间间隔为 Δt，则

$$l=\frac{1}{2}c\Delta t \tag{3-101}$$

要想通过测量超声波传播时间来确定物位，声速 c 必须恒定。实际上声速随介质及其温度变化而变化，为了准确地测量物位，对于一定的介质，必须对声速进行校正。对于液介式的声速校正的方法有用校正具校正声速法、用固定标记校正声速法和用温度校正声速法等。对于气介式的声速校正一般采用温度校正法，即采用温度传感器测量出仓或罐的温度，

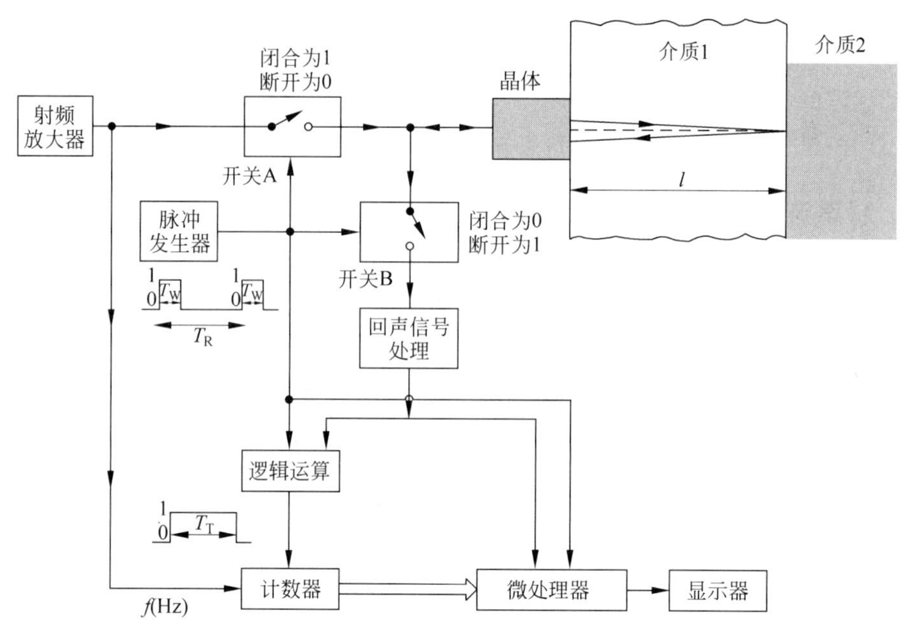

图 3-79　超声波脉冲反射处技术示意图

根据声速与温度之间的关系计算出当时的声速,再根据式(3-101)求出料位。空气中声速 c 与温度 T 之间的关系为

$$c = 331.3 + 0.6T \quad (\text{m/s}) \tag{3-102}$$

在实际应用中,因为存在多次反射或回声,这也会使得测量复杂化。第一次反射脉冲的一部分又会在发射器的表面产生反射,这个过程将重复多次。这种重复的反射脉冲的幅度会逐步衰减且最后将消失,如图 3-80 所示。因此有以下几项条件必须满足。

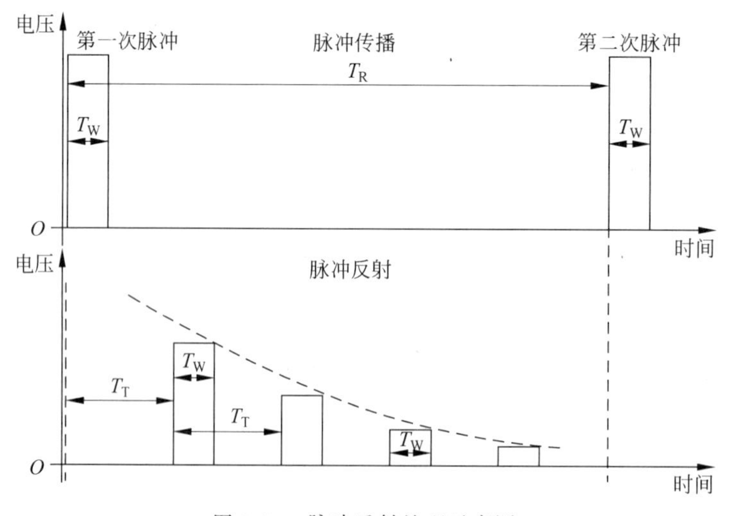

图 3-80　脉冲反射处理示意图

(1) 脉冲宽度 T_W 应比声波周期 $1/f$ 大,这样可保证在每个脉冲里有多个周波,也会有足够大的能量。

$$T_W \gg \frac{1}{f}$$

（2）过渡时间 T_T 应比脉冲宽度 T_W 大，以防止发射脉冲和反射脉冲的相互干扰。

$$T_T \gg T_W$$

（3）在相邻发射脉冲之间的重复时间 T_R 应大于过渡时间 T_T，以保证在一个发射脉冲后的所有反射能在第二个发射脉冲进入物质之前尽量被衰减掉。

$$T_R \gg T_T$$

超声波液位计测量液位时与介质不接触，无可动部件，传播速度比较稳定，对光线、介质黏度、湿度、介电常数、电导率和热导率等不敏感，因此可以测量有毒、腐蚀性或高黏度等特殊场合的液位或固体。

3.6.4　压力型液位传感器

压力型液位传感器也称为静压式液位传感器。它是基于在容器内有一定液面高度时，由液柱质量形成的静压力与液柱高度成比例关系，当被测介质密度不变时，通过测量参考点的压力可测量液位。如图 3-81(a)所示，A 为实际液面，B 为零液位，H 为液面的高度。根据流体静力学的原理，A 和 B 两点的静压力为

$$\Delta P = P_B - P_A = H\rho g$$

即

$$H = \frac{\Delta P}{\rho g} \tag{3-103}$$

式中　P_A 与 P_B——容器中 A、B 两点的静压力。

由于液体密度一定，所以 ΔP 与液位 H 呈正比例关系，测得压差 ΔP 就可以得知液位 H 的大小，而压力测量一般都可转换为位移测量，参见 3.5 节。

1. 压力式液位计

对于开口容器，P_A 为大气压力，测量液位高度的三种静压式液位计如图 3-81 所示。图 3-81(a)为压力表式液位计，它利用引压管将压力变化值引入高灵敏度压力表中进行测量。压力表的高度与容器底等高，压力表中的读数直接反映液位的高度。如果压力表的高度与容器底不等高，当容器中液位为零时，表中读数不为零，为容器底部与压力表之间的液体的压力差值，该差值称为零点迁移。压力表式液位计使用范围较广，但要求介质洁净，黏度不能太高，以免阻塞引压管。图 3-81(b)为法兰式液位变送器。变送器通过法兰装在容器底部的法兰上，作为敏感元件的金属膜盒经导压管与变送器的测量室相连，导压管内封入沸点高、膨胀系数小的硅油，使被测介质与测量系统隔离。法兰式液位变送器可将液位信号转换为电信号或气动信号，用于液面显示或控制调节。由于采用了法兰式连接，而且介质不必流经导压管，因此可检测有腐蚀性、易结晶、黏度大或有色等介质。图 3-81(c)为吹气式液位计。将一根吹气管插入至被测液体的最低面(零液位)，使吹气管通入一定量的气体，吹气管中的压力与管口处液柱静压力相等。用压力计测量吹气管上端压力，就可以测量液位。由于吹气式液位计将压力检测点移到了顶部，其使用维修都很方便，很适合于地下储罐、深井等场合。

2. 差压式液位计

在封闭容器中，容器下部的液体压力除了与液位高度有关外，还与液面上部的介质压力有关。在这种情况下，可以采用测量差压的方法来测量液位，如图 3-82 所示。这种测量方

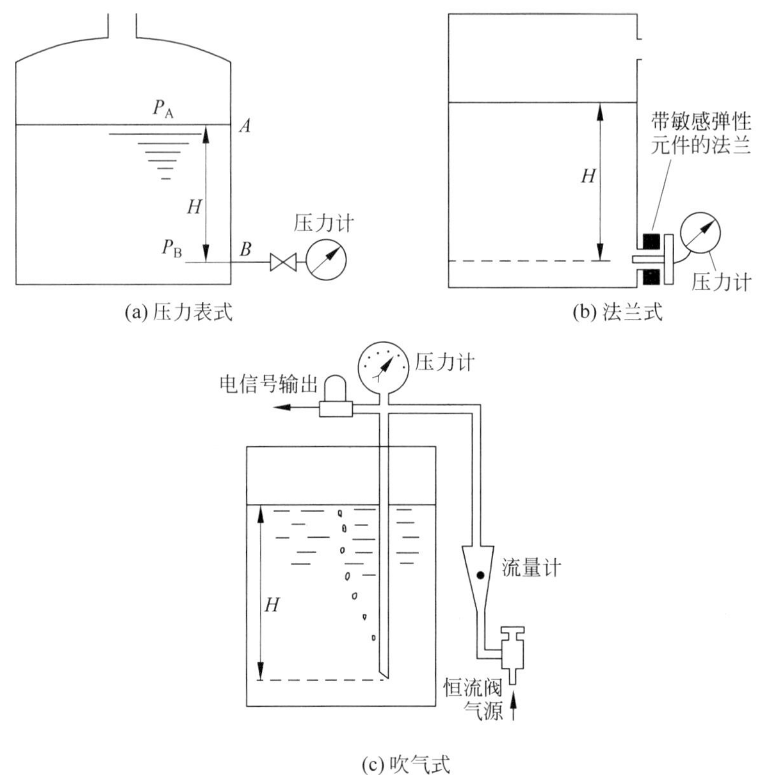

图 3-81 压力式液位传感器结构图

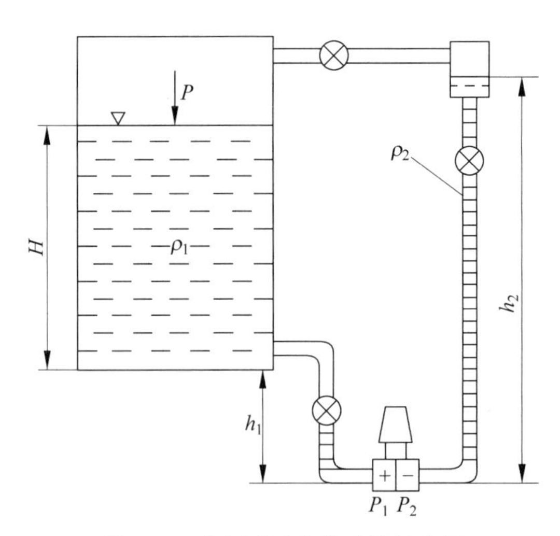

图 3-82 差压式液位传感器结构图

法在测量过程中需消除液面上部气压及气压波动对示值的影响。差压式液位计采用差压式变送器,将容器底部反映液位高度的压力引入变压器的正压室,容器上部的气体压力引入变送器的负压室。引压方式可根据液体性质选择。为了防止由于内外温差使气压引压管中的气体凝结成液体,一般在低压管中充满隔离液体。设隔离液体密度为 ρ_1,被测液体的密度为 ρ_2,一般使 $\rho_1>\rho_2$,则正、负压室的压力为

$$\begin{cases} P_1 = \rho_1 g(H + h_1) + P \\ P_2 = \rho_2 g h_2 + P \end{cases} \tag{3-104}$$

其差压则为

$$\Delta P = P_1 - P_2 = \rho_1 g(H + h_1) - \rho_2 g h_2 = \rho_1 g H + \rho_1 g h_1 - \rho_2 g h_2 \tag{3-105}$$

式中　P_1、P_2——引入变送器正、负压室的压力；

H——液面高度；

h_1,h_2——容器底面和工作液面距变送器的高度。

式(3-105)说明差压即反映了液位的高度，有关压力或差压的测量可参见 3.8 节。

例 3-9　一水槽盛水深度为 2.0m。问水槽底部压力分别为多少 psi 和 Pa?

解：

$$P = \rho g h = 10^3 \text{kg/m}^3 \times 9.8 \text{m/s}^2 \times 2\text{m} \approx 20\text{kPa}$$

因为

$$1\text{psi} = 6.895\text{kPa}$$

所以

$$20\text{kPa} = \frac{20\text{kPa}}{6.895\text{kPa/psi}} \approx 3\text{psi}$$

3.7　运动传感器

3.7.1　运动类型描述

运动类型大体上可分为直线运动(Rectilinear)、旋转运动(Angular)、振动(Vibration)和振荡(Shock)等几种。

(1) 直线运动。顾名思义，就是物体的加速、减速和匀速运动都是沿着直线方向进行的。

(2) 旋转运动。物体沿着某一轴向进行旋转，这时的速度和加速度都被称为角速度和角加速度。

(3) 振动。是指物体随着时间变化时，以一定的周期运动，如图 3-83 所示。当然这种运动也可能会随着能量的消耗呈指数衰减。振动一般由下面的方程来描述

$$x(t) = x_0 \sin\omega t \tag{3-106}$$

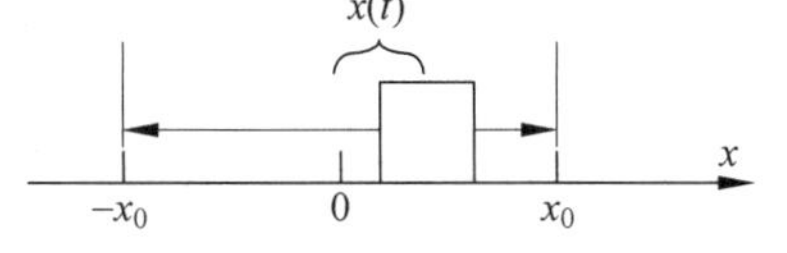

图 3-83　物体的周期运动

式中　$x(t)$——物体在时刻的位置；

x_0——物体离开平衡点的峰值位置；

ω——角频率。

角频率与周期和频率的关系为

$$\omega = 2\pi f = \frac{2\pi}{T} \tag{3-107}$$

式中　f——物体的运动频率；

T——物体的运动周期。

这样振动的速度就可对式(3-106)微分得到，即

$$v(t) = \omega x_0 \cos\omega t \tag{3-108}$$

同样，振动的加速度就可对式(3-108)微分而得到，即

$$a(t) = -\omega^2 x_0 \sin\omega t \tag{3-109}$$

可见振动位移、振动速度和振动加速度是具有相同频率的周期性函数。振动加速度的峰值是

$$a_{\text{peak}} = \omega^2 x_0 \tag{3-110}$$

例 3-10　某水管以 10Hz 的频率振动，振动产生的位移是 0.5cm。求加速度峰值(m/s^2)和重力加速度。

解：

① $a_{\text{peak}} = \omega^2 x_0 = (2\pi f)^2 x_0 = (20\pi \text{rad/s})^2 \times 0.005\text{m} = 19.7\text{m/s}^2$

② 注意到 $1g = 9.8(\text{m/s}^2)$，因此

$$a_{\text{peak}} = 19.7\text{m/s}^2 \times \frac{1g}{9.8\text{m/s}^2} = 2.0g$$

(4) 振荡。振荡是振动的一种特殊形式，一般是物体发生碰撞后，猛烈而停止下来。有时我们也称为休克，即物体发生碰撞后在极短的时间内呈现出较大的负加速度，如图 3-84 所示。

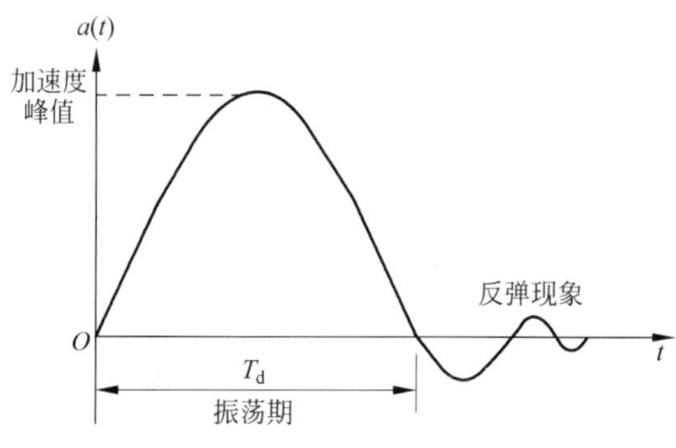

图 3-84　物体的振荡运动

例 3-11　一台电视机从 2m 高掉下，如果其振荡的时间是 5ms，求以 g 表达的平均振荡(加速度)。

解：这台电视机落地时的速度为

$$v^2 = 2gx = 2 \times 9.8\text{m/s}^2 \times 2\text{m}$$

所以

$$v = 6.3\text{m}$$

因为振荡的时间是 5ms，则

$$\bar{a} = \frac{6.3\text{m/s}}{5 \times 10^{-3}\text{s}} = 1260\text{m/s}^2$$

3.7.2　加速度计的基本原理

加速度是表征物体在空间运动本质的一个基本物理量。因此，可以通过测量加速度来测量物体的运动状态，判断运动机械系统所承受的加速度负荷的大小，以便正确设计其机械强度和按照设计指标正确控制其运动加速度，以免机件损坏。加速度检测广泛应用于航空航天和航海的惯性导航系统和运载武器的制导系统中，在振动实验、地震监测、爆破工程、地

基测量、地矿勘测等领域也有广泛的应用。

对于加速度，常用绝对法测量，即把惯性型测量装置安装在运动体上进行测量。测量加速度的传感器基本上都是基于图3-85的弹簧质量体结构。当基体或质量体受力时会产生加速度，惯性力与弹簧反作用力相平衡时，质量块相对于基座的位移与加速度成正比，故可通过该位移或惯性力来测量加速度。由牛顿定律有

$$ma = k\Delta x$$

因此

$$a = \frac{k}{m}\Delta x$$

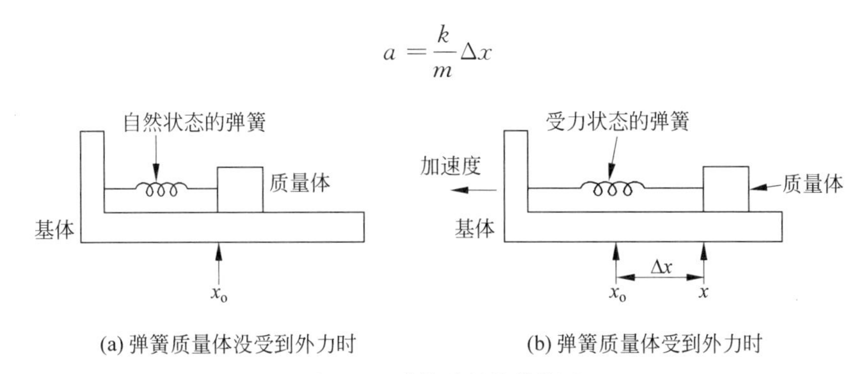

(a) 弹簧质量体没受到外力时　　(b) 弹簧质量体受到外力时

图3-85　弹簧质量体结构图

应用型的加速度传感器(Accelerometer)基本结构如图3-86所示。它是由质量块m、弹簧k和阻尼器B所组成的惯性型二阶测量系统。质量块通过弹簧和阻尼器与传感器基座相连接。传感器基座与被测运动体相连，因而随运动体一起相对于运动体之外惯性空间的某一参考点作相对运动。由于质量块不与传感器基座相连，因而在惯性作用下将与基座之间产生相对位移。质量块感受加速度并产生与加速度成比例的惯性力，从而使弹簧产生与质量块相对位移Δx相等的伸缩变形，弹簧变形又产生与变形量成比例的反作用力。在图3-86中，将弹簧质量系统作为传感器，并将其与被测系统直接连在一起，当从系统框架外部施加位移与加速度时，设检测系统的外壳与质量m之间的相对位移为x_o，支点位移为x_i，则质量m的绝对位移x_m为

$$x_m = x_i - x_o \tag{3-111}$$

考虑到弹簧的阻尼后再运用牛顿定律(Newton's Law)和胡克定律(Hooke's Law)有

$$kx_o + \lambda\dot{x}_o = m\ddot{x}_m = m(\ddot{x}_i - \ddot{x}_o) \tag{3-112}$$

式中　k——弹簧的弹性系数；

　　　λ——弹簧的阻尼系数。

用D算子来表达上式有

$$(k + \lambda D + D^2 m)x_o = D^2 m x_i \tag{3-113}$$

即

$$\frac{x_o}{D^2 x_i}(D) = \frac{m}{D^2 m + D\lambda + k} = \frac{\dfrac{m}{k}}{D^2\dfrac{m}{k} + D\dfrac{\lambda}{k} + 1} \tag{3-114}$$

所以

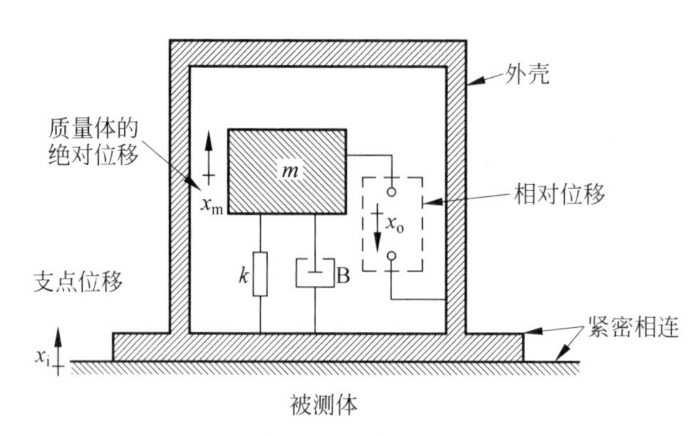

图 3-86　加速度传感器基本结构图

$$\frac{x_o}{D^2 x_i}(D) = \frac{m}{D^2 m + D\lambda + k} = \frac{\dfrac{1}{\omega_n^2}}{\dfrac{D^2}{\omega_n^2} + \dfrac{2\delta D}{\omega_n} + 1} \tag{3-115}$$

式中　ω_n——自然振荡频率，$\omega_n = \sqrt{\dfrac{k}{m}}$；

δ——阻尼比，$\delta = \dfrac{\lambda}{2\sqrt{km}}$。

或者

$$a = D^2 x_i = (D^2/\omega_n^2 + 2\delta D/\omega_n + 1)\omega_n^2 x_o \tag{3-116}$$

式(3-116)表明加速度与相对位移成正比。

对弹簧质量体的进一步分析会发现，弹簧质量体都有一个特性，那就是由于弹簧的作用，质量体总会发生振动。描述这种振动特性的指标就是自然振荡频率。自然振荡频率可由式(3-117)给出

$$f_N = \frac{1}{2\pi}\sqrt{\frac{k}{m}} \tag{3-117}$$

式中　f_N——自然振荡频率，Hz；

k——弹簧弹性系数，N/m；

m——质量体的质量，kg。

通常，对这种振荡效果采用周期性的阻尼信号来描述，并称为过渡过程，如图 3-87 所示，即

$$x_T(t) = x_0 e^{-\lambda t} \sin(2\pi f_N t) \tag{3-118}$$

式中　$x_T(t)$——质量体过渡过程中的运动位置；

x_0——质量体初始位置；

λ——弹簧阻尼系数；

f_N——自然振荡频率。

例 3-12　某一加速度计的质量体为 0.05kg，弹簧系数为 3.0×10^3 N/m，质量体的最大位移是 ±0.02m。求以 g 表达的最大可测量加速度和自然振荡频率。

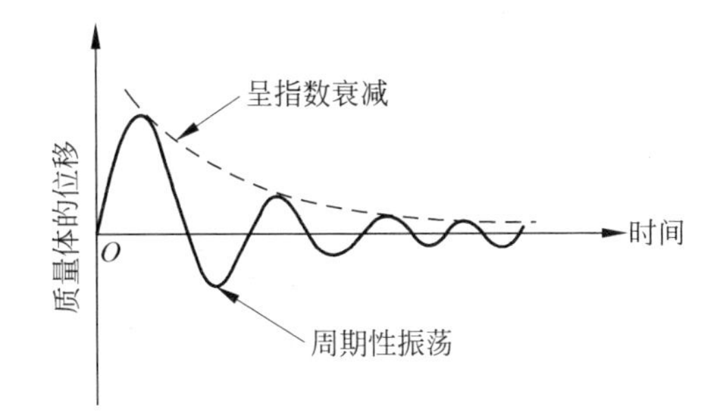

图3-87　弹簧质量体的振荡呈指数衰减

解：因为

$$a=\frac{k}{m}\Delta x=\frac{3.0\times10^{3}\,\mathrm{N/m}}{0.05\mathrm{kg}}\times0.02\mathrm{m}=1200\mathrm{m/s^2}$$

而

$$1g=9.8\mathrm{m/s^2}$$

则

$$a=1200\mathrm{m/s^2}\times\frac{1g}{9.8\mathrm{m/s^2}}=122g$$

自然振荡频率可由式(3-117)给出

$$f_{\mathrm{N}}=\frac{1}{2\pi}\sqrt{\frac{3.0\times10^{3}\,\mathrm{N/m}}{0.05\mathrm{kg}}}=39\mathrm{Hz}$$

3.7.3　加速度计的类型与应用

依据对加速度传感器中质量所产生的惯性力(或位移)的检测方式，加速度传感器可以分为压电式、压阻式、应变式、电容式、振梁式、磁电感应式、热电式等；按照检测质量的支撑方式，加速度传感器可以分为悬臂梁式、摆式、筒支撑梁式等。

1. 几种实用的加速度传感器

上面已经提到，对加速度的测量实际上是要实现对惯性力的测量，或者说是对位移的测量。在3.1节中我们已经介绍了有关位移测量的几种方法，因此加速度的测量方法也就可以与之对应。例如基于电位计式的加速度传感器、基于压电式的加速度传感器、基于线性可变差动变压器(LVDT)式的加速度传感器等。

如图3-88所示的是应变片式加速度传感器的结构示意图，悬臂梁自由端安装质量块，另一端固定在壳体上。悬臂梁上粘贴四个电阻应变敏感元件。为了调节振动系统阻尼系数，在壳体内充满硅油。

测量时，将传感器壳体与被测对象刚性连接，当被测物体以加速度 a 运动时，质量块受到一个与加速度方向相反的惯性力作用，使悬臂梁变形，该变形被粘贴在悬臂梁上的应变片感受到并随之产生应变，从而使应变片的电阻发生变化。电阻的变化引起应变片组成的桥路出现不平衡，从而输出电压，即可得出加速度 a 值的大小。

如图3-89所示的是一种压电式加速度传感器的结构图。它主要由压电元件、质量块、预压弹簧、机座及外壳等组成。整个部件装在外壳内，并由螺栓加以固定。此时惯性力 F

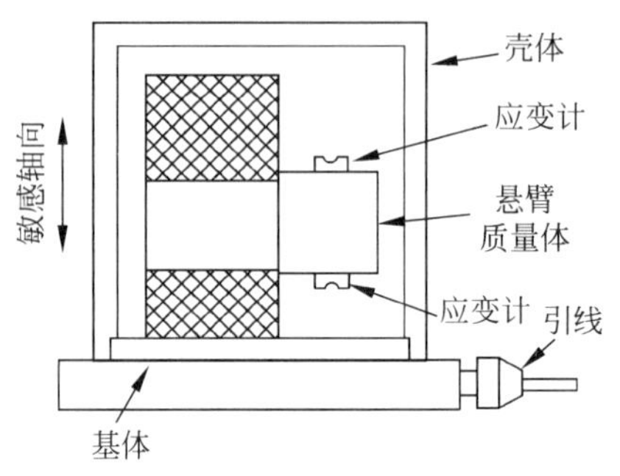

图3-88　应变计式加速度传感器结构图

作用于压电元件上,因而产生电荷 q,当传感器选定后,m 为常数,则传感器输出电荷为

$$q = d_x F = d_x m a \tag{3-119}$$

或

$$a = \frac{q}{d_x m} \tag{3-120}$$

式中　d_x——电轴方向受力的压电系数。

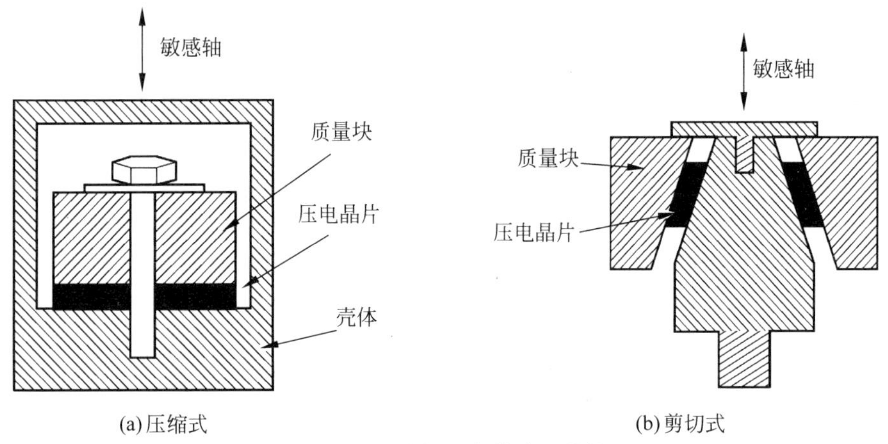

图3-89　压电式加速度传感器结构图

由式(3-120)可知,只要测出加速度传感器输出的电荷大小,就可以求出加速度 a 的大小。

如图3-90所示为差动变压器式加速度传感器的原理结构示意图。它由悬臂梁和差动变压器构成。测量时,将悬臂梁底座及差动变压器的线圈骨架固定,而将衔铁的 A 端与被测振动体相连,此时传感器作为加速度测量中的惯性元件,它的位移与被测加速度成正比,使加速度测量转变为位移的测量。当被测体带动衔铁以 $\Delta x(t)$ 振动时,导致差动变压器的输出电压也按相同规律变化。

如图3-91所示为差动电容式加速度传感器结构图,当传感器壳体随被测对象沿垂直方向作直线加速运动时,质量块在惯性空间中相对静止,两个固定电极将相对于质量块在垂直方向产生大小正比于被测加速度的位移。此位移使两电容的间隙发生变化,一个增加,一个减小,从而使 C_1 和 C_2 产生大小相等、符号相反的增量,此增量正比于被测加速度。电容式加速度传感器的主要特点是频率响应快和量程范围大,大多采用空气或其他气体作为阻尼物质。

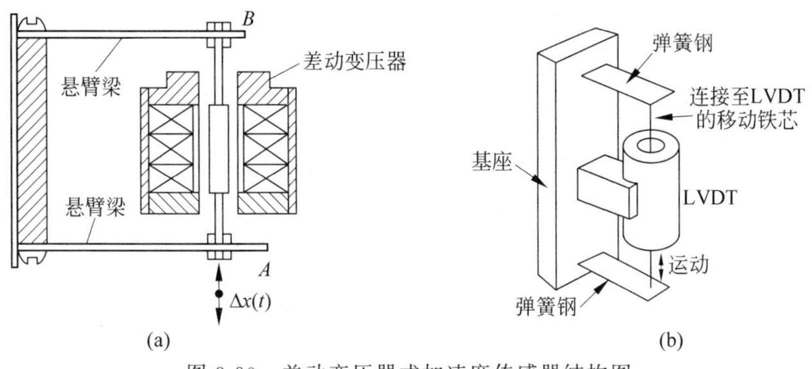

图 3-90　差动变压器式加速度传感器结构图

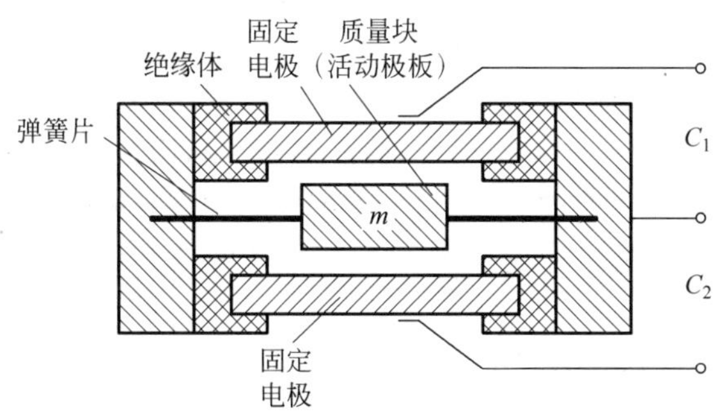

图 3-91　电容式加速度传感器结构图

2. 伺服式加速度传感器

不同于一般的加速度传感器，伺服式加速度传感器是一种闭环测试系统，具有动态性能好、动态范围大和线性度好等特点。其工作原理图如图 3-92 所示，传感器的振动系统由弹簧质量体系统组成，与一般加速度计相同，但质量体 m 上还接着一个电磁线圈，当基座上有加速度输入时，质量块偏离平衡位置，该位移大小由电磁感应位移传感器检测出来，经伺服放大器放大后转换为电流输出，该电流流过电磁线圈，在永久磁铁的磁场中产生电磁恢复力，力图使质量块保持在仪表壳体中原来的平衡位置上，所以伺服加速度传感器在闭环状态下工作。

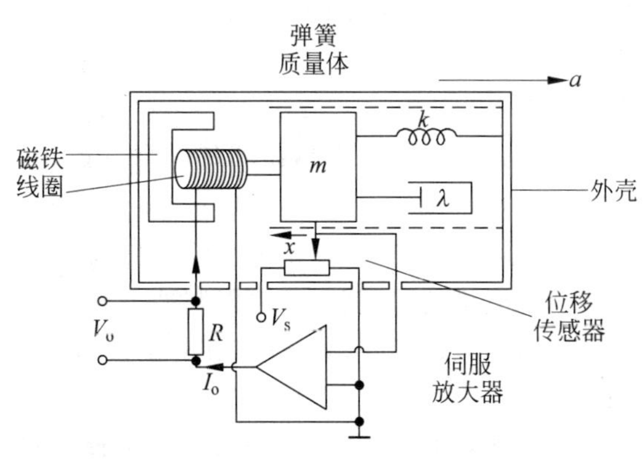

图 3-92　伺服式加速度传感器原理图

由于有反馈作用,增强了抗干扰的能力,提高了测量精度,扩大了测量范围。伺服加速度测量技术广泛地应用于惯性导航和惯性制导系统中,在高精度的振动测量和标定中也有应用。

3.7.4 微加速度传感器

微加速度传感器是微型传感器的一种,微型传感器属于微机电系统。微机电系统(Micro-Electro-Mechanical Systems,MEMS),专指外形轮廓尺寸在毫米级以下,构成它的机械零件和半导体元器件尺寸在微米至纳米级,可对声、光、热、磁、压力、运动等自然信息进行感知、识别、控制和处理的微型机电装置。是融合了硅微加工、光刻铸造成型(LIGA)和精密机械加工等多种微加工技术制作的微传感器(Microsensors)、微执行器(Microactuators)和微系统(Microsystems)。通过将微型的电机、电路、传感器、执行器等装置和器件集成在半导体芯片上形成的微型机电系统,不仅能搜集、处理和发送信息或指令,还能按照所获取的信息自主地或根据外部指令采取行动。它是在微电子技术基础上发展起来的,但又区别于微电子技术(IC)。在IC中,有一个基本单元,即晶体管。利用这个基本单元的组合并通过合适的连接,就可以形成功能齐全的IC产品。在MEMS中,不存在通用的MEMS单元,而且MEMS器件不仅工作在电能范畴,还工作在机械能范畴或其他能量(如电磁能、热能等)范畴。微机电系统的特点包括:

(1) 微型化。MEMS器件体积小、质量轻、耗能低、惯性小、谐振频率高、响应时间短。

(2) 集成化。可以把不同功能、不同敏感方向的多个传感器或执行器集成于一体,形成微传感器或微执行器阵列,甚至可以把多种器件集成在一起以形成更为复杂的微系统。微传感器或微执行器和IC集成在一起可以制造出高可靠性和高稳定性的智能化MEMS。

(3) 多学科交叉。MEMS的制造涉及电子、机械、材料、信息与自动控制、物理、化学和生物等多种学科。同时MEMS也为上述学科的进一步研究和发展提供了有力的工具。

微型加速度计和微机械陀螺都属于惯性传感器,均已大量产品化。在汽车上,微型加速度传感器用来启动包括气囊在内的安全系统或用于自动刹车等,以提高汽车的安全稳定性。此外,微型加速度计还用于一些可发挥其低成本和小尺寸特点的场合,例如生物医学领域的活动监控,便携式摄像机的图像稳定性控制等。

微型加速度计通常由弹性元件(如弹性梁)将惯性质量块悬接在参考支架上。加速度引起参考支架与惯性质量块间发生相对位移,通过压敏电阻或可变电容器进行应变或位移测量,从而得到加速度值。

1. 压阻式微加速度传感器

如图3-93所示为压阻式微机械加速度传感器芯片的顶视图和剖视图。大的惯性质量块有利于获得高灵敏度和低噪声,故采用了体加工技术,并形成玻璃-硅-玻璃的夹层结构。中间层为包含悬臂梁和惯性质量块结构的硅片。两个经各向同性腐蚀的玻璃片键合在硅片外面,构成使硅敏感结构有活动余量的封闭腔,并可限制冲击和适当减震。中间硅片通过双面腐蚀制作而成,惯性质量块通过悬臂梁支撑并连接在外围结构(参考支架)上,扩散形成的压敏电阻集成在悬臂梁上。

在加速度作用下,外围支架相对惯性质量块运动,作为弹性连接件的悬臂梁发生弯曲,压敏电阻测出该应变从而可得到加速度值。悬臂梁根部的应变最大,所以为提高灵敏度,应

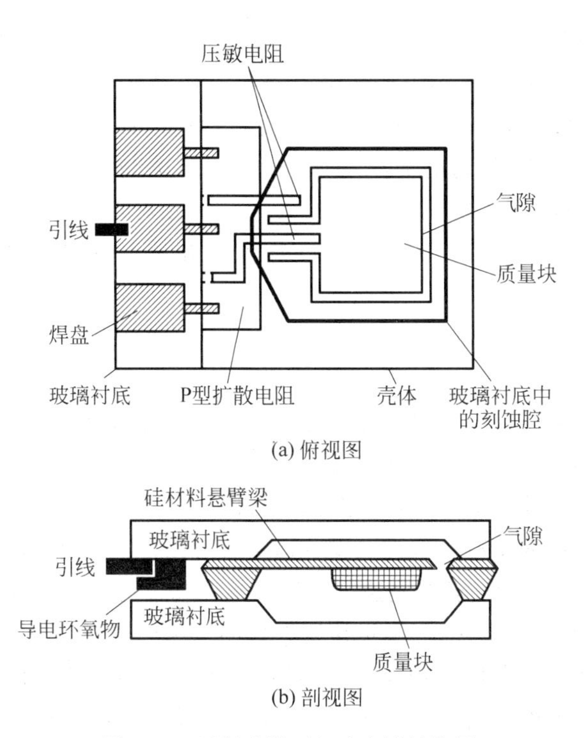

图 3-93 压阻式微型加速度计结构图

变电阻制作在靠近悬臂梁根部的位置。应注意图 3-93 中只有一个压敏电阻用于测量应变，另外一个为参考电阻。为减小横向灵敏度(即减小对非测量方向加速度的灵敏度)，可增加悬臂梁数目或优化质量块及弹性梁的形状、排布形式等。

2. 电容式微型加速度传感器

如图 3-94 所示为平板电容式微型加速度传感器系统原理图。悬臂梁支撑下的惯性质量块上连接可动电极，两玻璃盖板的内表面上都制作固定极板，三者键合形成可检测活动极板相对位置运动的差动电容。中间硅摆片由双面体硅刻蚀加工而成。

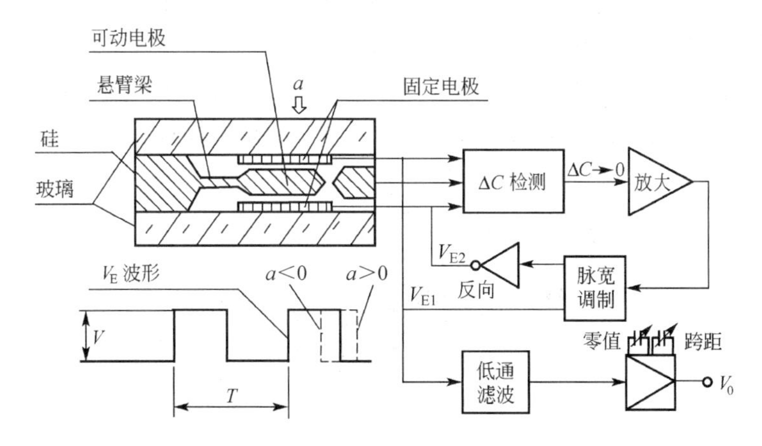

图 3-94 平板电容式微型加速度计结构图

电容式微型加速度传感器采用闭环控制的力平衡的工作模式。脉宽调制器结合反向器产生两个脉宽调制信号 V_{E1} 和 V_{E2}，加到电极板上。通过改变脉冲宽度调制信号的脉冲宽度，控制作用在可动极板上静电力的大小，从而与加速度产生惯性力相平衡，使可动极板保持在中间位置。在脉宽调制的静电伺服技术中，脉宽与被测加速度成正比，通过测量脉冲宽度来获得被测加速度值。力平衡式工作方式使可动极板和固定极板的间隙可以做得很小。同时，传感器具有较宽的线性工作范围和较高的灵敏度，能够测量低频微弱的加速度信号。

3.7.5　速度传感器

速度检测分为线速度检测与角速度检测。线速度的单位为 m/s，角速度检测又分为转速检测和角速率检测，常用的速度检测方法有以下几种。

(1) 微积分法　根据运动物体的位移、速度和加速度的关系，对运动物体的加速度进行积分运算或对运动物体的位移信号进行微分运算就可以得到速度。

(2) 线速度和角速度相互转换测速法　同一运动物体的线速度和角速度存在固定的关系，在测量时可采用互换的方法，如测量执行电机的转速可得知负载的线速度。

(3) 速度传感器法　利用各种速度传感器，将被测物体的速度信号转换为电信号进行测量。这种方法是速度检测的常用方法。常见的速度传感器有磁电式速度传感器、测速发电机、光电编码器、多普勒测速仪、陀螺仪等。

(4) 相关测速法　在被测运动物体经过的两固定距离为 L 的点上安装信号检测装置，通过对两个信号检测装置输出的信号进行相关分析，求出时差 τ，就可以得知运动物体的被测速度 $v=L/\tau$。相关测速法不受环境因素的影响，测速精度较高。

(5) 空间滤波器法　利用可选择一定空间频率段的空间滤波器件与被测物体同步运动，在单位空间内测得相应的时间频率，求得运动物体的运动速度。空间滤波器法既可测量运动物体的线速度，也可以测量转速。

1. 直线速度传感器

直线速度传感器的类型有许多种。简单的一种是采用普通的位移传感器，将其输出送给一微分电路，对位移信号微分即可得到速度信号。

另一种直线速度传感器是基于 $v=\Delta x/\Delta t$。测出位移量，再测出时差即可得到平均速度，如图 3-95 所示。这种测量方法中常用到 3.5 节中介绍的接近开关。

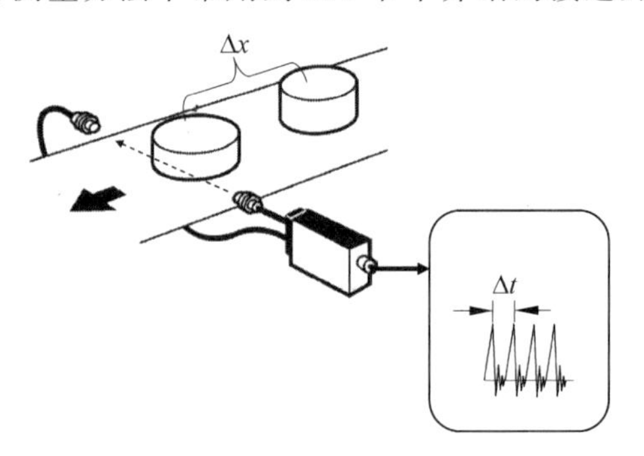

图 3-95　基于 $v=\Delta x/\Delta t$ 的平均速度测量原理图

还有一种直线速度传感器则是基于磁电感应原理的传感器，即动圈式速度传感器，其原理如图3-96(a)所示。动圈式速度传感器基于感应电势由式(3-121)给出

$$E_s = NBlv \tag{3-121}$$

式中　E_s——感应电势；

N——线圈匝数；

B——磁通密度；

l——线圈长度；

v——线圈与磁铁的相对速度。

式(3-121)表明，在磁通密度与线圈尺寸一定时，输出电压与速度成正比。

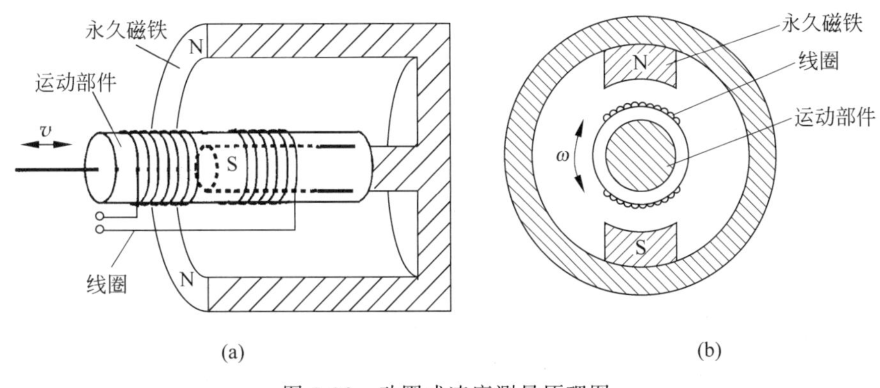

图3-96　动圈式速度测量原理图

2. 角速度传感器

角速度传感器或转速传感器相对来说有着更广泛的用途，其种类也较多，包括磁电感应式、飞球式、测速发动机式、接近开关式等。

1) 磁电感应角速度传感器

磁电感应角速度传感器如图3-96(b)所示。其输出电压与式(3-121)有相似的表达，就是其中的速度换成角速度。

2) 飞球角速度传感器

飞球角速度传感器是一种经典的转速测量装置，特别在发动机和涡轮系统的转速测量中有着广泛的应用。如图3-97所示为其结构示意图。在这个测量系统中，离心力与输入角速度的关系是非线性的，即

$$F_c = K_c \omega_i^2 \tag{3-122}$$

因此多采用一个非线性弹簧来得到一个线性的整体特性，因为在平衡时离心力等于弹簧力，即

$$F_c = K_c \omega_i^2 = F_{spring} = K_s x_o^2 \tag{3-123}$$

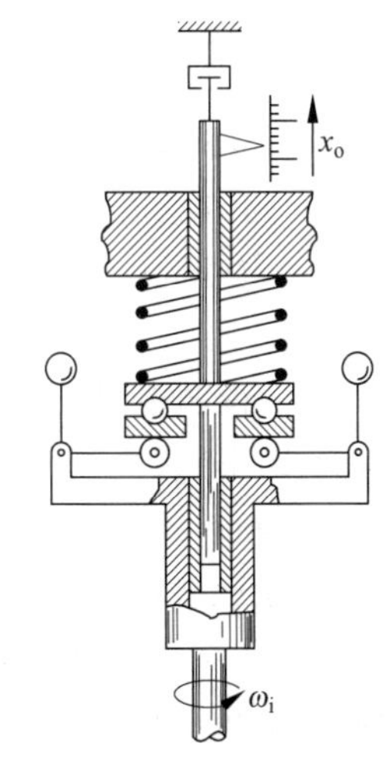

图3-97　飞球式速度传感器原理图

这样

$$x_o = \sqrt{K_c / K_s}\,\omega_i \tag{3-124}$$

式(3-124)表明输出位移 x_o 与角速度 ω_i 呈线性关系。

3）测速发动机

测速发电机是一种测量转速的微型发电机,它把输入的机械转速变换为电压信号输出,并使得输出的电压信号与转速成正比。测速发电机分为直流测速发电机和交流测速发电机两大类。

直流测速发电机本质上是一种微型直流发电机,按定子磁极的励磁方式分为电磁式和永磁式。直流测速发电机的工作原理与一般直流发电机相同,如图3-98(a)所示。

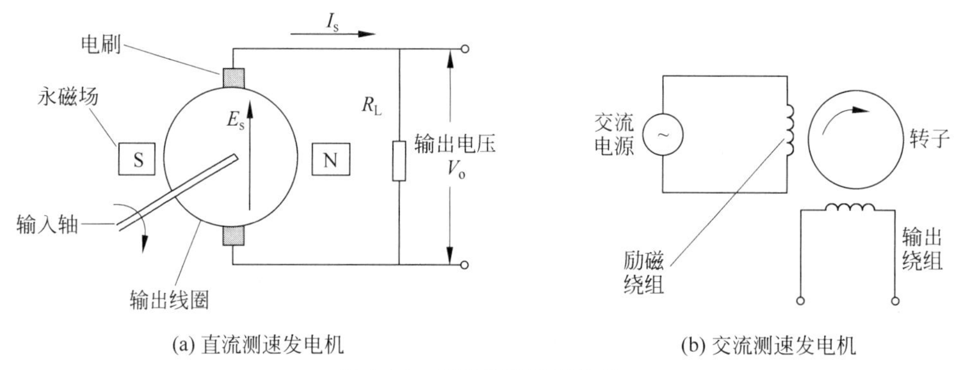

(a) 直流测速发电机　　(b) 交流测速发电机

图3-98　测速发电机原理图

直流测速发电机的工作原理是在恒定的磁场 B 中,外部的机械转轴带动电枢以转速 n 旋转,电枢绕组切割磁场从而在电刷间产生电动势。空载时,直流测速发电机的输出电压等于电枢电动势,即 $V_o=E_s$。有负载时,若电枢电阻为 R_a,负载电阻为 R_L,则直流测速发电机的输出电压为

$$V_o=E_s-IR_a=E_s-\frac{V_o}{R_L}R_a \tag{3-125}$$

所以

$$V_o=\frac{E_s}{1+R_a/R_L}=\frac{C\Phi}{1+R_a/R_L}n \tag{3-126}$$

式中　V_o——电机输出电压;

C——与电机极数及线圈相关的系数;

Φ——磁通量;

n——转速。

式(3-126)说明电机的输出电压与转速成正比。

交流异步测速发电机的转子结构有笼形的,也有杯形的,在控制系统中多用空心杯转子异步测速发电机。空心杯转子异步测速发电机定子上有两个在空间上相互差90°电角度的绕组,一个为励磁绕组,另一个为输出绕组,如图3-98(b)所示。当转子静止时,励磁绕组产生的磁通在转子绕组上感应电势,产生电流。转子磁势不与输出绕组交链,所以输出绕组不感应电势,即输出电压为零。当转子旋转时,输出绕组产生一个频率与激励电压同频、幅值与瞬时速度成正比的输出电压。

4）其他转速传感器

许多转速传感器都是基于接近开关基本原理的(可参见3.5节),如图3-99所示。如果调制盘上开 Z 个缺口,测量电路计数时间为 t(s),被测转速为 n(r/min),则此时得到的计数值 C 为

$$C = Ztn/60 \tag{3-127}$$

为了使读数 C 能直接读转速 n 值，一般取 $Zt = 60 \times 10k(k=0,1,2\cdots)$。

根据接近开关的工作原理，对应的转速传感器又分为有磁电感应式、光电效应式、霍尔效应式、磁阻效应式和电磁感应式等。

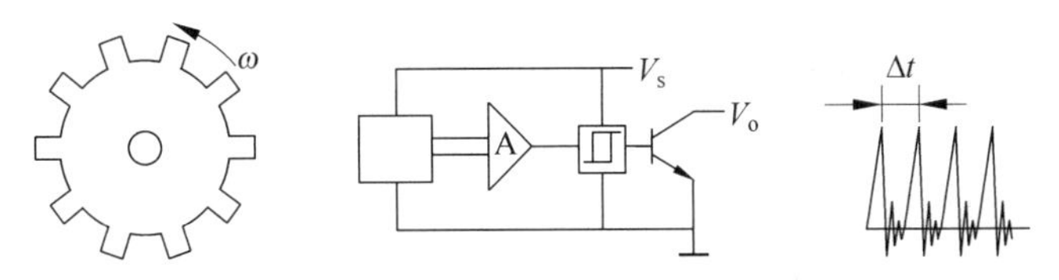

图 3-99 基于接近开关的转速传感器

三种变磁阻式传感器，即电感式传感器、变压器式传感器和电涡流式传感器都可用在转速传感器中。

电感式转速传感器应用较广，它利用磁通变化而产生感应电势，其电势大小取决于磁通变化的速率。这类传感器按结构不同又分为开磁路式和闭磁路式两种。如图 3-100(a)所示为一种开磁路式电感转速传感器。当转轴连接到被测轴上一起转动时，由于齿轮与铁芯极片的相对运动，产生磁阻变化，在线圈中产生交流感应电势，波形如图 3-100(b)所示。当齿接近极片时，磁阻最小，当齿离开极片移动时，磁阻增加，当极片位于两齿中间时，磁阻最大。在导体中的感应电势与磁通量的变化率有关，即

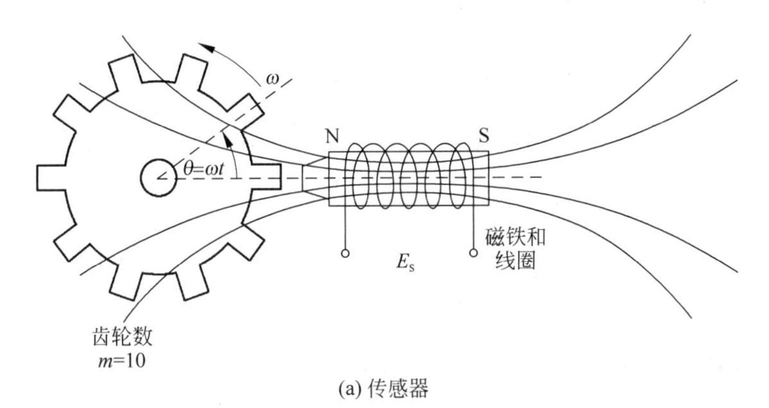

(a) 传感器

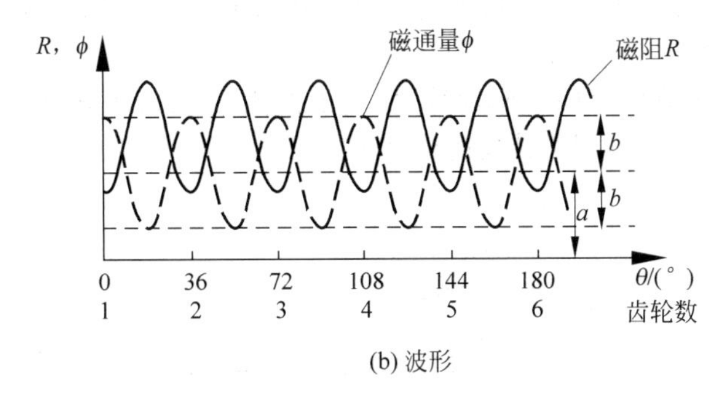

(b) 波形

图 3-100 电感式转速传感器原理图

$$E_s = -\frac{d\Phi}{dt} \tag{3-128}$$

磁通量的变化又取决于齿轮的角速度,这种关系可以近似为

$$\Phi = a + b\cos m\theta \tag{3-129}$$

式中 a——平均磁通;

b——磁通量变化的幅值;

m——齿轮的齿数;

θ——两齿间的夹角。

由式(3-128)与式(3-129)有

$$E_s = -\frac{d\Phi}{dt} = -\frac{d\Phi}{d\theta}\frac{d\theta}{dt} = (\omega_r t)bm\sin m\theta \tag{3-130}$$

式(3-130)说明测出电势的大小便可测出相应转速值。

电涡流式转速传感器工作原理如图3-101所示。在软磁材料制成的输入轴上加工一个键槽,在距输入轴表面 d_0 处设置电涡流传感器,输入轴与被测旋转轴相连。当被测旋转轴转动时,电涡流传感器与输出轴的距离变为 $d_0+\Delta d$。由于电涡流效应,使传感器线圈阻抗随 Δd 的变化而变化,这种变化将导致振荡谐振回路的品质因数发生变化,它们将直接影响振荡器的电压幅值和振荡频率。因此,随着输入轴的旋转,从振荡器输出的信号中包含有与转速成正比的脉冲频率信号。该信号由检波器检出电压幅值的变化量,然后经整形电路输出频率为 f_n 的脉冲信号。该信号经电路处理便可依据式(3-127)得到被测转速。

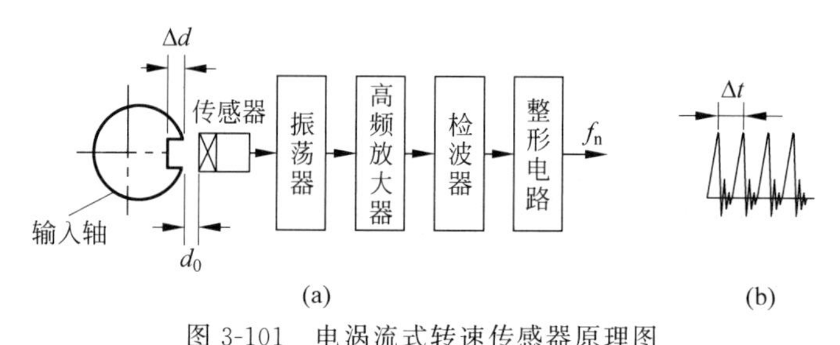

图3-101 电涡流式转速传感器原理图

霍尔式转速传感器采用霍尔效应原理实现测速,当齿轮旋转时,通过传感器的磁力线发生变化,在霍尔传感器中产生周期性的电压,通过对该电压处理计数,就能测出齿轮的转速。

如图3-102所示的是一种霍尔式转速传感器。转盘的输入轴与被测转轴相连,当被测转轴转动时,转盘随之转动,固定在转盘附近的霍尔传感器便可在每一个旋转齿通过时产生一个相应的脉冲,检测出单位时间的脉冲数,便可依据式(3-127)得知被测转速。根据转盘上齿数目多少就可确定传感器测量转速的分辨率。

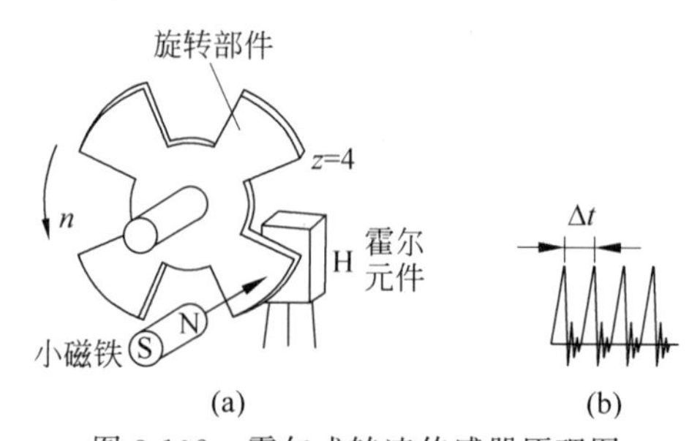

图3-102 霍尔式转速传感器原理图

电容式转速传感器有面积变化型和介质变化型两种。如图 3-103 所示是面积变化型的工作原理。图 3-103 中电容式转速传感器由两块固定金属板和与转动轴相连的可动金属板构成。可动金属板处于固定电容极板时是其电容量最大的位置，当转动轴旋转 180°时，可动金属板移出了固定电容极板，则是处于电容量最小的位置。电容量的周期变化速率即为转速。可通过直流激励、交流激励和用可变电容构成振荡器的振荡桥路等方式得到转速的测量信号。介质变化型是在电容器的两个固定电极板之间嵌入一块高介电常数的可动板而构成的。可动介质板与转动轴相连，随着转动轴的旋转，电容器板间的介电常数发生周期性变化而引起电容量的周期性变化，其速率等于转动轴的转速。

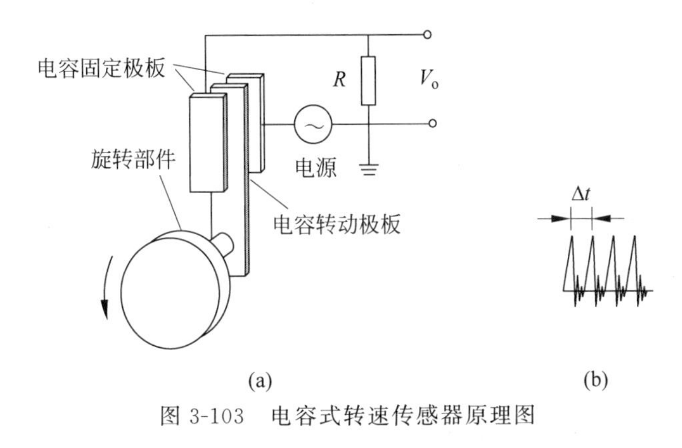

图 3-103　电容式转速传感器原理图

光电式转速传感器分为投射式和反射式两类。投射式光电转速传感器的读数盘和测量盘有间隔相同的缝隙。测量盘随被测物体转动，每转过一条缝隙，从光源投射到光敏元件（参见 6.2.2 节）上的光线产生一次明暗变化，光敏元件即输出电流脉冲信号。反射式光电传感器在被测转盘上设有反射记号，由光源发出的光线通过透镜和半透膜入射到被测转盘上。转盘转动时，反射记号对投射光点的反射率发生变化。反射率变大时，反射光线经透镜投射到光敏元件上，即发出一个脉冲信号；反射率变小时，光敏元件无信号。在一定时间内对信号计数便可测出转盘的转速值。

如图 3-104(a)所示为一种投射式光电转速传感器。在被测转速的电机上固定一个调制盘，将光源发出的恒定光调制成随时间变化的调制光。光线每照射到光电器件上一次，光电器件就产生一个电信号脉冲，经放大器整形后记录，信号经电路处理便可依据式(3-127)得到被测转速。如图 3-104(b)所示为反射式光电转速传感器。光电转速传感器基本结构如图 3-105 所示。

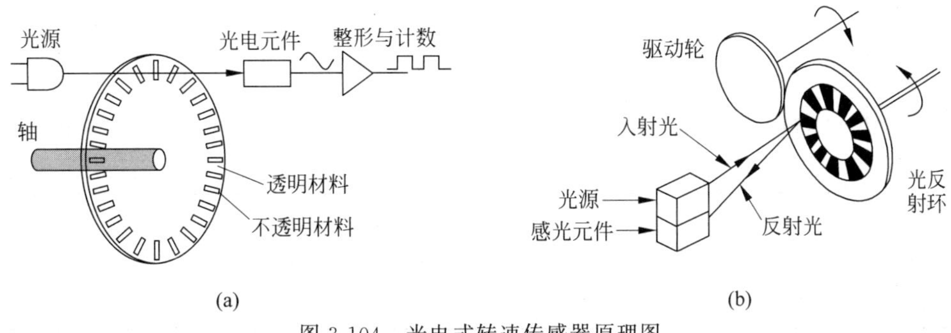

图 3-104　光电式转速传感器原理图

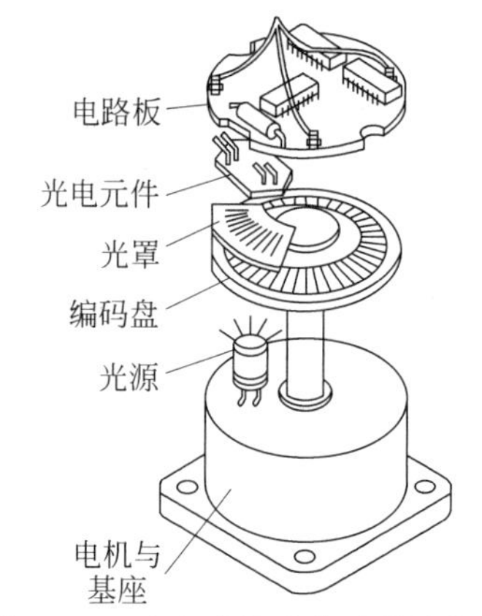

图 3-105 光电式转速传感器结构图

3.8 压力传感器

压力和差压是工业生产过程中常见的过程参数之一。在许多场合需要直接检测、控制压力参数,如锅炉的汽包压力、炉膛压力、烟道压力;化学生产中的反应釜压力、加热炉压力等。此外,还有一些不易直接测量的参数,如液位、流量等参数往往需要通过压力或差压的检测来间接获取。

3.8.1 压力测量单位及测量方法

1. 压力测量单位

在国际单位制和我国的法定计量单位中,压力的单位采用牛顿/米^2(N/m^2),通常称为帕斯卡或简称帕(Pa)。帕这个单位在实际应用中太小,不方便,目前我国生产的各种压力表都统一用 kPa(10^3Pa)或 MPa(10^6Pa)为压力或差压的基本单位。在英美等西方国家的一些变送器中还常用 bar(巴)作压力的单位。我国在试行法定计量单位以前还常用工程大气压(kg/cm^2)。表 3-3 为几种压力单位的换算关系。

表 3-3 压力单位换算表

单位	千帕/kPa	兆帕/MPa	千克/平方厘米/($kg\cdot cm^{-2}$)	毫米汞柱/mmHg	毫米水柱//mmH_2O	巴/bar	磅/平方英寸/psi	标准大气压/atm
千帕/kPa	1	10^{-3}	0.010 197 2	7.5	102	0.01	0.145 038	0.008 969 2
兆帕/MPa	1000	1	10.2	7.50×10^{-3}	1.02×10^{-5}	10	1.45×10^2	98 692
千克/平方厘米/($kg\cdot cm^{-2}$)	98.067	0.0981	1	735.6	10^4	0.981	14.22	0.9678
毫米汞柱/mmHg	0.1333	1.333×10^{-4}	1.36×10^{-3}	1	13.6	1.333×10^{-3}	19.34×10^{-3}	1.316×10^{-3}
毫米水柱/mmH_2O	9.81×10^{-3}	9.81×10^{-6}	10^{-4}	73.56×10^{-3}	1	98.1×10^{-6}	1.422×10^{-3}	9.678×10^{-5}
巴/bar	100	0.1	1.02	750	10.2×10^3	1	14.50	0.9869
磅/平方英寸/psi	6.89	6.89×10^{-3}	70.3×10^{-3}	51.72	703	68.9×10^{-3}	1	68.05×10^{-3}
标准大气压/atm	101.33	0.1013	1.0332	760	1.0332×10^{-4}	1.0133	14.696	1

对于微小压力(或称负压)还常用到毫米水柱(mmH_2O,$1mmH_2O=9.8067Pa$)和毫米汞柱(mmHg,1mmHg=1torr(托)=133.3Pa)等单位。

2. 压力测量方法

在工程上,被测压力通常有绝对压力、表压和负压(真空度)之分。三者关系如图3-106所示。绝对压力是指作用在单位面积上的全部压力,用来测量绝对压力的仪表称为绝对压力表。地面上空气柱所产生的平均压力称为大气压力,高于大气压的绝对压力与大气压力之差称为表压,低于大气压力的被测压力称为负压或真空度,其值为大气压力与绝对压力之差。由于各种工艺设备和检测仪表通常是处于大气之中,本身就承受着大气压力,因此工程上通常采用表压或者真空度来表示压力的大小,一般的压力检测仪表所指示的压力也是表压或者真空度。

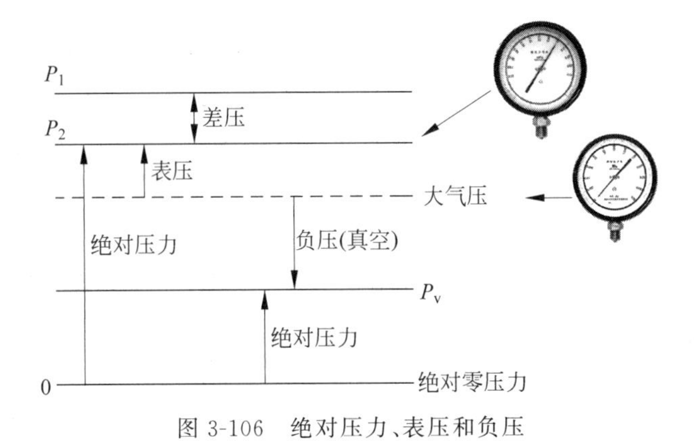

图3-106　绝对压力、表压和负压

在工程上将垂直而均匀作用在单位面积上的力称为压力,两个被测压力之间的差值称为压力差或压差,工程上习惯叫差压。因此对压力的测量实际上也就是对力的测量。对力的测量通常可以由以下几种方法来实现。

(1) 用一个标准质量的已知重力来平衡该未知力,平衡的方法既可以是直接平衡,也可以是通过一个杠杆系统来平衡,如图3-107(a)所示。

(2) 测量未知力施加在一个质量体上时对该质量体所产生的加速度,如图3-107(b)所示。

(3) 用一个载流线圈和一个永磁铁的相互作用产生的磁力来平衡该未知力,然后再测量载流线圈中电流的大小。

(4) 把未知力转换为流体压力,然后再测量该压力,如图3-107(c)所示。

(5) 将未知力施加在一弹性元件上,然后测量该弹性元件的形变,如图3-107(d)所示。

(6) 将未知力施加在一金属丝上,引起金属丝的固有频率发生变化,然后测量该频率。

(7) 将未知力施加在压电材料或磁阻材料上,引起压电材料产生电压或引起磁阻材料的电阻发生变化,然后测量该电压或电阻。

(8) 将未知力施加在陀螺仪上,引起陀螺仪的进动发生变化,然后测量该进动量等。

由于测量力的方法有多种,因此压力的测量方法或压力传感器也有许多种。目前工业上常用的压力检测方法和压力检测传感器主要有四类,即液柱式压力传感器、弹性式压力传感器、电气式压力传感器和活塞式压力传感器。这里我们主要介绍液柱式压力传感器、弹性式压力传感器和电气式压力传感器。

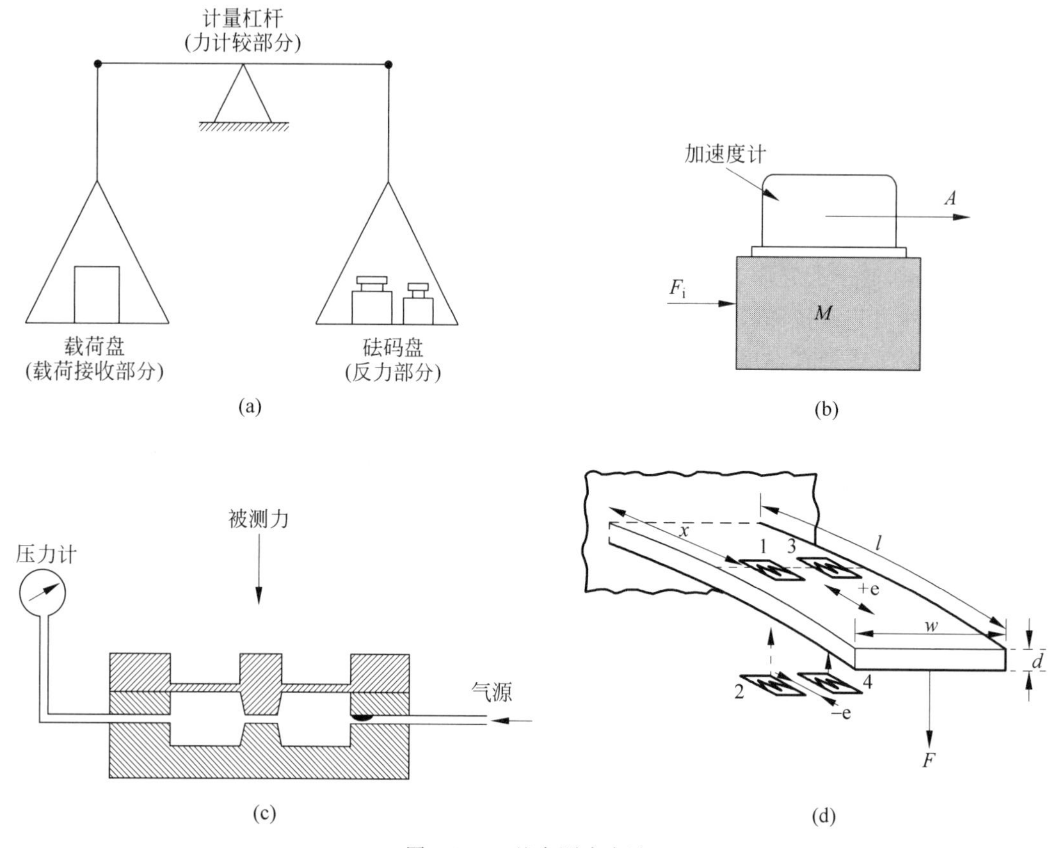

图 3-107 基本测力方法

3.8.2 流体压力传感器

工业上采用的流体压力传感器(Manometer)主要是液柱压力传感器。液柱测压法是以流体静力学理论为基础的压力测量方法,一般采用充有水或汞等液体的玻璃U形管、单管或斜管进行测量。以此原理构造的液柱压力计结构简单,使用方便,测量精度高,但不便于读数和远传,测量量程也受到一定的限制,一般在实验室或工程实验上使用。这里我们以单管压力计为例来说明其原理。

简单的单管压力计原理如图 3-108 所示。

$$P_2 = P_1 + (h + H)\rho g \tag{3-131}$$

注意到 $hA_1 = HA_2$,有

$$P_2 - P_1 = (h + H)\rho g = \rho g h\left(1 + \frac{A_1}{A_2}\right) \tag{3-132}$$

由于 $A_2 \gg A_1$,则

$$P_2 - P_1 \approx \rho g h \tag{3-133}$$

或

$$h = \frac{1}{\rho g}(P_2 - P_1) \tag{3-134}$$

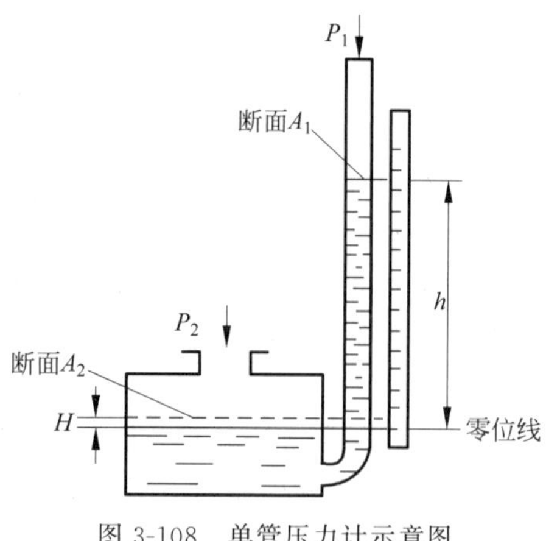

图 3-108 单管压力计示意图

式(3-134)说明压差可以由位移量 h 来表达。如果 P_1 为大气压,则 h 表达的是压力。这就是说单管压力计既可以测量压力也可以测量差压。

U形管与斜管压力计同样也可用类似的方法来推得,这里不再重复。

可带电信号输出的单管压力计如图3-109所示。这是一款金属管伺服式单管压力计,实际上它就是单管压力计、浮子液位计和线性可变差动变压器等几个传感器的合成。

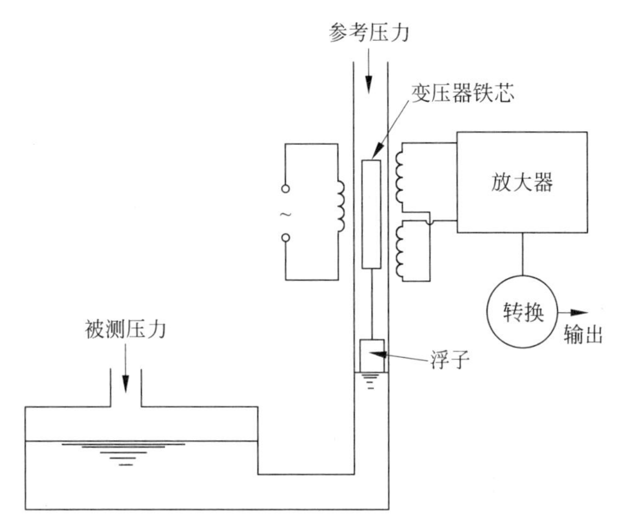

图3-109 金属管伺服式单管压力计

3.8.3 弹性压力传感器

弹性压力检测是根据弹性元件受力变形的原理,将被测压力转换成位移来进行测量。常用的弹性元件有弹簧管(Elastic Element 或 Bourdon Tube)、膜片(Diaphragm)和波纹管(Bellow)等。

1. 弹性元件

弹性元件是弹性式压力表的测压敏感元件,弹性压力表的测量性能主要取决于弹性元件的弹性特性,与弹性元件的材料、形状、工艺等有关,而且对温度敏感性强。不同的弹性元件测压范围也不同,工业上常用的弹性式压力表所使用的弹性元件主要有膜片、波纹管、弹簧管等,如图3-110所示。

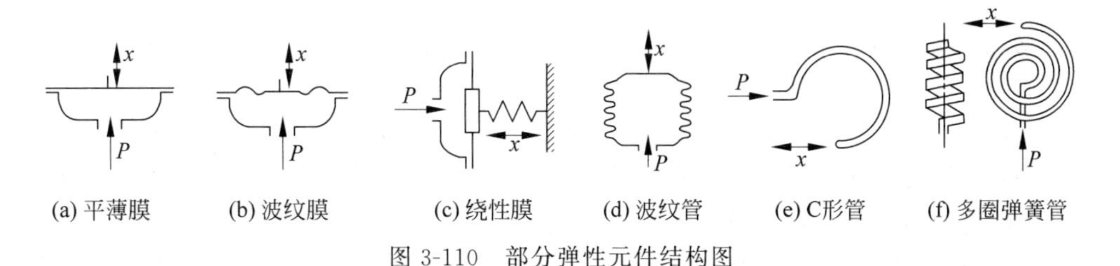

图3-110 部分弹性元件结构图

(1) 膜片 膜片是一种圆形薄板或薄膜,周边固定在壳体或基座上。将膜片成对地沿着周边密封焊接,就构成了膜盒。当膜片两边的压力不等时就会产生位移。位移可直接带动传动机构指示。膜片的位移较小,灵敏度低,指示精度不高,一般为2.5级。膜片更多的是和其他转换元件组合起来使用,通过膜片和转换元件把压力转换成电信号。

(2) 波纹管　波纹管是一种具有同轴环状波纹、能沿轴向伸缩的压力弹性元件。当它受到轴向力作用时能产生较大的伸长和收缩位移。一般可在其顶端安装传动机构,带动指针直接读数。其特点是灵敏度高(特别是在低压区),常用于检测较低的压力($1.0\sim10^6$ Pa),但波纹管迟滞误差较大,精度一般只能达到1.5级。

(3) 弹簧管　弹簧管是一根弯曲成圆弧形、横截面呈椭圆形或近乎椭圆形的空心管。它的一端焊接在压力表的管座上固定不动,并与被测压力的介质相连通,管的另一端是封闭的,称为自由端。被测压力介质从开口端进入并充满弹簧管的整个内腔,由于弹簧管的非圆横截面,使它有变成圆形并伴有伸直的趋势而产生力矩,其结果是使弹簧管的自由端产生位移。弹簧管有单圈和多圈之分,单圈弹簧管自由端位移变化量较小,而多圈弹簧管的自由端位移变化量较大。

2. 弹簧管式传感器的结构及工作原理

弹簧管式传感器(压力表)主要由弹簧管、传动机构、指示机构和表壳组成,如图3-111所示。

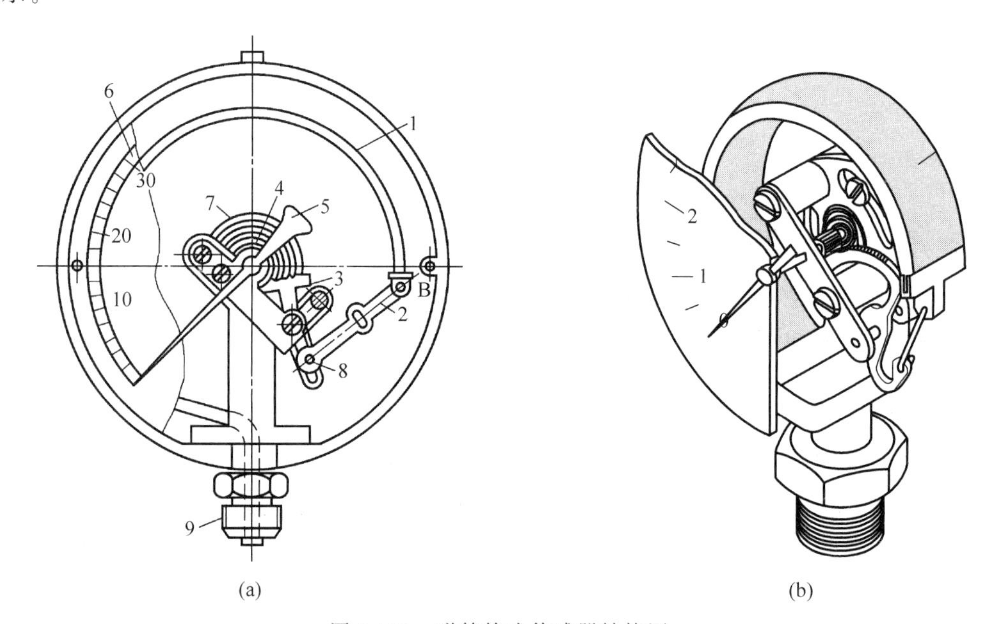

图3-111　弹簧管式传感器结构图

1—弹簧管;2—拉杆;3—扇形齿轮;4—中心齿轮;5—指针;6—面板;7—游丝;8—调整螺丝;9—接头

当被测压力从弹簧管的固定端输入时,弹簧管的自由端产生位移。在一定的范围内,该位移与被测的压力呈线性关系。传动机构又称机芯,是把弹簧管受到压力作用时自由端所产生的位移传递给刻度指示部分。它由扇形齿、中心齿轮、游丝等组成,弹簧管自由端位移很小,如果不预先放大很难看出位移的大小。弹簧管自由端的位移是直线移动的,而压力表的指针进行的是圆弧形旋转位移的。所以必须使用传动机构将弹簧管的微量位移加以放大,并把弹簧管的自由端的直线位移转变为仪表指针的圆弧形旋转位移。指示机构包括指针、刻度盘等,其主要作用是将弹簧管的变形通过指针转动指示出来,从而在刻度盘上读取直接指示的压力值。表壳又称机座，其主要作用是固定和保护仪表的零部件。

另外一种膨胀管(波纹管)式的压力传感器或压力计如图 3-112(a)所示。

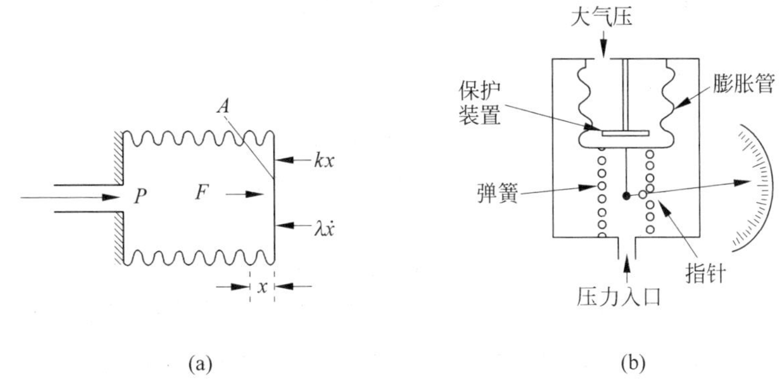

图 3-112　弹簧管式传感器结构图

这种基于弹性元件的压力传感器的静态模型是

$$F=kx=(P_2-P_1)A \tag{3-135}$$

式中　F——弹性元件上所受到的力；

k——弹性系数；

x——位移；

P_1、P_2——弹性元件两侧的压力；

A——弹性元件的受力面积。

式(3-135)表明这种基于弹性元件的压力计可以测量差压，但当一侧压力为大气压时，就可测量压力。通常还会将压力转换成位移(即 $x=KF$)来实现最终测量。

动态模型则可根据牛顿定律和胡克定律得出

$$PA-\alpha\dot{x}-kx=m\ddot{x} \tag{3-136}$$

式中　P——弹性元件上所受到的压力；

A——弹性元件的受力面积；

α——阻尼系数；

k——弹性系数；

x——位移。

对式(3-136)用 D 算子进行表达有

$$\frac{x}{P}(D)=\frac{A/K}{D^2/\omega_n^2+2\xi D/\omega_n+1} \tag{3-137}$$

式中　ω_n——每秒弧度表达的传感器的自然振荡频率，$\omega_n=\sqrt{k/m}$，其对应的用赫兹(Hz，即每秒周波数)表达的自然频率则为 $f_n=(\sqrt{k/m})/(2\pi)$；

K——稳态灵敏度，$K=A/k$；

ξ——阻尼比，$\xi=\alpha/(2\sqrt{km})$。

基于波纹管的压力计如图 3-112(b)所示。在生产中，还常需要把压力控制在一定范围内，以保证生产正常进行。这就需采用带有报警或控制触点的压力表。将普通弹簧管式压力表增加一些附加装置,即成为此类压力表,如电接点信号压力表。弹簧管式压力表结构简单、使用方便、价格低廉,使用范围广,测量范围宽,可以测量负压、微压、低压、中压和高压,因此应用十分广泛。根据制造的要求,仪表精度最高可达0.1级。

3.8.4　电气式压力传感器

电气式压力检测(Electronic Type Pressure Censoring)是利用敏感元件将被测压力直接转换成各种电量(如电阻或电荷量等)进行测量的仪表。

1. 应变片式压力传感器

应变片式压力计由弹性元件、电阻应变片和测量电路组成,参见3.2节。弹性元件用来感受被测压力的变化,并将被测压力的变化转换为弹性元件表面的应变。电阻应变片粘贴在弹性元件上,将弹性元件的表面应变转换为应变片电阻值的变化,然后通过测量电路将应变片电阻值的变化转换为便于输出测量的电量,从而实现被测压力的测量。目前工程上使用最广泛的电阻应变片有金属电阻应变片和半导体应变片。应变片一般和弹性元件结合使用,将应变片粘贴在弹性元件上,当弹性元件受压形变时带动应变片也发生形变,使阻值发生变化,再通过电桥输出测量信号。由于应变片具有较大的电阻温度系数,其电阻值往往随环境温度而变化,因此常采用2个或4个静态性能完全相同的应变片,使它们处在同一电桥的不同桥臂上,实现温度的补偿。如图3-113所示为应变式压力检测仪表的测量电桥,电桥的4个桥臂都接有应变片,此时相邻桥臂所接的应变片承受相反应变,相对桥臂的应变片承受相同应变,即有

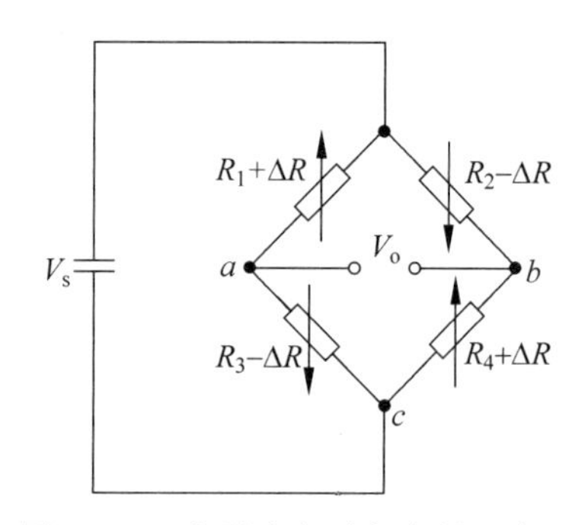

图3-113　电阻应变计与全桥电路图

$$R_1=R_2=R_3=R_4=R$$

全桥电路的输出电压为

$$V_o=\left(\frac{R_1+\Delta R}{R_1+\Delta R+R_3-\Delta R}-\frac{R_2-\Delta R}{R_2-\Delta R+R_4+\Delta R}\right)V_s=\frac{\Delta R}{R}V_s \tag{3-138}$$

式(3-138)说明应变片式压力传感器输出电压与电阻的变化率呈正比,而电阻的变化率又与压力呈正比。

应变片式压力计具有较大的测量范围,被测压力可达几百兆帕,并具有良好的动态性能,适用于快速变化的压力测量。但尽管测量电桥具有一定的温度补偿作用,应变片式压力计仍具有比较明显的温漂,还需采取其他方式进行克服。

2. 压电式压力传感器

压电式压力计的工作原理是基于某些物质的压电效应,同时也需要配以相关的信号调理电路,参见3.1.4节。由图3-26和式(3-32)我们有

$$V_o=-\frac{Q}{C_f}=-\frac{1}{C_f}K_q x_i=-\frac{1}{C_f}K_q K_f F=KF \tag{3-139}$$

式(3-139)说明压电式压力传感器输出电压与被测力呈正比。

如图3-114所示为部分压电型测力传感器的结构图。

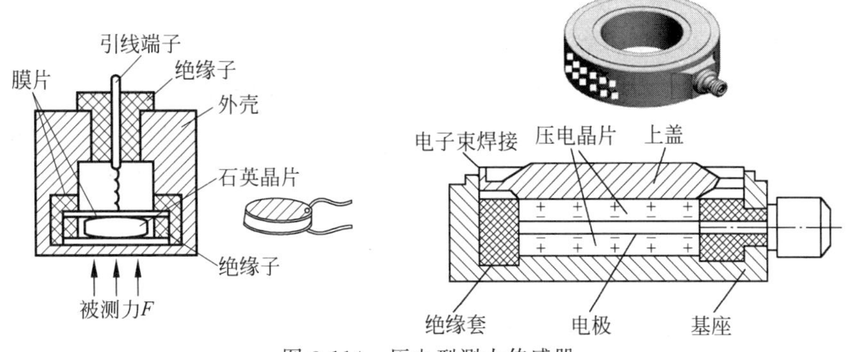

图 3-114　压电型测力传感器

3. 霍尔式压力传感器

霍尔式压力计是利用霍尔元件基于霍尔效应原理实现压力-位移-霍尔电势的测量，参见3.4节。

霍尔式压力计的结构如图3-115所示，它是将弹性元件（弹性元件可以是弹性膜盒或弹簧管等）的自由端安装在半导体霍尔元件上构成的。在霍尔元件片的周围分别安装两对极性相反、呈靴形的磁钢，使霍尔元件片置于一个非均匀的磁场中，该磁场强度随弹性元件的位移呈线性变化。在测量过程中，直流稳压电源给霍尔元件提供恒定的控制电流 I_s，当被测压力 P 进入膜盒后，杠杆的自由端与霍尔元件一起在线性非均匀的梯度磁场中移动（对应着不同的磁感应强度 B）时，便可以得到与杠杆自由端位移成正比关系的霍尔电势，而杠杆自由端位移与被测压力呈正比关系，因此只要测量出霍尔电势的大小，就可以得知被测压力 P 的大小。霍尔电势为

$$V_H = K_x x = K_x K_p P = KP \tag{3-140}$$

式中　K_x——霍尔式压力传感器的输出系数；

K_p——压力对位移的转换系数；

K——$K = K_x K_p$；

x——弹性元件自由端的位移。

式(3-140)说明霍尔式压力传感器的输出电压与被测力成正比。

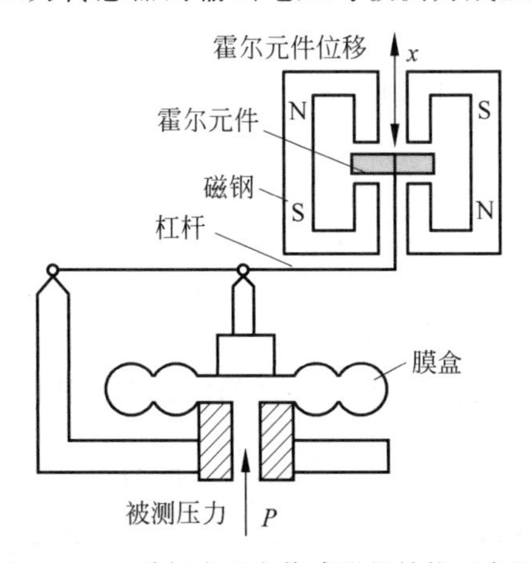

图 3-115　霍尔式压力传感器的结构示意图

4. 差动电容式压力传感器

差动电容式压力传感器的测量部分常采用差动电容结构,如图3-116所示。中心可动极板与两侧固定极板构成两个平面型电容 C_H 和 C_L。可动极板与两侧固定极板形成两个感压腔室,介质压力是通过两个腔室中的填充液作用到中心可动极板。一般采用硅油等理想液体作为填充液,被测介质大多为气体或液体。隔离膜片的作用既传递压力,又避免电容极板受损。

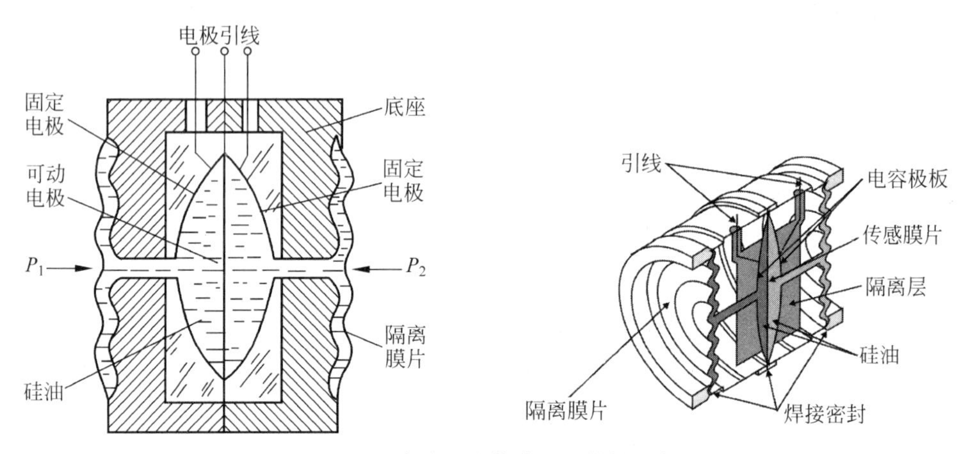

图3-116 电容式压力传感器的结构示意图

当正负压力(差压)由正负压导压口加到膜盒两边的隔离膜片上时,通过腔室内硅油液体传递到中心测量膜片上,中心感压膜片产生位移,使可动极板和左右两个极板之间的间距不相等,形成差动电容,若不考虑边缘电场影响,该差动电容可看作平板电容。设中心测量膜片产生位移为 δ,则电容 C_H 减少,C_L 增加,即

$$\begin{cases} C_H = \dfrac{\varepsilon A}{d+\delta} \\ C_L = \dfrac{\varepsilon A}{d-\delta} \end{cases} \tag{3-141}$$

式中 ε——介电常数;

A——电极板面积;

d——当 $\Delta P = 0$ 时极板之间的距离。

则

$$\begin{cases} C_H - C_L = \dfrac{\varepsilon A}{d+\delta} - \dfrac{\varepsilon A}{d-\delta} = \dfrac{2\varepsilon A\delta}{d^2-\delta^2} \\ C_H + C_L = \dfrac{\varepsilon A}{d+\delta} - \dfrac{\varepsilon A}{d-\delta} = \dfrac{2\varepsilon A d}{d^2-\delta^2} \end{cases} \tag{3-142}$$

设差动电容的相对变化值为两电容之差与两电容之和的比值,则

$$\frac{C_H - C_L}{C_H + C_L} = \frac{\delta}{d} = K\Delta P \tag{3-143}$$

式(2-143)表明,差动电容的相对变化值与被测压力成正比,与填充液的介电常数无关,从原理上消除了介电常数的变化给测量带来的误差。

差动电容式压力传感器加上转换放大电路就可组成压力变送器,详细内容可参见相关仪表书籍。差动电容式压力传感器输出信号的调理还可参见3.1.2节。

另外一种电容式压力传感器是变面积式结构,如图3-117所示。电容的极板一个是固定的,一个是可动的。当膜片接收到压力时,带动电容的可动极板,从而使电容的面积发生变化。对电容变化量的检测可采用3.1.2节中讨论的方法来实现。

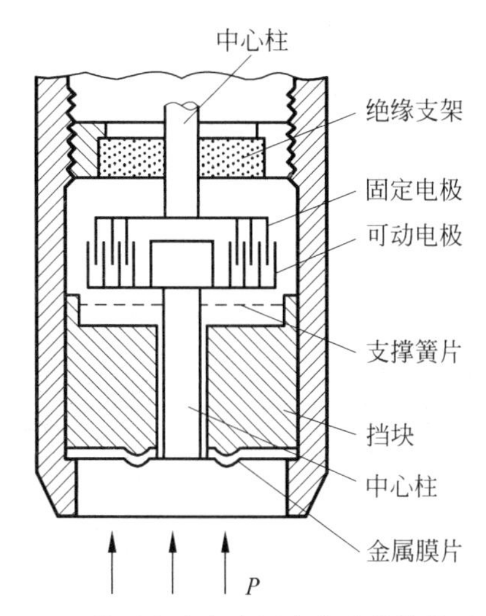

图3-117 变面积式电容压力变送器结构示意图

5. 压磁式压力传感器

由一些正磁致伸缩特性的纯铁或硅钢等铁磁材料制成的铁芯在机械力作用下磁导率发生变化的现象称为压磁效应,或称磁弹性效应。在如图3-118(a)所示的铁芯结构中,安装了一对线圈,其中一个励磁线圈,一个测量线圈,两个线圈的平面相互垂直。若无外力作用,励磁线圈中交流电流所建立的磁场方向如图3-118(b)所示,使测量线圈没有切割磁力线从而没有感应有输出。若有外力作用在铁芯上时,铁芯受到应力作用,该压力使得具有正磁致伸缩特性铁磁材料中磁化方向转向垂直于压力的方向。由于磁力线分布方向的改变,输出线圈切割磁力线而产生了正比于外力大小的输出信号,如图3-118(c)所示。这时输出线圈的输出电压为

$$V_o = kV_sF\frac{N_1}{N_2} \tag{3-144}$$

式中 V_o——输出电压,V;

V_s——励磁电压,V;

F——被测负荷,N;

k——与励磁电流和频率有关的系数,1/N;

N_1,N_2——励磁线圈和测量线圈的匝数。

式(3-144)说明输出电压正比于负载力的大小。压磁式压力传感器通常制成如图3-119的结构。图3-119(a)为压磁铁芯直接安装在弹性体中,而图3-119(b)为通过弹性膜片和支撑部件的安装形式。

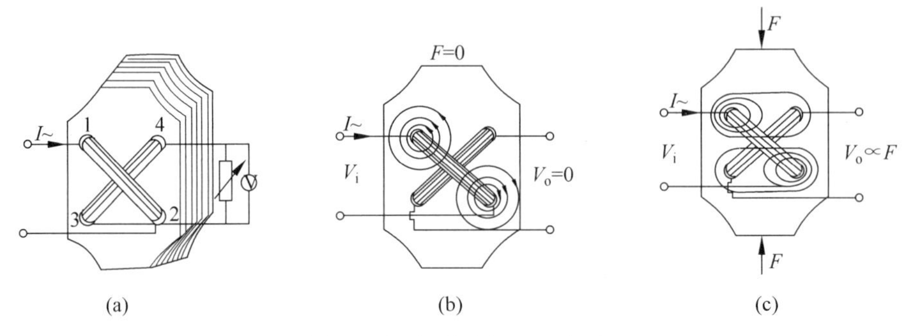

图 3-118 压磁式测力原理图

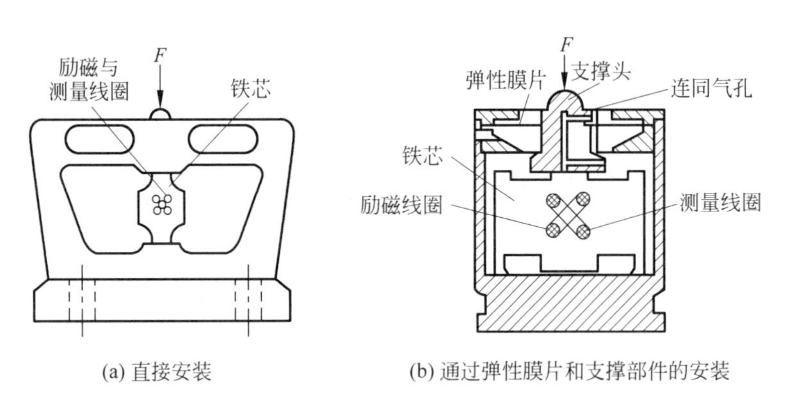

图 3-119 压磁式测力传感器示意图

3.8.5 固态压力传感器

固态压力传感器(Solid-State Pressure Sensor)多采用压阻敏感元件,最常用的是扩散硅压阻敏感元件或传感器。压阻传感器的工作原理是基于压阻效应。其压力敏感元件是在半导体材料的基片上利用集成电路工艺制成的扩散电阻,当受到被测压力的作用时,扩散电阻的阻值由于电阻率的变化而改变。扩散电阻一般要依附于弹性元件才能正常工作。用作压阻式传感器的基片材料主要为硅片和锗片,由于单晶硅材料纯度高、功耗小、滞后和蠕变极小、机械稳定性好,而且传感器的制造工艺和硅集成电路工艺有很好的兼容性,所以以扩散硅压阻传感器作为检测元件的压力检测仪表得到了广泛的应用。

如图 3-120(a)所示为压阻式压力传感器的结构示意图。在硅膜片上用离子注入和激光修正方法形成 4 个阻值相等的扩散电阻,并连接成惠斯通电桥形式,如图 3-120(b)所示。电桥用恒压源或恒流源激励。通过 MEMS 技术在硅膜片上形成一个压力室,一侧与取压口相通,另一侧与大气相连,或做成标准的真空室,如图 3-120(c)所示。当被测压力作用在膜片上产生差压时,使得膜片一部分压缩一部分拉伸,位于膜片压缩区的电阻变小,位于膜片拉伸区的电阻变大,电桥失去平衡。电桥的输出电压反映了膜片上所受的压力差。

同样在膜片不受压时 $R_1=R_2=R_3=R_4=R$;膜片受压时 $\Delta R_1=\Delta R_3$;$\Delta R_2=\Delta R_4$,则电桥输出电压同样为式(3-138)的表达。

另外一种用扩散硅压阻元件构造的差压传感器如图 3-121 所示。

传感器后续的信号调理同样采用桥路,其结构同图 3-113。

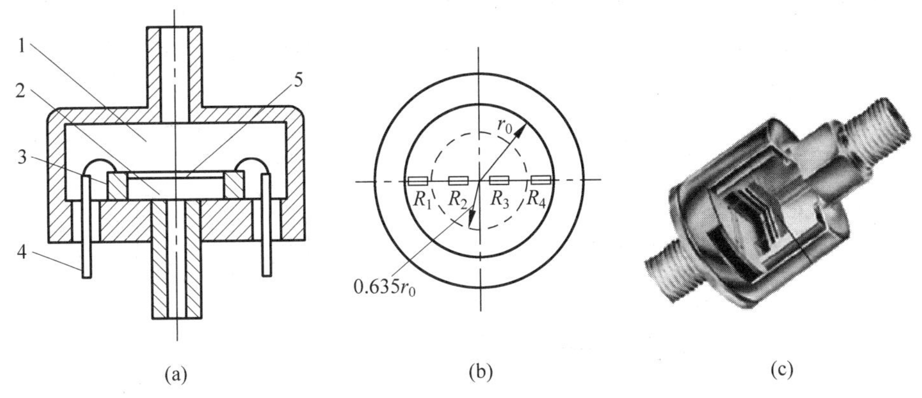

图 3-120　固态压力传感器结构示意图

1—低压腔；2—高压腔；3—硅杯(传感器)；4—引出线；5—硅膜片

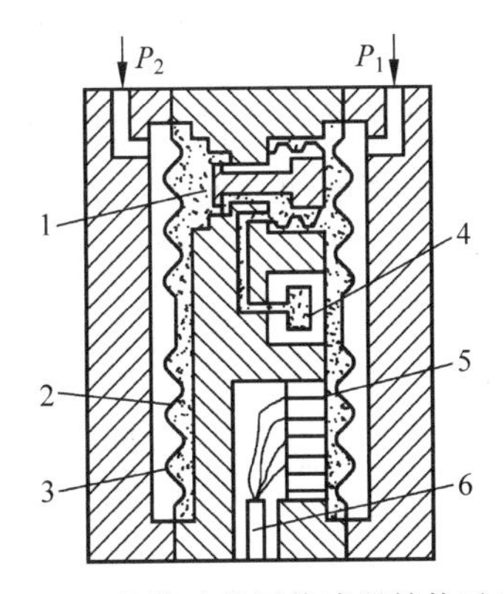

图 3-121　扩散硅差压传感器结构示意图

1—过载保护装置；2—金属隔离膜；3—硅油；4—硅杯(传感器)；5—金属丝；6—引出线

例 3-13　一固态压力传感器,对压力变化范围是 0～25kPa 时输出为 25mV/kPa,用其测量密度为 $1.3\times10^3\text{kg/m}^3$ 的液体液位。如果液位在 0～2m 变化,问输出电压为多少？用 mV/cm 表达的液位测量灵敏度是多少？

解：

当 $h=0$ 时　　$P=0$

当 $h=2\text{m}$ 时　　$P=\rho gh=1.3\times10^3\text{kg/m}^3\times9.8\text{m/s}^2\times2\text{m}=25.48\text{kPa}$

输出电压为

$$V_o=25\text{mV/kPa}\times25.48\text{kPa}=637\text{mV}=0.637\text{V}$$

灵敏度为

$$S=637\text{mV}/200\text{cm}=3.185\text{mV/cm}$$

3.8.6　荷重传感器与称重系统

1. 荷重传感器

荷重传感器(Load Cell)一般是基于弹性敏感元件的。荷重传感器所配用的弹性元件都是刚性较强的,即其弹性系数和固有频率都较高,而稳态灵敏度和位移都较小,所以需用应变计作为二次位移传感器。常用的弹性敏感元件如图 3-122 所示,其中,图 3-122(a)为悬臂梁弹性元件,图 3-122(b)为柱状弹性元件。而作为二次传感器的应变片,附贴于弹性元件之上。

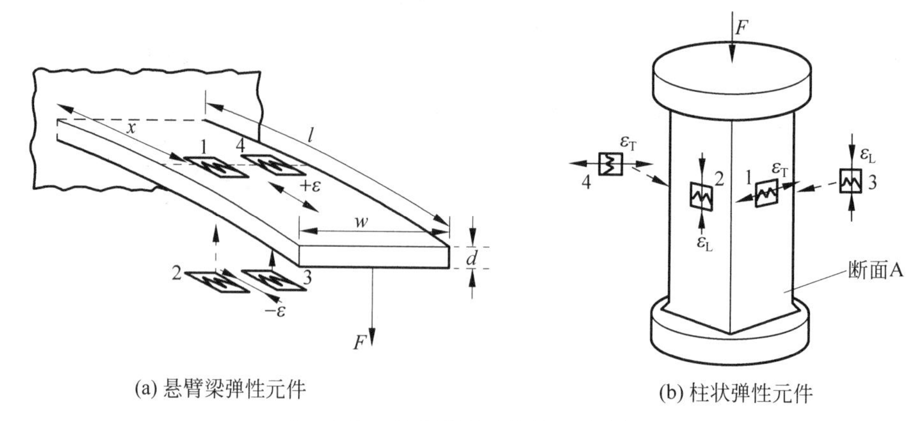

(a) 悬臂梁弹性元件　　(b) 柱状弹性元件

图 3-122　弹性敏感元件结构示意图

这里以柱状弹性元件为例说明荷重传感器的基本原理。在柱状弹性测力元件中,作用力 F 产生压应变 $-F/A$,其中 A 为台柱的断面面积。产生的轴向压缩应变为

$$\varepsilon_L = -F/AE \tag{3-145}$$

式中　E——弹性模量。

同时横向方向也会有拉伸应变

$$\varepsilon_T = -\nu\varepsilon_L = \nu\frac{F}{AE} \tag{3-146}$$

式中　ν——泊松比。

由图 3-122(b)可以看出,应变片 1 和 4 感受 ε_T,而应变片 2 和 3 感受 ε_L。将 4 个应变片组成如图 3-113 的桥路,则

$$\begin{cases} R_1 = R_4 = R_0\left(1+\dfrac{\Delta R}{R}\right) = R_0\left(1+\mathrm{GF}\nu\dfrac{F}{AE}\right) \\ R_2 = R_3 = R_0\left(1+\dfrac{\Delta R}{R}\right) = R_0\left(1-\mathrm{GF}\dfrac{F}{AE}\right) \end{cases} \tag{3-147}$$

式中　GF——仪表系数,见式(3-44)。

因此桥路的输出电压为

$$\begin{aligned} V_o &= V_s\left(\frac{R_1}{R_1+R_3}-\frac{R_2}{R_2+R_4}\right) \\ &= \left[\mathrm{GF}\frac{F}{AE}(1+\nu)V_s\right]\Big/\left[2+\mathrm{GF}\frac{F}{AE}(\nu-1)\right] \end{aligned} \tag{3-148}$$

通常可以选择参数使

$$\mathrm{GF}\frac{F}{AE} \ll 1$$

则

$$V_o \approx \frac{V_s}{2}(1+\nu)\frac{\mathrm{GF}}{AE}F \tag{3-149}$$

式(3-149)表明，桥路的输出电压与应力成正比。

例 3-14　一荷重传感器如图 3-122(b)所示，由半径为 2.5cm 的铝柱制成，上面贴有检测应变片和补偿应变片。应变片的标称电阻为 120Ω，连接成如图 3-113 所示的桥路，且 $V_s=2\text{V}, R_1=R_2=R_3=120\Omega$，GF=2.13。若荷重 0～2.27kg 变化，求桥路的输出电压变化为多少？

解：铝柱的横断面为

$$A=\pi r^2=\pi\times 0.025\text{m}^2=1.963\times 10^{-3}\text{m}^2$$

由表 3-1 可查得铝的弹性模量，因此

$$\frac{\Delta l}{l}=\frac{F}{EA}=\frac{22.25\text{N}}{(6.89\times 10^{10}\text{N/m}^2)\times(1.963\times 10^{-3}\text{m}^2)}=1.644\times 10^{-4}$$

由应变计仪表系数的定义有

$$\frac{\Delta R}{R}=\text{GF}(\Delta l/l)=2.13\times(1.644\times 10^{-4})=3.502\times 10^{-4}$$

所以

$$\Delta R=120\Omega\times(3.502\times 10^{-4})=0.042\Omega$$

$$V_o=2\frac{120}{120+120}\text{V}-2\frac{119.958}{120+119.958}\text{V}=175\mu\text{V}$$

2. 静态称重系统

静态称重系统(Weighing System)有时也被称为非自动称量系统。非自动称量系统通常包括机械称量系统(机械秤)、电子计价称量系统(电子计价秤)、电子平台称量系统(电子平台秤)、电子汽车称量系统(电子汽车衡)、电子轨道称量系统(电子轨道衡)以及电子吊钩称量系统(电子吊钩秤)等。

1) 电子汽车衡

电子汽车衡一般包括称重传感器(也就是上面介绍的荷重传感器)、称重台架以及处理与显示仪表等。称重台架的设置又分为有基坑和无基坑两种。被称车辆通过称重平台将重力传递给荷重传感器，荷重传感器受力后产生与重力成正比的输出电压信号，经处理电路将几个传感器的信号进行合成并作相应处理后，送后续的显示、打印或输出。电子汽车衡如图 3-123 所示。

另外一种电子汽车衡的荷重传感器布置方式是将应变计直接布置在受力梁，如图 3-124 所示。这样做的好处是受力更为均衡，而且调试更为方便。

用于铁路输送物料的电子轨道衡与电子汽车衡有着相似的结构。但也有一种电子轨道衡采用了 3.8.4 节中的压磁式称重传感器。它是将一种凸台盘状的压磁式称重传感器镶嵌安装在钢轨的腹板中，如图 3-125 所示。铁轨空载时，铁芯只承受过盈配合的均匀分布的应力，如图 3-125(a)所示。当货车车轮从左向右行驶，钢轨受压会产生切应力，使铁芯 A、C 凸轮受压，B、D 凸轮受拉，致使磁通方向改变，测量线圈将有信号输出，如图 3-125(b)所示。当货车车轮从右向左行驶时其作用原理相同，只是受力方向相反，如图 3-125(c)所示。测量线圈输出信号的相位可反映货车行驶方向，而输出信号的大小可反应货车质量的大小，且与方向无关。由此可见，配备压磁式荷重传感器的电子轨道衡还可实现货车的动态称量。

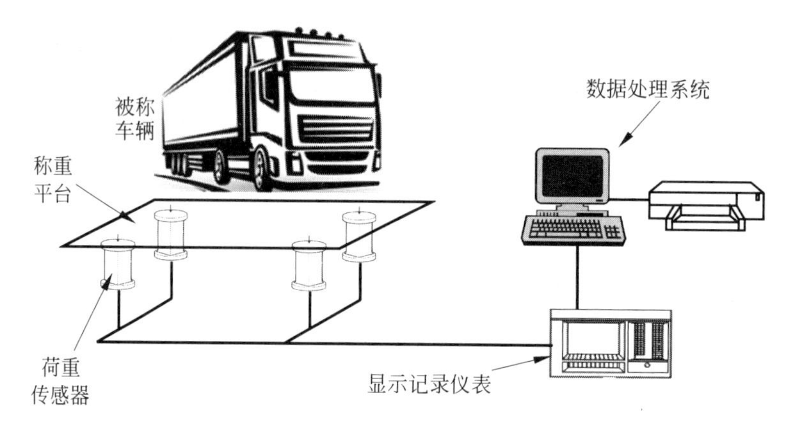

图 3-123 电子汽车衡示意图

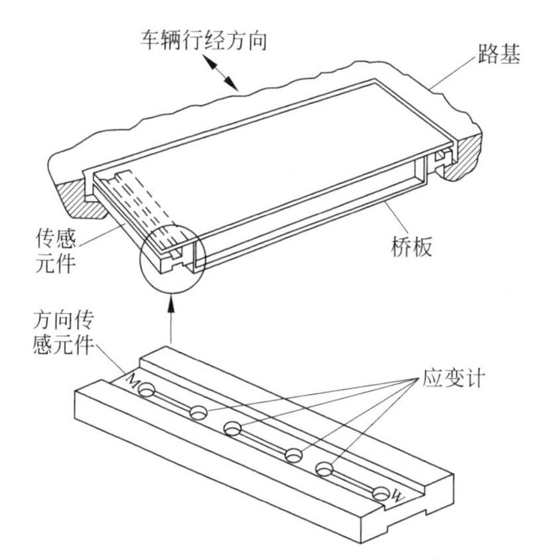

图 3-124 将传感器布置在受力梁上的汽车衡结构图

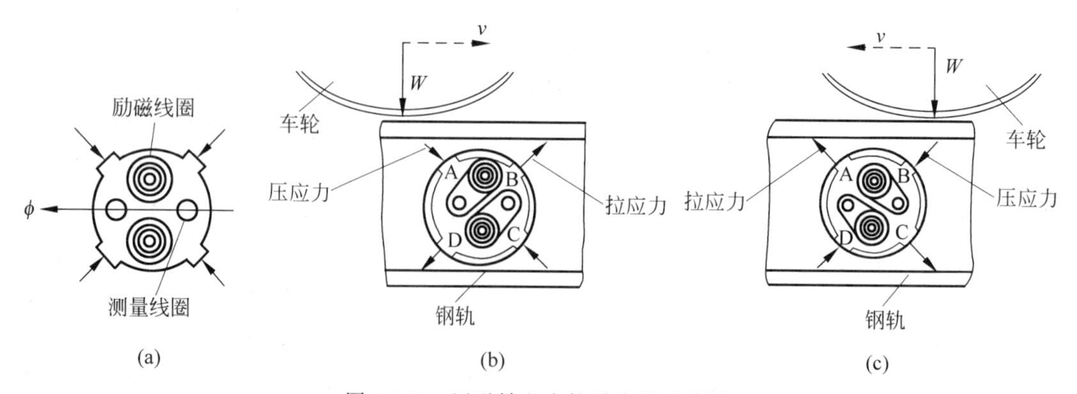

图 3-125 压磁铁芯在轨道中的受力图

2）工业物料称重系统

在工业生产过程中，有许多物料存放在储存槽或储存罐中，对物料的称重可连同这些槽罐一道进行。这样就可根据槽罐的具体情况，布置一些荷重传感器来实现物料的称重。图 3-126 给出了部分槽罐称重的解决方式。

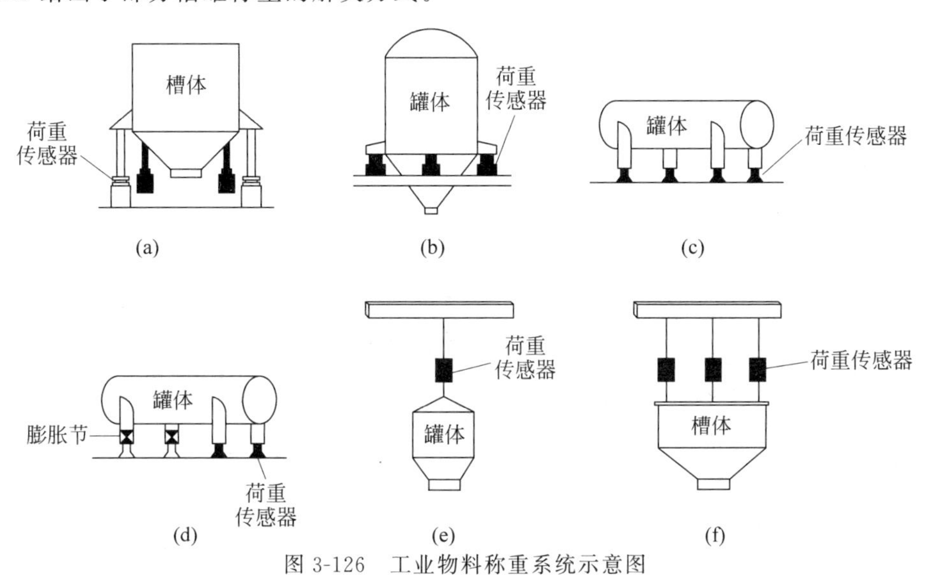

图 3-126　工业物料称重系统示意图

3）电子吊钩秤

电子吊钩秤（Electronic Crance Scale）一般包括吊钩秤称体、数据处理单元和显示仪表。吊钩秤称体又包括承重体、吊钩、吊环、荷重传感器以及前置处理电路和电池等。电子吊钩秤的结构如图 3-127(a)所示。在图 3-127(b)中，荷重传感器上的应变计也被接成如图 3-113 所示的桥路，从而实现称量检测。

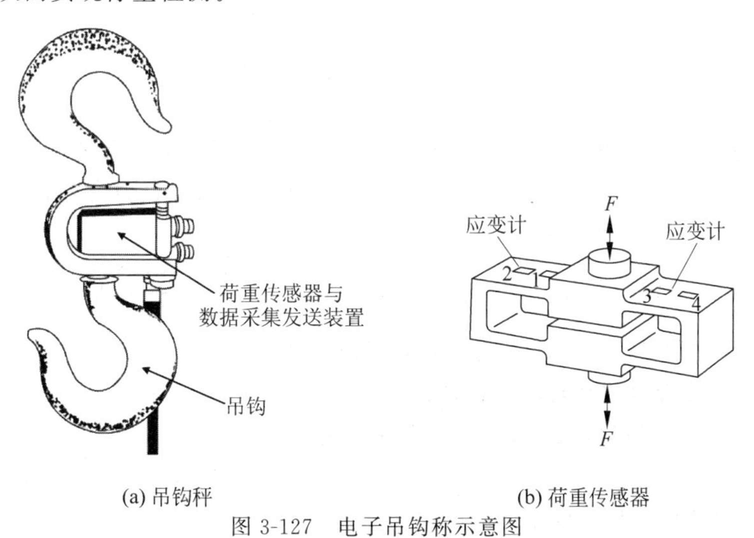

图 3-127　电子吊钩称示意图

3．动态称重系统

工业上使用的动态称重实际上就是对连续形式的载荷重力质量的测量。这种测量多在皮带运输机上实现,因此就有所谓的皮带秤。还有另外一种特殊的实现方式,即以冲量形式来实现的,也即冲量秤。

1) 电子皮带秤

电子皮带秤(Electronic Conveyor Scale)一般包括能够测量单位皮带段上物料质量的荷重传感器和测量皮带运输速度的速度传感器,如图3-128所示。

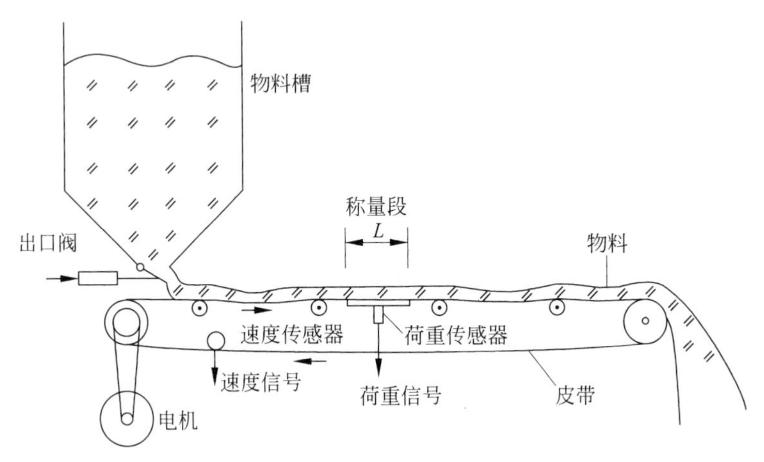

图3-128 电子皮带秤示意图

电子皮带秤的称重原理通常有测长法和测重法。测长法是在输送皮带移动一段距离 L 时,测量一次称重托辊上的质量,在一段时间内皮带共移动距离 nL,则所运送物料的累积质量 W 为

$$W=(q_1+q_2+\cdots+q_n)=\sum_{i=1}^{n}q_i \tag{3-150}$$

式中 q_1、q_2、$\cdots$、q_n——每次测得称重托辊上的质量。

将累积质量对时间进行微分即可得瞬时质量

$$w(t)=\frac{\mathrm{d}W}{\mathrm{d}t} \tag{3-151}$$

然而,在电子皮带秤中用得较多的是测速法。测速法实际上是测速和称重相结合的过程。即称重传感器在瞬间称出皮带某一微小段上的质量,同时测速传感器测出同一瞬间皮带的线速度,这样一段时间内的连续累积量 W 为

$$W=\int_0^T w(t)\mathrm{d}t=\int_0^T q(t)v(t)\mathrm{d}t=\int_0^T \frac{G(t)v(t)}{L}\mathrm{d}t \tag{3-152}$$

式中 W——单位称量段上一段时间内的累积物料量,kg;

$w(t)$——皮带机的瞬时输送量,kg/s;

$q(t)$——皮带机单位长度上的瞬时物料质量,kg/m;

$v(t)$——皮带速度;

$G(t)$——作用于称重框架上的瞬时物料质量,kg;

L——称量段,m。

这样称重传感器的输出为

$$V_G=K_GGV_s \tag{3-153}$$

式中 V_G——称重传感器的输出,V;

K_G——称重传感器的仪表系数,1/kg;

G——作用于称重框架上的瞬时物料质量,或者说作用力,kg;

V_s——供桥电压,V。

而速度传感器的输出则为

$$V_v = K_v v \tag{3-154}$$

式中 V_v——速度传感器的输出,V;

K_v——速度传感器的仪表系数,sV/m;

v——速度信号力,m/s。

由式(3-153)和式(3-154)有

$$G = \frac{V_G}{K_G V_s} \tag{3-155}$$

$$v = \frac{V_v}{K_v} \tag{3-156}$$

将式(3-155)和式(3-156)代入式(3-152)有

$$W = \int_0^T \frac{G(t)v(t)}{L}\mathrm{d}t = \int_0^T \frac{1}{L}\frac{V_G}{K_G V_s}\frac{V_v}{K_v}\mathrm{d}t = \frac{1}{K_1}\int_0^T V_G V_v \mathrm{d}t \tag{3-157}$$

式中 $K_1 = 1/(LK_G K_v V_s)$为变换常数。

在皮带运输机上,实现如图3-128所示的称量段是比较困难的。一般荷重传感器都是安装在皮带托辊下,该托辊也即称重托辊,如图3-129所示。这种形式的配置被称为单托辊皮带秤。对式(3-157)表达的称重测量可用如图3-130(a)所示的系统来实现,即将称重传感器和速度传感器各自输出的电压瞬时值相乘并积分,可得到皮带机所输送物料质量。

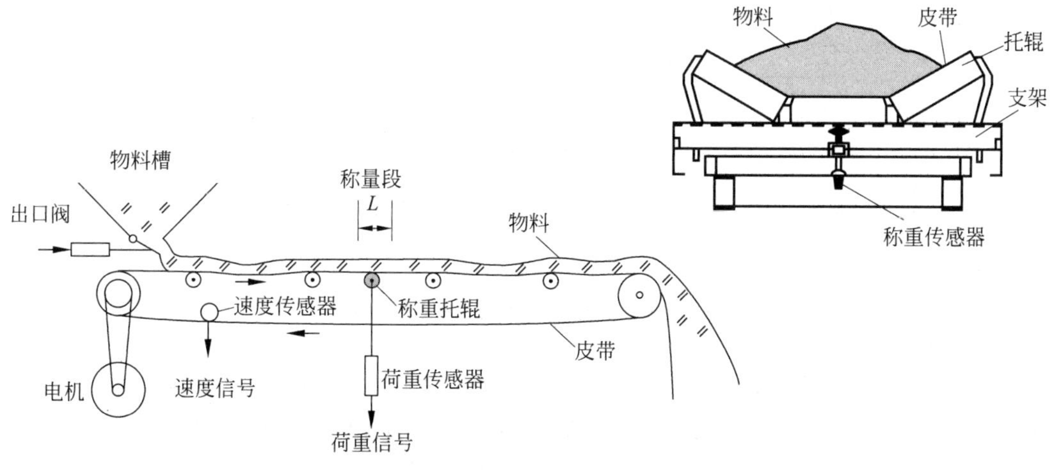

图3-129 单托辊电子皮带秤示意图

另外一种实现方法是将速度传感器的输出电压作为称重传感器的供桥电压,这样乘法运算可在称重传感器的桥路中完成。这时称重桥路的输出为

$$V_G = K_G G V_s = K_G G K_v v \tag{3-158}$$

对式(3-158)进行积分有

$$V_{GJ}=K_G K_v\int_0^T Gv\,\mathrm{d}t \tag{3-159}$$

我们不难发现要得到单位称量段上一段时间内的累积物料量只需作一个系数变换,即

$$V_o=\frac{V_{GJ}}{L}=K\int_0^T \frac{Gv}{L}\mathrm{d}t=KW \tag{3-160}$$

式中 V_o——传感器输出电压;

K——$K=LK_G K_v$。

式(3-160)说明电路的输出电压将与单位称量段上一段时间内的累积物料量成正比。对式(3-160)表达的称重测量可用如图3-130(b)所示的系统来实现。

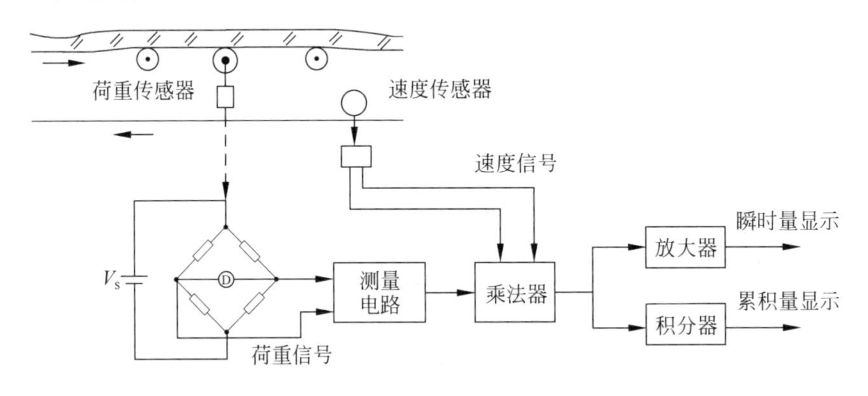

(a)

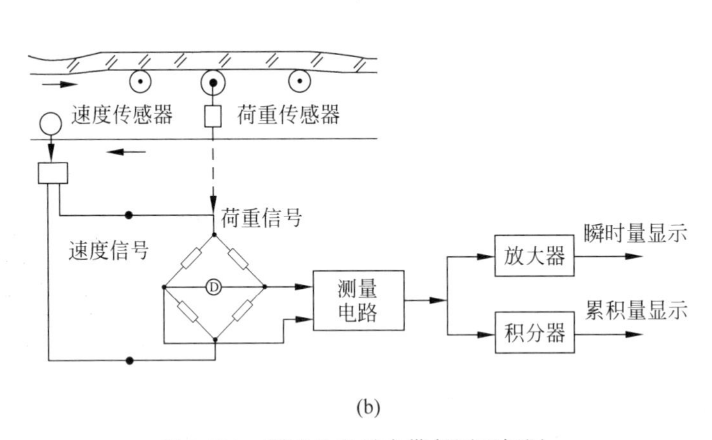

(b)

图3-130 测速法电子皮带秤原理框图

单托辊皮带秤的称量段非常短,为了提高精度和称重性能,可适当增加称量段。加长称量段的方法是在几个托辊下安装荷重传感器,这就是所谓的多托辊皮带秤,如图3-131所示。

例3-15 一煤炭传输机以30m/min的速度传输,称重平台长度为1.5m,平台上的特征质量为35kg。求以kg/h表达的煤炭的流量。

解:

$$W=\frac{Qv}{L}=\frac{35\text{kg}\times 30\text{m/min}}{1.5\text{m}}=700\text{kg/min}=42000\text{kg/h}$$

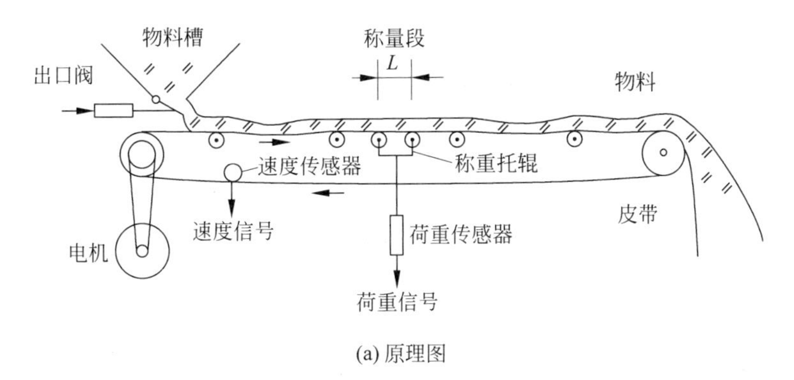

(a) 原理图

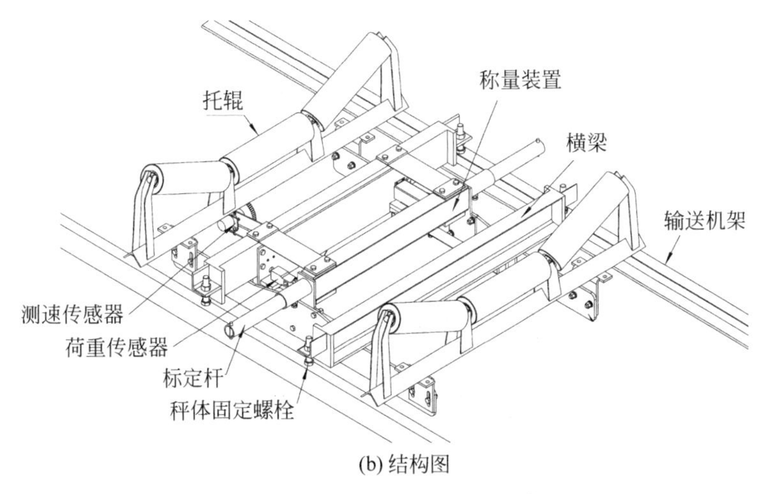

(b) 结构图

图 3-131 多托辊电子皮带秤示意图

2）冲量秤

冲量秤(Impulse Scale)也称冲板流量计，适合解决附着性强或易扩散的粉末散料的称量。冲量称利用自由落下的固体物料冲击在斜置检测板上的力或者说动量来测物料量，原理如图 3-132 所示。

当物料经由给料机自上而下落到传送带上后，由于物料冲击力对称重板会产生冲击力，如图 3-132 所示，称重板所受冲击力可分解成一个水平分力 F_H 和一个垂直分力 F_V。物料通过连续冲击称重板，可使称重板下检测杠杆发生位移，该位移传递给位移传感器，使其输出与物料瞬间流量值成正比的电压信号。

对称重板的受力情况分析，可由图 3-133 来加以说明。动量的数学表达为

$$\vec{F}=\frac{\mathrm{d}(m\vec{V})}{\mathrm{d}t}=\frac{\mathrm{d}m}{\mathrm{d}t}\vec{V} \tag{3-161}$$

式中 $\vec{F}$——可随被测物料瞬时质量流量 G 变化的力；

$\vec{V}$——被测物料与检测板接触前后的速度差。

注意到

$$G=\lim_{t\to 0}\frac{\Delta W}{\Delta t}=\frac{\mathrm{d}W}{\mathrm{d}t}=g\ \frac{\mathrm{d}m}{\mathrm{d}t} \tag{3-162}$$

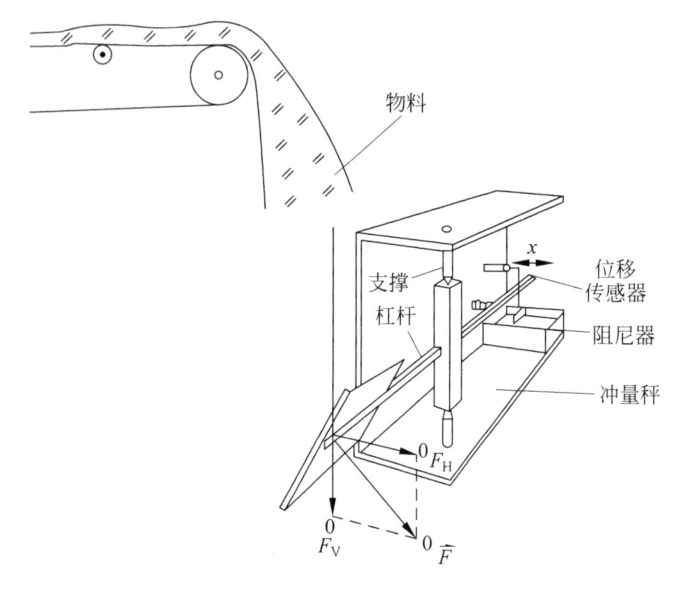

图 3-132　冲量秤原理图

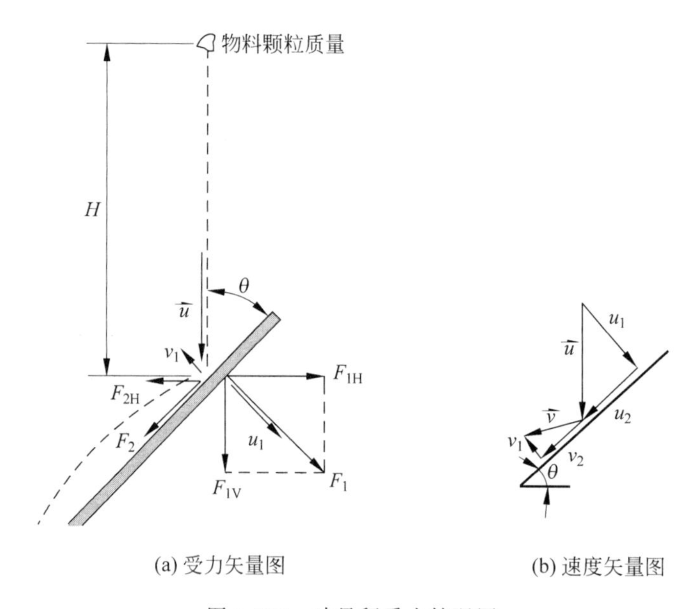

图 3-133　冲量秤受力情况图

所以

$$\frac{\mathrm{d}m}{\mathrm{d}t}=\frac{G}{g} \tag{3-163}$$

式中　G——质量流量；

W——被测介质重量；

g——重力加速度；

m——被测介质质量。

因此

$$\vec{F}=\frac{\mathrm{d}m}{\mathrm{d}t}\vec{V}=\frac{G}{g}(\vec{u}-\vec{v}) \tag{3-164}$$

式中　$\vec{u}$——被测物料从高度 H 自由落下到检测板时的速度；

$\vec{v}$——被测物料在检测板上的反拨速度。

当物料由高度 H 自由下落时，以速度 u 冲击称重板。物料下落的速度为

$$u=k\sqrt{2gH} \tag{3-165}$$

式中　H——物料下落高度；

g——重力加速度；

k——考虑空气阻力对冲击速度影响时的系数。

式(3-164)表达的动量可以分解为垂直于检测板的分力 F_1 和平行于检测板的分力 F_2。同样物料的下落速度 $\vec{u}$ 在受到检测板碰撞后也可分解为垂直于检测板的分速度 u_1 和平行于检测板的分速度 u_2，且物料在检测板上的反拨速度 $\vec{v}$ 也可分解为垂直于检测板的分速度 v_1 和平行于检测板的分速度 v_2。考虑到速度矢量或者速度的反向后，F_1 的水平分力为

$$\begin{aligned}F_{1\mathrm{H}}&=F_1\sin\theta\\&=\frac{G}{g}(u_1+v_1)\sin\theta\\&=\frac{G}{g}u_1(1+\alpha)\sin\theta\\&=\frac{G}{g}(1+\alpha)u\cos\theta\sin\theta\\&=\frac{G}{g}(1+\alpha)k\sqrt{2gH}\cos\theta\sin\theta\\&=AG\sqrt{\frac{2H}{g}}\cos\theta\sin\theta\end{aligned} \tag{3-166}$$

式中　$A=k(1+\alpha)$；

α——反拨系数，$\alpha=v_1/u_1$；

θ——称重板与垂直线之间的夹角。

同样，考虑到速度矢量或者说速度的反向后，F_2 的水平分力为

$$\begin{aligned}F_{2\mathrm{H}}&=F_2\cos\theta\\&=\frac{G}{g}(u_1-v_1)\cos\theta\\&=\frac{G}{g}u_2(1-\beta)\cos\theta\\&=\frac{G}{g}(1-\beta)u\sin\theta\cos\theta\\&=\frac{G}{g}(1-\beta)k\sqrt{2gH}\cos\theta\sin\theta\\&=BG\sqrt{\frac{2H}{g}}\cos\theta\sin\theta\end{aligned} \tag{3-167}$$

式中 $B=k(1-\beta)$;

$\beta=v_2/u_2$,为摩擦系数。

这样称重检测板受到的总水平分力 F_H 为

$$F_H=F_{1H}-F_{2H}=\frac{A-B}{2}G\sqrt{\frac{2H}{g}}\sin 2\theta \tag{3-168}$$

由式(3-168)可见,只要其他物料特性等参数一定,作用在检测板上的总水平力与瞬时物料流量成正比。在该力的作用下,通过杠杆带动位移传感器产生位移,这样就有一个与瞬时质量流量成正比的位移产生。最后通过测量位移便可得到瞬时质量流量数据。

3.8.7 高压传感器

对于超过 689.5×10^6Pa(100 000lb/in^2)的流体压力属于高压的范围,对于高压的测量多用电阻压力计来实现。电阻压力计实际上是基于锰铜镍合金或金铬合金的细线在受流体静压时电阻会随之改变的电压力传感器。如图3-134所示的就是一种电压力传感器的结构图。由图3-134中可见,敏感合金细线被绕成一个稀疏的线圈,线圈一端与机壳相连且接地,另一端经由一个适当的绝缘体引出。线圈被封装在一个有弹性、同时充满煤油的波纹管内,由波纹管将被测压力传给线圈。电阻的变化与压力的变化呈线性关系,并且可用常规惠斯通电桥作为信号调理电路。上述的合金线材料的相关特性如表3-4所示。

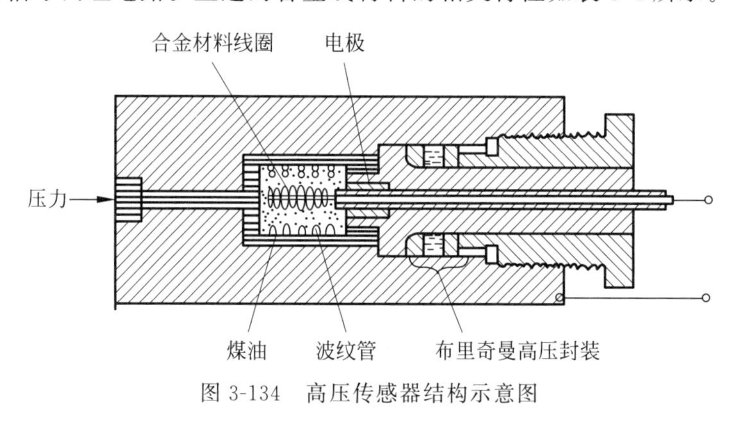

图3-134 高压传感器结构示意图

表3-4 合金线材料的相关特性

材 料	压力灵敏度(Ω/Ω)/Pa	温度灵敏度(Ω/Ω)/℃	电阻率/(Ω·cm)
锰铜镍合金	2.45×10^{-11}	3.06×10^{-6}	45×10^{-6}
金铬合金	9.76×10^{-12}	1.44×10^{-6}	2.4×10^{-6}

3.8.8 低压传感器

低压系指低于大气压的压力。常用的低压或负压(也称为真空)测量单位是托(torr),1托等于标准条件下的1mmHg的压力。托与其他单位的换算关系为

$$1\text{mmbar}=0.750\,06\text{torr}=0.100\,00\text{kPa}=0.0145\,04\text{psi}$$

液柱式压力计或波纹管压力计大约可测到0.1torr(13.33Pa),膜片式压力计大约可测到10^{-3}torr(133.322Pa),再低于这些范围,就需用到其他类型的低压传感器(也称真空计)。

常用的低压传感器有麦克劳压力计、努森压力计、皮拉尼真空计、离子压力计等。

1. 麦克劳压力计

麦克劳压力计(McLeod Gauge)的原理是将低压气体的一个样本压缩到一个足够高的压力,然后再用其他常规压力计读出。如图3-135所示给出了一种麦克劳压力计的基本结构。通过拉出活塞,水银面将下降至如图3-135(a)所示的位置,从而让压力 P_i 未知的气体进入。当活塞被压下,水银面上升,从而将球管和毛细管A中体积为 V 的一段气体样本封闭,即如图3-135(b)所示的位置。活塞继续运动导致气体样本被压缩,直至毛细管B中的水银面位于零刻度时停止运动,即如图3-135(c)所示的位置。这时,利用波义耳定律可计算出未知压力为

$$P_i V = P A_t h \tag{3-169}$$

$$P = P_i + \gamma h \tag{3-170}$$

在 $V \gg A_t h$ 时,有

$$P_i = \frac{\gamma A_t h^2}{V - A_t h} \approx \frac{\gamma A_t h^2}{V} \tag{3-171}$$

式(3-171)说明微小压力可由 h 得出。

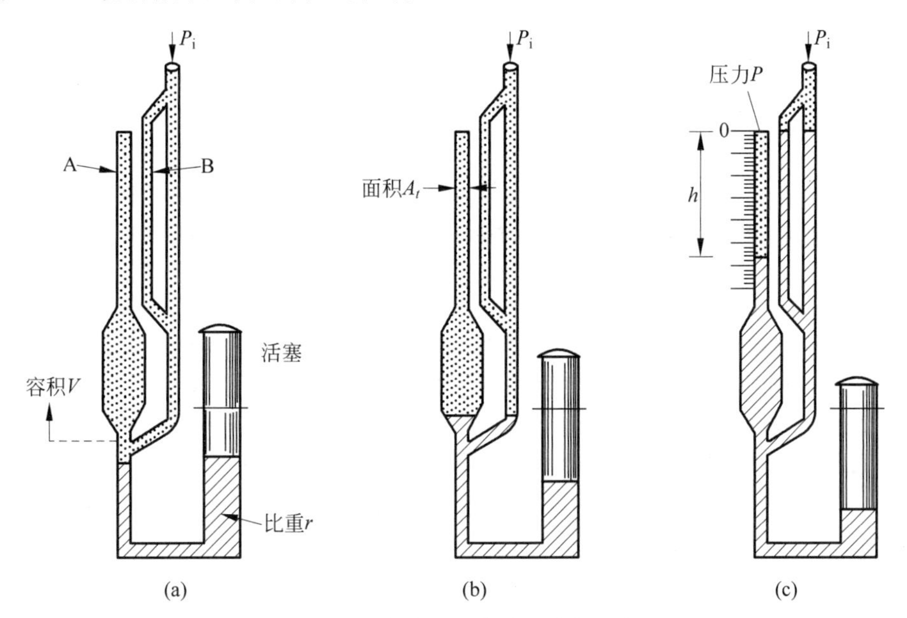

图3-135　麦克劳压力传感器结构示意图

2. 皮拉尼压力计(真空计)

皮拉尼压力计(Pirani Gauge)也称为电阻温度计式压力计,该压力计将加热和测量功能组合在一个元件上,如图3-136所示。电阻元件由4个并联的卷曲钨丝构成,并被装入一个气体可自由进入的玻璃管内,如图3-136(a)所示。同样,在一个电桥电路中连接两个相同的玻璃管,如图3-136(b)所示。其中一根管子被抽空至一个很低的压力然后将其密封,而另外一个管子允许被测气体进入。抽空的管子作为补偿器,用以减小电桥激励电压变化时和变化时对输出的影响。流经测量元件的电流将测量管子内的气体加热到一个依赖于气压的温度,即气压变化时其温度也会变化。该元件的电阻随温度改变而改变,且电阻变化时将导

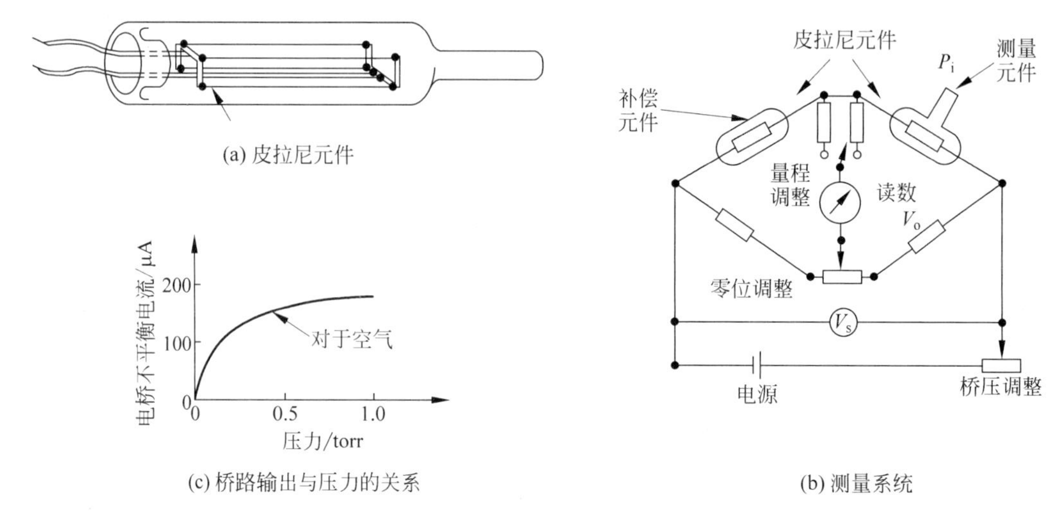

图 3-136 皮拉尼压力计

注:1torr=133.32Pa。

致电桥不平衡。这样电桥输出的不平衡电压就是一个与管子内气压成正比的变量。但要说明的是这种关系是非线性的,如图 3-136(c)所示。

3.8.9 声压传感器

人们对声的定义一般与压力有关,即根据在一种流体介质中压力波动成分的大小来定义声。由于声音有大有小,因此还有一个声压级的概念。声压级(Sound Pressure Level,SPL)定义为

$$\mathrm{SPL}=20\lg\frac{P}{0.0002} \tag{3-172}$$

式中 P——均方根(rms)声压,μbar。

这里要说明的是,由于大部分声信号都是随机信号而不是纯正的正弦波信号,所以采用了压力波动成分的均方根值。

例 3-16 对于 $1\mathrm{N/m^2}$ 的均方根声压,其声压级是多少?

解:

$$1\mathrm{N/m^2}=1\mathrm{Pa}=10\mu\mathrm{bar}$$

所以

$$\mathrm{SPL}=20\lg\frac{10}{0.0002}=20\lg 50000\approx 94\mathrm{dB}$$

大部分的声传感器(Sound-Level Meter),如麦克风(Microphone)、听水器(Hydrophone)和声呐(Sonar),基本上是基于压力测量原理的,因此将声压传感器归在压力类传感器来介绍。声压传感器通常采用电容式、压电式和驻极体式的基本原理。

1. 电容式麦克风

如图 3-137 所示为一种电容式麦克风的基本结构。图 3-137 中膜片一般是一个很薄的金属薄膜,用一个夹紧装置将其拉紧。膜片在声压作用下发生偏移,相当于一个电容位移传感器中的动极板。电容器的另一个极板为固定极板,在固定极板上开有许多阻尼孔。膜片的运动使空气径流这些阻尼孔,引起流动摩擦和能量损耗,这将有利于克服膜片响应的谐振峰值。均压毛细漏气管用于均衡膜片两侧的压力,防止膜片爆裂。

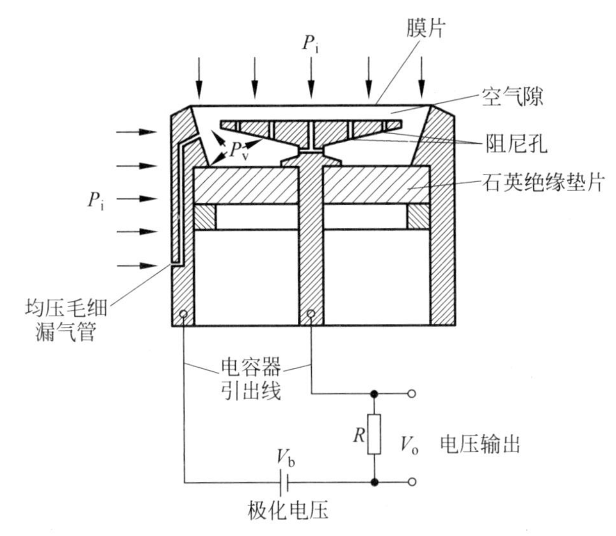

图 3-137 电容式麦克风结构示意图

可变电容器和一个大电阻 R 串联,并用一个约 200V 的直流电压来极化,电容式麦克风的等效电路如图 3-138 所示。极化电压既可作为电路的激励,也被用来确定膜片的零位。对恒定的膜片位移,将没有电流流过电阻 R,也不会有电压输出。对于动压差,将有电流流过电阻 R,且会产生输出电压。通常将该输出电压经滤波后送给一个前置放大器进行后续处理。

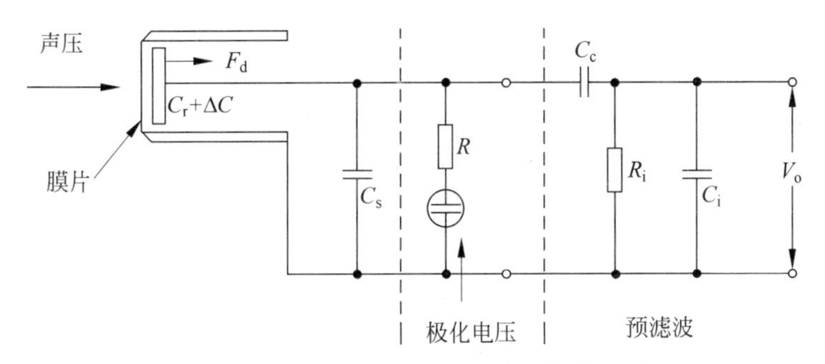

图 3-138 电容式麦克风等效电路图

声压与麦克风内部气压之间的压差形成了作用在膜片上的总作用力 F_d,在该作用力的作用下,电容器的活动极板产生位移,从而使电容器储存的能量发生变化,该能量的变化最终转换成输出电压输出。

2. 压电式麦克风

如图 3-139 所示是一款压电式麦克风的原理结构图。压电式麦克风采用压电换能器作为弯梁,其连接在一个金属箔的锥形膜片中心。声压通过膜片传递给压电元件,再由压电元件转换成电压输出,详细可参见 3.1.4 节。

3.8.10 微压力传感器

微压力传感器与 3.7.4 节中介绍的微加速度传感器一样,也是微机电系统(MEMS)的一种。常用的微压力传感器是硅微型压力传感器,硅微型压力传感器中的弹性元件都是膜片,硅膜具有小尺寸、高弹性模量和低密度的特点,从而具有高的固有频率。根据工作原理,

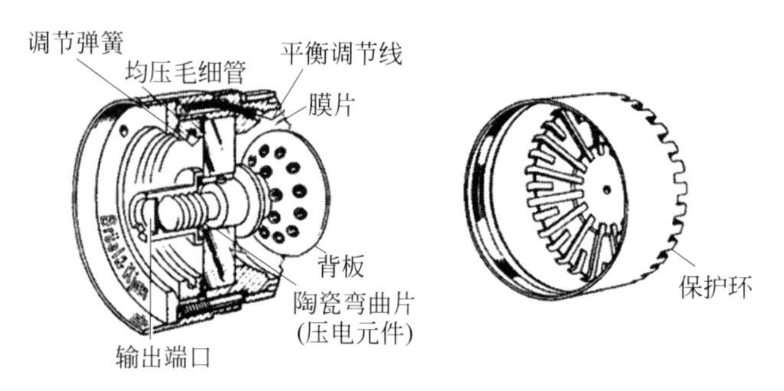

图 3-139 压电式麦克风结构示意图

硅微型压力传感器可分为压阻式、电容式、谐振式等。

1. 压阻式微型压力传感器

作为应用最广的一类微型压力传感器,硅压阻式压力传感器出现于20世纪60年代,它也是第一类能进行批量生产的MEMS传感器。硅压阻式压力传感器已广泛应用于汽车进油管的压力测量,以控制注油量并淘汰了传统的汽化器,也用于制作一次性的生理压力传感器,以避免交叉感染,还可用于汽车轮胎气压测量、水深测量等。

压阻式压力传感器的工作原理是基于压阻效应。用扩散法将压敏电阻制作到弹性膜片里,也可以沉积在膜片表面上。这些电阻通常接成电桥电路以便获得最大输出信号及进行温度补偿等。此类压力传感器的优点是制造工艺简单、线性度高、可直接输出电压信号。存在的主要问题是对温度敏感,灵敏度较低,不适合超低压差的精确测量。如图3-140所示为体加工得到的压阻式微型压力传感器的主体结构。压敏电阻沉积在弹性膜片表面上,一般位于膜片的固定边缘附近。电阻与膜片之间有一层SiO_2作为隔离层。弹性膜片的典型厚度为数十微米,是从硅片背面刻蚀出来的。在线性工作范围内,在压敏电阻感受膜片边缘的应变时,会输出一个与被测压力成正比的电信号。

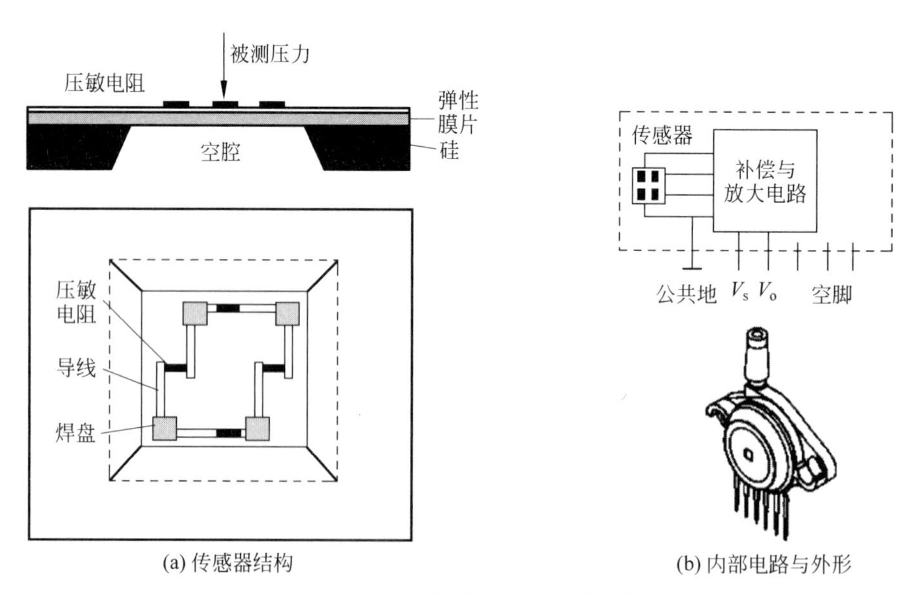

图 3-140 压阻式微型压力传感器结构图

2. 电容式微型压力传感器

电容式微型压力传感器通常是将活动电极固连在膜片表面上，膜片受压变形导致极板间距变化，形成电容变化值。这类传感器可用于血压计，或用作眼内压力监测器等医用压力传感器。

如图3-141所示为通过特殊加工工艺制作的电容式微压力传感器。这类传感器利用MEMS技术在硅片或陶瓷材料上制造出横隔栅，上下两片横隔栅成为一组电容，即构成了电容式压力传感器。上横隔栅受压力作用向下位移，改变了上下两片横隔栅的间距，也改变了板间电容量的大小。为减小应力，硅材料部件的热膨胀系数要尽量匹配。另外，膜片周围的固定部分与硅或陶瓷片之间还形成不受压力变形影响的参考电容。测量电路制作在同一硅片上，从而形成机电单片集成的微型传感器。

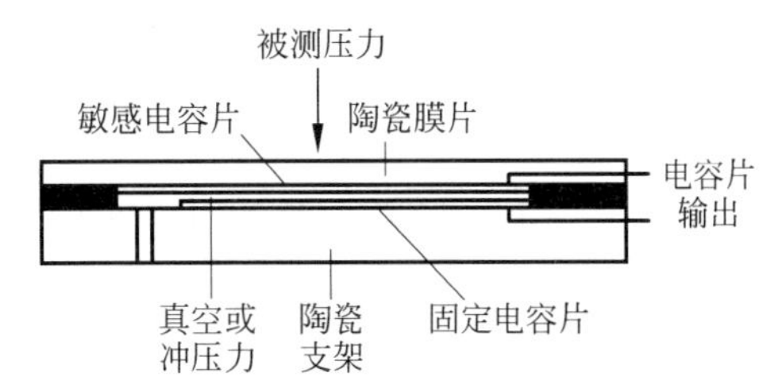

图3-141　电容式微型压力传感器结构图

一般电容式压力微型传感器受温度影响很小，能耗低，相对灵敏度高于压阻式传感器，通常能获得30%～50%的电容变化，而压阻器件的电阻变化最多只有2%～5%。通过电容极板的静电力可以对外压力进行平衡，所以电容式结构还能实现力平衡式的反馈测量。因为电容变化与极板间距成正比，因此非线性是变间距电容式传感器的固有特征之一。另外，输出电容变化信号往往很小，需要相对复杂的专门接口电路。接口电路要和传感器集成在同一芯片上，或尽量安装靠近传感器芯片的位置，以避免杂散电容的影响。

3. 谐振式微型压力传感器

谐振式微型压力传感器分两种类型。第一种是直接利用振动膜结构，谐振频率依赖于膜片的上下面压差。另一种是在膜片上制作振动结构，上下表面的压差导致膜片翘曲，振动结构的谐振频率随膜片的应力而变化。谐振式压力传感器可以获得很高精度，输出频率直接是数字信号，具有较强的抗干扰能力。谐振式压力传感器的缺点是制造工艺相对复杂，振动元件若集成在压力敏感膜上，二者的机械耦合可能还会引起一些其他问题。

如图3-142所示为一种商业化的谐振式压力传感器。由两平行梁构成的H形谐振器集成在压力敏感膜片上，其中一根梁通激励电流，在磁场中受洛伦兹力影响而发生振动。另一根梁也处于磁场中，可以利用感应电压对振动进行检测，从而确定膜片的应力状态，进一步得到被测压力值。

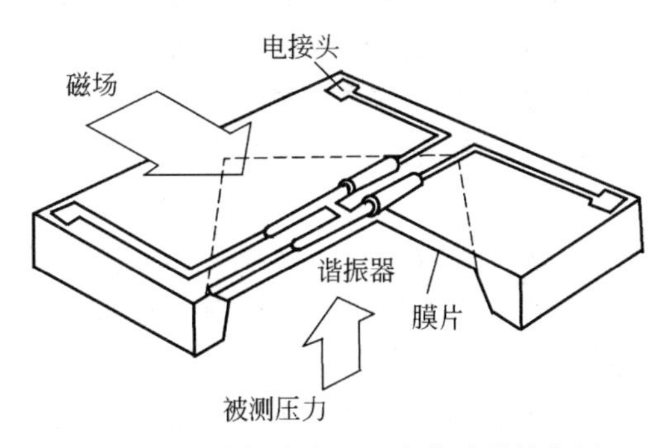

图3-142　谐振式微型压力传感器结构图

3.9 本章小结

本章内容主要包括机械量测量的基本概念和原理、机械量测量的基本实现方法,包括对与机械量相关的位移信号测量、运动测量、物位测量、压力测量等。通过对本章内容学习,读者主要学习了如下内容:

- 位移传感器包括电位计型位移传感器、电容型位移传感器、电感型位移传感器、压电型位移传感器以及涡流式、光纤式、挡板喷嘴式、超声波式和编码式等类型位移传感器。
- 电阻式电位计根据其结构可划分为绕线型电位计、导电塑料型电位计、沉积薄膜型电位计以及金属陶瓷型电位计等。
- 电容式位移传感器是以各种类型的电容器作为敏感元件,将被测物理量的位移变化转换为电容量的变化。电容式位移传感器包括变极距型、变面积型和变介电常数型等几种。
- 电感式位移传感器是利用线圈自感或互感系数的变化来实现非电量检测的。电感式传感器一般分为自感式和互感式两大类。
- 压电式位移传感器是利用某些电介质材料(如石英晶体)具有压电效应制成的,也即输出的电荷与压电体变形成正比。电荷放大器常作为压电传感器的输出转换电路。
- 应力与应变是应变计测量位移的基础。金属应变计与半导体应变计的基本原理是导电体在发生变形时其电阻阻值也会发生变化。应变计受温度影响非常严重,因此应变计必须进行温度补偿。
- 霍尔传感器是基于霍尔效应的。霍尔元件的输出电压与电流和磁场强度都有关,因此霍尔传感器可以用来测量位移、电流或磁场等。
- 接近开关是一种无须与运动部件进行机械直接接触而可以操作的位置开关。接近传感器可以分为电感感应式、电容式、霍尔式、光电式、超声波式、交直流式等。
- 物位测量是指对设备和容器中液体或固体物料的表面位置的测量。物位测量分为液位、料位和界位的测量。
- 机械式物位传感器包括浮子式液位传感器和浮筒式液位传感器。它们都是利用浮子或浮筒在液体中所受浮力转换成位移量来实现测量的。
- 电气式物位传感器包括电阻式、电容式和磁致伸缩式传感器等。它们都是利用电阻、电容或磁场在液位发生变化时会产生对应参数的改变来实现测量的。
- 超声波式物位传感器是利用发射的超声波在相界面被反射,并由接收器接收,测出超声波从发射到接收的时间间隔,来测量物位的高低。
- 压力式物位传感器的基本原理是液柱质量与形成的静压力成比例的特性来进行测量的。
- 运动传感器包括速度传感器和加速度传感器。加速度传感器的基本原理是通过弹簧质量体在惯性作用下将与基座之间产生相对位移来进行测量的。这时加速度变量转换成了位移变量。加速度传感器包括压电式、压阻式、应变式、电容式、振梁式、磁电感应式、热电式等类型。微加速度传感器则是基于微机电系统的弹簧质量体测量系统。
- 速度测量分为线速度检测与角速度测量。速度测量方法包括微积分法、线速度和角速度相互转换测速法、速度传感器法、相关测速法和空间滤波器法等。多数速度测量都是基于接近开关和时差测量技术的。
- 在工程上被测压力通常分为绝对压力、表压和负压(真空度)。
- 流体压力传感器也即液柱压力传感器。它是以流体静力学理论为基础的压力测量方法,一般采用充有水或汞等液体的玻璃U形管、单管或斜管来进行测量。
- 弹性压力传感器是根据弹性元件受力变形的原理,将被测压力转换成位移进行测量的。常用的弹性元件有弹簧管、膜片和波纹管等。
- 电气式压力传感器是利用敏感元件将被测压力直接转换成各种电量进行测量的装置。这些敏感元件包括应变敏感元件、压电敏感元件、霍尔敏感元件和电容敏感元件等。
- 固态压力传感器多采用压阻敏感元件,它利用部分半导体材料在受压变形时其磁阻会发生变化的特性来测量压力。
- 荷重传感器是由弹性敏感元件和应变计构成。
- 静态称重系统包括电子计价称量系统、电子平台称量系统、电子汽车称量系统、电子轨道称量系统以及电子吊钩称量系统等。它们都是用荷重传感器和相应的信号调理电路将质量信号转换成电压信号来进行测量的。
- 动态称重系统实际上就是对连续形式的载荷重力质量的测量。一般包括能够测量物料质量的荷重传感器和测量皮带运输速度的速度传感器以及相应的信号调理电路将质量信号转换成电压信号来进行测量的。
- 低于大气压的压力为负压或低压,常用的低压传感器有麦克劳压力计、努森压力计、皮拉尼真空计、离子压力计等。
- 大多数声压传感器是基于压力测量原理的,主要包括电容式和压电式声压传感器等。
- 微型压力传感器是基于MEMS的传感器,主要包括电容式微型压力传感器和谐振式微型压力传感器等。

习题

3.1　有一铝梁上承受了550kg的质量体。如果铝梁的直径是6.2cm,计算铝梁所受到的应力和铝梁发生的应变。

3.2　设计一杠杆系统,用于浮子液位测量,测量范围是0～1m,用一LVDT将其线性地转换成3cm的输出。假设LVDT的输出接有10位的模数转换器。问液位测量的分辨率为多少?

3.3　有一应变计其仪表系数GF=2.14,标称电阻为120Ω。计算在应变为144μm/mm时电阻变化值为多少?

3.4　一半导体应变计,其$R=300\Omega$,仪表系数与应变的关系如图3-143。将该应变计用于体重秤,应变范围为0～1000μm,质量变化范围为0～300lb。画出电阻与质量的关系曲线。

3.5　在一阶$\Delta l/l$的情况下,用式(3-36)和式(3-37)来证明式(3-38)。

3.6　图3-144为一个带4个应变计的小型悬臂梁。所有应变计都为工作应变计。画出该传感器的桥路连接方式,并证明如何实现温度补偿。如果每个应变计都有相同的仪表系数GF,试推导出桥路的非零电压是应变的函数。

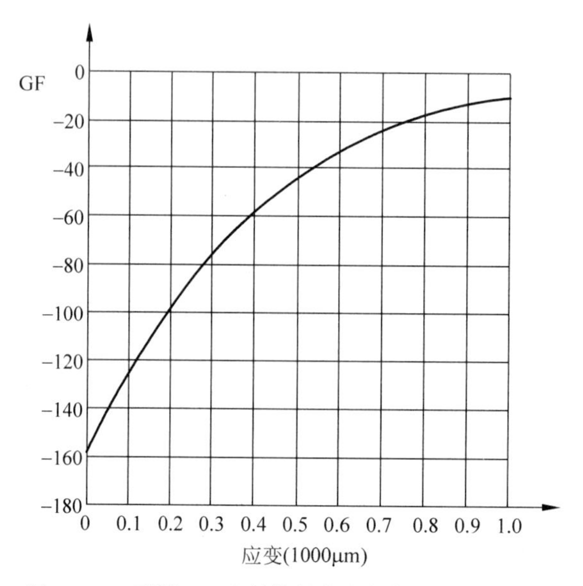

图 3-143　习题 3.4 半导体的应变与仪表系数关系图

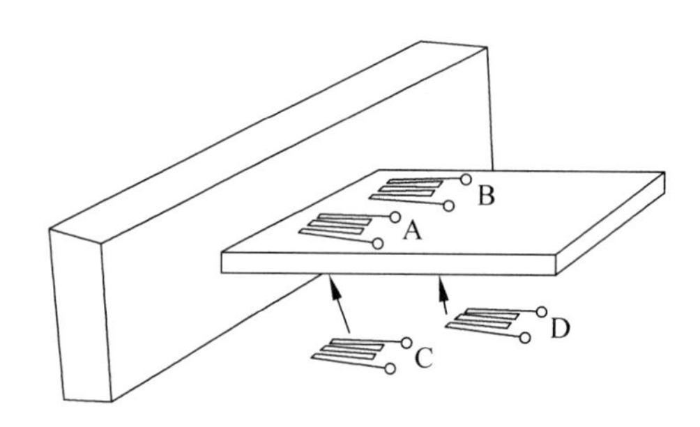

图 3-144　习题 3.6 4应变片结构图

3.7　用 2.7lb 的力作用在 5.5kg 的质量体上。求以 m/s^2 表达的加速度。

3.8　有一带信号调理电路的 LVDT,用于测量一工件,该工件的运动范围为－20～＋20cm。该 LVDT 的静态传递函数为 2.5mV/mm。其输出与 A/D 转换器相连。问

(1) LVDT 的输出电压范围是多少?

(2) 如果希望分辨率是 0.5mm,应该选用多少位的 A/D 转换器?

3.9　一个测振动的加速度计被设计成如图 3-145 所示。求应变计电阻变化与以克(g)表达的振动之间的关系(即每克电阻变化多少)。测力棒的截面积为 $2.0\times10^{-4}m^2$。

3.10　用一个电容位移传感器测量一个旋转轴的摆动情况,如图 3-146 所示。若在无摆动时电容为 880pF,求轴在－0.02～＋0.02mm 摆动时电容变化范围是多少?

3.11　有一物体从 1.5m 高的桌面落下,碰到地面 2.7ms 后稳定下来,计算以 g 表示的平均振荡(休克)为多少?

3.12　计算以 rad/s 表示的 10 000r/m 转速。

3.13　计算

(1) 在大气压下一个 3.3m 高的水柱底部的压力;

(2) 如果该液体是汞时其底部的压力,并将该压力换算成帕斯卡。汞的比重为 $13.546g/cm^3$。

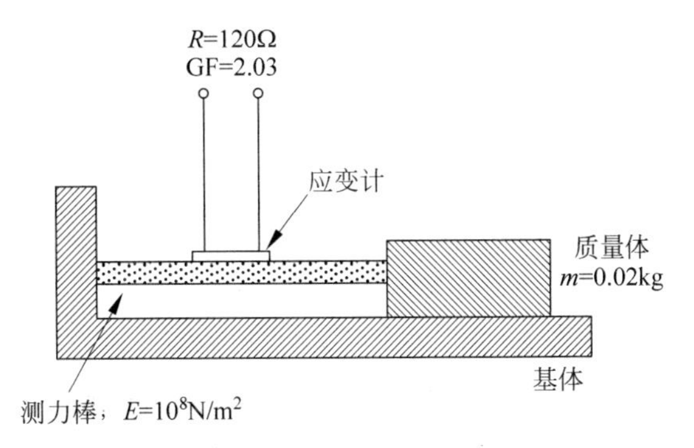

图 3-145　习题 3.9 配图

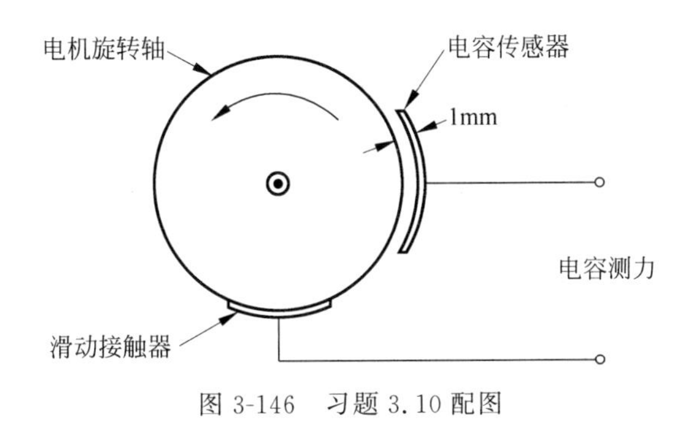

图 3-146　习题 3.10 配图

3.14　有一个弹性膜片的有效面积是 25cm^2。如果该膜片两面的压差是 5psi，问膜上所受到的力是多少？

3.15　有一个压电型加速度传感器，其传递函数为 61mV/g，自然振荡频率为 4.5kHz。对一个 110Hz 的振荡进行测试，测得峰值电压为 3.6V，求振荡的峰值位移为多少？

3.16　有一个皮带传输系统，有效称重平台为 1m，称重平台上所受作用力为 258N。如果要求该皮带传输系统的送料量为 5200kg/h，传输皮带的速度应为多少？

3.17　有一个弹簧质量体系统，其中质量为 0.02kg，弹性系数为 140N/m。计算该弹簧质量系统的自然振荡频率。

3.18　图 3-147 给出一个压力计装置。写出用 h_1、h_2 及其他相关参数表达的管道静压力。

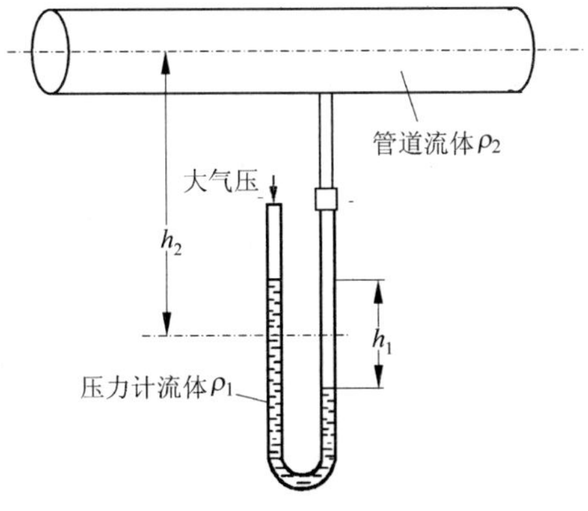

图 3-147　习题 3.18 配图

3.19 在如图3-148所示的弹簧质量体系统中,用一个LVDT来测量质量体的位移。LVDT及其信号调理电路的输出是0.31mV/mm,质量体的最大位移是±2cm,弹性系数是240N/m,质量体的质量是0.05kg。求

(1) 加速度与输出电压之间的关系;

(2) 该系统能够测量的最大加速度;

(3) 该系统的自然振荡频率。

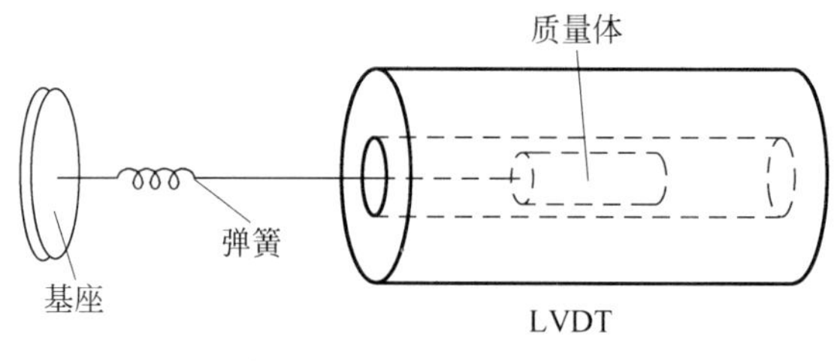

图3-148 习题3.19配图

3.20 有一个波纹管压力计,其弹性系数为3500N/m,有效等效质量为50g,压力测量的有效面积为$3.2\times10^{-4}\mathrm{m}^2$。问

(1) 波纹管在受到20psi的压力时所产生的位移是多少?

(2) 自然振荡频率为多少?

参考文献

[1] Curtis D Johnson.过程控制仪表技术[M].8版.北京:清华大学出版社,2009.

[2] 祝诗平,等.传感器与检测技术[M].北京:中国林业出版社,2006.

[3] Roy D Marangoni John H Lienhard V.机械量测量[M].5版.王伯雄,译.北京:电子工业出版社,2004.

[4] Ernest O Doebelin.测量系统应用与设计[M].5版.王伯雄,译.北京:电子工业出版社,2007.

[5] 常健生,等.检测与转换技术[M].3版.北京:机械工业出版社,2004.

[6] 梁森,等.自动检测技术及应用[M].2版.北京:机械工业出版社,2012.

第4章
流量传感器

教学目标

本章将简要介绍流量测量的基本概念和原理、流量测量的基本实现方法，包括体积流量测量、质量流量测量以及流体速度测量等。通过对本章内容及相关例题的学习，希望读者能够：

- 了解流量的基本特性与测量方法；
- 熟练掌握阻塞式流量传感器的基本原理以及对应传感器的基本结构；
- 掌握障碍式流量传感器的基本原理以及对应传感器的基本结构；
- 掌握电磁流量计、超声波流量计和容积式流量计的基本原理以及对应传感器的基本结构；
- 掌握间接质量流量测量和直接质量流量测量的基本原理以及对应传感器的基本结构；
- 掌握皮托管、均速管以及热线式流体测速传感器的基本原理以及对应传感器的基本结构。

4.1 流体基本特性及测量方法

流量是工业生产过程操作与管理的重要依据。流量分为液体流量、气体流量和固体流量。在具有流动介质的工艺过程中，液体物料或气体物料以流体的形式通过工艺管道在设备之间来往输送和配比，而固体物料多在皮带运输机上实现传输。物料的这种流动可实现生产过程中的物料平衡和能量平衡等。

除固体物料外，液体和气体物料多是在管道内进行传输的。对管道流量进行描述的几个主要概念或指标包括流体的速度分布、流体的雷诺数、流体的密度、流体的黏度等。

流体在管道中的流动是比较复杂的。一般我们将在管道截面上流体速度轴向矢量的分布模式称为速度分布。它是通过多根直线的末端的一根曲线(或曲面)。在管道直径(或横截面)上多点速度分布的图解表示方法称为速度剖面。流体在管道中的流动形式可分为层流和紊流(或称为湍流)两种。如图4-1所示的是层流和紊流的速度轨迹和速度分布。层流(Laminar Flow)是指流体在细管中流动的流线平行于管轴时的流动。理想层流的速度分布如图4-1(d)所示，但实际上管道臂是有摩擦的，因此实际的层流分布是如图4-1(e)所示的情形。紊流(Turbulent Flow)是指流体在细管中流动的流线相对混乱的流动。介于层流和紊流之间的则是过渡流(Transitional Flow)。

管内流体流动时虽然存在着层流状态和紊流状态，但在不同的流动状态下，流体有不同的流动特性。在层流流动状态时，流量与压力降成正比；在紊流流动状态时，流量与压力降的平方根成正比，而且在层流与紊流两种不同的流动状态时，其管内的速度分布也大不相同。这些对于许多采用测量流速来得到流量的测量方法是很重要的。在层流流动状态下，流速分布是以管轴为中心线的轴对称抛物线分布。在紊流流动状态下，管内流速同样是以管中心线轴对称的分布，但是其分布呈指数曲线形式。

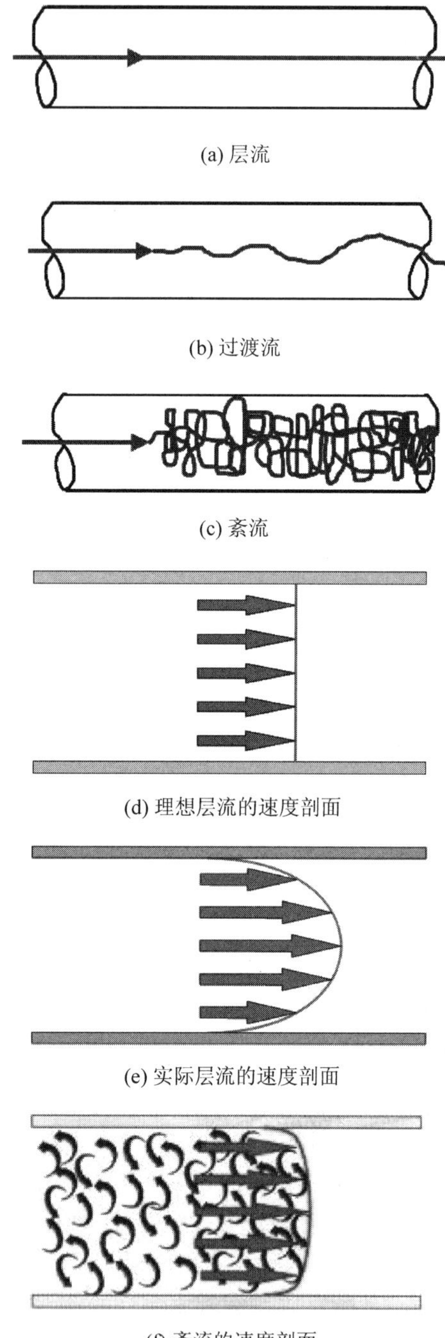
(a) 层流
(b) 过渡流
(c) 紊流
(d) 理想层流的速度剖面
(e) 实际层流的速度剖面
(f) 紊流的速度剖面

图4-1　层流和紊流的速度分布图

雷诺数(Reynolds Number)是表征流体流动的重要参数,雷诺数是指流体流动时惯性力与黏性力之比。利用流体系统的特征尺寸(如管径及其他参数),可求出雷诺数Re,即

$$\mathrm{Re}=\frac{\rho v d}{\eta} \tag{4-1}$$

式中 v——细管中的平均流速，所谓平均流速，一般是指流过管路的体积流量除以管路截面积所得到的数值；

η——流体的运动黏度；

d——管径；

ρ——流体的密度。

利用雷诺数可以判断流动的形式，当 Re＜2320 时为层流，Re＞2320 时为紊流。

流体的密度(Density)是指单位体积的流体所包含的质量，即

$$\rho=\frac{m}{V} \tag{4-2}$$

式中 ρ——流体的密度；

V——流体的体积；

m——流体的质量。

密度是一个与温度和压力都有关系的量。密度与温度的关系可表示为

$$\rho_t=\rho_{20}[1+\alpha_V(20-t)] \tag{4-3}$$

式中 ρ_t——流体在温度 t 时的密度；

ρ_{20}——流体在温度为20℃时的密度；

α_V——流体的体积膨胀系数；

t——流体的温度。

密度与压力的关系可表示为

$$\rho_p\approx\rho_r[1+k(P-r)] \tag{4-4}$$

式中 ρ_p——流体在压力为 P 时的密度；

ρ_r——流体在压力为 r 时的密度；

k——流体的压缩系数；

P——流体所受的压力。

对于气体的密度则多用气态方程来表达。

流体的黏度(Viscosity)是表征流体流动性的一个指标。流体的黏度包括动力黏度、运动黏度和恩氏黏度。流体动力黏度定义为

$$\eta=\frac{\tau}{D}=\frac{\tau}{\mathrm{d}v/\mathrm{d}y} \tag{4-5}$$

式中 η——流体的运动黏度；

τ——流体所受剪切应力；

D——流体的速度梯度，$D=\mathrm{d}v/\mathrm{d}y$。

流体在圆管内流动时，在管路的中心轴上速度最快，而靠近管壁则速度变慢(由于摩擦力)，因此流体由于受剪切应力而产生速度梯度可由图4-2来加以说明。

部分流体介质的黏度如表4-1所示。

对于流体的流量，是指流体在单位时间内流经某一有效截面的体积或质量，前者称为体积流量(m^3/s)，后者称为质量流量(kg/s)。

如果在截面上流体的速度分布是均匀的，则体积流量的表达式为(图4-3)

$$Q=\frac{V}{t} \tag{4-6}$$

式中 Q——流体的体积流量；

V——流体体积；

t——时间。

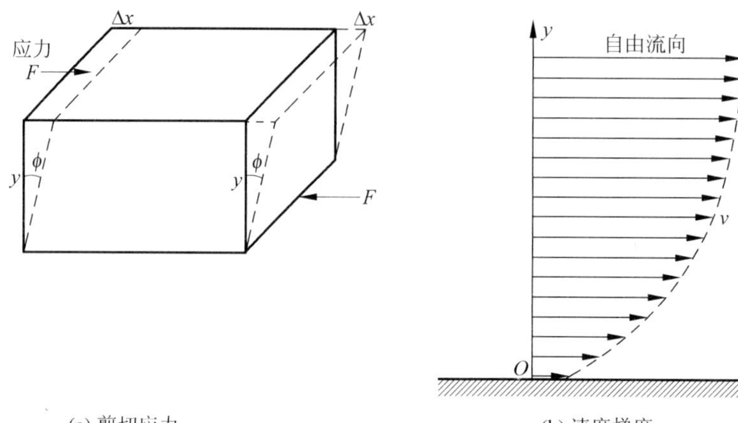

(a) 剪切应力　　(b) 速度梯度

图 4-2　剪切应力与速度梯度示意图

表 4-1　部分流体介质的黏度

流　　体	温度/℃	黏度/(Pa·s)
糖浆	20	100
甘油	20	1.5
机油	30	0.2
牛奶	20	5×10^{-3}
血液	37	4×10^{-3}
酒精	20	1.2×10^{-3}
水	0	1.8×10^{-3}
水	20	1×10^{-3}
水	100	0.3×10^{-3}
水蒸气	100	0.013×10^{-3}
空气	20	0.018×110^{-3}
氢气	0	0.009×10^{-3}

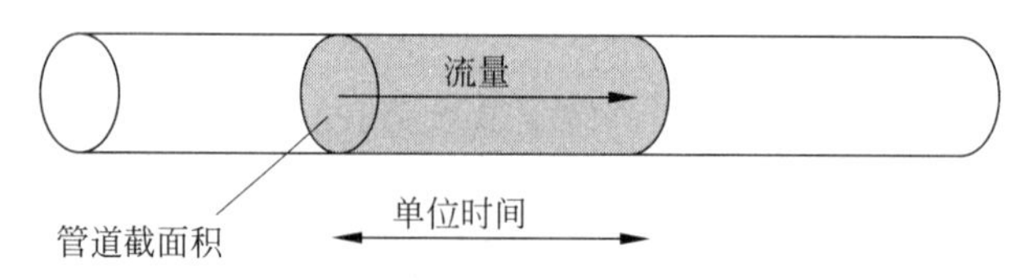

图 4-3　流体的体积流量示意图

流体的质量流量表达式为

$$Q_m = \frac{m}{t} \tag{4-7}$$

式中 Q_m——流体的质量流量；

m——流体质量；

t——时间。

按照检测原理不同，流量检测方法又可分为速度法、容积法和质量法。

速度法是以流量测量管道内流体的平均流速，再乘以管道截面积求得流体的体积流量的。基于这种检测方法的流量检测仪表有阻塞式（差压式）流量计、障碍式流量计和一些其他方式的流量计。

容积法是在单位时间内以标准固定体积对流动介质连续不断地进行测量，以排出流体固定容积数来计算流量。基于这种检测方法的流量检测仪表有椭圆齿轮流量计、活塞式流量计和刮板流量计等。

质量流量的检测分为直接法和间接法两种。直接式质量流量计直接测量质量流量，如角动量式、量热式和科氏力式等；间接式质量流量计是同时测出容积流量和流体的密度而自动计算出质量流量的。质量流量计测量精度不受流体的温度、压力和黏度等影响。

而对固体流量的测量一般采用称量的方法。

4.2 流体的体积流量测量

4.2.1 阻塞式流量计

阻塞式（差压式）流量计（Restriction Flow Meter）是在流通管道内安装流动阻力元件，流体通过阻力元件时，流束将在节流件处形成局部收缩，使流速增大，静压力降低，于是在阻力件前后产生压力差。该压力差通过差压计检出，流体的体积流量或质量流量与差压计所测得的差压值有确定的数值关系。通过测量差压值便可求得流体流量，并转换成电信号输出。把流体流过阻力元件使流束收缩造成压力变化的过程称节流过程，其中的阻力元件称为节流元件。

1. 流量孔板

流量孔板（Orifice）是节流元件之中的一种，其结构和原理如图4-4所示。在图4-4中的节流元件前后选定两个截面1和2。在截面1处，流体未受到节流元件的影响，流束充满管道，管道截面为 A_1，流体静压力为 P_1，平均流速为 v_1，流体密度为 ρ_1。截面2是流体经节流元件后流束收缩的最小截面，管道截面为 A_2，流体静压力为 P_2，平均流速为 v_2，流体密度为 ρ_2。图4-4中压力曲线点画线代表管道中心处静压力，实线代表管壁处静压力。流体的静压力和流速在节流元件前后的变化充分反映了能量的转换。在节流元件前，流体向中心加速，至截面2处，流束截面收缩达到最小，流速最大，静压力最低。之后流束扩张，流速逐渐减小，静压力升高。流体流至截面3处，由于涡流区的存在导致流体能量损失，截面3处流体的静压力小于截面1处的静压力，即 $P_3<P_1$。

设流体为不可压缩的理想流体，在流经节流元件时不对外做功，和外界没有热能交换，流体本身也无温度的变化。根据伯努力方程，在截面1和2处沿管中心线单位质量的总能量（即动能、压能与势能）存在以下能量关系：

$$\frac{mv_1^2}{2}+\frac{mP_1}{\rho_1}+mgh_1=\frac{mv_2^2}{2}+\frac{mP_2}{\rho_2}+mgh_2 \tag{4-8}$$

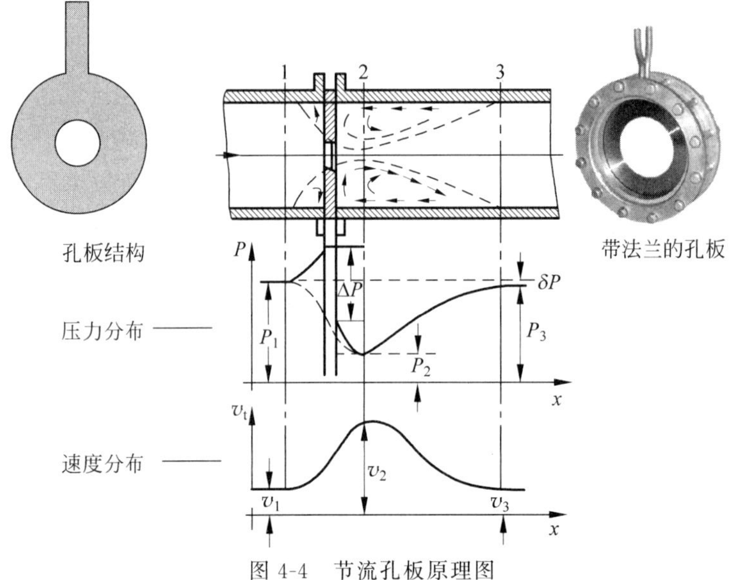

图 4-4 节流孔板原理图

式中 v_1、v_2——流体在截面1和2处的平均流速；

P_1、P_2——流体在截面1和2处的静压力；

h_1、h_2——截面1和2处的相对高度；

ρ_1、ρ_2——截面1和2处的流体的密度。

由于假设流体为不可压缩的理想流体，即 $\rho_1 \approx \rho_2 = \rho$。

再假设截面1和2处的流体的高度基本相等，即 $h_1 \approx h_2$，则

$$\frac{v_1^2 - v_2^2}{2} = \frac{P_1 - P_2}{\rho} \tag{4-9}$$

注意到流体流量的连续性，即

$$Q_1 = A_{1f}v_1 = Q_2 = A_{2f}v_2 = Q \tag{4-10}$$

将式(4-10)代入式(4-9)有

$$v_2 = \frac{1}{\sqrt{1-(A_{2f}/A_{1f})^2}}\sqrt{\frac{2}{\rho}(P_1 - P_2)} \tag{4-11}$$

因此

$$Q = Q_2 = A_{2f}v_2 = \frac{A_{2f}}{\sqrt{1-(A_{2f}/A_{1f})^2}}\sqrt{\frac{2}{\rho}(P_1 - P_2)} \tag{4-12}$$

式中 Q——流体体积流量；

ρ——流体的密度；

A_{1f}、A_{2f}——截面1和2处的流体面积。

由于流体面积是难于测得的，因此只能用管道截面积 A_1 和孔板的孔径面积 A_2 来近似计算流体流量。而近似计算的流体流量与实际的流体流量有一定差距，定义

$$C_d = \frac{Q}{Q_c} \tag{4-13}$$

式中 C_d——流量系数；

Q——实际流体体积流量；

Q_c——近似计算的流体流量。

流体的实际流量就可表达为

$$Q = C_d Q_c = \frac{C_d A_2}{\sqrt{1-(A_2/A_1)^2}} \sqrt{\frac{2}{\rho}(P_1 - P_2)} \tag{4-14}$$

式中　A_1——管道截面积；

A_2——孔板的孔径面积。

流量系数 C_d 是一个与许多因素有关的变量，这些因素包括：

(1) 所使用的流量传感器类型；

(2) 雷诺数 Re；

(3) 流体面积比 $m = A_{1f}/A_{2f}$；

(4) 流体流速；

(5) 管道直径 D 等。

对于圆形孔板，通常可以采取下列的简化计算，取

$$E = \frac{1}{\sqrt{1-(A_2/A_1)^2}}$$

由于面积的表达式为 $A=\pi D^2/4$，因此

$$E = \frac{1}{\sqrt{1-\beta^4}} \tag{4-15}$$

式中　β——节流孔径比，$\beta=d/D$；

D——管道直径；

d——孔板直径；

E——接近速度因子。

这样式(4-14)又可写为

$$Q = kA_2 \sqrt{\frac{2}{\rho}} \sqrt{P_1 - P_2} \tag{4-16}$$

式中　$k=C_d E$。

有时为简单起见，也将式(4-16)简化为

$$Q = K\sqrt{\Delta P} \tag{4-17}$$

式中　K——与流体管道及流体特性有关的综合系数；

ΔP——孔板前后的差压。

例 4-1　有一流量控制对象需将流量控制在 $2\sim15\text{m}^3/\text{min}$。使用孔板进行流量测量。如果 $K=8(\text{m}^3/\text{min})/(\text{kPa})^{1/2}$。使用带 LVDT 的波纹管测量压力，其输出为 1.8V/kPa。问在给定流量范围内，系统的输出电压为多少？

解：由式(4-17)有

$$\Delta P = (Q/K)^2$$

对于 $2\text{m}^3/\text{min}$，有

$$\Delta P = \left[\frac{2\text{m}^3/\text{min}}{(8\text{m}^3/\text{min})/\text{kPa}^{1/2}}\right]^2 = 0.063\text{kPa}$$

对于 $15m^3/min$,有

$$\Delta P=\left[\frac{15m^3/min}{(8m^3/min)/kPa^{1/2}}\right]^2=3.516kPa$$

这样 LVDT 的输出电压为:

对于 $2m^3/min$,有

$$V=0.063kPa\times 1.8V/kPa=0.113V$$

对于 $15m^3/min$,有

$$V=3.516kPa\times 1.8V/kPa=6.329V$$

如前所述,节流装置就是使管道中流动的流体产生静压力的装置,完整的节流装置由节流元件、取压装置和上下游测量导管三部分组成。节流装置又分为标准节流装置和非标准节流装置两大类。对于标准节流装置,在设计计算时都有统一的标准规定、要求和计算所需的有关数据及程序,可直接按照标准制造,安装和使用时不必进行标定,能保证一定的精度。非标准节流装置主要用于特殊介质或特殊工况条件的流量检测,它必须用实验方法单独标定。

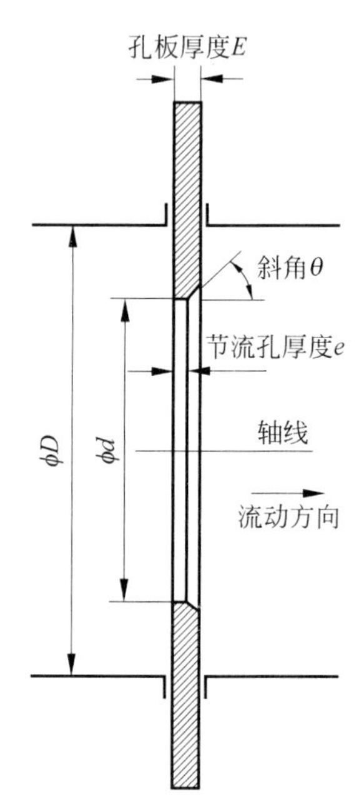

图 4-5　标准孔板示意图

常用的标准孔板(即标准节流装置)是用不锈钢或其他金属材料制造的薄板,具有圆形开孔并与管道同心,其直角入口边缘非常锐利,且相对于开孔轴线是旋转对称的,顺流的出口呈扩散的锥形,如图 4-5 所示。

除了同心孔板之外,还有偏心孔板和圆缺孔板等,如图 4-6 所示。

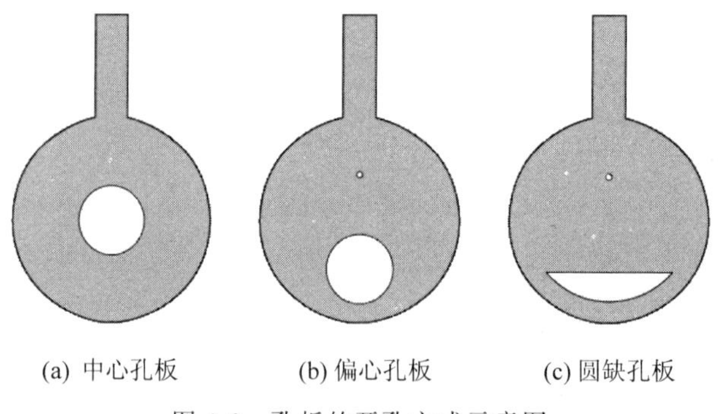

图 4-6　孔板的开孔方式示意图

差压式流量计是通过测量节流元件前后静压力差 ΔP 来实现流量测量的,其测量值与取压孔位置和取压方式紧密相关。根据节流装置取压口位置,取压方式分为理论取压、角接取压、法兰取压、径距取压与损失取压 5 种,如图 4-7 所示。

另外,差压式流量计还对节流元件前后直管段有一定要求。管道中的其他障碍物会影响流体的速度分布。例如管道的弯头会使流体产生离心力,从而使流体的速度分布(也称为流场)发生畸变,如图 4-8(a)所示。通常要求节流元件上游直管长度应为管道直径的 10 倍左右,节流元件下游直管长度应为管道直径的 5 倍左右,如图 4-8(b)所示。

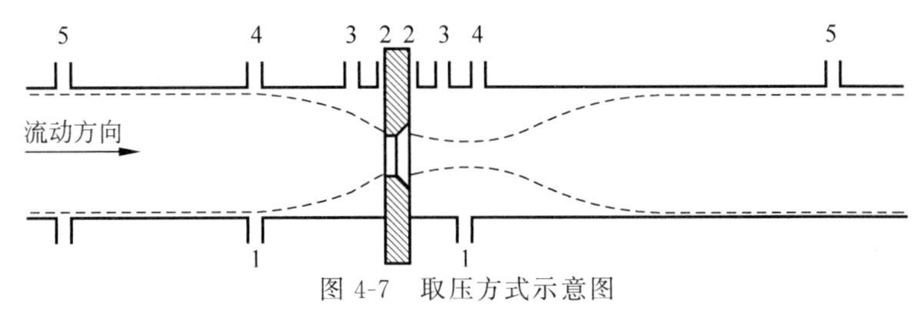

图 4-7　取压方式示意图

1—理论取压；2—角接取压；3—法兰取压；4—径距取压；5—损失取压

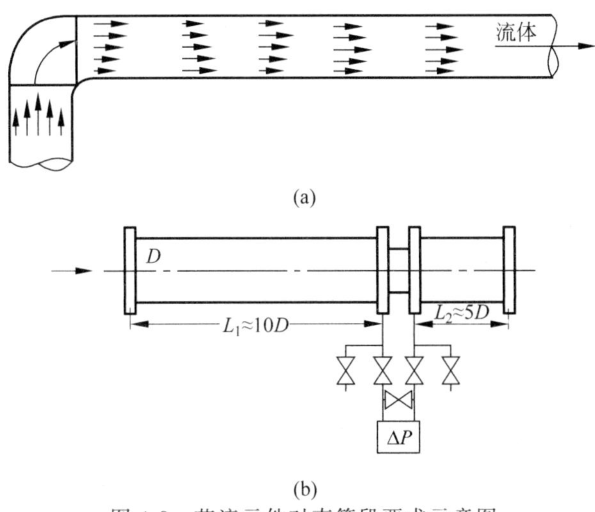

(a)

(b)

图 4-8　节流元件对直管段要求示意图

2. 层流流量计

层流流量计(Laminar Flowmeter)利用了我们在 4.1 节中讨论的层流与速度梯度的概念。若在流体管道中沿半径方向、距中心轴为 r_x 的圆筒面上的流速为 v，而在距中心轴为 $r_x+\mathrm{d}r_x$ 的圆筒面上的流速为 $v-\mathrm{d}v$，即在 $\mathrm{d}r_x$ 间流速减少 $\mathrm{d}v$，如图 4-9 所示，因此该圆筒上面的速度梯度为 $-\mathrm{d}v/\mathrm{d}r_x$。由于这个速度梯度，在半径为 r_x 的圆筒面整个面上的作用力为 F_1，在该圆筒面的单位面积上作用的剪切应力为 τ，圆筒表面积为 $2\pi r_x l$，则

$$F_1 = 2\pi r_x l\tau \tag{4-18}$$

另外，在管道长度为 l 的一段流体，其上游与下游之间存在压力差(P_1-P_2)，该差压作用在半径为 r_x 的圆筒流体上的力为

$$F_2 = \pi r_x^2(P_1 - P_2) \tag{4-19}$$

流体在恒定流状态时 $F_1=F_2$，因此由式(4-18)和式(4-19)有

$$\tau = \frac{r_x}{2l}(P_1 - P_2) \tag{4-20}$$

在图 4-9 中，由式(4-5)速度梯度产生的剪切力为

$$\tau = \eta\,\frac{\mathrm{d}v}{\mathrm{d}r_x} \tag{4-21}$$

式中　η——流体的运动黏度；

τ——流体所受剪切应力；

$\mathrm{d}v/\mathrm{d}r_x$——流体的速度梯度。

由式(4-20)和式(4-21)可以得出

$$dv = -\frac{P_1 - P_2}{2l\eta} r_x dr_x \tag{4-22}$$

对式(4-22)在 0～R 上积分,有

$$v = \frac{P_1 - P_2}{4l\eta}(R^2 - r_x^2) \tag{4-23}$$

由图 4-9 可知,流经管路的流体体积流量为

$$Q = \int_0^R 2v\pi r_x dr_x \tag{4-24}$$

将式(4-23)代入式(4-24)有

$$Q = \frac{\pi R^4}{8l\eta}(P_1 - P_2) \tag{4-25}$$

式(4-25)说明流体的体积流量与差压成正比,这也就是圆管层流流量计的基本原理。

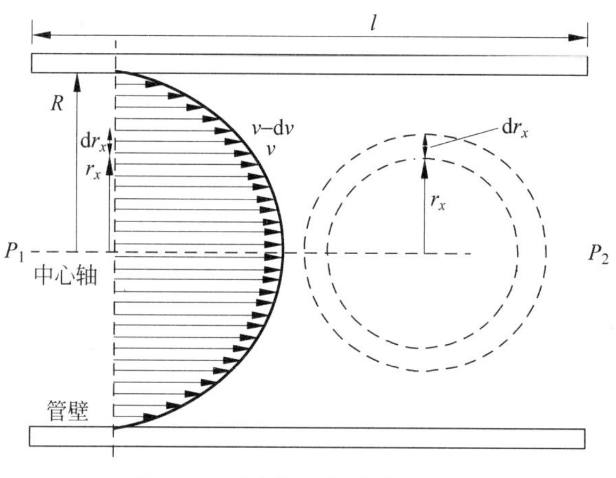

图 4-9 层流与速度梯度示意图

圆管层流流量计的基本结构如图 4-10 所示。在管中安放了微小的三角形的引流导管(也即层流元件),它类似梳子,可将流体引导成良好的层流形态。

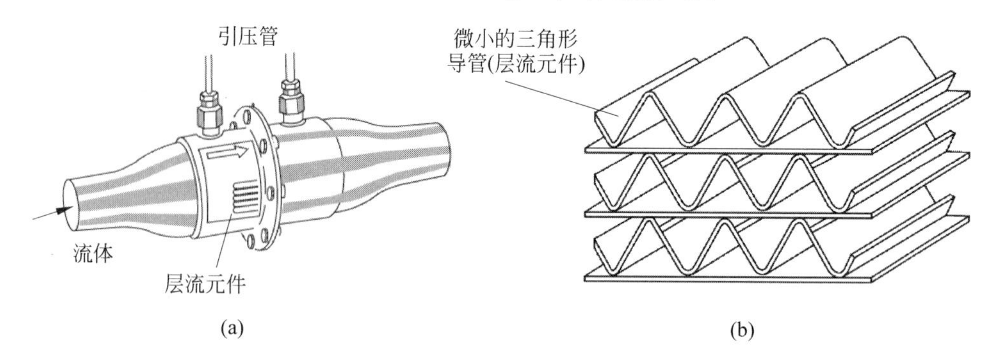

图 4-10 圆管层流流量计

3. 其他阻塞式流量计

另外几种阻塞式流量计包括文丘里管(Venturi Tube)、流量喷嘴(Nozzle)和道尔流量

管(Doyle Tube)等,如图 4-11 和图 4-12 所示。这些阻塞式流量计可以用与式(4-14)或式(4-16)相似的流量方程来描述,这里就不再重述。

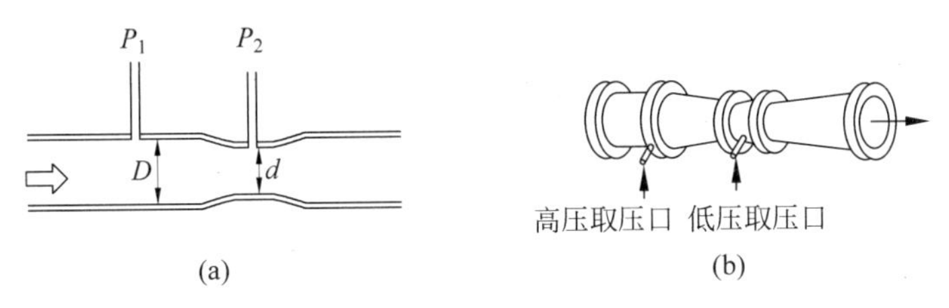

图 4-11　文丘里管原理示意图

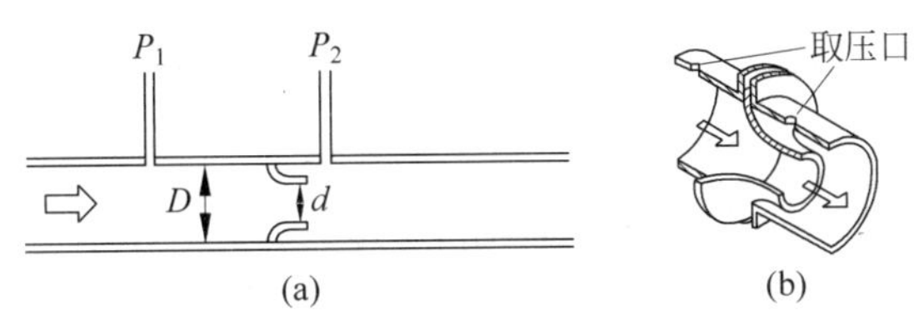

图 4-12　流量喷嘴原理示意图

例 4-2　用颈部直径为 0.1m 的文丘里流量计,安装在直径为 0.2m 的工艺管道上测量 $1.893\mathrm{m^3/min}$ 的水流量。如果水温为 20℃,并已知流量系数 C_d 为 0.97,问在取压口上测得的差压是多少?

解:文丘里流量计同样采用式(4-14)的流量表达,因此

$$\Delta P=\frac{\rho}{2}Q^2\left[1-\left(\frac{A_2}{A_1}\right)^2\right]/(C_dA_2)^2$$

例中

$$Q=1.893\mathrm{m^3/min}=0.0316\mathrm{m^3/s}$$

$$A_2=\frac{\pi}{4}d^2=\frac{\pi}{4}0.1^2=0.008\mathrm{m^2}$$

$$\frac{A_2}{A_1}=\left(\frac{1}{2}\right)^2=0.25$$

对于水在温度为 20℃时的密度,查阅相关工程手册有

$$\rho_{20}=998.2\mathrm{kg/m^3}$$

所以

$$\Delta P=\frac{1}{2}\times 998.2\times 0.0316^2\times\frac{1-0.25^2}{0.97^2\times 0.008^2}\approx 7718.75(\mathrm{Pa})$$

4.2.2　障碍式流量计

障碍式流量计(Obstruction Flow Meter)与阻塞式流量计有些相似之处,就是在流通管道内也安装了流动阻力元件,但流体通过阻力元件时,在阻力件前后产生的压力差一般恒定,或变化不明显。它不是靠压力差来反应流体流量,而是用其他的参数来反映流体流量。

障碍式流量计包括转子流量计(Rotameter)、涡轮流量计(Turbine Flowmeter)、涡街流量计(Vortex-Shedding Flowmeter)以及靶式流量计(Moving Vane Flowmeter)等。

1. 转子流量计

转子流量计又称浮子流量计,或变面积流量计。转子流量计具有结构简单,使用维护方便,对仪表前后直管段长度要求不高,压力损失小且恒定,测量范围比较宽,工作可靠且线性刻度,可测气体、蒸气和液体的流量,适用性广等特点。

转子流量计主要由一根自下向上扩大的垂直锥管和一只可以沿着锥管的轴向自由移动的浮子组成,如图4-13所示。当被测流体自锥管下端流入流量计时,由于流体的作用,浮子上下端面产生差压,该差压即为浮子的上升力。当差压值大于浸在流体中浮子的质量时,浮子开始上升。随着浮子的上升,浮子最大外径与锥管之间的环形面积逐渐增大,流体的流速则相应下降,作用在浮子上的上升力逐渐减小,直至上升力等于浸在流体中的浮子的质量时,浮子便稳定在某一高度上。这时浮子在锥管中的高度与所通过的流量有对应的关系。当流体自下而上运动时,作用在浮子上的力 F 为

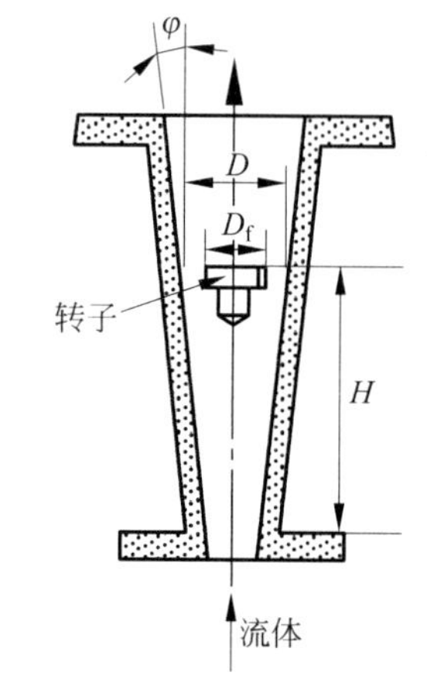

图4-13　转子流量计原理示意图

$$F=\frac{1}{2}\rho_0 c v^2 A_f \tag{4-26}$$

式中　ρ_0——流体密度;

c——浮子所受阻力系数;

v——流体流速;

A_f——浮子的最大迎流面积。

浮子本身的垂直向下的重力 W 为

$$W=\gamma_f V_f \tag{4-27}$$

式中　γ_f——浮子的重度;

V_f——浮子的体积。

流体对浮子所产生的垂直向上的浮力 B 为

$$B=\gamma_0 V_f \tag{4-28}$$

式中　γ_0——流体的重度;

V_f——浮子的体积。

当浮子处于平衡状态时,有

$$W=B+F$$

即

$$\gamma_f V_f+\gamma_0 V_f=\frac{1}{2}\rho_0 c v^2 A_f \tag{4-29}$$

由此可得流体的流速为

$$v=\sqrt{\frac{2V_f(\gamma_f-\gamma_0)}{c\rho_0 A_f}} \tag{4-30}$$

如果流体环形流通面积为 A,则体积流量为

$$Q_v=Av=A\sqrt{\frac{2V_f(\gamma_f-\gamma_0)}{c\rho_0 A_f}} \tag{4-31}$$

环形流通面积 A 的大小由浮子和锥形管尺寸所决定，即

$$A=\frac{\pi}{4}(D^2-D_f^2) \tag{4-32}$$

式中 D——浮子所在处锥形管的内径；

D_f——浮子的最大直径。

若锥形管设计时保证在零刻度处 $D_f=D$，锥形管锥角为 φ，浮子的高度为 H，则

$$A=\pi D_f H\tan\varphi \tag{4-33}$$

因此流体的体积流量为

$$Q_v=H\pi D_f\tan\varphi\sqrt{\frac{2V_f(\gamma_f-\gamma_0)}{c\rho_0 A_f}} \tag{4-34}$$

由式(4-34)可知，只要保持流量系数不变，则流量与浮子所处的高度 H 呈线性关系，测得 H 的大小就可以测量流量。可以将这种对应关系直接刻度在流量计的锥管上。

上面所介绍的转子流量计只适用于就地指示，对配有电远传装置的转子流量计，可以将反映流量大小的浮子(也即转子)高度 H 转换为电信号，传送到其他仪表进行指示、记录和控制。如图 4-14 所示为电传式转子流量计的工作原理图。当流体流量变化时使浮子产生移位，磁钢 1 和 2 通过带动杠杆 3 及连杆机构 6～8 使指针 10 在标尺 9 上就地指示流量。与此同时，差动变压器检测出浮子的位移，产生差动电势，经过放大和转换后输出电信号，通过显示仪表显示和通过控制仪表进行调节。

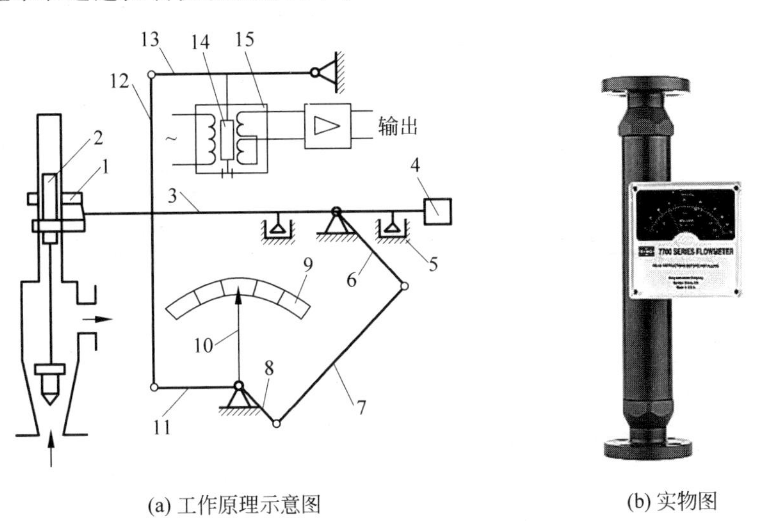

(a) 工作原理示意图　　(b) 实物图

图 4-14 电传式浮子流量计原理示意图

1、2—磁钢；3—杠杆；4—平衡锤；5—阻尼器；6～8—连杆机构；9—标尺；10—指针；11～13—连杆机构；14—铁芯；15—差动变压器

2. 涡轮流量计

涡轮流量计是由悬挂在流体中的多叶片转子组成，如图 4-15 所示。转子的转动轴平行于流体流动的方向。流体碰到叶片时，会引起近似正比于流量的角速度转动。叶片由铁磁材料制成，每个叶片可与一同安装在流量计中的永磁铁和线圈组成一个回路，这就形成一个变阻测速发电机(参见 3.7.5 节)，线圈中的感应电压是正弦波，其频率正比于叶片的角速度。

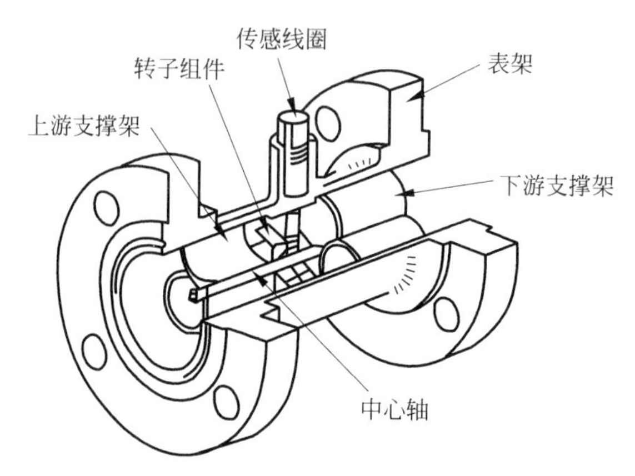

图 4-15 涡轮流量计原理示意图

对涡轮流量计的简单解析模型分析如图 4-16 所示。假设由于轴承和黏性摩擦造成的阻力矩可以忽略不计,转子角速度 ω_r 正比于流量 Q,即

$$\omega_r = kQ \tag{4-35}$$

式中 k——取决于叶片与转轴夹角的常数。

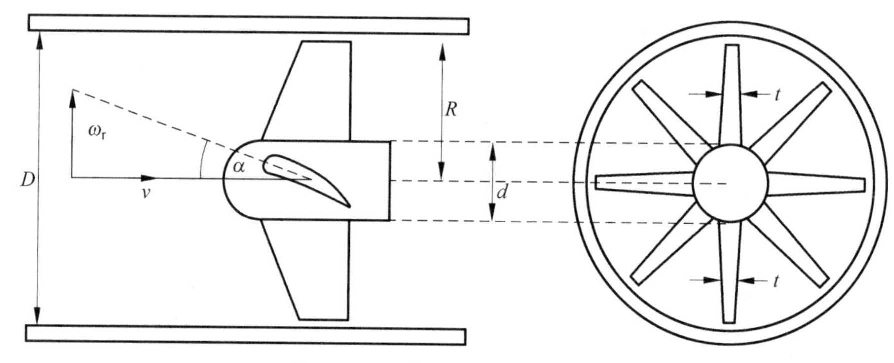

图 4-16 涡轮流量计工作原理图

而流量是流体的平均速度乘以流体面积,即

$$Q = vA \tag{4-36}$$

这里面积 A 是管道面积减去叶轮轴和叶片的面积,即

$$A = \frac{\pi}{4}D^2 - \frac{\pi}{4}d^2 - m\left(R - \frac{d}{2}\right)t \tag{4-37}$$

式中 D——管径;

d——叶轮轴直径;

m——叶片数;

t——叶片平均厚度。

由图 4-16 中的速度三角形有

$$\frac{\omega_r R}{v} = \tan\alpha \tag{4-38}$$

式中 ω_r——角速度;

$\omega_r R$——垂直于流体流速方向叶轮叶片顶端的线速度;

α——叶片入口角；

v——流体的平均速度。

由式(4-35)、式(4-36)和式(4-38)有

$$k=\frac{\omega_r}{Q}=\frac{\tan\alpha}{AR} \tag{4-39}$$

利用变磁阻发动机原理来对转速进行检测(参见 3.7.5 节)以及式(3-130)，因此线圈中的感应电压为

$$E_s=bm\omega_r\sin\omega_r t \tag{4-40}$$

式中　m——叶片数；

b——磁通随角度变化的幅值。

这样涡轮流量计的输出信号由式(4-35)和式(4-40)有

$$E_s=bmkQ\sin mkQt \tag{4-41}$$

可见涡轮流量计的输出信号是一个幅值为 $bmkQ$，频率为 $(mk/2\pi)Q$ 的正弦信号，其幅值和频率均正比于流量。为此，对式(4-41)进行积分，将其转换为一个等幅信号，即

$$E_\omega=b\cos mkQt \tag{4-42}$$

对涡轮流量计的输出信号处理可按照如图 4-17 所示的方法进行。处理后的输出信号是一个等幅度的变频率方波信号，这样可以用 3.7.5 节中介绍的接近开关型转速计对其进行测量。

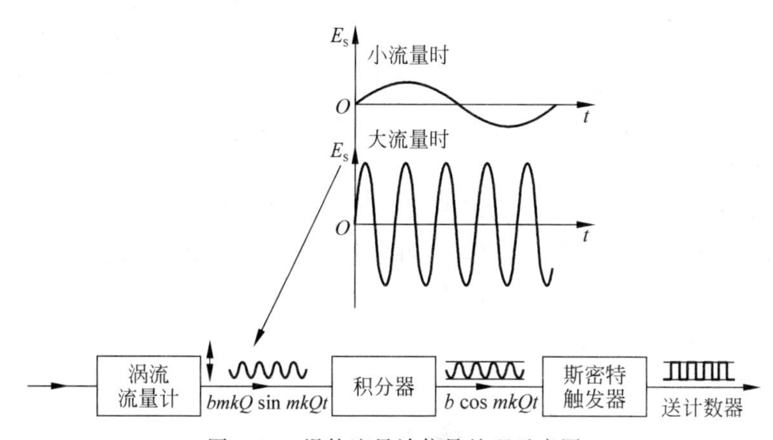

图 4-17　涡轮流量计信号处理示意图

涡轮流量计实际上是从叶轮流量计(也即水表)基础上发展起来的。水表，即叶轮流量计，就是利用了流体流经涡轮时，由于流体的冲击作用，将使涡轮发生旋转，其转动的频率与流量成正比这一基本原理。

水表按测量原理分类一般可分为速度式水表和容积式水表。这里所说的叶轮流量计就是速度式水表。而容积式水表一般采用活塞式结构，也即以定量排放的形式实现计量，这与 4.2.3 节中介绍的容积式流量计非常相似。

速度式水表基本结构如图 4-18 所示。叶轮或转子的转动轴有两种，一种是类似涡轮流量计的平行于流体流动方向的；另一种则是垂直于流体流动方向的，如图 4-18 所示。由于水表一般不需要瞬时流量，只需要累积流量。因此正比于水流速度的叶轮转速，通过减速齿轮传递给十进制数齿轮机构，实现累计转数的目的。十进制数齿轮的作用是每当个位数齿

轮转10圈,十位数齿轮就转一圈。换句话说,个位数齿轮转一圈,十位数齿轮就转$\frac{1}{10}$圈。个位数齿轮是主动轮,靠它来带动十位数齿轮转动。

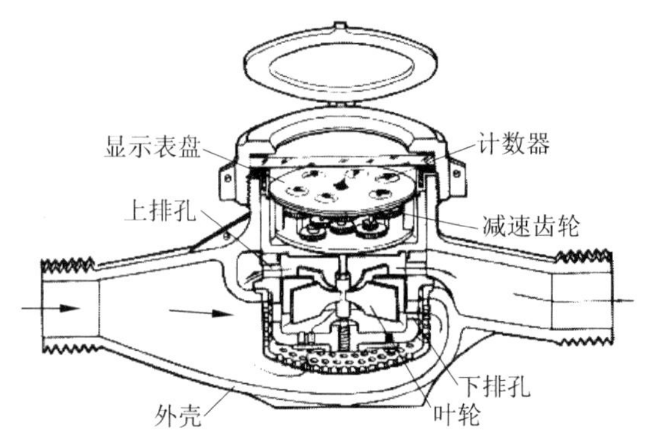

图4-18 速度式水表原理图

这种机械水表的缺点是没有电信号输出,但凭借其简单价廉,能在潮湿环境里长期使用而无须维修,而且不用电源,停电也不影响工作的优点依然被广泛地使用着。

目前出现的各种智能水表,基本上都是基于上述的普通水表,通过在水表的读数盘指针或齿轮组的某个位置安装传感元件,将原水表的机械读数转换成电信号数据,然后进行采集、传输和储存,按结算交易方式的要求自动或人工进行控制。因为它们的基表都是采用的速度式水表,所以按照水表的原理分类它们都属于速度式水表一类,只是在读数方式、指示机构等方面进行了改进,增加了预付费、远传读数等自动化抄表系统功能。

3. 涡街流量计

涡街流量计的工作原理是基于涡街脱离自然现象的。当流体流过一个障碍物时,沿其表面会有黏性边界层与缓慢运动的流体。若障碍物是非流线型的(即为钝体),流体不能沿着障碍物的外形流向下游,分离层脱开而转成漩涡或在钝体后的低压区形成涡街,如图4-19所示。漩涡脱离的频率正比于流体的流速,这就是涡街流量计的基础。

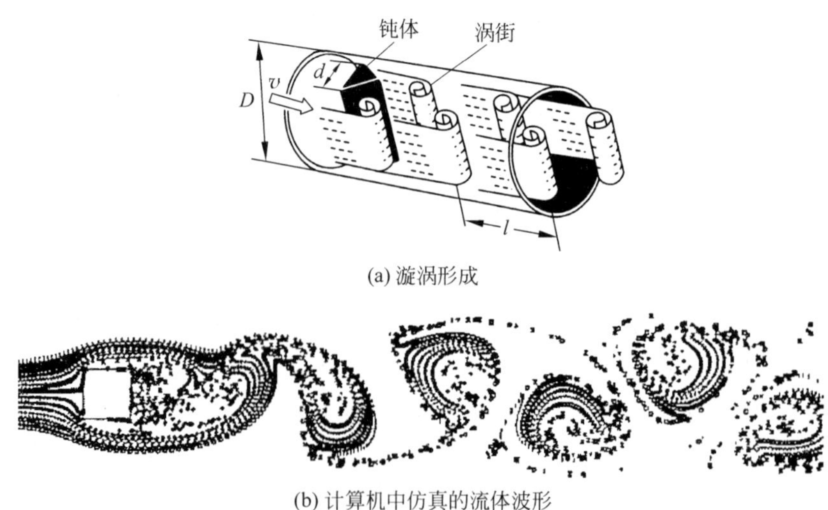

(a) 漩涡形成

(b) 计算机中仿真的流体波形

图4-19 漩涡形成涡街示意图

漩涡脱离钝体的频率为

$$f = Sr\frac{v_1}{d} \tag{4-43}$$

式中 f——漩涡脱离钝体的频率；

Sr——斯特劳哈尔数(Strouhal Number)；

v_1——钝体处流体的流速；

d——钝体宽度。

假设流体为不可压缩流体，由流体守恒原理有

$$Q = Av = A_1 v_1 \tag{4-44}$$

式中 Q——流体的体积流量；

A——管道上游处流体横截面积；

A_1——钝体处流体横截面积；

v——管道上游处流体的流速；

v_1——钝体处流体的流速。

在流体充满管道时，流体横截面积和钝体处的横截面积如图 4-20 所示，即

$$A = \frac{\pi}{4}D^2 \tag{4-45}$$

$$A_1 \approx \frac{\pi}{4}D^2 - Dd = \frac{\pi}{4}D^2\left(1 - \frac{4}{\pi}\frac{d}{D}\right) \tag{4-46}$$

根据式(4-43)～式(4-46)，有

$$f = \frac{4}{\pi}\frac{S}{D^3}\frac{1}{\frac{d}{D}\left(1 - \frac{4}{\pi}\frac{d}{D}\right)}Q \tag{4-47}$$

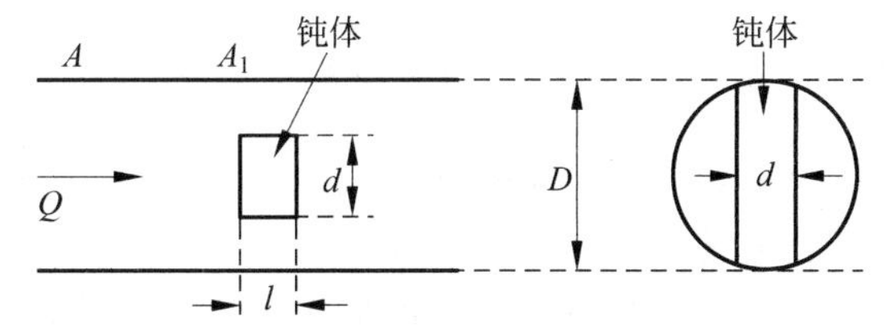

图 4-20 涡街管内面积示意图

实际应用中，式(4-47)中还需引进一个钝体系数 k 加以修正，因此

$$f = \frac{4}{\pi}\frac{S}{D^3}\frac{1}{\frac{d}{D}\left(1 - \frac{4}{\pi}k\frac{d}{D}\right)}Q \tag{4-48}$$

式(4-48)说明漩涡脱离钝体的频率与流体的体积流量成正比。对于不同形式的钝体，钝体系数有不同的值，例如圆形的钝体 $k=1.1$，矩形的钝体 $k=1.5$ 等。几种常用的钝体形状如图 4-21 所示。

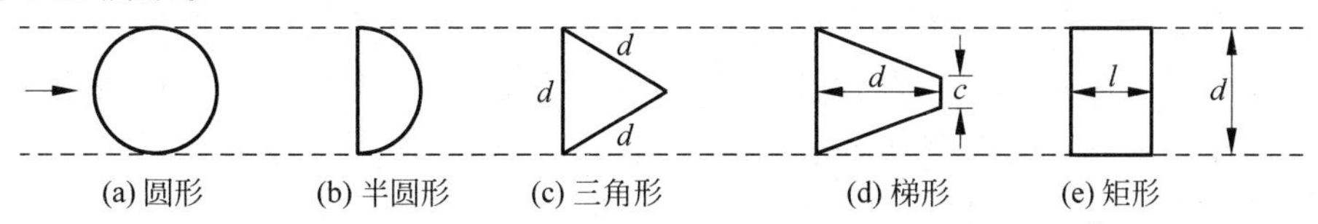

图 4-21 钝体形状示意图

力系数不随雷诺数变化，而保持常数，这时阻力为

$$F_n = \lambda \frac{\rho v^2}{2} A_1 \tag{4-49}$$

式中　F_n——靶所受到的流体的阻力；

λ——阻力系数；

v——靶和管壁间环形面积中的平均流速；

A_1——靶的迎流面积，$A_1 = \pi d^2/4$。

由此，靶和管壁间环形面积中的平均流速为

$$v = \sqrt{\frac{2F_n}{\lambda \rho A_1}} \tag{4-50}$$

管道内流动流体的体积流量 Q 为

$$Q = K\left(\frac{D^2 - d^2}{d}\right)\sqrt{\frac{F_n}{\rho}} \tag{4-51}$$

式中，K——仪表装置系数，$K = [\pi/(2\lambda)]^{1/2}$。

对受压板的力为 F_n 的检测，可采用 3.2 节中介绍的应变传感器测力方法，再将应变计构成一个桥路，使其产生正比于力(即流量)的电压输出信号。

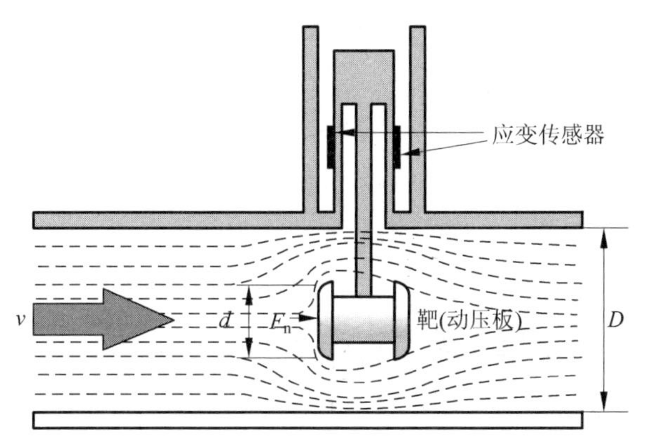

图 4-23　靶式流量计原理图

4.2.3　其他体积式流量计

1. 电磁流量计

电磁流量计(Electromagnetic Flowmeters)是根据法拉第电磁感应定律制成的一种测量导电液体体积流量的仪表。电磁流量计的测量原理图如图 4-24 所示。设在均匀磁场中，垂直于磁场方向有一个直径为 D 的管道。管道由不导磁材料制成，当导电的液体在导管中流动时，导电液体切割磁力线，因而在磁场及流动方向垂直的方向上产生感应电动势，如安装一对电极，则电极间产生和流速成比例的电位差。感应电动势的大小为

$$E_s = Blv = BDv \tag{4-52}$$

式中　B——磁感应强度；

l——导线长度，如图 4-24(a)所示；

D——管道直径，如图 4-24(b)所示；

v——流体平均流速。

因此流体的体积流量为

$$Q=\frac{\pi D^2}{4}v=\frac{\pi D}{4B}E_s \tag{4-53}$$

或

$$E_s=\frac{4B}{\pi D}Q \tag{4-54}$$

式(4-54)表示流量计电极上的电势直接反映了流量的大小。式中的磁场 B 可以是交流(即交流励磁),也可以是直流(即直流励磁)。两种励磁各有优缺点,交流励磁的方式感应噪声较重,而直流励磁则易在电极上形成极化电位。相比之下,交流励磁还是使用得更多一些。电磁流量计的测量导管内无可动部件或突出于管道内部的部件,因而压力损失极小。电磁流量计的测量口径范围很大,可以从1mm至2m以上。电磁流量计可以测量各种腐蚀性介质(酸、碱、盐溶液)以及带有悬浮颗粒的浆液,但只能测量导电液体(要求流体的电导率大于10μS/cm),因此对于气体、蒸汽以及含大量气泡的液体,或者电导率很低的液体不能测量。

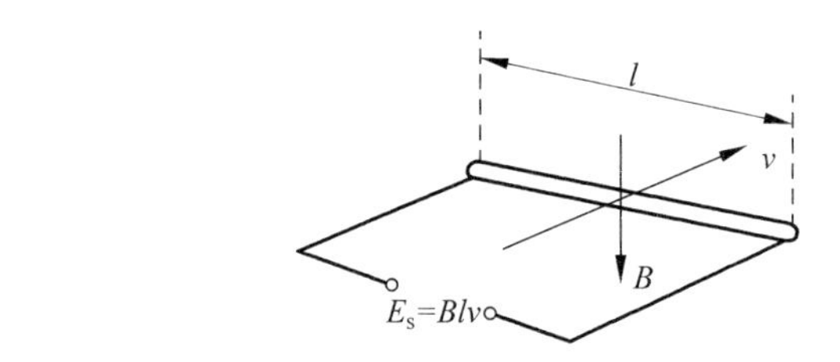

(a) 法拉第电磁感应原理

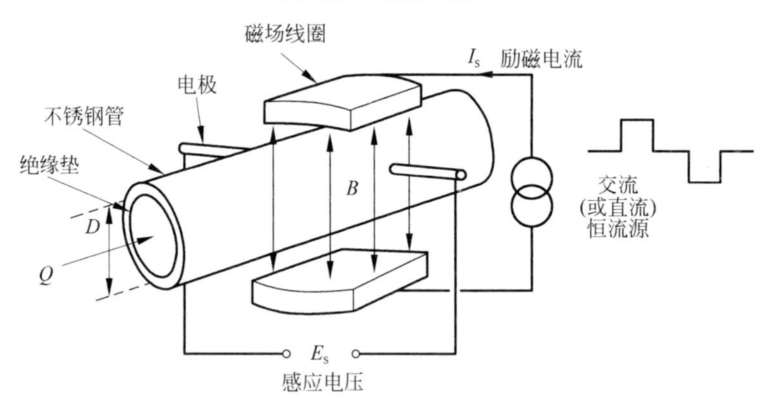

(b) 电磁流量计的基本结构

图4-24 电磁流量计原理图

2. 超声波流量计

当超声波在流体中传播时,会载带流体流速的信息。因此,根据对接收到的超声波信号进行分析计算,可以检测到流体的流速,进而可以得到流量值。超声波流量测量的方法有很多,包括传播速度差法(或称传播时间法,包括有时间差、相位差、频率差)、多普勒法、相关法、射束位移法等。

1）超声波传播时间法流量计

超声波在流体中传播时，由于受流体流速的影响，顺流方向的声波传播速度会增大，逆流方向的声波传播速度会减小，因此在同一传播距离内就有不同的传播时间，利用传播速度之差与被测流体流速的关系求取流速，称为传播时间法。

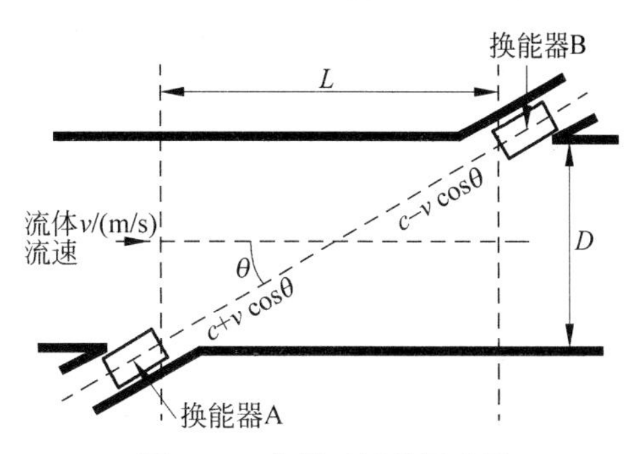

图 4-25 传播时间差原理图

如图 4-25 所示，从换能器 B 发射到换能器 A 的超声波的传播速度 c 将被流体流速 v 所减少，所以，从换能器 B 发射到换能器 A 的超声波的传播时间即为

$$T_{BA}=\frac{L}{c-v\cos\theta} \tag{4-55}$$

式中 v——流体的流动速度；

c——声波在液体中的传播速度；$L=D/\sin\theta$。

当超声波从换能器 A 发射到换能器 B 时，其传播速度 c 被流体流速 v 所加速，这样对应从换能器 A 发射到换能器 B 的超声波的传播时间即为

$$T_{AB}=\frac{L}{c+v\cos\theta} \tag{4-56}$$

其时差为

$$\Delta T=T_{BA}-T_{AB}=\frac{D}{\sin\theta}\left(\frac{1}{c-v\cos\theta}-\frac{1}{c+v\cos\theta}\right)=\frac{2D\cot\theta}{c^2\left(1-\frac{v^2}{c^2}\cos^2\theta\right)}v \tag{4-57}$$

一般流体流速比声波速度低得多，因此 $v^2/c^2\ll 1$，式(4-57)可简化为

$$\Delta T=\frac{2D\cot\theta}{c^2}v \tag{4-58}$$

式(4-58)说明时差与流体速度成正比。但是这个时差一般非常小，例如对于 0.1m 直径的流体管道，如果 θ 取为 45°，流体速度在 1m/s 左右时的时差一般在微秒到纳秒之间。

对应的体积流量为

$$Q=Av=\frac{\pi D^2}{4}\frac{c^2}{2D\cot\theta}\Delta T=\frac{\pi D}{8}\Delta T\tan\theta \tag{4-59}$$

2）超声波传播多普勒法流量计

超声波传播多普勒法流量计是基于多普勒效应(Doppler Effect)的。当声波的源（或发送器）与观察者（或接收器）在相对运动时，接收到的信号频率会不同于发送信号的频率，其差值大小取决于源与观察者的相对速度。这种视在频率的移动称为多普勒效应。如图 4-26(a)中，声源位于 S 点，其频率为 f，观察者位于 O 点。如果声波经过 Δt 时间从 S 点传到 O 点，那么 O 在这段时间内接收到 $f\Delta t$ 个周波，对应的距离为 $OS=f\lambda\Delta t$。

如果 O 以速度 v 向 S 运动，那么在 Δt 时间中，移动距离 $v\Delta t$ 后到达 O'，如图 4-26(b)所示，接收到额外的 $v\Delta t/\lambda$ 个声波的周波。于是在 Δt 内接收到的总周波数是 $(f+v/\lambda)\Delta t$，由于 $1/\lambda=f/c$，因此其视在频率为

$$f'=f+\frac{v}{\lambda}=f+\frac{v}{c}v=f\frac{c+v}{c} \tag{4-60}$$

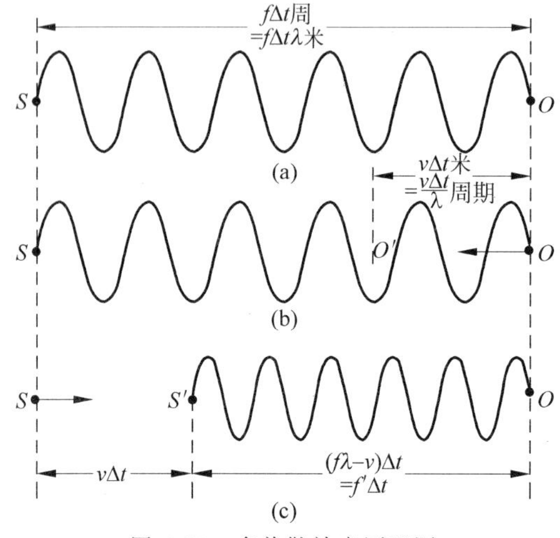

图 4-26　多普勒效应原理图

如果 O 以速度 v 离开 S，那么在 Δt 时间内，接收到的总周波数是$(f-v/\lambda)\Delta t$ 个，其视在频率为

$$f'=f\,\frac{c-v}{c} \tag{4-61}$$

将式(4-60)和式(4-61)归纳起来有

$$\frac{f'}{f}=\frac{\text{波向观察者的相对速度}}{\text{正常波速}} \tag{4-62}$$

如果 S 以速度 v 向 O 运动，此时 O 为静止状态，那么在 ΔT 时间内，S 移动距离 $v\Delta t$ 后到达 S'，如图 4-26(c)所示，这种情况下，$f\Delta t$ 个周波占有距离$(f\lambda-v)\Delta t$，于是视在波长为

$$\lambda=\frac{\text{总距离}}{\text{周波总数}}=\frac{(f\lambda-v)\Delta t}{f\Delta t}=\lambda-\frac{v}{f} \tag{4-63}$$

同样由于 $1/\lambda=f/c$，因此

$$\lambda'=\lambda-\lambda\,\frac{v}{c}=\lambda\,\frac{c-v}{c} \tag{4-64}$$

如果 O 以速度 v 离开 S，则

$$\lambda'=\lambda\,\frac{c+v}{c} \tag{4-65}$$

将式(4-64)和式(4-65)归纳起来有

$$\frac{\lambda'}{\lambda}=\frac{\text{波向源的相对速度}}{\text{正常波速}} \tag{4-66}$$

利用多普勒效应构造的超声波流量计如图 4-27 所示。

发射晶体在相对流体流动方向成 θ 角向流体发出频率为 f、速度为 c 的超声波信号。流体中的气泡、固体颗粒或漩涡可以作为观察者以速度 v 相对于发射器运动。声波相对于观察者的速度是 $c+v\cos\theta$，根据式(4-62)，观察者看到的视在频率为

$$\frac{f'}{f}=\frac{c+v\cos\theta}{c} \tag{4-67}$$

粒子向各个方向散射入射的声波，当中会有一小部分声波反射到接收晶体。将粒子作

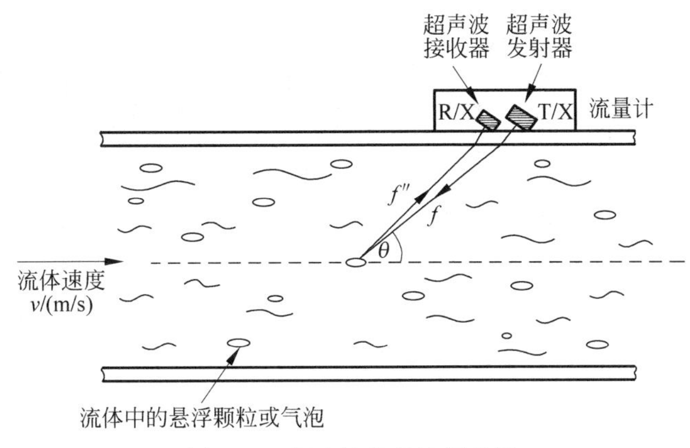

图 4-27 超声波流量计原理图

为源，以速度 v 相对固定观察者的接收晶体运动，相对于源的声波速度则是 $c-v\cos\theta$，所以根据式(4-66)，接收晶体测得的视在波长是

$$\frac{\lambda'}{\lambda}=\frac{c-v\cos\theta}{c} \tag{4-68}$$

因为 $\lambda''f''=\lambda'f'=c$，相应接收到的频率为

$$\frac{f''}{f'}=\frac{c}{c-v\cos\theta} \tag{4-69}$$

由式(4-67)和式(4-69)有

$$f''=f\,\frac{c+v\cos\theta}{c-v\cos\theta}=f\,\frac{1+\frac{v}{c}\cos\theta}{1-\frac{v}{c}\cos\theta} \tag{4-70}$$

因此

$$\Delta f=f''-f=f\,\frac{1+\frac{v}{c}\cos\theta}{1-\frac{v}{c}\cos\theta}-f=\frac{2f}{c}v(\cos\theta)\,\frac{1}{1^2-\left(\frac{v}{c}\right)^2\cos^2\theta} \tag{4-71}$$

通常 $v^2/c^2\ll 1$，则有

$$\Delta f\approx\frac{2f}{c}v(\cos\theta) \tag{4-72}$$

式(4-72)说明频差与流体的流速成正比，也就是频差正比于流体的体积流量。

实现频差测量的方法可用如图 4-28 所示的系统。发射的超声波信号为正弦信号，该信号与所接收的超声波信号，经放大后都送往加法器，因此加法器的输出为

$$\begin{aligned}V_{\mathrm{ADD}}&=V_s\sin 2\pi f''t+V_s\sin 2\pi ft\\&=2V_s\cos\frac{2\pi(f''-f)t}{2}\sin\frac{2\pi(f''+f)t}{2}\end{aligned} \tag{4-73}$$

式中 V_s——所发射的超声波信号的幅值；

f——所发射的超声波信号的频率。

式(4-73)说明加法器的输出信号是一个频率为$(f+f'')/2$，幅值为 $2V_s\cos(2\pi\Delta ft/2)$的

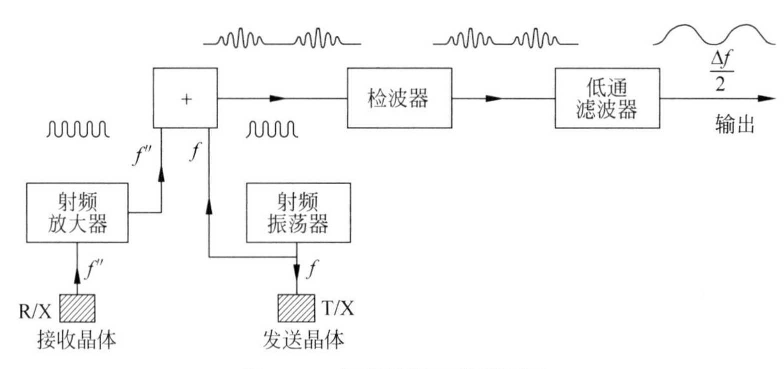

图4-28　频差检测系统原理图

正弦波信号。它是一个调幅信号,其载波频率为$(f+f'')/2$,调制频率为$\Delta f/2$。该信号经解调后为一个频率$\Delta f/2$的正弦波信号,而频率$\Delta f/2$正比于流体速度,也即流体的流量。

3. 容积式流量计

容积式流量计又称为定排量流量计(Positive Displacement Flowmeter,PDF)。容积式流量计利用机械测量元件把流体连续不断地分割成单个已知的体积部分,根据计量室逐次、重复地充满和排放该部分体积的流体次数来测量流体总量(即体积流量)。为了得到瞬时流量,这种流量计还需另外附加测量时间的装置或测量转数的装置。由于测量容室可以精确加工得到,因此这种流量计的精度较高。

容积式流量计从原理上讲是一台从流体中吸取少量能量的水力发动机,它利用这个能量来克服流量检测元件和附件转动的摩擦力,同时在传感器的流入端与流出端形成压力降。

典型的容积式流量计为椭圆齿轮流量计,其工作原理如图4-29所示,结构如图4-29(e)所示。

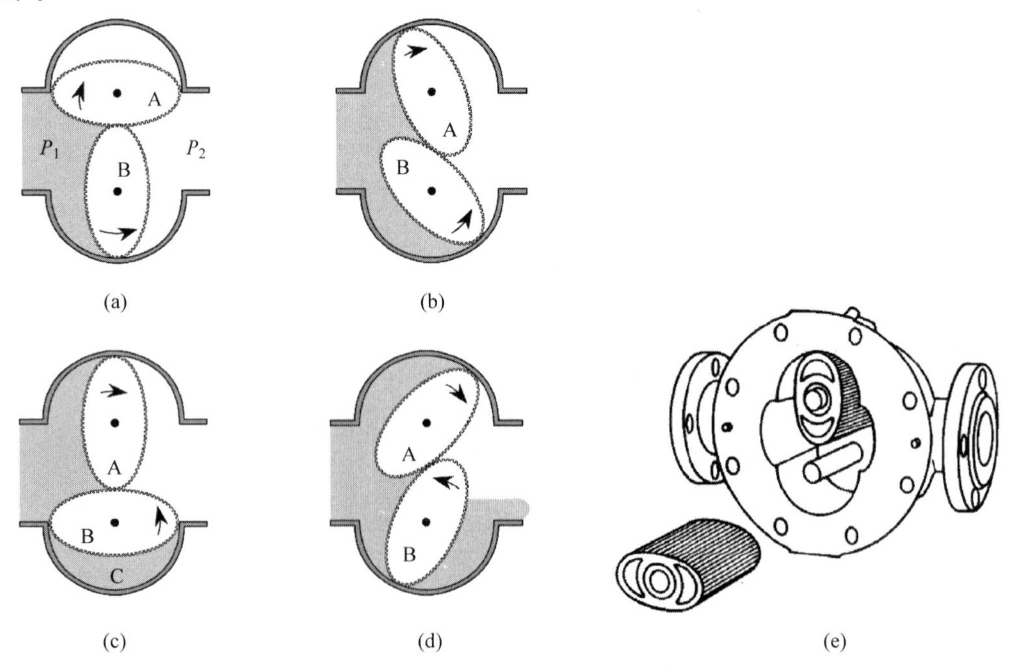

图4-29　椭圆齿轮流量计原理图

两个椭圆齿轮具有相互滚动进行接触旋转的特殊形状。P_1 和 P_2 分别表示入口压力和出口压力，显然 $P_1 > P_2$。在图 4-29(a)中，齿轮 A 在两侧压力差的作用下，产生顺时针方向的旋转，可见 A 为主动轮；而 B 齿轮因两侧压力相等，不产生旋转力矩，是从动轮，由齿轮 A 带动，逆时针方向旋转。齿轮在如图 4-29(b)所示的位置时，两个齿轮在差压作用下产生旋转力矩，继续旋转。旋转到如图 4-29(c)所示的位置时，B 齿轮为主动轮，A 齿轮为从动轮，继续前面相似的旋转，一直旋转回到如图 4-29(a)所示的位置，完成一个循环。一次循环动作，流量计将排出 4 个如图 4-29 所示中 C 部分的新月形空腔的流体体积，该体积称作流量计的循环体积。

设流量计的循环体积为 q，一定时间内齿轮的转动次数为 N，则在该时间内的流体体积为 Q，即

$$Q = Nq \tag{4-74}$$

椭圆齿轮的转动通过磁性密封联轴器以及转动减速机构传递给计数器直接指示出流经流量计的流体总量。

其他类型的容积式流量计还包括腰轮式容积流量计，如图 4-30(a)所示；圆形齿轮式容积流量计，如图 4-30(b)所示；螺杆式容积流量计，分为径向流入流出型(见图 4-31)和轴向流入流出型(见图 4-32)。

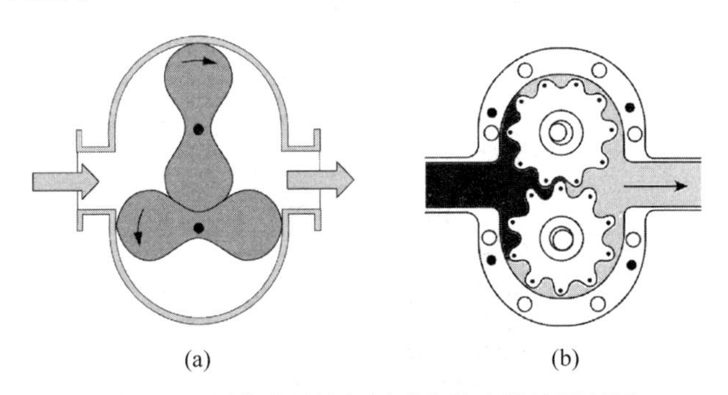

图 4-30　腰轮流量计与圆形齿轮流量计原理图

还有一些特殊形状的容积流量计，包括圆盘式容积流量计、刮板式容积流量计、往复活塞式容积流量计、转筒式容积流量计以及膜式容积流量计等。

如图 4-33 所示的是圆盘式容积流量计。在计量室内安装有圆板状转子，圆板以球为中心进行摇头式的旋转运动。计量室空间用隔板和圆板把流入和流出侧隔开，从流入口流入的流体会引起圆板摇头旋转，同时这部分流体随转子旋转被送到流出口流出。在摇头旋转过程中，流入侧的空间移向流出侧，以致流出侧的空间再转变成流入侧，进行这种变换的同时，球体摇头旋转。圆板旋转一周，从流入侧送到流出侧的流体体积等于计量室空间的容积。圆板旋转运动时，圆板的球轴端杠沿着锥形导轮旋转，通过齿轮机构将这一旋转数传到计数器进行计数和显示。这类流量计多用来测量水和油等流体。

容积流量计的另外一种是皮膜式煤气表。皮膜式煤气表是在刚性容室中由柔性皮膜分割成 4 个计量室，如图 4-34 所示的Ⅰ室、Ⅱ室、Ⅲ室和Ⅳ室。一个可以左右移动的滑阀在煤气进出口差压的作用下作往复运动。煤气由入口进入，通过滑阀的换向依次进入Ⅰ室和Ⅲ室或Ⅱ室和Ⅳ室。图 4-34 中实线箭头表示煤气进入的过程，虚线箭头表示煤气排出的过程。

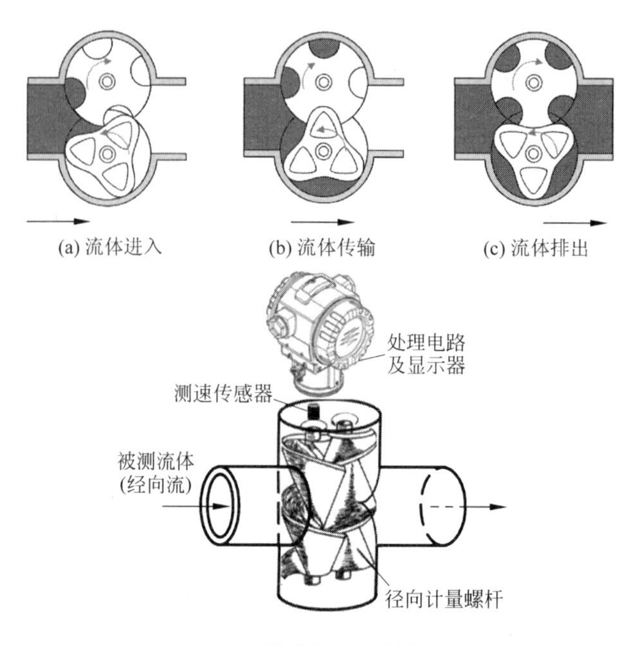

(d) 传感器原理与结构

图 4-31 径向螺杆式流量计原理图

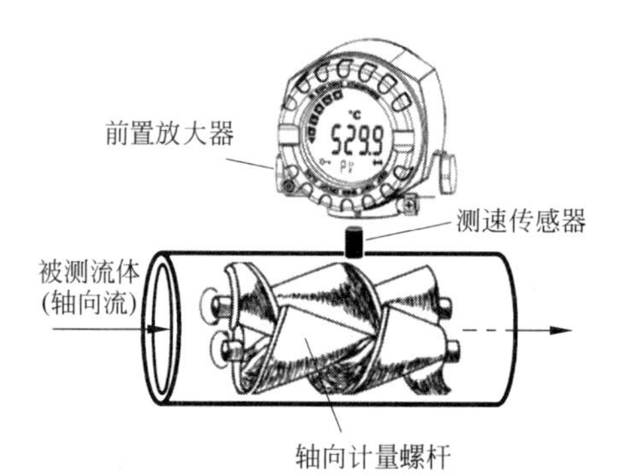

图 4-32 轴向螺杆式流量计原理图

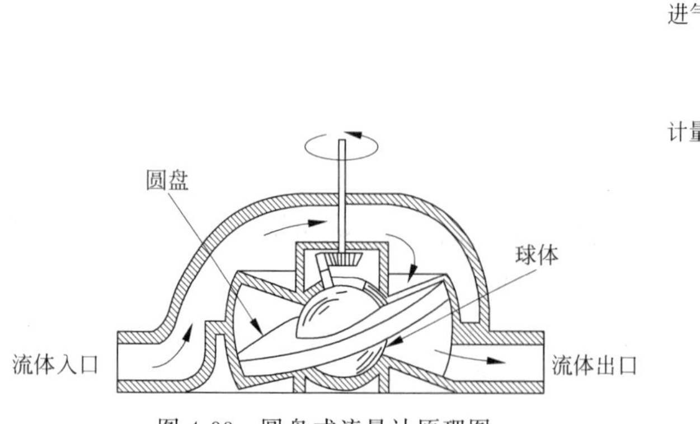

图 4-33 圆盘式流量计原理图

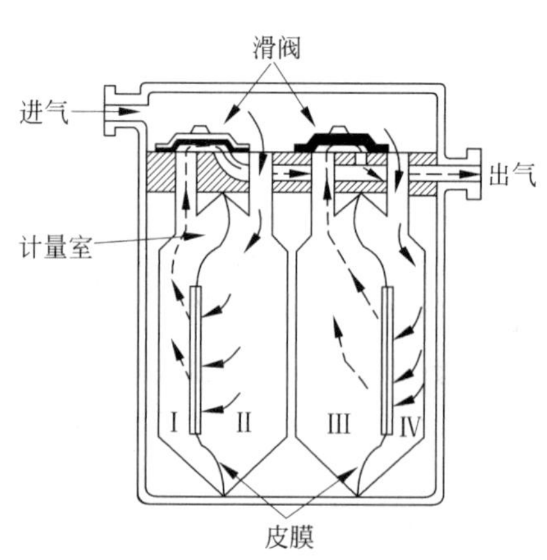

图 4-34 皮膜式煤气表原理图

皮膜往复一次将流过一定体积的煤气，通过传动机构和计数装置可以测得往复次数，从而测得累积的煤气总量。这种容积流量计结构简单，维护方便，且价廉，被广泛用于生活煤气计量。

4.3　质量流量计

在工业生产中，物料平衡、热平衡以及储存、经济核算等所需要的指标多是质量，并非体积，所以在测量工作中，常需将测出的体积流量乘以密度换算成质量流量。但由于密度随温度、压力而变化，在测量流体体积流量时，要同时测量流体的压力和密度，进而求出质量流量。在温度、压力变化比较频繁的情况下，难以达到测量的目的。这时便用质量流量计来测量质量流量，而无须再人工进行上述换算。质量流量计大致分为以下三大类。

(1) 推导式　即用体积流量计和密度计组合的仪表来测量质量流量，同时检测出体积流量和流体密度，通过运算得出与质量流量有关的输出信号。

(2) 补偿式　同时检测流体的体积流量和流体的温度、压力值，再根据流体密度与温度、压力的关系，由计算单元计算得到该状态下流体的密度值，再计算得到流体的质量流量值。

(3) 直接式　即直接检测与质量流量成比例的量，检测元件直接反映出质量流量。

4.3.1　质量流量的推理方法和补偿方法

推理方法也称为推导方法，即用体积流量信号和密度信号得到质量流量。对于基于孔板传感器的流量测量(式4-14)，有

$$Q_m=\dot{M}=\rho Q=\frac{\rho C_d A_2}{\sqrt{1-m^2}}\sqrt{\frac{2}{\rho}(P_1-P_2)}=C_d A_2 B\sqrt{2\rho(P_1-P_2)} \tag{4-75}$$

式中　B——速度近似因子，$B=1/\sqrt{1-m^2}$；

m——流量计与流量管道的面积比，$m=A_2/A_1$。

式(4-75)表明测得差压和密度即可得到质量流量。密度测量的方法包括浮力法、称重法、射线法、超声波法和离心风机法等。但这些方法的工程实现都比较复杂。因此人们多用流体的常态密度，再加上温度和压力因素进行补偿，这就是质量流量的补偿式测量方法。例如对纯粹的真实气体，其密度为

$$\rho=\frac{P_1}{K_D RT} \tag{4-76}$$

式中　P_1——上游气体压力，Pa；

K_D——气体定律的偏离系数；

R——理想气体常数，$J\cdot kg^{-1}\cdot K^{-1}$；

T——绝对温度，K。

将式(4-76)代入式(4-75)有

$$Q_m=\dot{M}=C_d A_2 B\sqrt{2\frac{P_1}{K_D RT}(P_1-P_2)}=K\sqrt{\frac{P_1}{T}(P_1-P_2)} \tag{4-77}$$

式中　$K=C_dA_2B\sqrt{\frac{2}{K_DR}}$。

式(4-77)表明测得差压、压力和温度也可得到气体质量流量。

4.3.2　质量流量的直接测量方法

推演式的质量流量测量限制了测量的准确度和测量量程,而且要求复杂的标定工作。直接质量流量测量则可避免这些问题。最常用的直接质量流量测量方法是科里奥利(Coriolis)方法。科里奥利质量流量计的基本原理是基于科里奥利力的。有关科里奥利力的解释如图4-35所示。

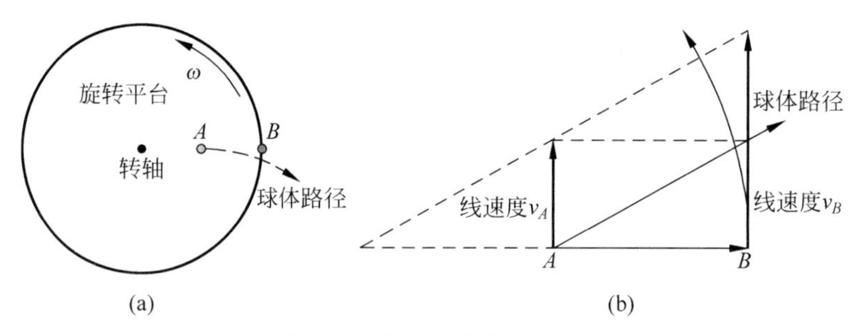

图4-35　科里奥利力原理图

在图4-35(a)中,有一个旋转平台绕其转轴旋转。若从平台上A点向B点投射一个球体,由于平台的旋转,球体不可能到达B点,而是沿着图4-35(a)所示的路径运行,其原因就是科里奥利效应。当平台以恒定的角速度旋转时,A点和B点的线速度是不同的,B点的线速度大于A点的线速度。线速度与角速度的关系为

$$v_x=r\omega \tag{4-78}$$

式中　v_x——线速度;

ω——角速度;

r——半径。

可见A点和B点有着不同的半径,因此A点的线速度小于B点的线速度,球体是不能到达B点的。但是若球体是沿着一轨道从A点投向B点投射,显然球体是可以到达B点的。这是因为轨道给了球体一个力(球体同样也给了轨道一个力),使球体产生加速度,这个力就是科里奥利力。科里奥利力的大小由下式给出

$$F_c=2m\omega v \tag{4-79}$$

式中　F_c——科里奥利力;

v——沿着半径(也即A点到B点)直线速度;

ω——角速度;

m——球体质量。

科里奥利流量计就是利用了科里奥利效应。科里奥利流量计是让流体流经一个U形管,U形管的端口固定,U形管的底端在外加驱动作用下绕端口为轴(即XY轴)振动,如图4-36(a)所示。这就等效于图4-35中的圆盘绕其转轴来回转动。流体流入U形管随

U 形管振动，在 U 形管的 AB 段会对 U 形管施加一个向下的科里奥利力，而在 CD 段会对 U 形管施加一个向上的科里奥利力。在这两个力的作用下 U 形管会产生扭曲，如图 4-36(b) 所示。这正是科里奥利流量计测量质量流量的基础。假设流体中的某一质量 Δm，在振动着的 U 形管中以速度 v 流动，质量 Δm 的速度 v 的方向和受力方向如图 4-37(a)所示。在断面 A_{m}，长度 Δx 上的质量 Δm 为

$$\Delta m = A_{\mathrm{m}}\rho\Delta x \tag{4-80}$$

相应的科里奥利力为

$$\Delta F = 2\Delta m v\omega \tag{4-81}$$

式中　ω——U 形管振动产生的角速度；

v——流体在 AB 管方向的速度。

在长度为 AB 的段上科里奥利总力为

$$F = 2A_{\mathrm{m}}\rho v\omega\int_0^l \mathrm{d}x = 2A_{\mathrm{m}}\rho v\omega l \tag{4-82}$$

由于 CD 管段上科里奥利力的方向与 AB 管段上科里奥利力的方向相反，这两个科里奥利力会对 U 形管产生一个力矩如图 4-36(a)所示，其总力矩大小为

$$T = F2r = 4lr\omega\rho A_{\mathrm{m}}v = 4lr\omega\dot{m} \tag{4-83}$$

式中，$\dot{m}$——流经管道的质量流量，$\dot{m}=A_{\mathrm{m}}\rho v$。

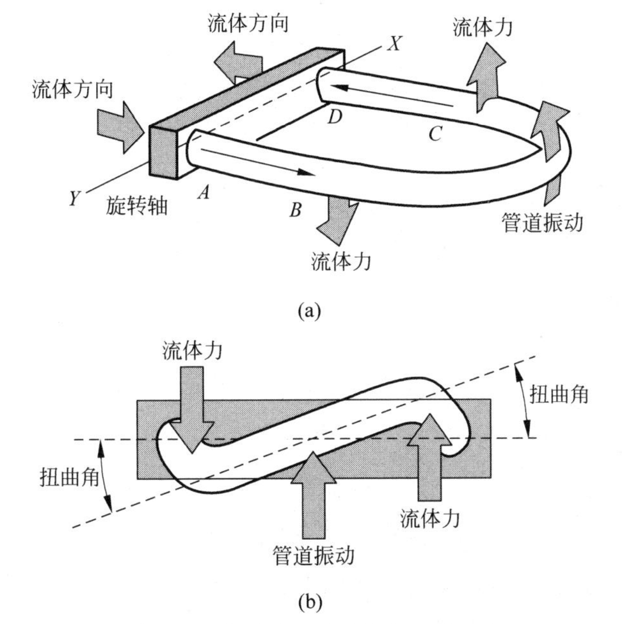

图 4-36　科里奥利流量管受力原理图

在科里奥利力的作用下，弹性 U 形管会产生变形，其变形的角度为

$$\theta = \frac{T}{c} = \frac{4lr\omega}{c}\dot{m} \tag{4-84}$$

式中，c——U 形管的弹性刚度。

在图 4-37(b)中，BC 段的线速度(这里假设在微小时间段内 $BB'=CC'$)为

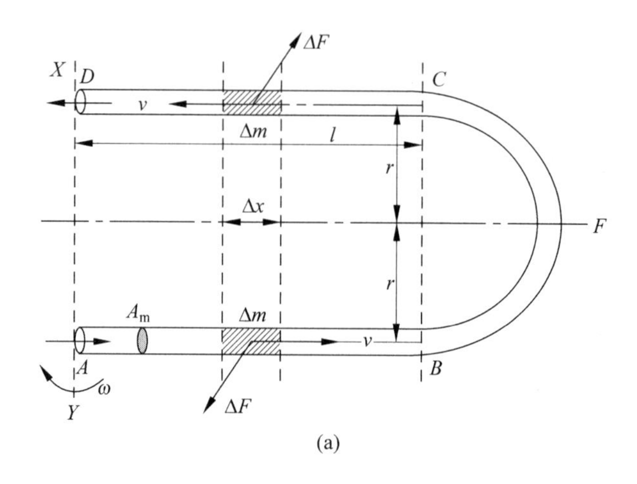

(a)

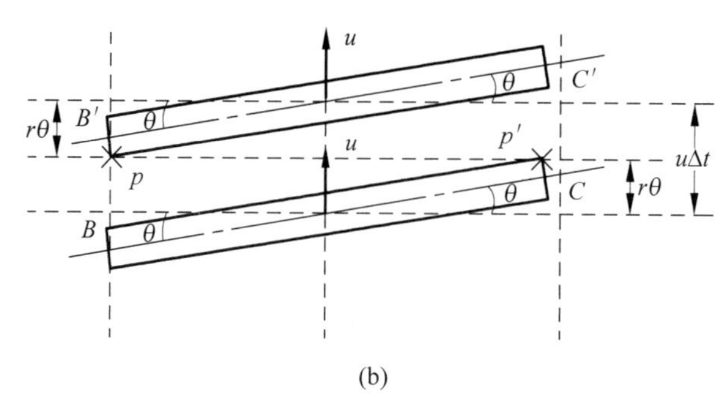

(b)

图 4-37 科里奥利质量流量计原理图

$$u = \omega l$$

在 Δt 时间内 U 形管弯管段移过的距离为

$$BB' = CC' = u\Delta t \approx 2r\theta \tag{4-85}$$

这是因为在角度很小时 $\sin\theta \approx \theta$。

将式(4-84)代入式(4-85)有

$$\theta = \frac{u\Delta t}{2r} = \frac{l\omega}{2r}\Delta t = \frac{4lr\omega}{c}\dot{m} \tag{4-86}$$

因此质量流量为

$$Q_m = \dot{m} = \frac{c}{8r^2}\Delta t \tag{4-87}$$

式(4-87)说明流体的质量流量可以用时差来反映。为实现对时差的测量,通常采用如图 4-38 所示的结构。

图 4-38 中科里奥利流量计的 U 形流量管是用一个换能器驱动线圈使其产生振动,时差的检测是由位移传感器 1 检测到的位移信号与位移传感器 2 检测到的位移信号的时间差得到。该流量计采用了双 U 形流量管并联结构。U 形流量管的结构也是有多种,除了并联型还有串联型,以及一些其他形式的结构如图 4-39 所示。

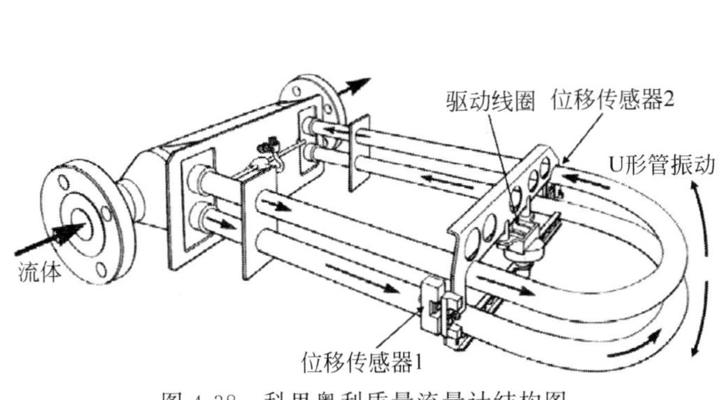

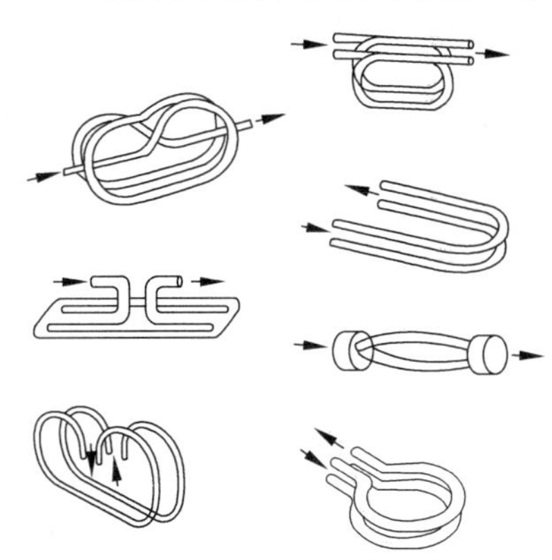

图 4-38 科里奥利质量流量计结构图

图 4-39 部分科里奥利流量管结构图

4.4 流体测速传感器

流体点速度的测量对于风洞或管道中的速度分布的研究是非常有效也是非常重要的。对流体速度的测量也是基于对流体压力的测量。

静止着的流体中任意一点上的压力,在任何方向上的大小都是相同的。但是当流体以一定的速度流动时,压力的大小将发生变化。设想将一小薄板放入流体中并使其保持静止不动。当板与流束平行时,作用在板上的压力是静压力,板不影响流束。可是若板与流束垂直,如果板随流束而移动,则作用在板上的压力还是静压力,如果板静止不动,则作用在板上的压力除了静压力外,还有动压力的作用。该动压力与流体的运动有关,取决于流速和流体的密度。这就是流速测量的基础。

4.4.1 静态皮托管

流体在流动中,与流束垂直的板上是静压力和动压力的作用之和(即总压力),而与流束平行的板上仅有静压力的作用。如果把这种假想的板用顶端开孔的细管来替代,则可由流体压力计测量总压力,如图 4-40 所示。测量总压力的管子叫皮托管(Pitot Tube)。如果把假想的与流束平行的板用侧面开孔的细管来替代,如图 4-40 所示,可由流体压力计测量静压力。测量静压力的管子叫静压管。总压力与静压力之差则是动压力。而实际上使用的测速管是皮托管和静压管的组合,也即所谓的静压皮托管,如图 4-41 所示。

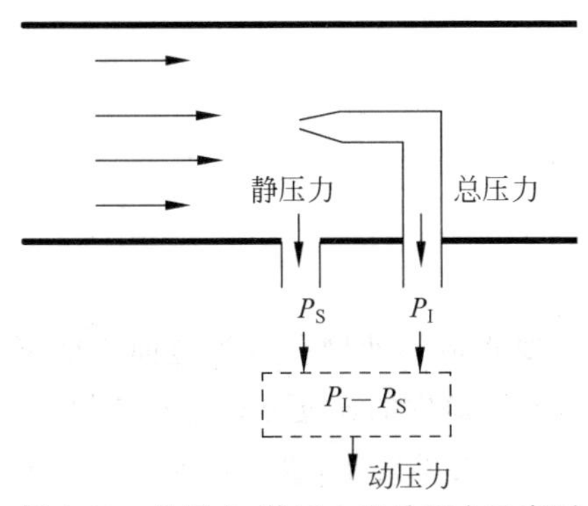

图 4-40 总压力、静压力和动压力示意图

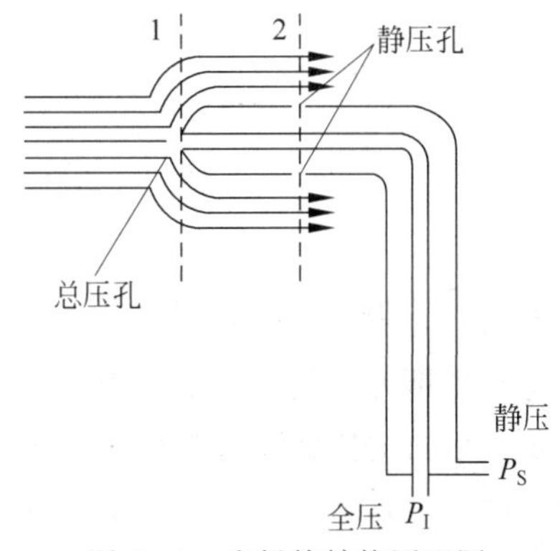

图 4-41 皮托管结构原理图

与4.2.1节中对阻塞式(差压式)流量计的分析相似,设流体为不可压缩的理想流体,根据伯努力方程,在图4-41中的截面1和2处沿管中心线单位质量的总能量(即动能、压能与势能)存在以下能量关系

$$0+\frac{mP_{\mathrm{I}}}{\rho}+mgh_{1}=\frac{mv^{2}}{2}+\frac{mP_{\mathrm{S}}}{\rho}+mgh_{2} \tag{4-88}$$

式中 v——流体的流速;

P_{I}——流体在截面1处的总压力;

P_{S}——流体在截面2处的静压力;

h_1、h_2——截面1和2处的相对高度;

ρ——流体的密度。

假设截面1和2处的流体的高度基本相等,即 $h_1\approx h_2$,则

$$v=\sqrt{\frac{2}{\rho}(P_{\mathrm{I}}-P_{\mathrm{S}})} \tag{4-89}$$

式(4-89)说明流体的流速可通过流体总压力与静压力之差(即动压力)得到。

例4-3 用一皮托管测量某工艺管道中心的空气流速。用弹簧管压力计测得管道静压为124kPa(如图4-40所示),用U型管压力计测得差压为96.5mmH$_2$O,此时空气温度为25℃。求工艺管道内的空气总压和空气速度。

解:

$$1\mathrm{mmH_2O}=9.806\mathrm{Pa}$$

所以

$$\Delta P=96.5\mathrm{mmH_2O}=946.3\mathrm{Pa}$$

$$P_{\mathrm{T}}=P_{\mathrm{S}}+\Delta P=124000+946.3=124946\mathrm{Pa}\approx 125\mathrm{kPa}$$

对1个标准大气压,25℃的空气密度,查阅相关工程手册有

$$\rho_{25}=1.185\mathrm{kg/m^3}$$

而在124kPa压力时,则

$$\frac{\rho}{\rho_{\mathrm{atm}}}=\frac{P}{P_{\mathrm{atm}}}$$

所以

$$\rho=\frac{P}{P_{\mathrm{atm}}}\rho_{\mathrm{atm}}=\frac{124}{101.33}\times 1.185=1.45\mathrm{kg/m^3}$$

由式(4-89)有

$$v=\sqrt{\frac{2}{\rho}\Delta P}=\sqrt{\frac{2}{1.45}\times 946.3}=36.13\mathrm{m/s}$$

4.4.2 平均皮托管

速度管是可以用来测量管道流量的,这是因为只要将流体速度乘以管道面积即可。但是上面介绍的皮托管只能测量管道中某一点的速度,而管道内的速度分布是不均匀的,这可从图4-1(e)中看出。为了解决这一问题人们又设计了平均皮托管,也称均速管(Averaging Pitot Tube)或阿牛巴(Annubar)管,其结构如图4-42所示。图4-42(a)是平均皮托管的内部原理结构,可见,总压力孔对应着不同的流速点,这些不同的流速对应的压力在管内得以

平均。静压可以从均速管背面、侧面或工艺管道上获取。图4-42(b)是均速管的实际安装示意图。

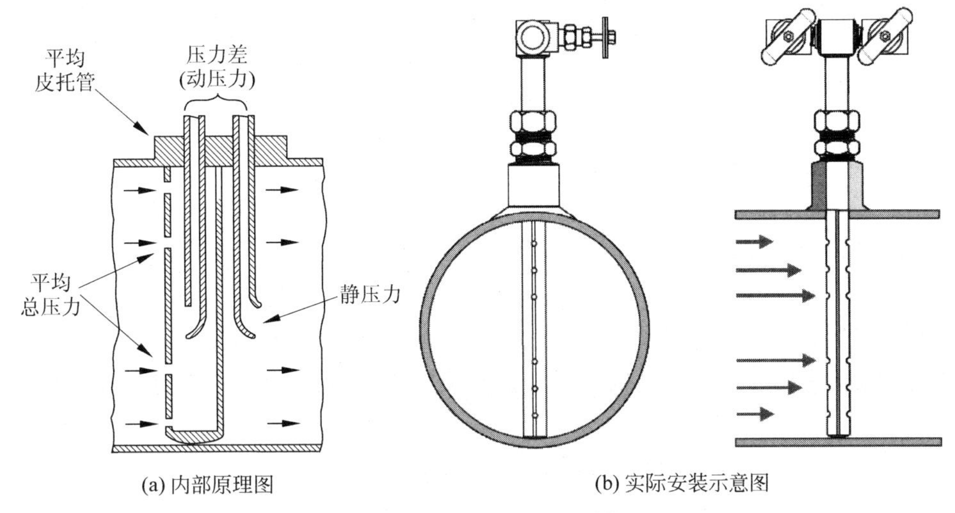

(a) 内部原理图　　(b) 实际安装示意图

图4-42　平均皮托管原理结构图

4.4.3　热线流速计

流体的流动和热转移,或者说流动着的流体与固体间的热交换有着密切的关系。因此,可以由热量的传递、热量的转移来求得流体流量或流速。这类形式的流速计中最常用的是热线流速计(Hot-Wire Anemometer)。热量式的流量测量按原理分类可以分为以下几类。

(1) 利用被加热物体的冷却率和流速的函数关系,通过测量被加热物体的温度来求流速。

(2) 利用加热物体时使温度上升所需要的能量和流速之间的函数关系来求流速。

以上的原理都是基于牛顿冷却定律的,即传感器温度 T 和流体温度 T_F 之间的对流热流存在以下关系

$$W = UA(T - T_F) \tag{4-90}$$

式中　W——对流热流,W;

U——对流传热系数,W/(m^2·℃);

A——传热面积,m^2;

T——传感器温度,℃;

T_F——流体温度,℃。

对流传热系数用下面三个特征数之间的关系计算:

努塞尔特数:

$$\mathrm{Nu} = \frac{Ud}{k} \tag{4-91}$$

雷诺数:

$$\mathrm{Re} = \frac{vd\rho}{\eta} \tag{4-92}$$

普朗特数:

$$\mathrm{Pr}=\frac{C\eta}{k} \tag{4-93}$$

式中 d——传感器直径,m;

v——流体速度 m/s;

ρ——流体密度,kg/m^3;

η——流体黏度,Pa·s;

C——流体热容量,J/℃;

k——流体导热系数,W/(m·℃)。

这三个特征数之间互为函数关系

$$\mathrm{Nu}=\Phi(\mathrm{Re},\mathrm{Pr}) \tag{4-94}$$

其具体函数关系由实验确定,它的形式取决于传感器的形状、对流的形式以及流体相对传感器的流动方向等。对圆柱体的二维自然对流和强迫对流,经实验确定式(4-94)的近似关系为

$$\mathrm{Nu}=0.24+0.56\mathrm{Re}^{0.5} \tag{4-95}$$

由式(4-91)、式(4-92)和式(4-95)有

$$U=\frac{0.24k}{d}+0.56k\sqrt{\frac{\rho v}{d\eta}}=a+b\sqrt{v} \tag{4-96}$$

式中 $a=\frac{0.24k}{d}$;$b=0.56k\sqrt{\frac{\rho}{d\eta}}$。

式(4-94)说明传感器的对流传热系数主要取决于周围流体的物理性质和速度。热线流体流速传感器就是利用了这一原理。通过对传感器进行加热,使其在有流体流过传感器时有热量损失时还保持恒温,即要实现热量平衡。这可以对式(4-90)重新表达如下

$$I_o^2R_T=UA(T-T_F) \tag{4-97}$$

在恒温测速系统中让传感器电阻 R_T 和温度 T 保持为常数。从式(4-97)可以看到,如果流体流速 v 增加,将引起对流传热系数 U 增加,于是为了恢复平衡,系统必须增加通过传感器的电流 I_o。由于保持了传感器电阻不变,元件两端的电压降将增加,所以给出的电压信号取决于流体的流速 v。

如图4-43所示是恒温流体流速测量系统的示意图。这是一个自平衡电桥系统,由传感器电阻 R_T 和固定电阻 R 组成。流体流速 v 增加时将引起传感器温度 T 和电阻 R_T 下降,于是桥路不平衡,放大器将有电流输出。通过对传感器增加电流,使传感器的温度和电阻又恢复到它们原来应有的值。系统配置是选择 $R_T=R$,注意到

$$R_T=R_0(1+\alpha T)$$

于是有

$$T=\frac{1}{\alpha}\left(\frac{R}{R_0}-1\right) \tag{4-98}$$

从式(4-96)~式(4-98)可得

$$I_o^2R=A(a+b\sqrt{v})\left[\frac{1}{\alpha}\left(\frac{R}{R_0}-1\right)-T_F\right] \tag{4-99}$$

由于

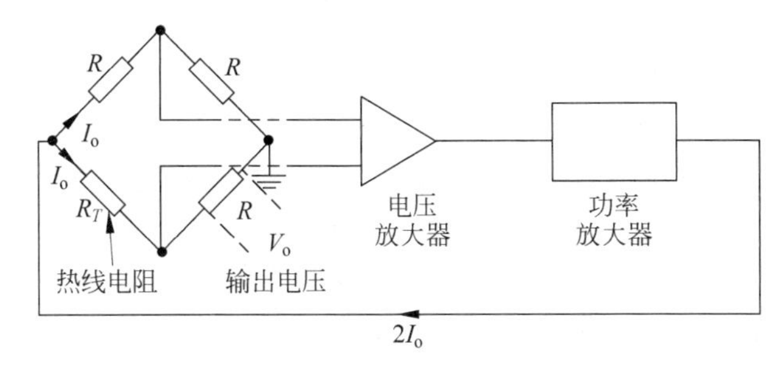

图 4-43　恒温流体流速测量系统示意图

$$V_o = I_o R$$

$$V_o^2 = AR(a + b\sqrt{v})\left[\frac{1}{\alpha}\left(\frac{R}{R_0} - 1\right) - T_F\right]$$

因此可得恒温流体流速测量系统输出电压与流体流速的静态关系为

$$V_o = (V_1^2 + \gamma\sqrt{v})^{1/2} \tag{4-100}$$

式中　$V_1^2 = ARa\left[\frac{1}{\alpha}\left(\frac{R}{R_0} - 1\right) - T_F\right]$；$\gamma = ARb\left[\frac{1}{\alpha}\left(\frac{R}{R_0} - 1\right) - T_F\right]$。

式(4-100)表明，测量系统的输出电压与流体的流速成正比，但要注意的是这种关系却是非线性的。

如图 4-44 所示是一种在恒温流体流速测量系统中常用的热线速度传感器(即 R_T)，图中的电阻热线是简单的直线形，也有将电阻热线构造成 X 形或 Y 形的。

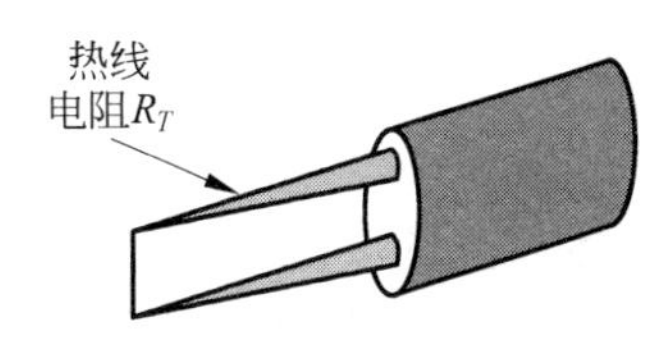

图 4-44　热线速度传感器示意图

4.5　本章小结

本章内容主要包括流量测量的基本概念和原理、流量测量的基本实现方法，包括体积流量测量、质量流量测量以及流体速度测量等。通过对本章内容学习，读者主要学习了如下内容：

- 管道中的流动形式可分为层流和紊流两种。表征流体流动的重要参数包括雷诺数、黏度、密度等。
- 流量孔板、喷嘴和文丘里管等阻塞式流量传感器的基本原理是建立在伯努利方程基础上的，其体积流量与阻塞元件两端的差压的开方成正比。流量系数 C_d 是一个与许多因素有关的变量。层流流量计所测得的流量与阻塞元件两端的差压成正比。
- 转子流量计利用浮子随着流体流速变化影响其升降，从而改变流体流经面积，再由流量与转子所处的高度的关系来测量流量的。
- 涡轮流量计利用流体碰到叶片时涡轮会引起近似正比于流量的角速度转动的原理来测量流量。
- 涡街流量计的工作原理基于涡街脱离自然现象，即当流体流过一个障碍物时，沿其表面会有涡街脱离，而产生的漩涡频率正比于流速。
- 靶式流量计是基于流动的流体与物体碰撞时，将有一个力作用于物体之上，作用于物体之上的力的大小与流体的流速和质量有关的机理来测量流量。
- 电磁流量计是根据法拉第电磁感应定律，即导电流体在磁场中运动时会感应出与速度成正比的电势这一基本原理来测量流量的。

- 超声波流量计是利用超声波在流体中传播时会产生传播速度差或产生多普勒效应等来测量流速的。
- 容积式流量计利用机械测量元件把流体连续不断地分割成单个已知的体积部分,根据计量室逐次、重复地充满和排放该部分体积的流体次数来测量流体总量。
- 间接质量流量测量的基本原理是用体积流量计和密度计(或者是用流体的温度、压力值对流体密度值进行补偿)组合来测量质量流量的。
- 最常用的直接质量流量测量方法是利用科里奥利效应对流体进行直接质量流量测量。
- 皮托管与阻塞式流量传感器的基本原理相似,也是建立在伯努利方程基础上,其流速与动压的开方成正比。均速管则是在皮托管的基础上对总压进行了平均。
- 热线式流体测速传感器是利用流动着的流体与固体间的热交换的关系来测量流速的。

习题

4.1 若管道直径为2in,试将水流量52.2gal/h转换成用单位kg/h表达的流量。

4.2 在下列流量公式中:

$$Q_a = \frac{C_d A_2}{\sqrt{1-(A_2/A_1)^2}}\sqrt{\frac{2}{\rho}\Delta P}$$

Q_a 为体积流量,问 C_d、A_1、A_2、ΔP、ρ 分别代表什么含义?

4.3 图4-45中各为什么流量计?它们的流量方程是什么?

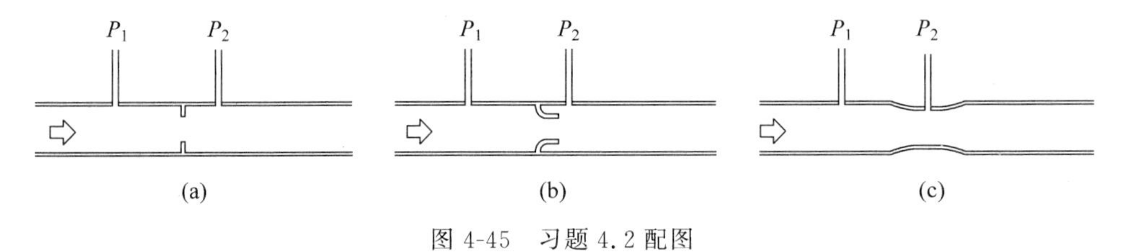

图4-45 习题4.2配图

4.4 有一孔板传感器,其测量范围是20~100m³/h,如果 $K=0.4\text{m}^3/\text{min}\cdot(\text{kPa})^{1/2}$,在流量为 $20\text{m}^3/\text{h}$、$40\text{m}^3/\text{h}$、$60\text{m}^3/\text{h}$、$80\text{m}^3/\text{h}$ 和 $100\text{m}^3/\text{h}$ 时,ΔP 为多少?画出流量20~$100\text{m}^3/\text{h}$ 时压力与流量的关系。

4.5 一孔板连接一个差压变送器用来测量直径为0.15m的管道内的水流量。若水的最大流量是 $20\text{m}^3/\text{h}$,水的密度是 10^3kg/m^3,黏度是 $10^{-4}\text{Pa}\cdot\text{s}$,如果差压变送器的输入范围是 $0\sim1.25\times10^4\text{Pa}$,试估计孔板的孔径。

4.6 一支皮托管放在直径为0.15m,内有高压气体流过的管道内心。当气流最大时,皮托管的差压是250kPa。若气体的密度为 5.0kg/m^3,气体的黏度为 $5.0\times10^{-5}\text{Pa}\cdot\text{s}$,

(1) 计算气体最大流速;

(2) 估计最大质量流量;

(3) 计算最大流量时的雷诺数。

4.7 用一压力传感器进行流体流速测量,如图4-46所示。压力传感器安装在一个漏斗形部件背面。当漏斗形部件迎面受到流体冲击时会产生压力。压力大小可由 $P=\rho v^2/2$ 给出，式中，ρ 为流体密度，kg/m^3；v 为流体流速，m/s。压力传感器的测量范围是 0～5kPa，其传递函数为 40mV/kPa。假若流体为密度 $1g/cm^3$ 的水，求传感器能测量的最大水流速为多少？画出传感器输出电压与水流速的关系曲线。

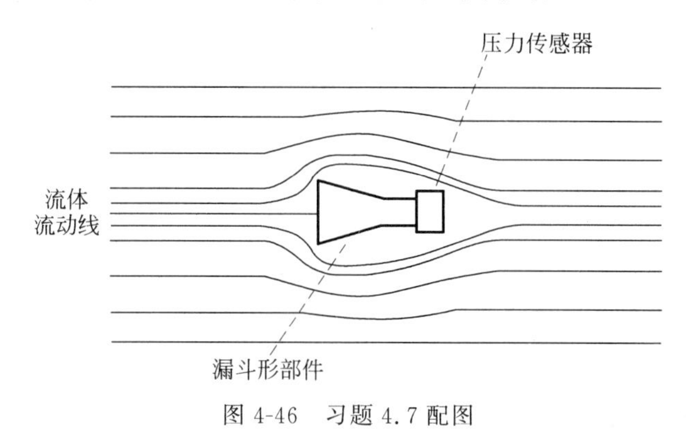

图 4-46 习题 4.7 配图

4.8 一个涡轮流量计由 4 个铁磁性叶片以角速度 ω(rad/s)旋转的器件组成，其角速度为

$$\omega=4.5\times10^4 Q$$

式中 Q——流体的体积流量，m^3/s。与磁传感器的线圈形成的总磁通量 N 为

$$N=(3.75+0.88\cos4\theta)\quad(\text{mWb})$$

式中 θ——叶片器件与传感器之间的夹角。若流量范围是 $0.15\times10^{-3}\sim3.15\times10^{-3}m^3/s$，计算在最小流量和最大流量时传感器输出信号的幅值和频率。

4.9 如果在直径为 D(m)的管道中安装一个直径为 d(m)的圆柱体作钝体，涡街的频率可由式(4-48)给出，其中 $k=1$，$s=0.2$。如果管道的直径为 0.15m，水流量为 $0\sim1.0m^3/s$，计算圆柱钝体的直径为 0.015m 时涡街的最大频率。

4.10 常温下压力为 650kPa 的水流过管道直径为 15cm、孔板直径为 10cm 的孔板流量计。测得差压为 25kPa，计算：

(1) 以 kg/min 为单位的流量；(2) 以 m^3/h 为单位的流量。

4.11 常温下上游压力为 125kPa 的空气流过管道直径为 60cm、颈部直径为 40cm 的文丘里管。测得差压为 88mm 水柱，计算：

(1) 以 kg/s 为单位的流量；(2) 以 m^3/s 为单位的流量。

参考文献

[1] Curtis D Johnson. 过程控制仪表技术[M]. 8 版. 北京：清华大学出版社，2009.

[2] John P Bentley. 测量系统原理[M]. 4 版. London：Pearson Education Limited，2005.

[3] Beckwith Thomas G. 机械量测量[M]. 5 版. 北京：电子工业出版社，2004.

[4] Ernest O Doebelin. 测量系统应用与设计[M]. 5 版. 王伯雄，译. 北京：电子工业出版社，2007.

[5] 川田裕郎，等. 流量测量手册[M]. 北京：中国计量出版社，1982.

[6] 蔡武昌，等. 流量测量方法和仪表的选用[M]. 北京：化学工业出版社，2001.

[7] Michael Anthony Crabtree. 工业流量测量[M]. Huddersfield：The University of Huddersfield，2009.

[8] 齐志才，等. 自动化仪表. 北京：中国林业出版社，2006.

第5章

温度传感器

教学目标

本章将简要介绍温度测量的基本概念和原理、温度测量的基本实现方法，包括热电阻、热电偶以及其他方式的温度测量方法等。通过对本章内容及相关例题的学习，希望读者能够：

- 了解温度与温标的基本概念；
- 熟练掌握电阻式温度传感器的基本原理和基本结构；
- 熟练掌握热电式温度传感器的基本原理和基本结构；
- 掌握膨胀式温度传感器的基本原理和基本结构等。

5.1 温度测量的基本概念

温度是工业生产过程中最常见、最基本的参数之一，物体的任何物理变化和化学变化都与温度有关。温度参数一般会占全部过程参数的大部分。因此温度检测在工业生产中占有很重要的地位。

5.1.1 温度与温标

温度是表征物体冷热程度的物理量。温度只能通过物体随温度变化的某些特性来间接测量，而用来度量物体温度数值的标尺叫温标。温标规定了温度的读数起点(零点)和测量温度的基本单位。通常采用物体在其物象之间进行转换(即固态、液态和气态)的热平衡点作为参考点。常用的标定点有：

(1) 氧气　液态/气态之间转换的平衡点；

(2) 水　固态/液态之间转换的平衡点；

(3) 水　液态/气态之间转换的平衡点；

(4) 金　固态/液态之间转换的平衡点。

目前国际上用得较多的温标是绝对温标(热力学温标)和相对温标(经验温标)。

绝对温标是将物体的热能为零的状态定义为温度零度，也即分子运动停止时的温度为绝对零度。常用的热力学温标单位有两种，开尔文温度标度(符号为K)和兰金温度标度(又称列氏温标，符号为°R)。开尔文温度标度和兰金温度标度与部分物质的物象之间转换的热平衡点的关系如表5-1所示。从表5-1可见，水的固态/液态转换平衡点到水的液态/气态转换平衡点之间，用开尔文温度标度是100K，而用兰金温度标度是180°R。因此开尔文温度和兰金温度之间的关系可由下式表达

$$T(\mathrm{K})=\frac{100}{180}T(^{\circ}\mathrm{R})=\frac{5}{9}T(^{\circ}\mathrm{R}) \tag{5-1}$$

式中　$T(\mathrm{K})$——开尔文温度，K；

$T(^{\circ}\mathrm{R})$——兰金温度，°R。

表 5-1　温度刻度标定点关系表

标　定　点	温　　度			
	K	°R	℃	℉
零热能点	0	0	−273.15	−495.6
氧气：液态/气态平衡点	90.18	162.3	−182.97	−297.3
水：固态/液态平衡点	273.15	491.6	0	32
水：液态/气态平衡点	373.15	671.6	100	212
金：固态/液态平衡点	1336.15	2405	1063	1945.5

与绝对温标相比，相对温标是将物体温度的零位进行位移，在这时的零度物体的热能并不为零。相对温标的基础是利用物质在两个易于实现且稳定的温度点之间，将其分为若干等份，并把每一等份的温度定义为1℃。常用的相对温标（经验温标）单位也有两种，摄氏温度标度（符号为℃）和华氏温度标度（符号为℉）。同样从表5-1可见，水的固态/液态转换平衡点到水的液态/气态转换平衡点之间，用摄氏温度标度是100℃，而用华氏温度标度是180℉，并且两者的零位相差32°（这是因为摄氏度定义水的冰点为零度，而华氏度定义一定浓度的盐水凝固时的温度为零度，将纯水凝固时的温度定为32°）。因此摄氏温度和华氏温度之间的关系可表达为

$$T(℃)=\frac{5}{9}[T(℉)-32] \tag{5-2}$$

或

$$T(℉)=\frac{9}{5}[T(℃)+32] \tag{5-3}$$

式中　$T(℃)$——摄氏温度，℃；

$T(℉)$——华氏温度，℉。

另外，绝对温度和相对温度之间的关系为

$$T(℃)=T(\mathrm{K})-273.15 \tag{5-4}$$

$$T(℉)=T(°\mathrm{R})-495.6 \tag{5-5}$$

例5-1　一物体的温度为335K。求以°R为单位的温度；对给定温度144.5℃，用K和℉来对该温度进行表达。

解：

$$T(°\mathrm{R})=\frac{9}{5}T(\mathrm{K})=\frac{9}{5}\left(\frac{°\mathrm{R}}{\mathrm{K}}\right)\times 335\mathrm{K}=603°\mathrm{R}$$

$$T(\mathrm{K})=T(℃)+273.15=144.5℃\left(\frac{\mathrm{K}}{℃}\right)+273.15=417.65\mathrm{K}$$

$$T(℉)=\frac{9}{5}T(℃)+32=\frac{9}{5}\left(\frac{℉}{℃}\right)\times 144.5℃+32=292.1℉$$

5.1.2　测温方法

测量温度的方法很多，按照测量体是否与被测介质接触，可分为接触式测温法和非接触式测温法两大类。

接触式测温法的特点是测温元件直接与被测对象相接触，两者之间进行充分的热交换，

最后达到热平衡,这时感温元件的某一物理参数的量值就代表了被测对象的温度值。这种测温方法优点是直观可靠,缺点是感温元件影响被测温度场的分布,接触不良等都会带来测量误差,另外温度太高和腐蚀性介质对感温元件的性能和寿命会产生不利影响。接触式测温传感器包括热电偶、热电阻、半导体温度计和双金属温度计等。

非接触测温法的特点是感温元件不与被测对象相接触,而是通过辐射进行热交换,故可避免接触测温法的缺点,具有较高的测温上限。此外,非接触测温法热惯性小,可达千分之一秒,便于测量运动物体的温度和快速变化的温度。由于受物体的发射率、被测对象到仪表之间的距离以及烟尘、水汽等其他介质的影响,这种测温方法一般测温误差较大。非接触测温传感器主要是光学温度计。

5.2 电阻温度传感器

电阻温度传感器是利用导体或半导体的电阻值随温度变化而变化的原理进行测温的。用金属或半导体材料作为感温元件的传感器,分别称为金属热电阻和热敏电阻。

5.2.1 金属电阻与温度

大多数金属在温度升高时电阻将增加。大多数金属电阻与温度的关系是非线性的,如图5-1所示。

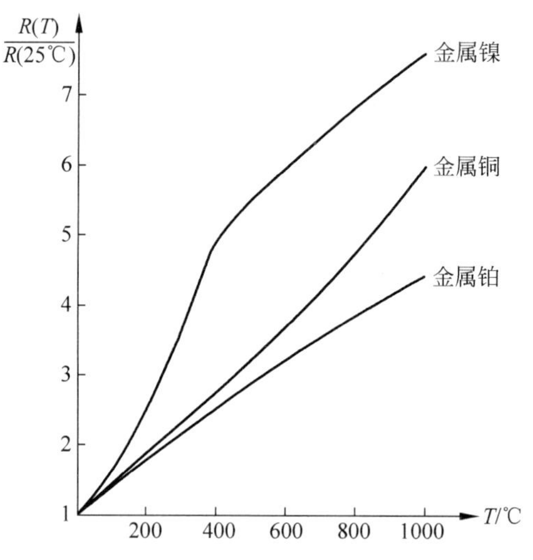

图5-1 金属电阻与温度关系示意图

金属电阻的大小在温度一定时符合欧姆定律。假如以室温(如25℃)为参照,金属电阻在相对参考温度时的相对量为

$$\frac{R(T)}{R(25^\circ)}=\frac{\rho(T)l/A}{\rho(25^\circ)l/A}=\frac{\rho(T)}{\rho(25^\circ)} \tag{5-6}$$

式中 R——金属电阻,Ω;

l——金属长度,m;

A——金属断面,m^2;

ρ——金属电阻率,Ω·m。

由于金属电阻与温度的关系是非线性的，因此在工程应用时需要对其关系进行线性化的近似。简单线性化近似技术是在特定的测温点附近用一段直线来近似，如图5-2所示。在图5-2中，用直线 L 来近似 $T_1 \sim T_2$ 的温度曲线，这里 T_0 为该温度范围的中点。该直线方程为

$$R(T)=R(T_0)(1+\alpha_0\Delta T) \quad T_1 \leqslant T \leqslant T_2 \tag{5-7}$$

式中　$R(T)$——在温度 T 时电阻的近似值；

$R(T_0)$——在温度 T_0 时的电阻；

ΔT——T 与 T_0 的差，即 $T-T_0$；

α_0——在温度 T_0 时温度每变化1℃所引起电阻的变化(也即电阻温度系数)，1/℃。

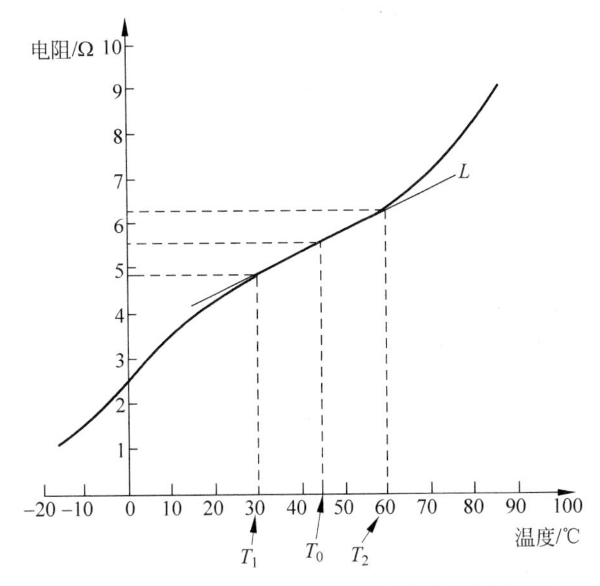

图5-2　金属电阻与温度直线近似示意图

α_0 的值可以由图解的方法求出(图5-2)，也可由查表的方法求出(参见例5-2)，或由下式给出

$$\alpha_0=\frac{1}{R(T_0)}\left(\frac{R_2-R_1}{T_2-T_1}\right) \tag{5-8}$$

式中　R_2——在温度 T_2 时的电阻；

R_1——在温度 T_1 时的电阻。

另外一种近似方法是二次型近似，二次型近似的表达为

$$R(T)=R(T_0)[1+\alpha_1\Delta T+\alpha_2(\Delta T)^2] \tag{5-9}$$

式中　$R(T)$——在温度 T 时电阻的二次型近似值；

$R(T_0)$——在温度 T_0 时的电阻；

ΔT——$T-T_0$；

α_1——与温度有关的线性电阻温度系数，1/℃；

α_2——与温度有关的二次型电阻温度系数，1/(℃)^2。

例5-2　一金属电阻与温度的关系如表5-2所示。求15～33℃时电阻-温度的线性近似与二次型近似。

表 5-2 例 5-2 温度电阻关系表

T/℃	R/Ω
15	106.0
18	107.6
21	109.1
24	110.2
27	111.1
30	111.7
33	112.2

解：选择该温度范围的中点为24℃，则

$$R(T_0)=110.2\Omega$$

$$\alpha_0=\frac{1}{R(T_0)}\left(\frac{R_2-R_1}{T_2-T_1}\right)=\frac{1}{110.2}\times\left(\frac{112.2-106.0}{33-15}\right)/℃=0.003\,126/℃$$

线性近似：

$$R(T)=110.2\times[1+0.003\,126(T-24)]$$

二次型近似：

$$R(15)=106.0=110.2\times[1+0.003\,126(15-24)+\alpha_2(15-24)^2]$$

$$106.0=110.2+110.2\times0.003\,126\times(-9)+110.2\times81\times\alpha_2$$

$$\alpha_2=\frac{1.1}{8926.2}/(℃)^2=-0.000\,123\,23/(℃)^2$$

所以

$$R(T)=110.2\times[1+0.003\,126\times(T-24)-(123.23\times10^{-6})\times(T-24)^2]$$

5.2.2 金属电阻测温传感器

金属电阻测温传感器也称为电阻温度探测器(Resistance Temperature Detectors，RTD)，或称为热电阻。热电阻温度计最大的特点是测量精度高、性能稳定、灵敏度高。工业上使用的金属热电阻有铂电阻、铜电阻、镍电阻和铁电阻等，其中最常用的是铂电阻和铜电阻。

不同材质的热电阻有不同的温度使用区间，通常用分度号来进行区分。分度号是用来反映温度传感器在测量温度范围内温度变化对应传感器电压或者阻值变化的标准数列，即热电阻、热电偶、电阻、电势对应的温度值。常用热电阻的分度号如表5-3所示。

表 5-3 热电阻分度表

分度号	热电阻材料	测温范围/℃
Cu_{50} ($R_0=53\Omega$)	铜	−50～150
Cu_{100} ($R_0=100\Omega$)	铜	−50～150
Pt_{10} ($R_0=10\Omega$)	铂	−200～850
Pt_{100} ($R_0=100\Omega$)	铂	−100～650
Ni_{100}	镍	−60～180

1. 铂热电阻

铂热电阻的特点是在氧化性介质中，甚至高温下的物理化学性能稳定，精度高、电阻率较大、性能可靠，所以在温度传感器中得到了广泛应用。从表 5-3 可见，铂热电阻的使用温度范围较宽。铂热电阻的阻值与温度之间的特性方程通常采用式(5-9)的二次型近似的表达，在低温测量段(零度以下时)还会采用三次型近似的表达。表达式中的电阻温度系数规定为

$$\alpha_1 = 3.9083 \times 10^{-3}/℃,\quad \alpha_2 = -5.775 \times 10^{-7}/℃^2,\quad \alpha_3 = -4.183 \times 10^{-12}/℃^3$$

可以看出，铂热电阻在温度为 t℃时的电阻值与 0℃时的电阻值 R_0 有关。目前我国规定工业用铂热电阻有 $R_0 = 10\Omega$ 和 $R_0 = 100\Omega$ 两种，它们的分度号分别为 Pt_{10} 和 Pt_{100}，其中以 Pt_{100} 更为常用。铂热电阻不同分度号亦有相应分度表，即电阻与温度的关系表，这样在实际测量中，只要测得热电阻的阻值 R_t，便可从分度表上查出对应的温度值。

铂热电阻中的铂丝纯度用电阻比 $W(100)$ 表示，即

$$W(100) = \frac{R_{100}}{R_0}$$

式中　R_{100}——铂金属热电阻在 100℃时的电阻值；

R_0——铂金属热电阻在 0℃时的电阻值。

电阻比 $W(100)$ 越大，其纯度越高，同样其测温灵敏度也越高。

2. 铜热电阻

铜热电阻的电阻温度系数比铂高，并且铜价格便宜，易于提纯，工艺性好。因此，在一些测量精度要求不高，测温范围不大且温度较低的测温场合，可采用铜热电阻进行测温。电阻与温度的关系(R-t)曲线几乎是线性的，因此，铜热电阻的阻值与温度之间的特性方程通常采用式(5-7)的线性近似的表达。表达式中的电阻温度系数规定为

$$\alpha_1 = 4.28 \times 10^{-3}/℃$$

铜热电阻线性好，价格便宜，但它的电阻率小、体积大、热惯性也大，容易氧化，测量范围窄，因此不适宜在腐蚀性介质中或高温下工作。

3. 热电阻传感器的基本构造

金属热电阻按其结构类型来分，可分为装配式、铠装式和薄膜式。装配式热电阻的电阻体由电阻丝和电阻支架组成。电阻丝采用双线绕制在具有一定形状的云母、石英或陶瓷塑料支架上，支架起支撑和绝缘作用，引出线通常采用直径 1mm 左右的银丝或镀银铜丝，它与接线盒柱相接，以便与外接线路相连而测量及显示温度。如图 5-3 所示的是工业用装配式热电阻的结构示意图。装配式热电阻对一般要求的工业过程温度测量都比较适用。

铠装式热电阻是将几根单种热电阻材料的芯线与无机绝缘材料以及保护套管一道封装后再压制成可弯曲安装的坚实组合体。铠装式热电阻一般可做得非常细，容易弯曲，并且可以制作得很长(可达几百米)。铠装式热电阻的结构如图 5-4 所示。铠装式热电阻产品尤其适宜安装在管道之间狭窄、弯曲和要求快速反应、微型化以及在安装尺寸较长、需要有弯折走线和对安装有特殊要求的测温场合。

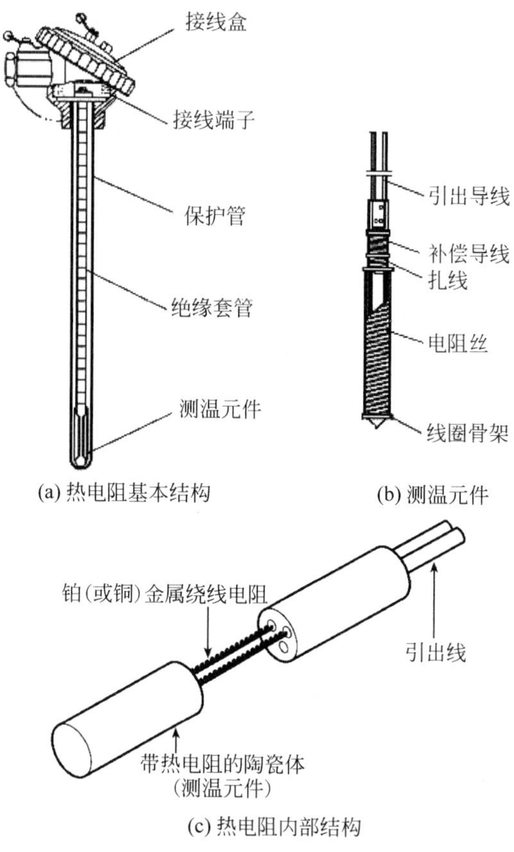

图5-3 装配式金属热电阻结构图

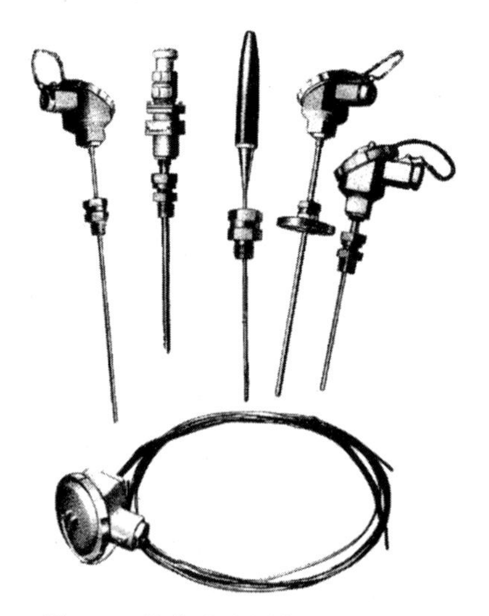

图5-4 铠装式金属热电阻结构图

另外一种热电阻的制作工艺与上面两种大不相同,它利用真空镀膜法、激光喷溅、显微照相和平版印刷光刻等技术,使铂金属薄膜附着在耐高温的陶瓷基底上,这就是薄膜式金属热电阻。薄膜式金属热电阻可以制作得非常小，并且可以制作成各种形状，可将其贴在被测物体上，测量局部温度。薄膜式金属热电阻具有热容量小、反应快等特点。薄膜式金属热电阻的基本结构如图 5-5 所示。

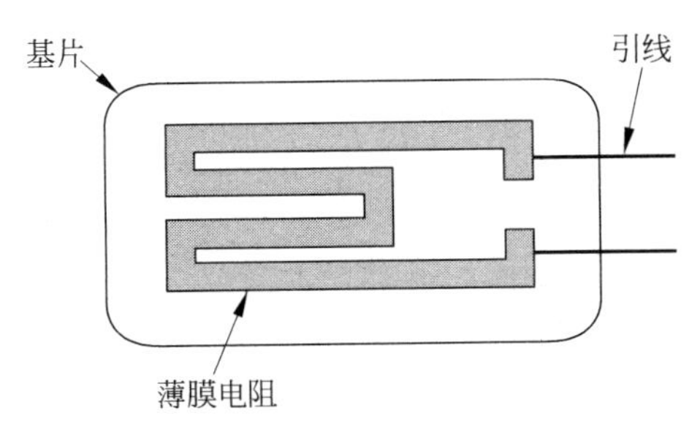

图 5-5　薄膜式金属热电阻结构图

5.2.3　电阻测温传感器的信号调理

电阻温度传感器将温度信号转换成了电阻信号，但是对电阻信号的直接测量也是非常困难的，我们还需将对电阻信号的测量转换成其他形式的信号来测量，例如电压或电流等。实现这种信号转换的有效办法是采用电桥。我们将图 3-35 中的 R_A 用测温热电阻 R_t 替代，得到如图 5-6 所示的不平衡电桥电路。所谓不平衡电桥是用来提取非电量信号的。一般将非电量的传感器放在一个桥臂中，非电量（如温度）的变化引起该桥臂电路参数（如电阻）的变化，从而引起测量对角线的电压变化，即产生不平衡电压输出。

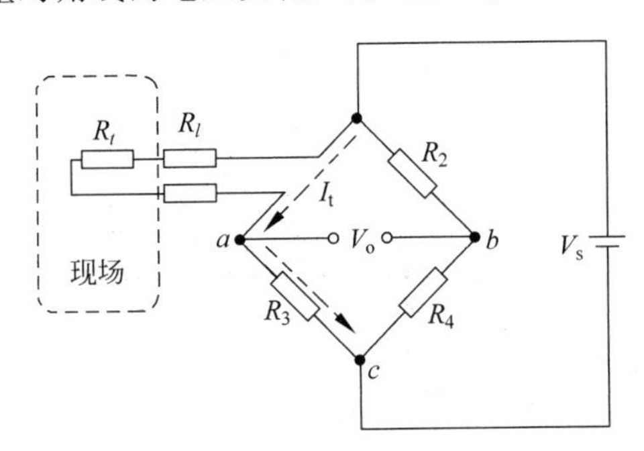

图 5-6　采用不平衡电桥的热电阻信号调理电路原理图

在不考虑线路电阻 R_l 时，由式(2-18)有

$$V_o = V_s\left(\frac{R_t}{R_t + R_3} - \frac{R_2}{R_2 + R_4}\right)$$

$$= V_s\left(\frac{1}{1 + R_3/R_t} - \frac{1}{1 + R_4/R_2}\right) \tag{5-10}$$

为了使桥路输出电压工作在 $V_{omin} \sim V_{omax}$，就必须满足下列条件

$$V_o = V_s\left(\frac{1}{1 + R_3/R_{tmin}} - \frac{1}{1 + R_4/R_2}\right) \tag{5-11}$$

$$V_o = V_s\left(\frac{1}{1 + R_3/R_{tmax}} - \frac{1}{1 + R_4/R_2}\right) \tag{5-12}$$

使 $V_{\text{omin}}=0$ 时电桥平衡，在这种情况下，式(5-11)简化为

$$\frac{R_3}{R_{t\min}}=\frac{R_4}{R_2} \tag{5-13}$$

将式(5-13)代入式(5-10)有

$$\frac{V_o}{V_s}=\frac{1}{1+\dfrac{R_4}{R_2}\dfrac{R_{t\min}}{R_t}}-\frac{1}{1+\dfrac{R_4}{R_2}}$$

若令 $v=\dfrac{V_o}{V_s}, r=\dfrac{R_4}{R_2}, x=\dfrac{R_t}{R_{t\min}}$，则

$$v=\frac{1}{1+r/x}-\frac{1}{1+r}=\frac{x}{x+r}-\frac{1}{1+r} \tag{5-14}$$

在式(5-14)中，若 $r=1$（即等臂电桥，此时电桥最灵敏），则有

$$v=\frac{x}{x+1}-\frac{1}{1+1}=\frac{x-1}{2(x+1)}\approx\frac{1}{4}(x-1)$$

即

$$\frac{V_o}{V_s}=\frac{1}{4}\left(\frac{R_t}{R_{t\min}}-1\right)=\frac{1}{4}\left(\frac{R_t-R_{t\min}}{R_{t\min}}\right)=\frac{1}{4}\left(\frac{R_t-R_0}{R_0}\right)=\frac{1}{4}\frac{\Delta R}{R_0} \tag{5-15}$$

可见式(5-15)与式(3-46)有相同形式的表达。如果将式(5-14)中的 v 与 x 的关系用图形来表达时，可有如图5-7所示的曲线。

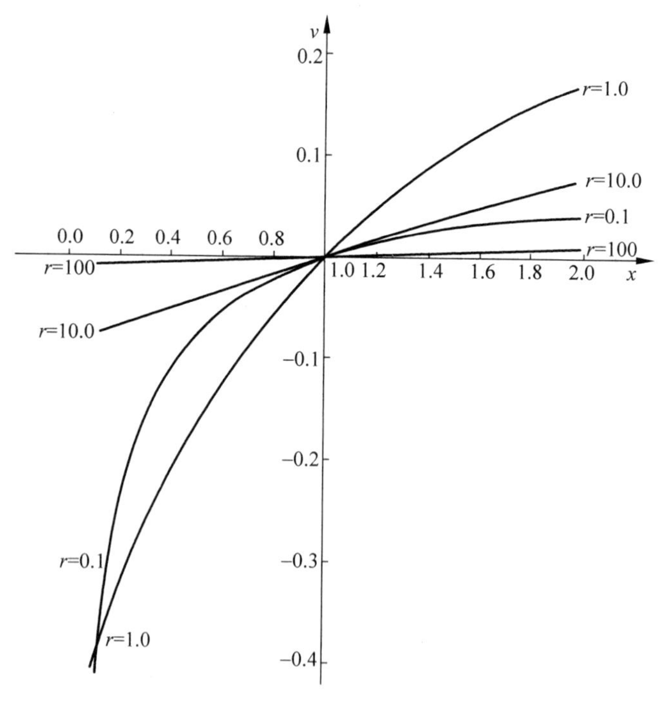

图5-7　不平衡电桥的 v-x 关系图

由图5-7可见，只有当r值较大时，v与x的关系才呈现较好的线性关系。工程上一般取$r>10$或以上。另外还要考虑传感器能够承受的最大功率，即I^2R_t应小于其最大耗散功率，因为电流过大不仅会给传感器加温造成测量误差，同时也会使线路产生压降。

在图5-6中，由于测量点可能会与处理装置相距较远，因此线路的电阻也会受到环境温度变化的影响，从而给温度测量带来误差。解决这个问题的方法之一就是采用西门子三线电桥，如图5-8所示。

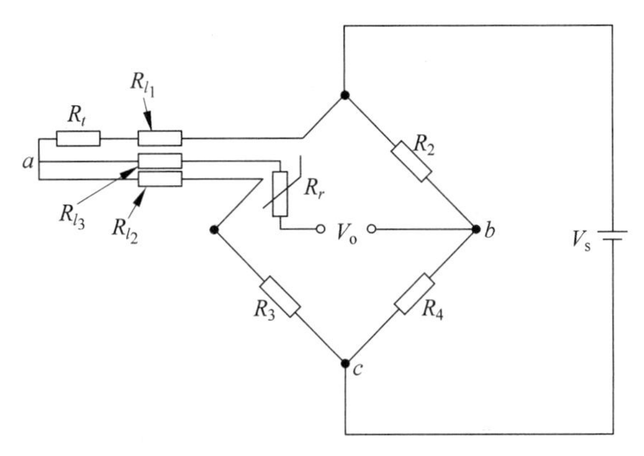

图5-8　西门子三线制不平衡电桥原理图

在图5-8中，由于a点被移至现场，这样在R_{l_1}和R_{l_2}变化时a点的电位不会变化，所以线路电阻对测量输出没有影响。当然在这种三线制电桥中，须采用高阻抗的电压表以克服R_{l_3}对输出信号的影响。

三线制平衡电桥电路如图5-9所示。所谓平衡电桥是把待测电阻与标准电阻进行比较，通过调节电桥平衡，使桥路中某两个特定的接点的电势相等时，即称其电桥平衡，从而测得待测电阻值。在图5-9的平衡电桥中，R_2为一电位计，当R_t随温度变化时，a点的电位会发生变化，从而桥路产生输出V_o，该输出电压经放大后，驱动伺服电机，并带动电位计移动，使得$R_2=R_t$，即$V_a=V_b$。这样桥路输出回到零。R_t的变化(即温度的变化)则由伺服电机驱动的显示器进行显示。

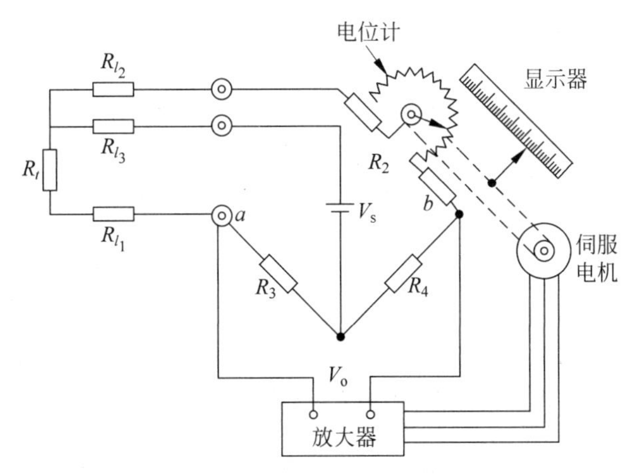

图5-9　西门子三线制平衡电桥原理图

线路电阻受环境而改变对测量的影响,也可在这个电路中得到克服。由于是平衡电桥,在桥路平衡时,有

$$R_{l_3}+R_t+R_{l_1}+R_3=R_{l_3}+R_{l_2}+R_2+R_4$$

只要选择 $R_3=R_4$,并注意到 $R_{l_1}=R_{l_2}$,则会有

$$R_t=R_2$$

还有一种信号调理的桥路是凯林德四线制桥路,如图5-10所示。这种桥路无论是采用平衡电桥还是采用不平衡电桥,都可对线路电阻的影响进行克服,但是它要多使用一根导线,因此在工程中还是很少采用这种接法。

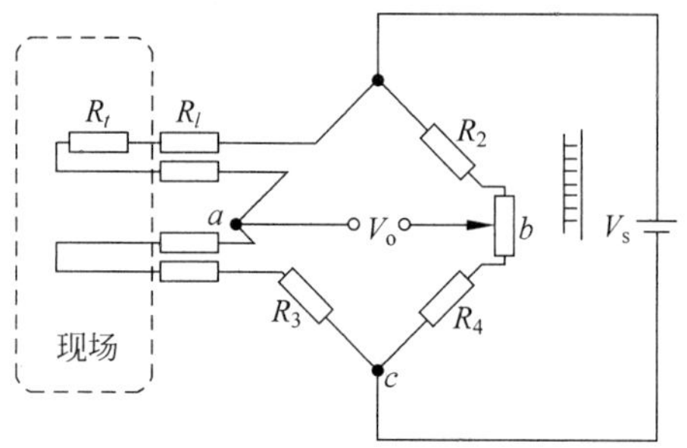

图5-10　凯林德四线制平衡电桥原理图

热电阻温度计还可以用来测量平均温度或温差,其电路配置分别如图5-11(a)和图5-11(b)所示。

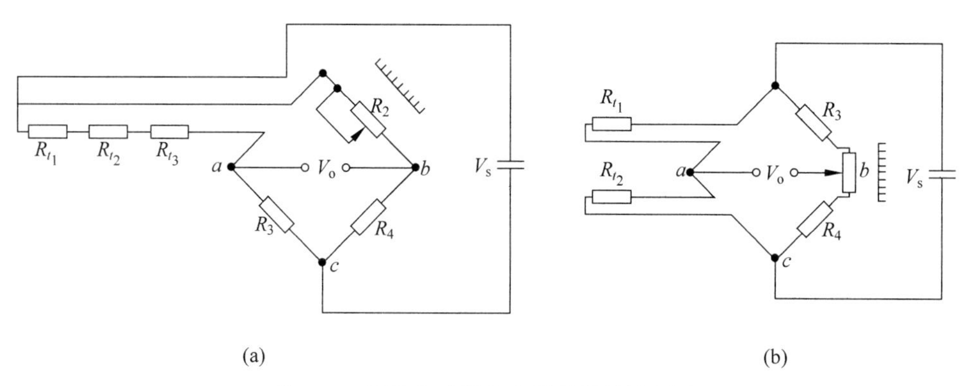

图5-11　平均温度测量和温差测量原理图

随着数字电压表的广泛使用,也有一种基于欧姆表技术的信号调理在工程中得到越来越多的使用。基于欧姆技术的三线制信号调理电路如图5-12(a)所示。由于采用高阻抗的电压表测量压降 V_2 和 V_1,因此基本上没有电流流过 R_{l_3},这样在该电阻上也没有压降。测量差压为

$$V_2-V_1=(R_t+R_{l_1})I_s-R_{l_2}I_s=R_tI_s \tag{5-16}$$

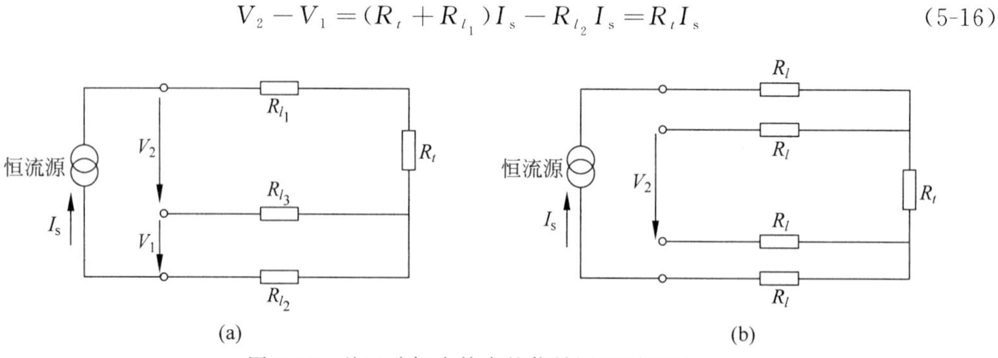

图5-12　基于欧姆表技术的信号调理原理图

式(5-16)说明电压降与线路电阻无关。同样也有基于欧姆技术的四线制信号调理电路,如图5-12(b)所示。由于线路电阻中基本没有电流流过,这时 $V_2=R_tI_s$。

5.2.4 热敏电阻温度传感器

1. 热敏电阻

热敏电阻(Thermistor),也即半导体电阻,是一种半导体材料制成的测温元件。其原理也是温度引起电阻变化,但是半导体热电阻温度系数要比金属大得多。热敏电阻阻值随温度变化的曲线呈非线性,而且每个相同型号的热敏电阻线性度也不一样,并且测温范围比较小。热敏电阻一般分为负温度系数(Negative Temperature Coefficient,NTC)热敏电阻和正温度系数(Positive Temperature Coefficient,PTC)热敏电阻。

负温度系数热敏电阻是由锰、钴、镍和铜等金属氧化物为主要材料,采用陶瓷工艺制造而成的。温度低时,这些氧化物材料的载流子(电子和空穴)数目少,所以其电阻值较高;随着温度的升高,载流子数目增加,所以电阻值降低。负温度系数热敏电阻其电阻与温度的关系如图5-13所示,数学表达为

$$R_t = R_0 \mathrm{e}^{\beta\left(\frac{1}{T}-\frac{1}{T_0}\right)} \tag{5-17}$$

式中 R_t——温度为 T 时的电阻;

R_0——温度为 T_0 时的电阻(多数厂商选择 $T_0=25℃$);

β——材料的温度系数。

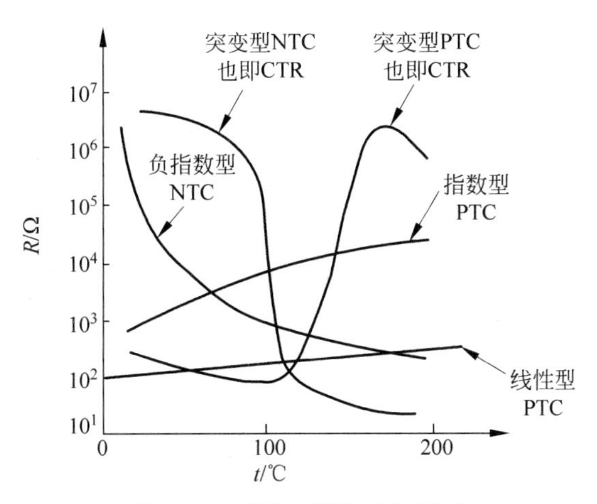

图5-13 热敏电阻特性曲线图

正温度系数热敏电阻是以钛酸钡为基础,掺杂其他的多晶陶瓷材料制造的,具有较低的电阻及半导特性。正温度系数热敏电阻其电阻与温度的关系如图5-13所示,数学表达为

$$R_t = R_0 \mathrm{e}^{\alpha(T-T_0)} \tag{5-18}$$

式中 R_t——温度为 T 时的电阻;

R_0——温度为 T_0 时的电阻;

α——材料的温度系数。

部分材料的半导体电阻,一旦超过一定的温度时,它的电阻值随着温度的变化几乎是呈阶跃式的变化,将这类热敏电阻称为临界温度型热敏电阻(Critical Temperature Resistor,CTR)。

热敏电阻可根据使用要求,封装加工成各种形状的探头,例如棒状、盘状、珠状等,如

图5-14所示。热敏电阻具有尺寸小、响应速度快、灵敏度高等优点，在许多领域都有着广泛的应用。

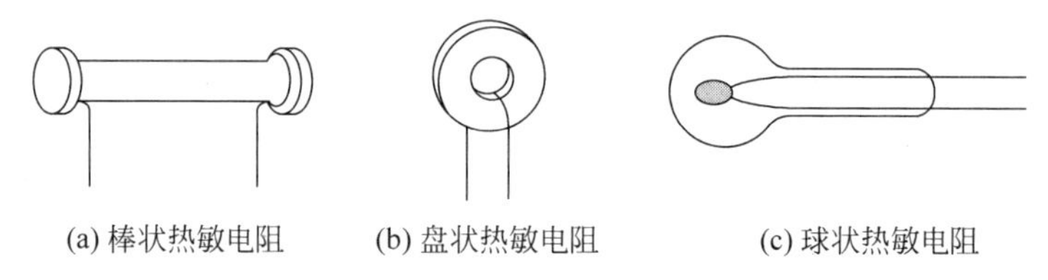

(a) 棒状热敏电阻　(b) 盘状热敏电阻　(c) 球状热敏电阻

图5-14 热敏电阻结构类型示意图

热敏电阻可用于温度测量，尤其可用于电子器件或家电产品中的温度测量，包括冰箱、空调、电热水器、整体浴室、电子万年历、微波炉、粮仓测温、洗碗机、电饭煲、电子盥洗设备、冰柜、豆浆机、手机电池、充电器、电磁炉、面包机、消毒柜、饮水机、温控仪表、医疗仪器、火灾报警等领域。热敏电阻测温时一般也要热电阻采用桥路进行信号调理。

热敏电阻也可用于温度补偿。例如动圈式表头中的铜质绕线电阻会随温度升高电阻增大，可在动圈回路中串入一个负温度系数的热敏电阻进行温度补偿。在图5-6中，可配置一个适当的负温度系数的热敏电阻 R_r 对线路电阻进行温度补偿。

热敏电阻还可用于温度的位式控制或过热保护等。如将一个温度突变型的热敏电阻与继电器相连，当温度高于某一值时可引起较大的电流变化，从而启动保护装置进行保护。

2. PN结半导体电阻

另外一种半导体电阻是基于PN结结构的。PN结温度传感器的工作原理是基于半导体PN结的结电压随温度变化的特性进行温度测量的。

晶体二极管或三极管的PN结的结电压是随温度而变化的。例如硅管的PN结的结电压在温度每升高1℃时，下降约2mV，利用这种特性，一般可以直接采用二极管或采用硅三极管接成二极管来作PN结温度传感器。这种传感器有较好的线性，尺寸小，其热时间常数为0.2～2s，灵敏度高。测温范围为－50～＋150℃。PN结的结电压与温度的关系如图5-15所示。其近似数学表达关系为

$$I_{\mathrm{d}}=I_{\mathrm{sat}}e^{\frac{qV_{\mathrm{d}}}{kT}} \tag{5-19}$$

式中 V_{d}——PN结上的电压；

T——温度；

k——玻耳兹曼常数；

q——电子电量；

I_{d}——正向电流；

I_{sat}——反向饱和电流。

对式(5-19)取对数有

$$V_{\mathrm{d}}=\frac{kT}{q}\ln\left(\frac{I_{\mathrm{d}}}{I_{\mathrm{sat}}}\right) \tag{5-20}$$

式(5-20)中，反向饱和电流 I_{sat} 也是温度的函数，如果维持电流一定时，一般PN结的正向电压随温度的升高而降低。

将测温晶体管和激励电路、放大电路等集成在一个芯片上则构成集成温度传感器。一

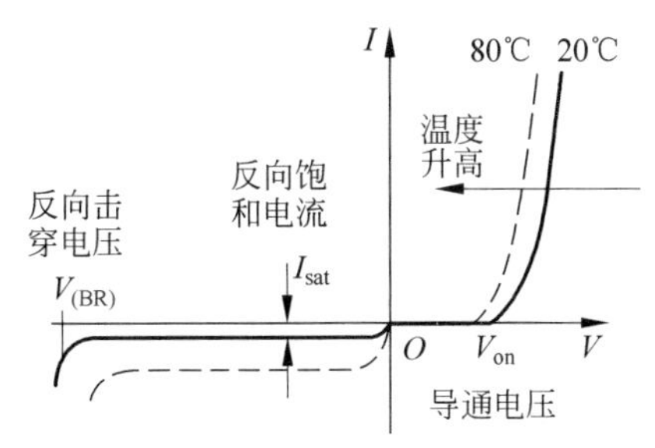

图 5-15 PN 结的结电压与温度关系图

种典型的集成温度传感器的基本结构如图 5-16 所示。图中 BG_3 和 BG_4 的作用是向 BG_1 和 BG_2 提供恒定电流，I_1 和 I_2 分别为 BG_1 和 BG_2 的集电极电流。只要选择 BG_1 和 BG_2 的参数尽量相同或相近，电阻 R 上的压降就为两晶体管基极-发射极压降之差，类似式(5-20)，有

$$\Delta V_{be}=V_{be1}-V_{be2}=\frac{kT}{q}\ln\left(\frac{I_{C1}}{I_{sat1}}\right)-\frac{kT}{q}\ln\left(\frac{I_{C2}}{I_{sat2}}\right)=\frac{kT}{q}\ln\left(\frac{I_{C1}}{I_{C2}}\frac{I_{sat2}}{I_{sat1}}\right) \tag{5-21}$$

注意到

$$\frac{I_{sat2}}{I_{sat1}}=\frac{A_{e2}}{A_{e1}}=\gamma$$

式中，A_{e1}、A_{e2} 分别为 BG_1 和 BG_2 的发射极面积。

通过设计可以使 γ 为常数，同样也可以在电路设计中选择 BG_3 和 BG_4 的参数尽量相同保证 I_{C1}/I_{C2} 是常数，则

$$\Delta V_{be}=\frac{kT}{q}\ln\left(\frac{I_1}{I_2}\frac{I_{sat2}}{I_{sat1}}\right)=\frac{kT}{q}\ln(\gamma) \tag{5-22}$$

式(5-22)说明，ΔV_{be} 是温度 T 的线性函数，将其转换成电流或电压信号输出即可。集成温度传感器将元器件集成在一个很小的壳体内，有时也称为固态温度传感器。它与外部的连接只需通过三根线，一根电源线、一根信号线和一根地线。集成温度传感器从等效的效果来看，相当于一个受温度控制的齐纳管，因此，有时也将其等效成如图 5-17 所示的等效图。集成温度传感器的应用领域包括在电力电子电路中用作增益、音量自动控制、作为实现过热、过载等的保护电路。

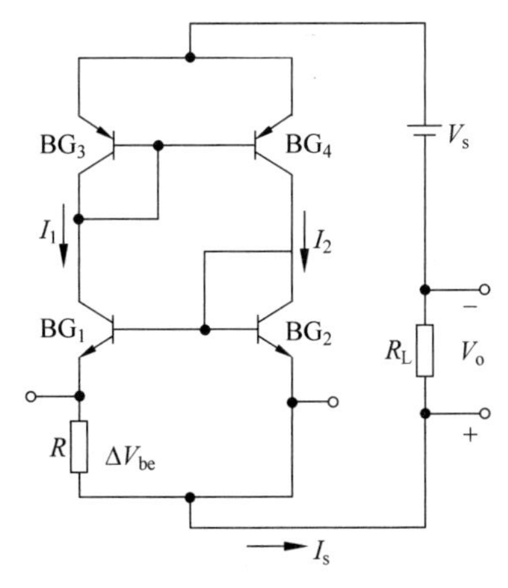

图 5-16 集成温度传感器原理图

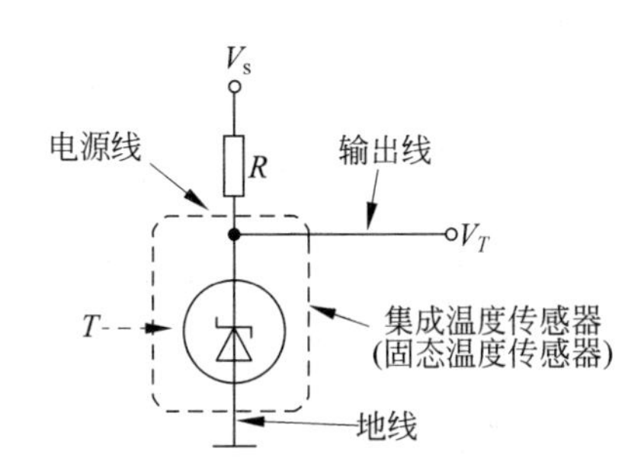

图 5-17 集成温度传感器等效图

5.3　热电偶温度传感器

热电偶传感器(Thermocouple)是工业生产中使用最为普遍的接触式测温装置。这是因为热电偶具有性能稳定、测温范围大、信号可以远距离传输等特点,并且结构简单、使用方便。热电偶能够将热能直接转换为电信号,并且输出直流电压信号,使得显示、记录和传输都很容易。

5.3.1　热电效应

将两种不同材料的导体组成一个闭合回路时,如图5-18所示,只要两个接合点温度T_2和T_1不同,在该回路中就会产生电动势,这种现象称为热电效应,相应的电动势称为热电势。这两种不同材料的导体的组合就称为热电偶。导体A、B称为热电极。两个接点中,一个称为热端,也称为测量端或工作端,测温时它被置于被测介质(温度场)中;另一个接点称为冷端,又称参考端或自由端。

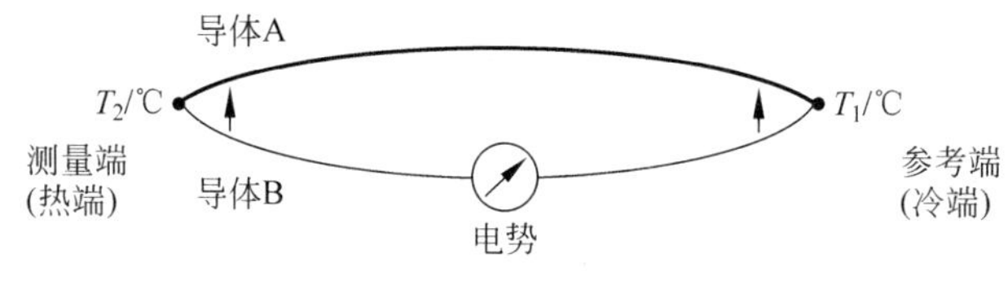

图5-18　热电偶原理图

最近对热电偶的研究表明,热电势主要取决于沿金属长度上温差分布,而两种金属的接触不是主要因素。热电势的值由一个被称为绝对塞贝克系数(Seebeck)σ的材料性质和沿着金属丝的温度分布来确定。因此热电效应也被称为塞贝克效应。塞贝克系数由下列关系式定义

$$\sigma(T)=\frac{\mathrm{d}E_\sigma}{\mathrm{d}T} \tag{5-23}$$

式中　σ——塞贝克系数;

E_σ——塞贝克电势;

T——温度。

因此

$$E_\sigma(T)=\int\sigma(T)\mathrm{d}T+C \tag{5-24}$$

若将参考点选在0K,可将积分常数取为零。这样对于单金属有

$$E_\sigma(T)=\int_0^{T_2}\sigma(T)\mathrm{d}T-\int_0^{T_1}\sigma(T)\mathrm{d}T=E_\sigma(T_2)-E_\sigma(T_1) \tag{5-25}$$

对于两种金属的组合,塞贝克电势为

$$E_\sigma(T)=\int_{T_1}^{T_2}\sigma_\mathrm{A}\mathrm{d}T-\int_{T_1}^{T_2}\sigma_\mathrm{B}\mathrm{d}T=\int_{T_1}^{T_2}(\sigma_\mathrm{A}-\sigma_\mathrm{B})\mathrm{d}T=\int_{T_1}^{T_2}\sigma_\mathrm{AB}\mathrm{d}T \tag{5-26}$$

式中　T_2——热端温度;

T_1——冷端温度。

式(5-26)表明塞贝克电势与热电偶两端的温差成正比。有时也将上式简单表达为

$$E_\sigma(T)=\alpha(T_2-T_1) \tag{5-27}$$

式中，α——与材料有关的系数。

例 5-3　求材料 $\alpha=50\mu V/℃$、接触点温度分别为 20℃和 100℃的塞贝克电动势。

解：

$$E_\sigma=\alpha(T_2-T_1)=50\mu V/℃\times(100℃-20℃)=4mV$$

需要指出的是，塞贝克效应是可逆的。即将两种金属连接在一起构成回路时，如果对该回路提供一个电势，则在金属的两个连接端会产生温差，这种效应被称为皮特(Pelter)效应。皮特效应的应用之一是用来冷却电子部件或元器件等。

在具体分析和应用热电偶时，有五条基于式(5-25)和式(5-26)的基本法则。

法则 1：如果所用的两种金属材料各自都是均质的，节温为 T_1 和 T_2 的热电偶的热电动势完全不受电路中任何地方的温度影响，该法则也被称为均质导体定律，如图 5-19(a)所示。这一点在工业应用中很重要，因为在工业现场，连接测量点与参考点的导线所处的环境温度变化很大。

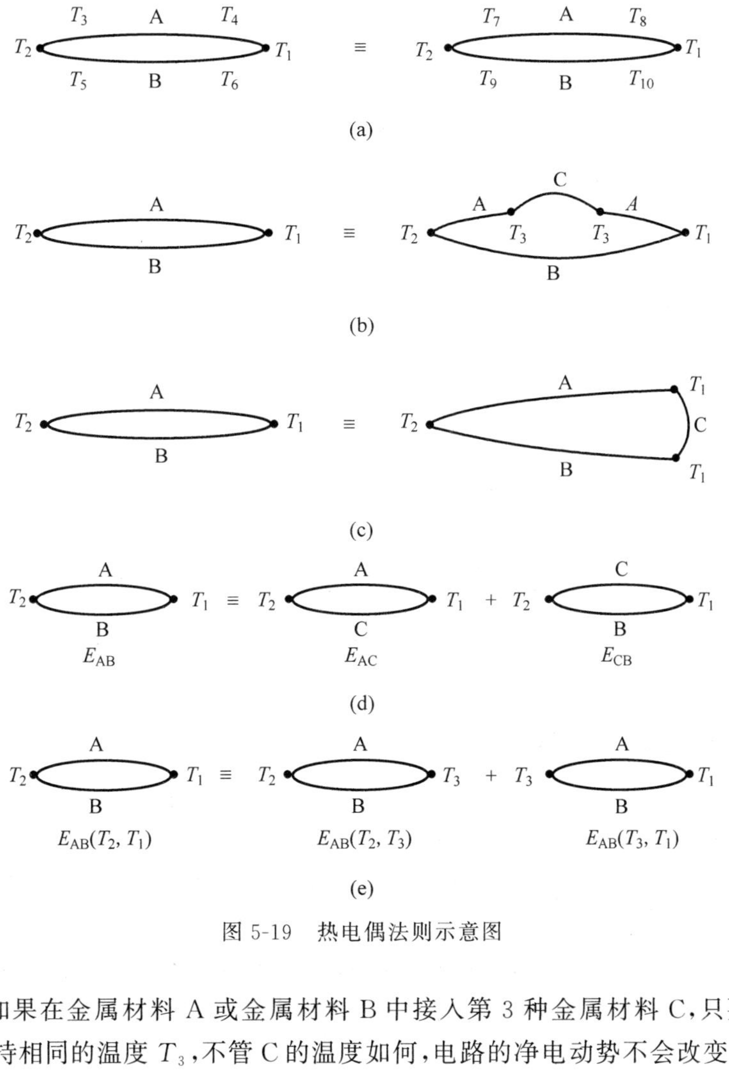

图 5-19　热电偶法则示意图

法则 2：如果在金属材料 A 或金属材料 B 中接入第 3 种金属材料 C，只要这两个新的热电偶结点维持相同的温度 T_3，不管 C 的温度如何，电路的净电动势不会改变，如图 5-19(b)

所示。这意味着将电压表接入电路时不会对热电势参数产生影响。

法则3：如果将金属C插到金属A和B之间的一个连接点处，只要AC结和BC结都处于同一温度(如 T_1 或 T_2)，那么回路净电动势便保持不变，与没有金属C在那里一样。法则2和法则3都被称为中间导体定律，如图5-19(c)所示。这就是说，在测量时，导线A和B可以用第三种金属焊接将其延长，而对热电势没有影响。

法则4：如果金属A和C之间的热电动势为 E_{AC}，金属B和C之间的为 E_{CB}，那么金属A和B之间的热电动势便为 $E_{AC}+E_{CB}$。其数学表达为

$$E_{\sigma AB}(T_2,T_1)=E_{\sigma AC}(T_2,T_1)+E_{\sigma CB}(T_2,T_1) \tag{5-28}$$

该法则也被称为中间金属定律，或标准电极定律，如图5-19(d)所示。如果这里金属C是一种标准电极(如铂电极，因为铂容易提纯、熔点高、性能稳定，所以标准电极通常采用纯铂丝制成)，标准电极定律使得热电偶选配电极的工作大为简化，只要已知有关热电极与标准电极相配对时的热电势，利用上述公式就可以求出任何两种热电极(如A和B)配成热电偶的热电势。

法则5：如果当一个热电偶的冷热端温度分别为 T_1 和 T_2 时，它产生的电动势为 E_1；而当冷热端温度分别为 T_2 和 T_3 时为 E_2，那么当冷热端温度分别为 T_1 和 T_3 时，它产生的电动势则为 E_1+E_2。其数学表达为

$$E_{\sigma AB}(T_2,T_1)=E_{\sigma AB}(T_2,T_3)+E_{\sigma AB}(T_3,T_1) \tag{5-29}$$

该法则也被称为中间温度定律，如图5-19(e)所示。这一法则对于解释5.3.3节中冷端温度的补偿非常重要。

例5-4　用T型热电偶测量温度，在参考端温度为20℃时，测量电位计度数为2.597mV。求热电偶检测端的温度为多少？

解：由中间温度定律有

$$E(T_m,T_0)=E(T_m,T_{20})+E(T_{20},T_0)$$

查表有

$$E(T_{20},T_0)=0.787\text{mV}$$

所以

$$E(T_m,T_0)=2.597+0.787=3.584\text{mV}$$

再查表可得

$$T_m=85℃$$

5.3.2　热电偶测温传感器

理论上讲，任何两种不同材料的导体都可以组成热电偶，但为了准确可靠地测量温度，对组成热电偶的材料必须经过严格的选择。工程上用于热电偶的材料应满足以下条件：热电势变化尽量大，热电势与温度关系尽量接近线性关系，物理、化学性能稳定，容易加工，复现性好，便于成批生产，有良好的互换性等。

实际上并非所有材料都能满足上述要求。目前在国际上被公认比较好的热电偶的材料只有几种。国际电工委员会IEC推荐了8种标准化热电偶，如表5-4所示。

表 5-4 热电偶分度表

分度号(型号)	材　　料	温度范围/℃
J	铁-康铜	－190～760
T	铁-康铜	－200～370
K	铬-镍铝	－190～1260
E	铬-康铜	－100～1260
N	镍铬硅-镍硅	－270～1200
S	90 %铂＋10 %铂-铑	0～1480
R	87 %铂＋13%铂-铑	0～1480
B	铂-铑 30＋铂-铑 6	0～1600

另外，还有用钨-铼材料制成的热电偶，其测量温度可达 2300℃。

热电偶的电动势是有极性的，表 5-4 中第一种材料为正极性。

式(5-27)给出了塞贝克电势与温差的简单表达，但实际上各种材料做成的热电偶的塞贝克电势与温差的关系都是非线性的，如图 5-20 所示。

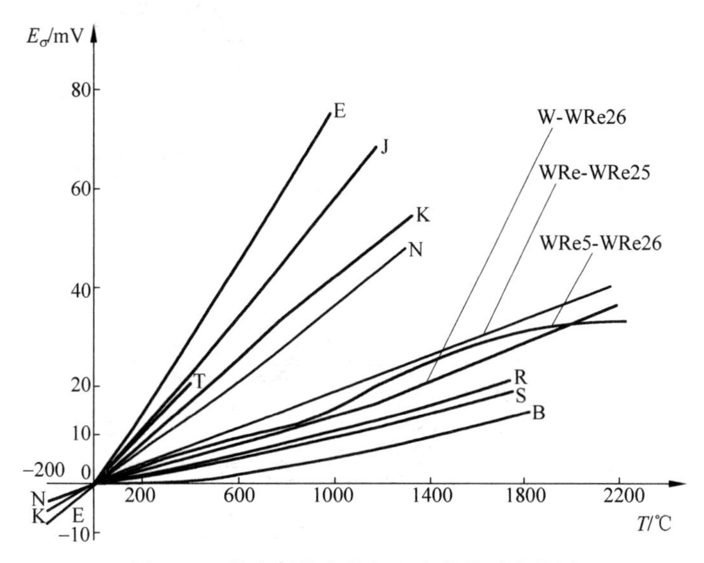

图 5-20 热电偶热电势与温度的关系曲线图

由于热电偶的测温范围比较宽，热电势与温度的关系通常用列表的形式来表达，一般我们将这种表格称为热电偶分度表，参见附录 B。在热电偶分度表中，由于温度的分度有限，对于落在分度之间的值则需要用插值的方法来求取，也即在一个分度的小范围内进行线性化处理。线性化处理所采用的插值公式为

$$T_{\mathrm{M}} = T_{\mathrm{L}} + \frac{T_{\mathrm{H}} - T_{\mathrm{L}}}{V_{\mathrm{H}} - V_{\mathrm{L}}}(V_{\mathrm{M}} - V_{\mathrm{L}}) \tag{5-30}$$

式中 T_{M}——分度值之间的温度值；

V_{M}——分度值之间的毫伏值；

T_{H}、T_{L}——分度值的上下限温度值；

V_{H}、V_{L}——分度值的上下限毫伏值。

插值公式也可以表达为电势与温度的关系形式,即

$$V_M = V_L + \frac{V_H - V_L}{T_H - T_L}(T_M - T_L) \tag{5-31}$$

例 5-5 用K型热电偶测得一电压为23.72mV,参考点温度为0℃。求测量点温度。

解:在K型热电偶分度表中可查得位于 $V_L = 23.63\text{mV}$ 与 $V_H = 23.84\text{mV}$ 之间,而该毫伏数对应的上下限温度为 $T_L = 570℃$ 和 $T_H = 575℃$。因此

$$T_M = 570℃ + \frac{575℃ - 570℃}{23.84\text{mV} - 23.63\text{mV}} \times (23.72\text{mV} - 23.63\text{mV}) = 572.1℃$$

热电偶的结构形式有普通型(装配型)热电偶、铠装型热电偶和薄膜热电偶等。

普通型结构热电偶工业上使用最多,它一般由热电极、绝缘套管、保护管和接线盒组成,其结构如图5-21(a)所示。普通型热电偶按其安装时的连接形式可分为固定螺纹连接、固定法兰连接、活动法兰连接和无固定装置等多种形式。

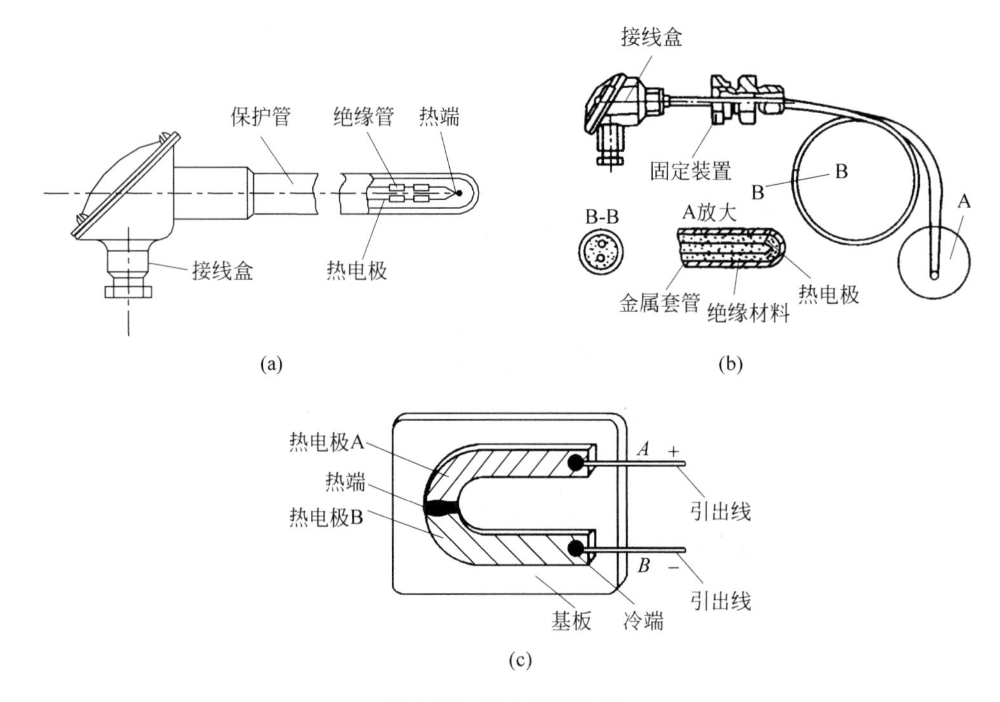

图5-21 热电偶结构图

铠装型热电偶又称套管热电偶。它是由热电偶丝、绝缘材料和金属套管三者经拉伸加工而成的坚实组合体,如图5-21(b)所示。它可以做得很细很长,使用中随需要能任意弯曲。铠装型热电偶的主要优点是测温端热容量小、动态响应快、机械强度高、挠性好,可安装在结构复杂的装置上。

薄膜热电偶是由两种薄膜热电极材料用真空蒸镀、化学涂层等办法蒸镀到绝缘基板上而制成的一种特殊热电偶,如图5-21(c)所示。薄膜热电偶的热接点可以做得很小(可薄到0.01~0.1μm),具有热容量小、反应速度快等特点,热响应时间达到微秒级,适用于微小面积上的表面温度以及快速变化的动态温度测量。

在特殊情况下,热电偶可以串联或并联使用,但只能是同一分度号的热电偶,且冷端应

在同一温度下。如为了获得较大的热电势输出和提高灵敏度或测量多点温度之和，可以采用热电偶正向串联，这种形式的连接又被称为热电堆，如图5-22(a)所示；采用热电偶反向串联可以测量两点间的温差，如图5-22(b)所示；而利用热电偶并联可以测量多点平均温度，如图5-22(c)所示。

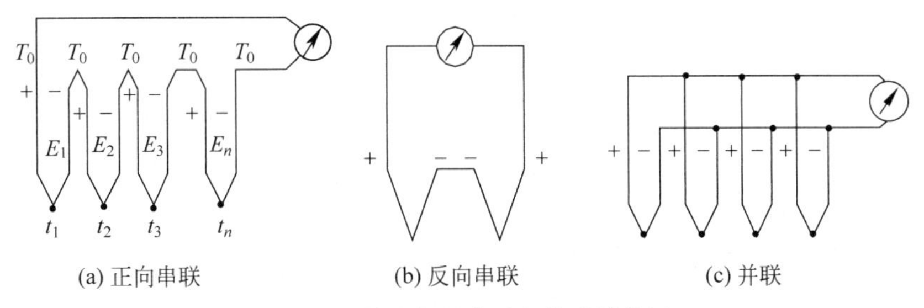

图5-22　热电偶的串联与并联结构图

5.3.3　热电偶传感器的信号调理

对于热电偶的输出信号可以用电压表直接读取，但是热电偶测量的是温差，测量端测得的温度是相对冷端而言的。若冷端温度不是零度，则测量端测得的温度不是参考点为零的温度。对于工业应用中的热电偶温度计，可以用图5-23来加以说明。

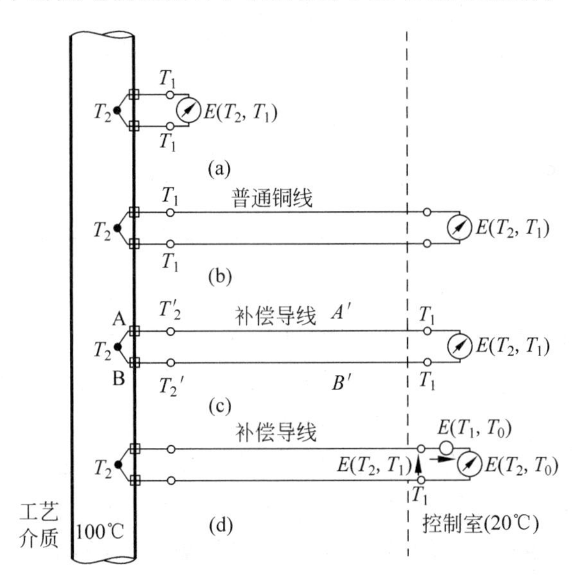

图5-23　热电偶的现场使用情况图

对于图5-23中(a)所示的接法，热电偶的冷端就在工艺设备附近，其温度会受到工艺设备的直接影响，同时环境四季变化也会对其产生影响无法直接使用。

对于图5-23中(b)所示的接法，热电偶的冷端通过铜导线与电压表相连，这实际上就是将法则3中的金属C的引线延长而已，如图5-19(c)所示，这时实际的冷端还是在工艺设备附近。

如果将热电偶的冷端直接引入控制室，由于工业现场距控制室可能会较远，对于廉价热电偶还可以,对于贵金属热电偶材料,成本会太高。这时可采取如图5-23(c)所示的接法,这里采用了与测量热电偶具有相同热电性质的材料作为连接导线,这种导线称为补偿导线。补偿导线的作用就是可以不用原热电偶电极而使热电偶的冷端延长。显然,这就要求补偿导线的热电特性在 $T_2' \sim T_1$ 时要与热电偶的热电特性相同或基本相同,即

$$E_{A'B'}(T_2',T_1)=E_{AB}(T_2',T_1)$$

根据热电偶法则5,即式(5-28)有热电偶回路总电势为

$$E=E_{AB}(T_2,T_2')+E_{AB}(T_2',T_1)=E_{AB}(T_2,T_1) \tag{5-32}$$

因此,补偿导线可以视为热电偶电极AB的延长线,它使热电偶的冷端从 T_2' 处移至 T_1 处,热电偶回路的电势只与 T_1 有关,T_2' 的变化不再影响回路电势。

常用的热电偶补偿导线如表5-5所示。表5-5中补偿导线型号的头一个字母与配用的热电偶型号相对应;第二个字母X表示延伸型补偿导线(补偿导线的材料与热电偶的材料相同),字母C表示补偿型补偿导线。

表5-5 热电偶补偿导线特性表

补偿导线型号	热电偶型号	补偿导线		绝缘层颜色	
		正极	负极	正极	负极
SC	S	SPC(铜)	SNC(铜镍)	红	绿
KC	K	KPC(铜)	KNC(康铜)	红	蓝
KX	K	KPX(镍铬)	KNX(镍硅)	红	黑
EX	E	EPX(镍铬)	ENX(铜镍)	红	棕
JX	J	JPX(铁)	JNX(铜镍)	红	紫
TX	T	TPX(铜)	TNX(铜镍)	红	白
NC	N	NPC(铁)	NNC(铜镍)	红	浅灰
NX	N	NPX(镍铬硅)	NNX(镍硅)	红	深灰

采用补偿导线可使热电偶的冷端延伸到温度比较稳定的地方(如控制室),但只要冷端温度 T_1 不等于0℃(控制室一般都维持在20℃左右),需要对热电偶回路的测量电势值 $E_{AB}(T_2,T_1)$ 加以修正。这一修正工作称为冷端温度补偿,如图5-23(d)所示。热电偶冷端温度补偿的方法,包括计算修正法、冷端恒温法和自动修正法等。

计算修正法是测出冷端的温度,再通过查表计算出其对应的毫伏数,将其加入热电偶回路的毫伏数,再查表得出相应的温度数。这种方法主要用于实验室的测温。

冷端恒温法是将热电偶的冷端引至一个0℃的恒温器中,如图5-24所示。在实验室及精密测量中,通常把冷端放入0℃恒温器或装满冰水混合物的容器中,以便冷端温度保持0℃,这种方法又称为冰浴法。

自动修正法是采用补偿电桥来实现补偿的。补偿电桥方法之一是采用不平衡电桥,其工作原理如图5-25所示。图5-25中不平衡电桥产生的不平衡电压 E_{ab} 作为补偿信号,来自动补偿热电偶测量过程中因冷端温度不为0℃或变化而引起热电势的变化值。它由三个电阻温度系数较小的锰铜丝绕制的电阻 R_1、R_2、R_4 及电阻温度系数较大的铜丝绕制的电阻 R_{Cu} 和电源组成。补偿电桥与热电偶冷端处在同一环境温度,当冷端温度变化引起的热电势 $E_{AB}(T_2,T_1)$ 变化时,由于 R_{Cu} 的阻值随冷端温度变化而变化,适当选择桥臂电阻和桥路

电流，就可以使电桥产生的不平衡电压 E_{ab} 补偿由于冷端温度 T_1 变化引起的热电势变化量，从而达到自动补偿的目的。

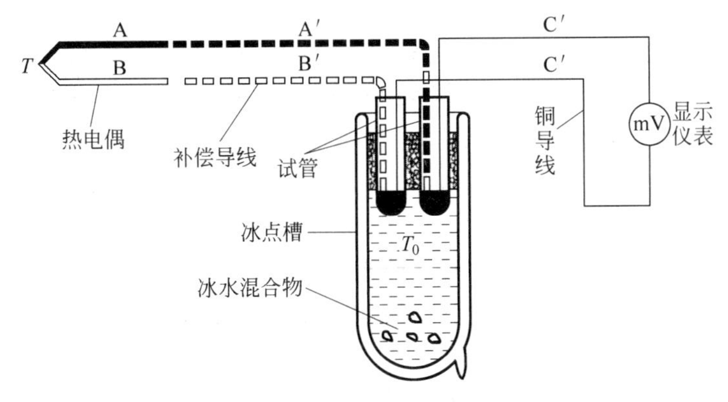

图 5-24　冰浴法原理图

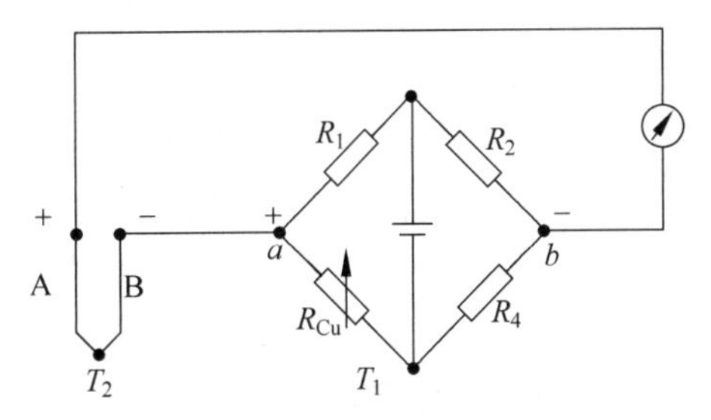

图 5-25　不平衡补偿电桥工作原理图

当工作端温度为 T_2 时，分度表所对应的热电势 $E_{AB}(T_2, T_0)$ 与热电偶实际产生的热电势 $E_{AB}(T_2, T_1)$ 之间的关系可根据中间温度定律（即式(5-28)）得到，即

$$E_{AB}(T_2, T_0) = E_{AB}(T_2, T_1) + E_{AB}(T_1, T_0)$$

由此可见，测量电势值 $E_{AB}(T_2, T_1)$ 的修正值是由不平衡电桥产生的输出，即

$$E_{ab} = E_{AB}(T_1, T_0)$$

另外一种补偿电桥方法是采用平衡电桥，其工作原理如图 5-26 所示。

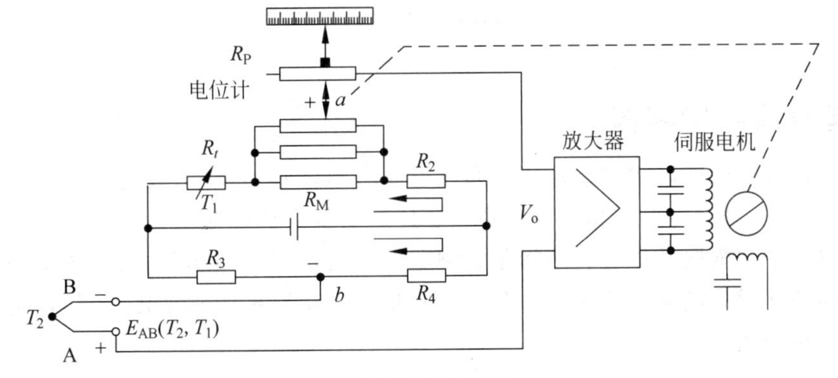

图 5-26　平衡补偿电桥工作原理图

在平衡电桥中，R_P 为一电位计，R_2、R_3、R_4 为阻温度系数较小的锰铜丝绕制的电阻，而 R_t 为电阻温度系数较大的且为负温度系数的热敏电阻。将电路设定在温度为0℃时热电偶输出与桥路输出平衡。

当测量温度 T_2 变化时，$E_{AB}(T_2,T_1)$ 会发生变化，从而打破平衡产生输出 V_o，该输出电压经放大后，驱动伺服电机，并带动电位计移动，使得桥路输出 E_{ab} 也会发生变化，由于桥路输出与热电偶输出的极性是对接的，最终使得 $E_{ab}=E_{AB}(T_2,T_1)$，这样 V_o 回到零。温度的变化则由伺服电机驱动的显示器进行显示。另一方面，当冷端的温度发生变化时，如温度升高，会使得热电偶输出下降，经放大后，驱动伺服电机，使电位计的指示下降。但这时桥路中的热敏电阻阻值也会下降，这样桥路的输出电压就会下降，桥路输出与热电偶输出平衡，使得电位计的指示恢复到原位，这就是说，电位计的指示不受环境温度 T_1 的影响，只与热电偶输出有关。

还有一种热电偶冷端温度补偿的方法是采用集成温度传感器组成的电路来实现冷端温度补偿，如图5-27所示。图5-27中的 A_1 与 A_2 为两个差动放大器。如果热电偶的冷端温度为零度，热电偶的输出电压经过两级差动放大后可直接输出。如果热电偶的冷端温度不为零度，如高于零度，则热电偶的输出电压会下降，即 V_a 将下降。这时由于采用了负温度系数的集成温度传感器来检测冷端温度，温度传感器的输出电压会随温度升高而降低，即 V_b 也会降低。这样就使得 A_2 的差动输入没有改变，从而实现了冷端温度的补偿。由于集成温度传感器的灵敏度比热电偶的测温灵敏度大得多，也即测温的增益大得多，这样热电偶的输出必须先经过一次差动放大后才能与集成温度传感器的输出进行比较。A_1 的放大倍数 $K=R_2/R_1$ 的选择必须与集成温度传感器温度灵敏度相同。

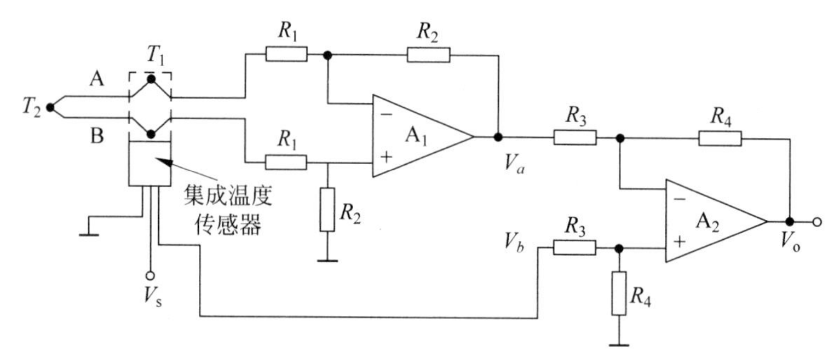

图5-27 用集成温度传感器进行冷端补偿的原理图

5.4 其他温度传感器

除了前面介绍的热电阻测温传感器和热电偶测温传感器以外，还有一些其他的测温方法，包括热膨胀式测温传感器和非接触式测温传感器等。热膨胀式温度传感器的测温是基于物体受热时产生膨胀的原理。热膨胀式测温传感器包括金属膨胀式、气体膨胀式和液体膨胀式。而非接触式的测温传感器主要是一些基于光学原理的测温传感器，这类传感器我们将在第6章介绍。

5.4.1　双金属测温传感器

双金属温度传感器(Bimetallic Thermometer)是一种基于热膨胀原理的测温传感器。当温度发生改变时,物体的体积将发生改变,也即对应的尺寸将发生改变。如果我们以其长度作为特征尺寸,则

$$l = l_0(1 + \gamma \Delta T) \tag{5-33}$$

式中　l——温度在 T 时的长度;

l_0——温度在 T_0 时的长度;

γ——材料的膨胀系数;

ΔT——温差,$\Delta T = T - T_0$。

例 5-6　一铝棒在温度为 20℃时长为 10m,当温度在 0～100℃变化时,问该铝棒的长度变化为多少(铝的热膨胀系数为 2.5×10^{-5}/℃)?

解:

$$l_0 = 10\text{m} \times [1 + (2.5 \times 10^{-5}/℃) \times (0℃ - 20℃)] = 9.995\text{m}$$

$$l_{100} = 10\text{m} \times [1 + (2.5 \times 10^{-5}/℃) \times (100℃ - 20℃)] = 10.02\text{m}$$

膨胀引起的长度变化为

$$l_{100} - l_0 = 0.025\text{m} = 25\text{mm}$$

双金属温度传感器是一种固体膨胀温度计,结构简单、牢固。双金属温度传感器可将温度变化转换成机械量变化,不仅用于测量温度,而且还用于温度控制装置(尤其是开关的“通断”控制),使用范围相当广泛。

双金属温度传感器是由两种膨胀系数不同的金属薄片叠焊在一起制成的测温传感器,如图 5-28(a)所示,其中双金属片的一端为固定端,另一端为自由端。当 $T=T_0$ 时,两金属片都处于水平位置;当 $T>T_0$ 时,双金属片受热后由于两种金属片的膨胀系数不同会使自由端弯曲变形,弯曲的程度与温度的高低成正比。即

$$\rho \approx \frac{4d}{3(\gamma_A - \gamma_B)(T - T_0)} \tag{5-34}$$

式中　ρ——曲率半径;

γ_A——材料 A 的膨胀系数,℃;

γ_B——材料 B 的膨胀系数,℃;

$T-T_0$——温差,℃。

式(5-34)表达的曲率半径一般不易测量,又将对膨胀的测量转换成位移量,即

$$x = \frac{Kl}{d}(T - T_0) \tag{5-35}$$

式中　x——双金属自由端的位移;

K——双金属片的特性常数(弯曲率);

l——双金属片的长度;

d——双金属片的厚度。

由于双金属的这种结构形式,对其自由端位移的测量仍然是比较困难的,因此多将双金属片制成一些特殊的形式,如盘旋式、垫圈式、U 形式和螺旋式等来测量温度。如图 5-28(b)所

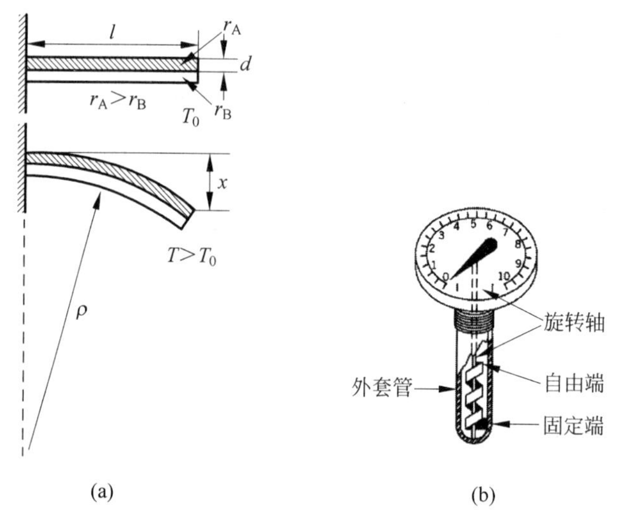

图 5-28 双金属温度计原理图

示就是一种螺旋式的双金属温度计。

如图 5-29 所示的是最简单的双金属温度开关,由一端固定的双金属条形敏感元件直接带动电接点构成的。温度低时电接点接触,电热丝加热;温度高时双金属片向下弯曲,电接点断开,加热停止。温度切换值可用调温旋钮调整,调整弹簧片的位置也就改变了切换温度的高低。

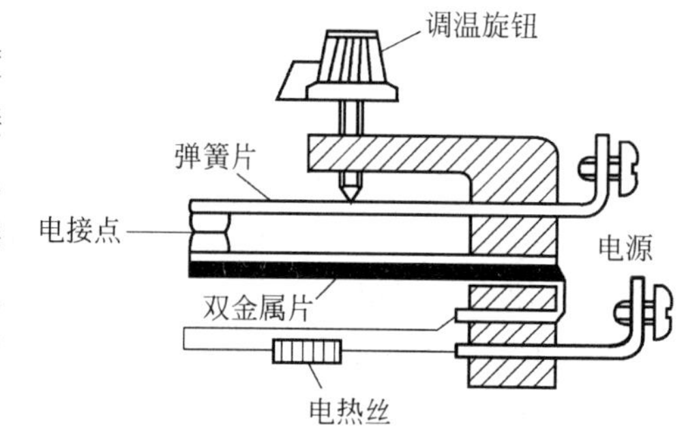

图 5-29 双金属温度开关原理图

在双金属传感器中,常采用殷钢,即一种镍合金,来制作低膨胀金属片,而用一些其他合金来制作高膨胀金属片。常用的一些双金属片材料如表 5-6 所示。

表 5-6 双金属片材料表

材料构成		膨胀系数/($\times10^{-6}$/℃)
低膨胀材料	镍合金	1.1
高膨胀材料	铜	16.5
	镍	12.6
	铜 70,锌 30	18
	铜 30,镍 70	14
	镍 20-锰-铁	20
	镍-铝-铁	18
	镍 20-钼-铁	18
	锰-镍-铜	30

5.4.2 气体测温传感器

气体测温传感器(Gas Thermometer),也被称为压力式测温传感器。它是由一个敏感

对于漩涡脱离的检测,目前已有几种比较成熟的方法,它们包括电容膜片传感器检测、压电传感器检测、热传感器检测、应变传感器检测以及超声波传感器检测等。

(1) 电容膜片(压电)传感器　在钝体的两侧安装了柔性膜片,在膜片和主体之间的狭小空间里充满了油,从而形成了一个差动电容传感器,或者在膜片内部设置一个压电传感器,如图4-22(a)所示。电容传感器或压电传感器可检测压力脉动,再经信号调理电路产生电压信号输出。

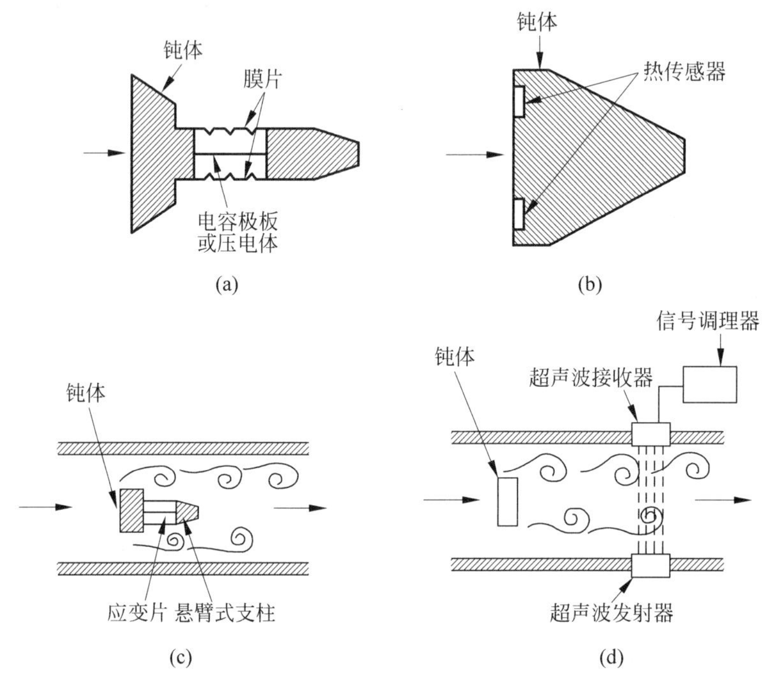

图4-22　涡街检测原理图

(2) 热传感器　采用一个恒温热线流速计(参见4.4.3节),来测量这种由压力脉动引起的速度脉动,如图4-22(b)所示。

(3) 应变传感器　利用贴在膜片或钝体上的应变片来测量压力脉动,如图4-22(c)所示。

(4) 超声波传感器　将一个超声波传输环节放置在钝体的下游,利用漩涡会引起超声波在传输时其幅值或相位发生变化的特性来测量漩涡的频率,如图4-22(d)所示。超声波传感器的原理可参见3.3.4节。

4. 靶式流量计

靶式流量计(Target Meter)也称为阻力式流量计(Drag Force Flow Meter)或动压板流量计(Moving Vane Flow Meter)。它的基本原理是基于流动的流体与一个固定物体碰撞时,将有一个力作用于该物体之上,作用于物体之上的力的大小,与流体的流速和流体的质量有关,测量了这个力的大小,就可求出流动流体的流量。

靶式流量计的结构之一如图4-23所示。在管道内与流体垂直的方向设置一平板的受力靶(动压板)。若管道的直径为D,受压板的直径为d,流体的密度为ρ,作用于受压板的力为F_n,这个力实际上是由两个部分组成,一部分是流体和靶表面的摩擦力,另一部分是由于流束在靶后分离而产生的差压阻力,后者是主要的。当流体的雷诺数达到一定数值时,阻

球泡、一根互联毛细管和一个类似于波尔顿管(波纹管或膜片等)的测压装置构成,如图 5-30 所示。

气体测温传感器的测温原理是基于标准气态方程的,即

$$\frac{P_0}{T_0}=\frac{P_1}{T_1}$$

或

$$P_1=\frac{P_0}{T_0}T_1 \tag{5-36}$$

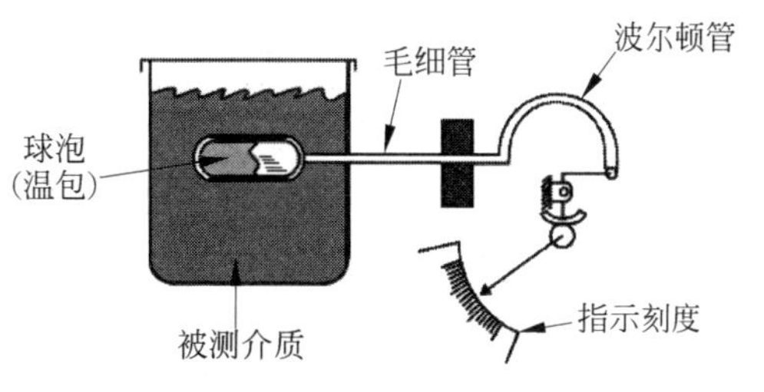

图 5-30　压力式气体温度传感器原理图

式中　P_0、T_0——在状态 0 时的绝对压力与温度;

P_1、T_1——在状态 1 时的绝对压力与温度。

可见,如果 P_0、T_0 分别为初始时气体的状态,则 T_1 时的温度可以由其压力 P_1 来表达。因此气体测温传感器是将对温度的测量转换成了对压力的测量,关于压力的测量可采用 3.8.3 节中介绍的方法来实现。如图 5-30 所示的压力测量正是采用了波尔顿测压管。

另外一种气体式测温传感器是在温包中装入易挥发的液体,当温包的温度升高时,包内的液体开始挥发,因而使温包内压力增高,升高的压力会使得弹性管膨胀,因而带动指示器显示温度。因此这类传感器也被称为蒸汽-压力测温传感器,其结构与气体式测温传感器非常相似,如图 5-31(a)所示。该传感器压力与温度的关系一般呈非线性,如图 5-31(b)所示。

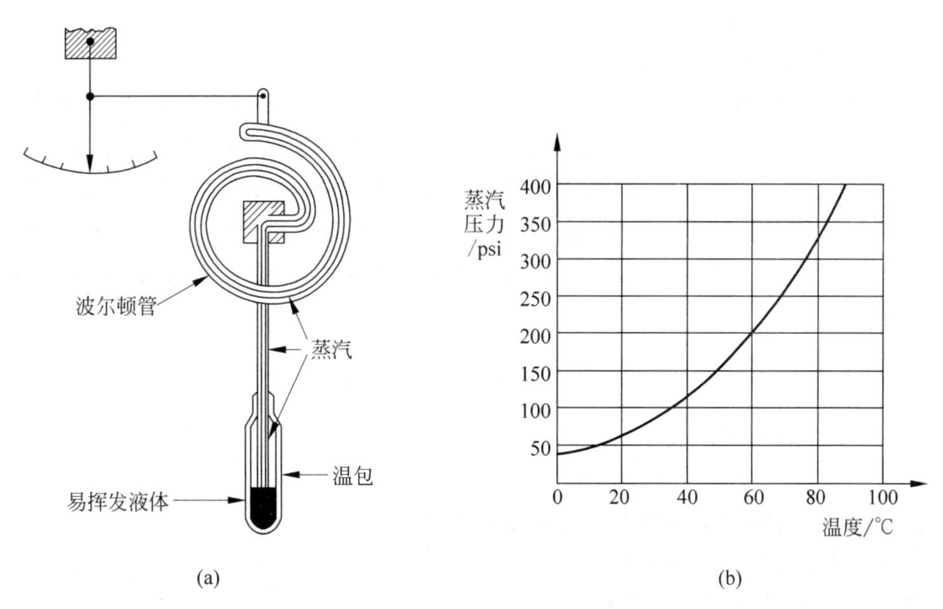

图 5-31　蒸汽-压力式温度传感器原理图

采用毛细管也可以进行一定距离的传输,但是毛细管也会受环境温度的影响,从而给测量带来误差。解决的方案之一是采用一根补偿毛细管和一个补偿波尔顿管,补偿波尔顿管

的膨胀方向与测量波尔顿管相反,这样就可抵消环境温度变化带来的影响,带补偿系统的蒸汽-压力测温传感器如图5-32所示。

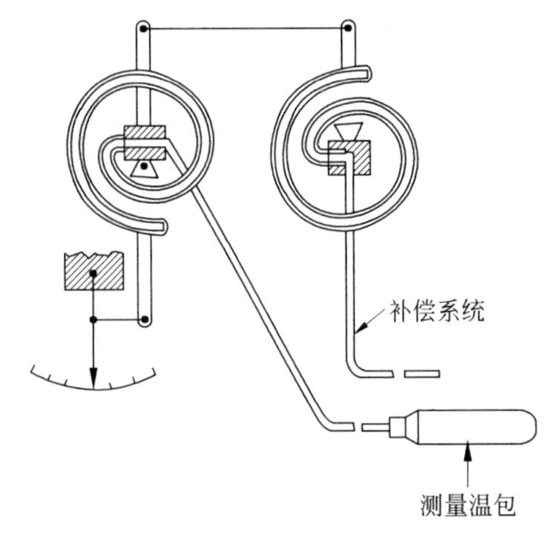

图5-32 带补偿系统的蒸汽-压力式温度传感器原理图

5.4.3 液体膨胀测温传感器

对于液体的膨胀有着与式(5-33)相似的表达,即

$$V_T = V_{T0}(1 + \beta\Delta T) \tag{5-37}$$

式中 V_T——温度在T时的体积;

V_{T0}——温度在T_0时的体积;

β——材料的膨胀系数,℃;

ΔT——温差,℃,$\Delta T = T - T_0$。

液体膨胀测温传感器(Liquid-Expansion Thermometer),通常是指玻璃温度计。玻璃温度计的基本组成包括玻璃泡、带有刻度的毛细管以及充满玻璃泡和部分毛细管的液体。有时在顶端还连接一个小玻璃泡,当测量的温度超过量程时,此小玻璃泡可以充当安全储液器。玻璃温度计的结构如图5-33所示。玻璃泡在液体受热后发生膨胀,使得毛细管中的液位上升,液位上升的高度反映了温度的高低。液位高度x与温度T的关系可由热平衡的方法得到如下表达

$$\frac{\rho c A_c}{\beta}\frac{dx}{dt} + \frac{k A_b A_c}{\beta V}x = k A_b T \tag{5-38}$$

式中 ρ——液体的密度;

c——液体的比热;

β——液体的膨胀系数与玻璃泡膨胀系数之差;

k——玻璃泡壁的传热系数;

A_b——玻璃泡壁的传热面积;

V——玻璃泡的容积;

A_c——毛细管的横截面积。

从式(5-38)可见,液位高度x与温度T的关系是一阶关系。玻璃温度计中的液体一般

应选用膨胀系数较大的液体,这类液体包括酒精、汞、甲苯、戊烷、丙烷及丙烯等。工业用玻璃温度计,考虑玻璃的易碎性,一般要采用金属保护外壳来进行保护,如图 5-34 所示。

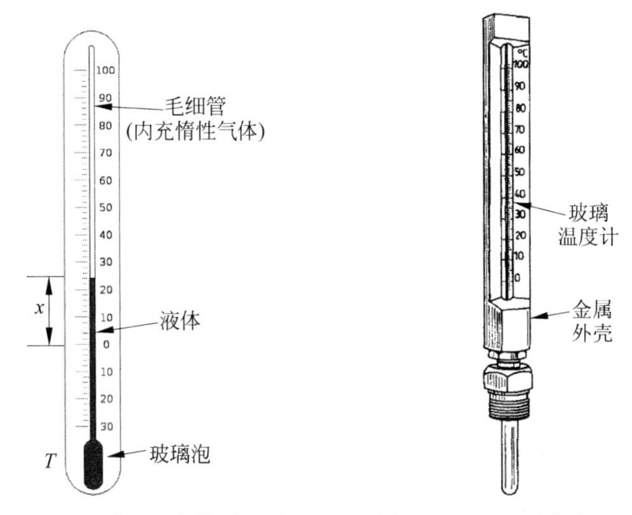

图 5-33　玻璃温度计原理图　　图 5-34　工业用玻璃温度计结构图

5.5　本章小结

本章内容主要有温度测量的基本概念和原理、温度测量的基本实现方法,包括热电阻温度测量、热电偶温度测量以及膨胀法温度测量等。通过对本章内容学习,读者主要学习了如下内容:

- 温度是表征物体冷热程度的物理量。用来度量物体温度数值的标尺为温标。
- 常用的绝对温标单位有两种,开尔文温度标度(K)和兰金温度标度(°R)。常用的相对温标单位也有两种,摄氏度温度标度(℃)和华氏度温度标度(℉)。
- 电阻传感器是利用导体或半导体的电阻值随温度变化而变化的原理进行测温的。
- 金属电阻测温传感器也被称为电阻温度探测器(RTD),或称为热电阻。工业上使用的金属热电阻有铂电阻、铜电阻、镍电阻和铁电阻等。
- 分度号用来反映温度传感器在测量温度范围内温度变化对应传感器电压或者阻值变化的标准数列,即热电阻、热电偶、电阻、电势对应的温度值。
- 热敏电阻分为负温度系数(NTC)热敏电阻和正温度系数(PTC)热敏电阻。
- 结温度传感器的工作原理是基于半导体 PN 结的结电压随温度变化的特性进行温度测量的。将测温晶体管和激励电路、放大电路等集成在一个芯片上就构成了集成温度传感器。
- 将两种不同材料的导体组成一个闭合回路,当两个接合点温度不同时,在该回路中就会产生电动势,这种现象称为热电效应或塞贝克效应,相应的电动势称为热电势和塞贝克电势。这两种不同材料的导体的组合就称为热电偶。国际电工委员会目前推荐了 8 种标准化热电偶。
- 热电偶在使用时一般要配用补偿导线,并且要对冷端温度进行补偿。

• 热膨胀型测温传感器是利用温度发生改变时,物体的体积将发生改变,其对应的尺寸将发生改变的原理进行测温的。热膨胀式测温传感器包括双金属温度计、气体压力式温度计、蒸汽压力式温度计和玻璃温度计等。

习题

5.1 将453.1°R转换成K、℉、℃。

5.2 将−222℉转换成℃、K、°R。

5.3 将150℃转换成℉、K。

5.4 有一对象其温度控制在350~550℃,问用℉表达温度时为多少?

5.5 有一RTD,其$\alpha(20)=0.004/℃$。如果在20℃时,$R=106\Omega$,求25℃时的电阻。

5.6 将5.5题的RTD用于如图5-35所示电路当中,如果$R_1=R_2=R_3=100\Omega$,供桥电压为10.0V,计算探测器能探测到1.0℃温度变化时输出电压为多少?

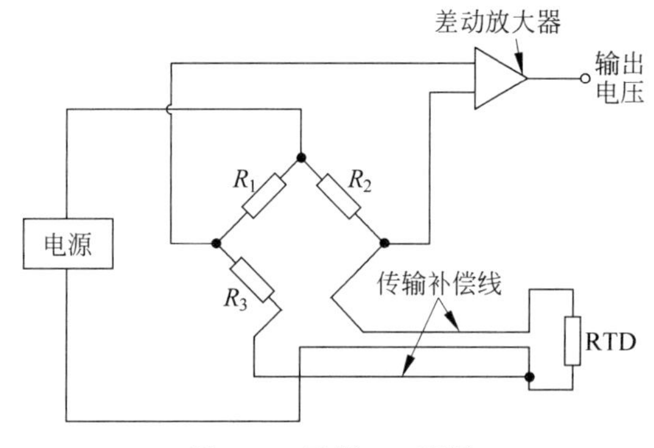

图5-35 习题5.6配图

5.7 有一个RTD的电阻与温度的关系如表5-7所示,求温度在100~130℃的线性近似方程和二次型近似方程。这里假设$T_0=115℃$。

表5-7 习题5.7用表

T/℃	R/Ω
90.0	562.66
95.0	568.03
100.0	573.40
105.0	578.77
110.0	584.13
115.0	589.48
120.0	594.84
125.0	600.18
130.0	605.52

5.8 有一个J型热电偶在参考端温度为0℃时,测得电压为22.5mV。求测量端温度。

5.9 有一个J型热电偶在参考端温度为−10℃时,用来测量500℃的温度。求输出电压。

5.10 有一个热电开关由20℃时为10cm长的铜条组成，在150℃时该铜条接触到电气接触器。问在20℃时铜条与接触器之间的距离为多远？

5.11 有一个热敏电阻的特性如图5-36(a)所示，用在如图5-36(b)所示的温度对电压转换的电路中。画出输出电压V_o与温度范围是0～80℃的关系曲线。

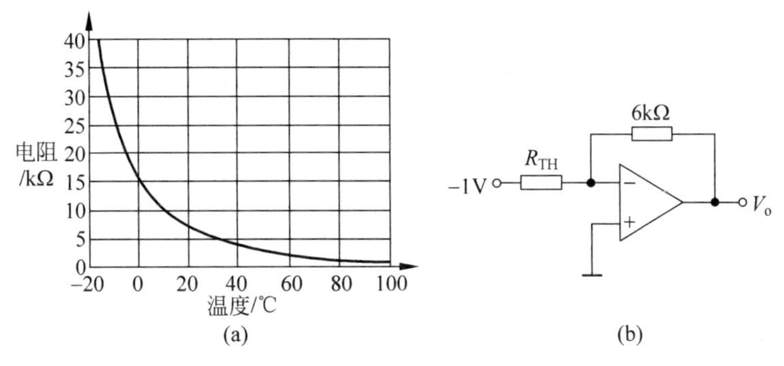

图5-36 习题5.11配图

参考文献

[1] Curtis D Johnson. 过程控制仪表技术[M]. 8版. 北京：清华大学出版社，2009.
[2] John P Bentley. 测量系统原理[M]. 4版. London：Pearson Education Limited，2005.
[3] Roy D Marangoni John H Lienhard V. 机械量测量[M]. 王伯雄，译. 5版. 北京：电子工业出版社，2004.
[4] Ernest O Doebelin. 测量系统应用与设计[M]. 王伯雄，译. 5版. 北京：电子工业出版社，2007.
[5] 祝诗平，等. 传感器与检测技术[M]. 北京：中国林业出版社，2006.
[6] 张宏建，等. 自动检测技术与装置[M]. 北京：化学工业出版社，2004.
[7] 梁森，等. 自动检测技术及应用[M]. 2版. 北京：机械工业出版社，2012.
[8] 齐志才，等. 自动化仪表[M]. 北京：中国林业出版社，2006.
[9] 张洪润，等. 传感技术与应用教程[M]. 2版. 北京：清华大学出版社，2009.

第6章

光学传感器

教学目标

本章将简要介绍电磁辐射及光学测量的基本概念和原理、光学测量的基本实现方法，包括光电传感器、光学高温计、光纤传感器及红外分析仪等。通过对本章内容及相关例题的学习，希望读者能够：

- 了解电磁辐射的基本概念；
- 熟练掌握各类光电传感器的基本原理以及对应传感器的基本结构；
- 熟练掌握光学高温计的基本原理以及对应传感器的基本结构；
- 掌握光纤传感器的基本原理以及对应传感器的基本结构等；
- 掌握红外分析仪的基本原理以及对应传感器的基本结构等；
- 了解光源及光电耦合器件的基本知识。

6.1 电磁辐射的基本概念

电磁辐射是一种复合的电磁波，它以相互垂直的电场和磁场随时间的变化而传递能量。电磁辐射是以一种看不见、摸不着的特殊形态存在的物质。电磁辐射根据频率或波长分为不同类型，其频谱范围很宽，本章主要讨论的是可见光与红外光，因为多数光学传感器都是使用可见光或红外光。

6.1.1 电磁辐射的性质

电磁辐射(Electromagnetic Radiation)是能量在空间传播的一种形式。物质释放或发射电磁波将损失能量，物质接收电磁波将获得能量。为此，我们讨论的是能量以电磁辐射形式出现时的一些性质。

1. 频率与波长

电磁辐射是能量在空间中的传播，因此它一定与传播的频率和波长有关。频率指单位时间内辐射粒子完成振动的次数，是描述振动物体往复运动频繁程度的量。波长是在波动中，对平衡位置的位移总是相等的两个相邻质点间的距离。

2. 传播速度

电磁波在真空中是以恒定的速度传播，不受波长或频率的影响。电磁波的传播速度为

$$c=\lambda f \tag{6-1}$$

式中 c——电磁波在真空中的传播速度，$c=2.998\times10^{8}\,\mathrm{m/s}$；

λ——波长，m；

f——频率，Hz。

电磁波在非真空中的介质中传播时其传播速度将有所下降，下降多少取决于介质的折射率。介质的折射率定义为

$$n=\frac{c}{v} \tag{6-2}$$

式中　n——介质的折射率；

　　　v——电磁波在介质中的传播速度，m/s。

例 6-1　已知玻璃的折射率为 $n=1.57$，求电磁波在玻璃中的传播速度。

解：由式(6-2)有

$$v=\frac{c}{n}=\frac{3\times10^{8}\,\mathrm{m/s}}{1.57}=1.91\times10^{8}\,\mathrm{m/s}$$

3. 电磁波的频谱与波长单位

电磁辐射根据频率或波长分为不同类型，这些类型包括无线电波、微波、太赫兹辐射、红外辐射、可见光、紫外线、X射线和伽马射线等，如图 6-1 所示。其中，无线电波的波长最长而伽马射线的波长最短。X 射线和伽马射线电离能力很强，其他电磁辐射电离能力相对较弱。电磁辐射所衍生的能量，取决于频率的高低，频率越高，能量越大。

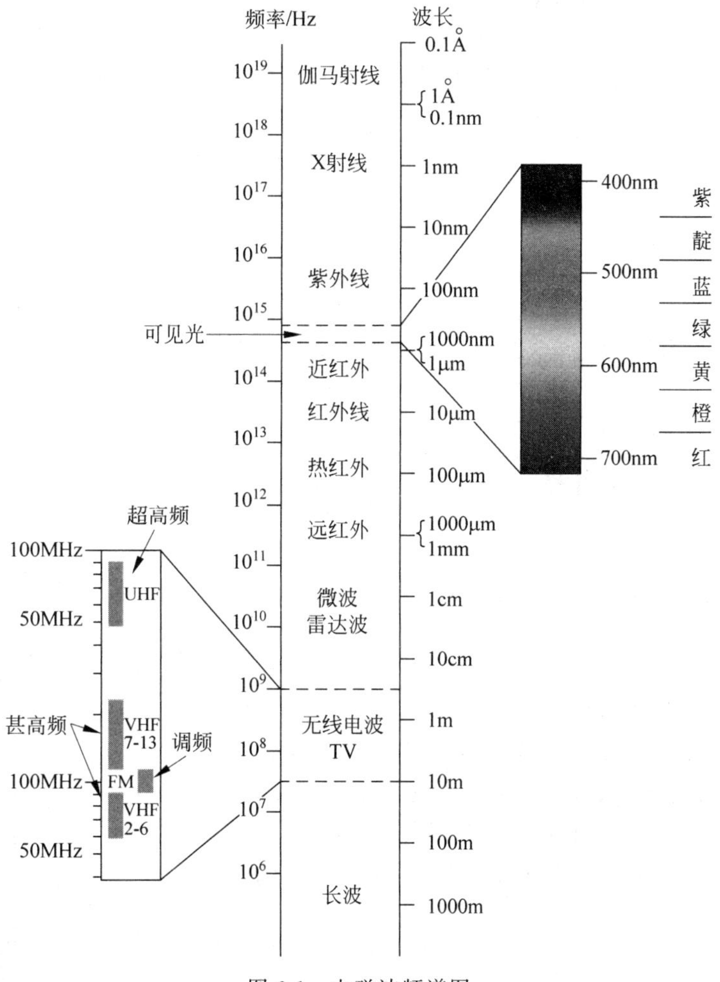

图 6-1　电磁波频谱图

由图 6-1 可见，可见光的波长为 400～700nm，红外线的波长为 0.76～100μm。有时我们也将 3～100μm 波长段称为远红外光。

波长的单位一般可用米(m)以及米制前缀来表达，但在电磁波中还有一个特别的单位就是埃(Å),定义 1Å=10^{-10}m。例如红光可以表达为波长为 7000Å 的电磁波。

例 6-2　求频率为 5.4×10^{13}Hz 的电磁辐射波的以米和埃为单位的波长,并说明该电磁辐射波的性质。

解:

$$\lambda=\frac{c}{f}=\frac{3\times10^{8}\,\mathrm{m/s}}{5.4\times10^{13}\,\mathrm{Hz}}=5.56\mu\mathrm{m}=5.56\times10^{-6}\,\mathrm{m}\times\frac{1\text{Å}}{10^{-10}\,\mathrm{m}}=55\,600\text{Å}$$

根据图 6-1 可知,该波属于远红外波。

6.1.2　光的基本属性

由于光是能量的一种形式,因此有必要探究一下可见光中能量的含量,以及与频谱的关系等。

1. 光子与能量

从粒子模型的角度来看,电磁辐射是由离散能量的波包形成的,波包又称为量子,或光子(Photon)。光子的能量与电磁辐射的频率成正比。由于光子可以被带电粒子吸收或发射,光子承担的一个重要的角色就是能量的传输者。根据普朗克关系式,光子的能量是

$$W_{p}=hf=\frac{hc}{\lambda} \tag{6-3}$$

式中　W_p——光子能量,J;

h——普朗克常数,$h=6.63\times10^{-34}$J·s;

f——频率,Hz;

λ——波长,m。

例 6-3　有一微波源以 1GHz 的频率和 1J 的总能量发射脉冲辐射。求:

(1) 每个光子的能量;

(2) 脉冲当中光子的数量。

解:

(1) 每个光子的能量可由式(6-3)有

$$W_{p}=hf=6.63\times10^{-34}\,\mathrm{J\cdot s}\times10^{9}\,\mathrm{Hz}=6.63\times10^{-25}\,\mathrm{J}$$

(2) 光子的总数量为

$$N=\frac{W}{W_{p}}=\frac{1\mathrm{J}}{6.63\times10^{-25}\,\mathrm{J}}=1.5\times10^{24}$$

图 6-2 展示了每个光子随波长不同时所具有的能量。这里的能量是以电子伏特(eV)为单位来表达的(1eV=1.602×10^{-19}J)。单位时间内所具有的能量为功率,其单位为瓦特(W)。单位面积内所具有的功率则为能量密度,或光强度,其表达为

$$I=\frac{P}{A} \tag{6-4}$$

式中　I——能量密度,W/m²;

P——功率,W;

A——光束的断面面积,m²。

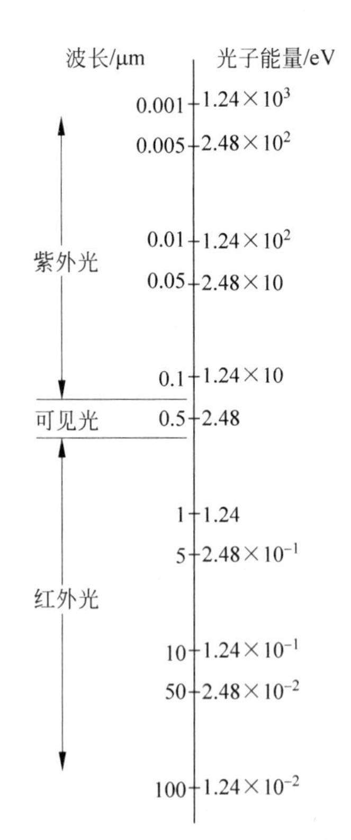

图 6-2　光子能量与波长的关系图

光是具有散射性质的，因此在光束传播的路径上，不同的位置会有着不同的能量密度，这一点可以由图6-3(a)说明。断面 A_2 的能量密度显然比断面 A_1 的低。

例6-4　求某一10W的光源在其光源处的光强度，以及距光源1m处的光强度（假设发光光源半径为0.05m，光束的散射角为2°，如图6-3(b)所示）。

解：在光源处

$$A_1=\pi R_1^2=3.14\times(0.05\text{m})^2=7.85\times10^{-3}\text{m}^2$$

$$I_1=\frac{P}{A_1}=\frac{10\text{W}}{7.85\times10^{-3}\text{m}^2}=1273\text{W/m}^2$$

在距光源1m处，有

$$R_2=R_1+L\tan\theta=0.05\text{m}+1\text{m}\times\tan2°=0.085\text{m}$$

$$A_2=\pi R_2^2=3.14\times(0.085\text{m})^2=0.0227\text{m}^2$$

$$I_2=\frac{P}{A_2}=\frac{10\text{W}}{0.0227\text{m}^2}=440.53\text{W/m}^2$$

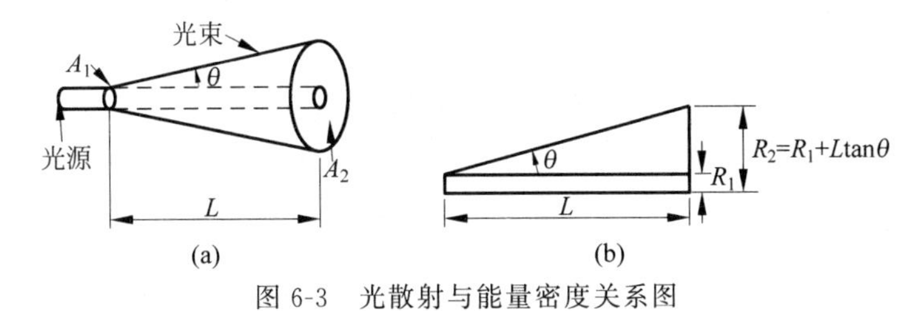

图6-3　光散射与能量密度关系图

2. 光谱与光度测定

光谱(Spectrum)是复色光经过色散系统（如棱镜、光栅）分光后，被色散开的单色光按波长或频率大小而依次排列的图案。光的另外一个特性就是考察一种光源时，要考察其内的光谱含量。发射单种颜色光的光源称为单色光源，它发射的光波波长是单一的。而由几种单色光合成的光叫作复色光，又称复合光。

从人机工程学的设计角度来看，人眼不但对光强度敏感，而且对波长也有所选择，如图6-4所示就说明了这一点。例如，人眼需要 1W/m^2 的光线强度来进行阅读，如果所提供

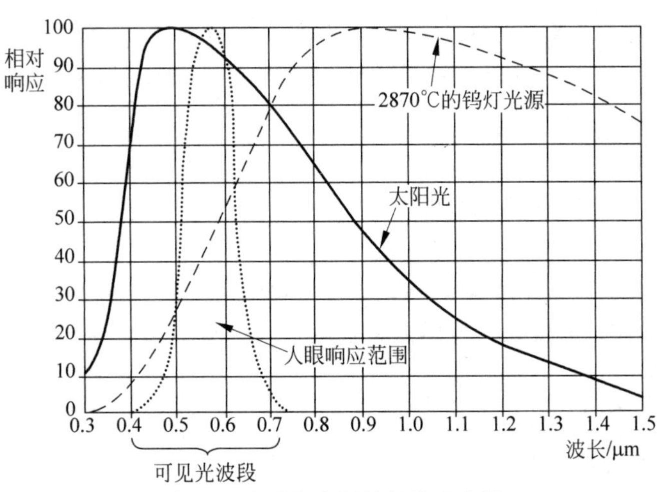

图6-4　人眼与光源波长的响应图

的光源是 $1\mathrm{W/m^2}$ 的红外光,人们是无法进行阅读的,因为红外光的波长不在人眼能够响应的范围内。

常用的光度测定(Photometry)单位是烛光(cd)。1烛光的光源是在一个半径为 R 的球体中央发射频率为 $340\times10^{12}\mathrm{Hz}$ 即波长为 555nm、能量为 1/683W、通过面积为 R^2 的电磁辐射。对1烛光的光源的形象解释如图6-5所示。

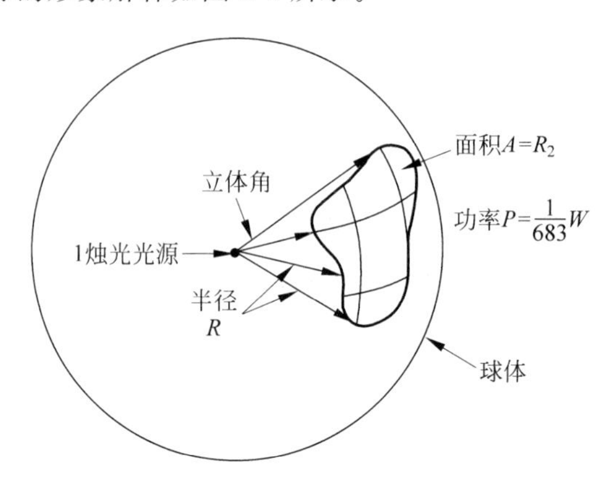

图6-5 1烛光光源的定义图

6.2 光电传感器

光电传感器的理论基础是光电效应。光电效应是在用光照射某一物体时,也即物体受到一连串能量为 hf 的光子的轰击,组成物质的材料吸收光子能量而发生相应电效应的物理现象。通常光电效应有以下三类。

(1) 在光线的作用下能使物体内的电子逸出物体表面的现象称为外光电效应,基于外光电效应的光电元件有光电管、光电倍增管、光电摄像管等。

(2) 在光线的作用下能使物体内的电阻率发生变化的现象称为内光电效应,也称为光电导效应,基于内光电效应的光电元件有光敏电阻、光敏二极管、光敏三极管、光敏晶闸管等。

(3) 在光线的作用下物体能产生一定方向电势的现象称为光伏效应,基于光伏效应的光电元件有光电池等。

光电传感器,或者说光电器件,其特性不但与光照强度有关,而且与所受光的波长有关。因此光电传感器的基本特性包括光谱灵敏度、相对光谱灵敏度、积分灵敏度、光照特性、光谱特性、频率特性等。

1. 光谱灵敏度

光电传感器对单色辐射通量的反应,即

$$S(\lambda)=\frac{\mathrm{d}I}{\mathrm{d}\phi} \tag{6-5}$$

式中 $S(\lambda)$——随波长而变化的传感器灵敏度,在 λ_m 处有最大值 $S(\lambda_m)$,为此称 λ_m 为峰值波长;

I——光电器件的输出;

ϕ——入射光辐射通量。

2. 相对光谱灵敏度

其表达为

$$S_r(\lambda) = \frac{S(\lambda)}{S(\lambda_m)} \tag{6-6}$$

3. 积分灵敏度

光电传感器对连续光通量的反应，即

$$S(\lambda) = \frac{I}{\phi} \tag{6-7}$$

4. 光照特性

光电传感器的输出电压 V_o 或电流与输入光照强度 I 之间的关系，即

$$V_o = f(I) \tag{6-8}$$

有时也表达为光电传感器的积分灵敏度或光谱灵敏度与入射光照强度之间的关系，即

$$S = f(I) \tag{6-9}$$

5. 光谱特性

光线的波长与相对光谱灵敏度之间的关系，即

$$S_r = f(\lambda) \tag{6-10}$$

6. 频率特性

光电传感器的相对光谱灵敏度或输出变量的振幅随入射光通量的调制频率变化的关系，即

$$S_r = \varphi(f) \tag{6-11}$$

或

$$V_o = \varphi(f) \tag{6-12}$$

6.2.1 光发射传感器

光发射传感器(Photoemissive Detector)，也即光电管，是外光电效应型传感器。光电管的基本结构如图 6-6 所示，金属阳极和阴极封装在一个玻璃壳内，玻璃壳抽成真空，在阴极表面涂上一层光电材料。当入射光照射在阴极板上时，光子的能量传递给了阴极表面的电子，当电子获得的能量足够大时，电子可以克服金属表面的束缚而逸出金属表面，形成电子发射，这种电子也称为光电子。电子逸出金属表面的速度可由能量守恒定律给出

$$v = \sqrt{\frac{2}{m}(hf - W)} \tag{6-13}$$

式中　v——电子逸出金属表面的速度；

m——电子质量；

W——金属光电阴极材料的逸出功；

f——入射光的频率。

当一定数量的电子聚集在阳极上时就会形成阳极电流 I，阳极电流在负载电阻 R 上就会产生输出电压 V_o。

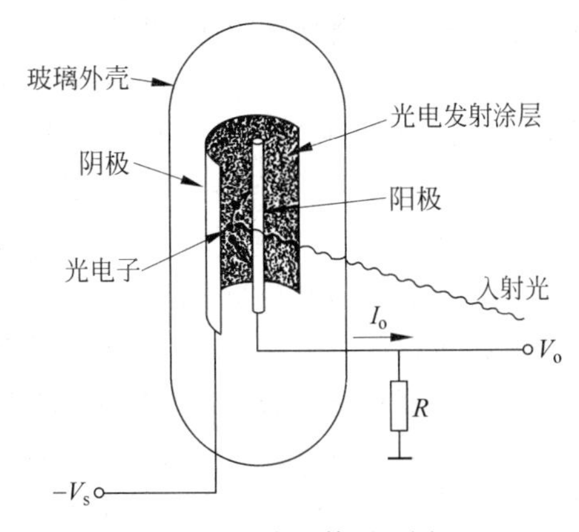

图 6-6　光电管原理图

光电管分为真空光电管和充气光电管两种。充气光电管的结构与真空光电管的结构基本相同,所不同的是充气光电管内充了低压惰性气体。当光电极被光线照射时,光电子在飞向阳极的过程中与气体分子碰撞而使气体电离,从而使阳极电流急速增加,因此增加了光电管的灵敏度。

为了获得更大的阳极电流,一种解决方法就是使用多个阴极,这就是所谓的光电倍增管。光电倍增管主要由玻璃壳、光阴极、光阳极、倍增极、引出插脚等组成,其结构如图6-7所示。

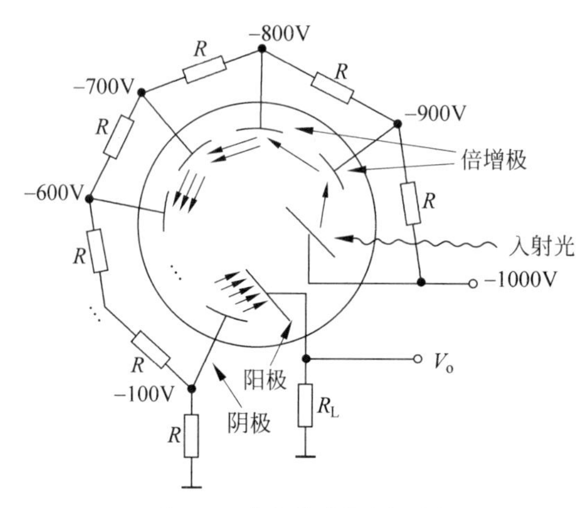

图6-7 光电倍增管原理图

光阴极通常由脱出功较小的锑铯或钠钾锑铯的薄膜组成,光阴极接负高压,各倍增极的加速电压由直流高压电源经分压电阻分压供给,灵敏检流计或负载电阻接在阳极处,当有光子入射到光阴极上,只要光子的能量大于光阴极材料的脱出功,就会有电子从阴极的表面逸出而成为光电子。在阳极和第一倍增极之间的电场作用下,光电子被加速后轰击第一倍增极,从而使第一倍增极产生二次电子发射。每一个电子的轰击可产生3～5个二次电子,这样就实现了电子数目的放大。第一倍增极产生的二次电子被第二倍增极和第一倍增极之间的电场加速后轰击第二倍增极,……。这样的过程一直持续到最后一级倍增极,每经过一级倍增极,电子数目便被放大一次,倍增极的数目有8～13个,最后一级倍增极发射的二次电子被阳极收集,其电子数目可达光阴极发射光电子数的14^6倍以上。这使光电倍增管的灵敏度比普通光电管要高得多,可用来检测微弱光信号。光电倍增管高灵敏度和低噪声的特点,使它在红外、可见和紫外波段检测微弱光信号是最灵敏的器件之一,被广泛应用于微弱光信号的测量、核物理领域及频谱分析等方面。

若将灵敏检流计串接在阳极回路中,则可直接测量阳极输出电流I_o,若在阳极串接电阻R_L作为负载,则可测量R_L两端的电压V_o,此电压正比于阳极电流。

一个由光电倍增管构成的测量电路如图6-8所示。标准光源发出的光经过聚光系统被聚焦在单色仪的入射狭缝S_1上,通过单色仪的色散作用,在其出射狭缝处可以获得单色光。此单色光功率被光电倍增管所接收放大后,在阳极上产生相应的电信号,可以由数字电压表直接读出。调整单色仪的色散系统鼓轮,可以改变单色仪输出光的波长,从而得到光电倍增管在不同波长的光照射下产生的阳极电信号。光电倍增也常与闪烁计数器配套应用于精密核辐射的探测等。

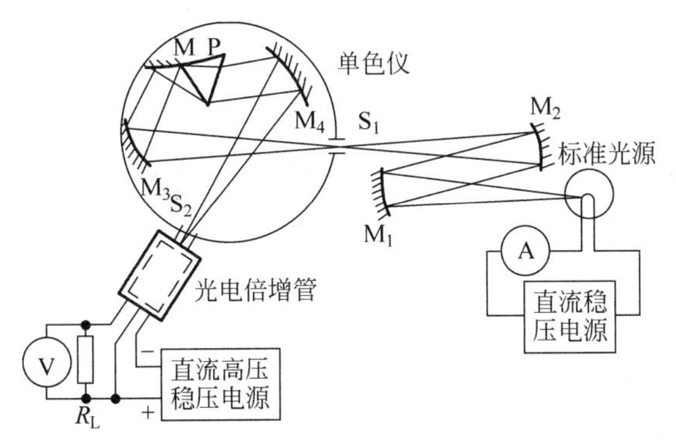

图 6-8 基于光电倍增管的测量电路图

6.2.2 光敏传感器

光敏传感器是那些基于内光电效应和光伏效应的传感器的总称，包括光敏电阻、光敏二极管、光敏三极管、光敏晶闸管和光电池等。

1. 光敏电阻

光敏电阻(Photoconductive Detector)是一种基于内光电效应制成的光电器件，光敏电阻没有极性，相当于一个电阻器件。光敏电阻的工作原理如图 6-9 所示。在光敏电阻的两端加直流或交流工作电压的条件下，当无光照射时，光敏电阻电阻率很大，从而使光敏电阻值 R_G 很大，在电路中电流很小；当有光照射时，由于光敏材料吸收了光能，光敏电阻率变小，从而 R_G 呈低阻状态，在电路中电流很大。光照越强，阻值越小，电流越大。当光照射停止时，R_G 又逐渐恢复高电阻值状态，电路中只有微弱的电流。这意味着入射光光子必须具有足够大的能量，才能使光电导层中的电子冲破束缚成为自由电子而使光电导层开始导电。而光子具有的能量是与波长有关的，我们可以将式(6-3)重写为

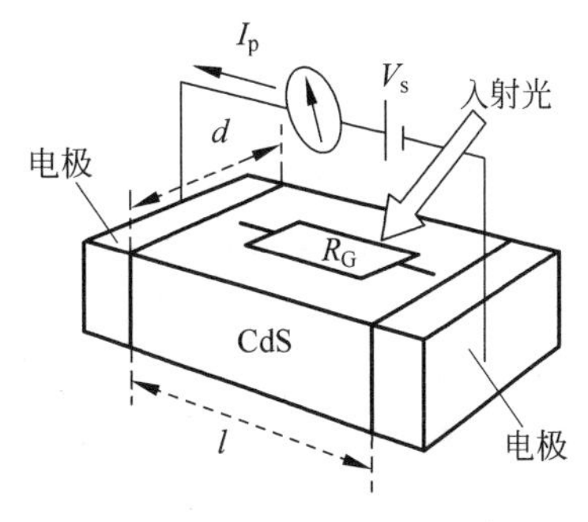

图 6-9 光敏电阻原理图

$$\begin{cases} E_p = \dfrac{hc}{\lambda_{\max}} = \Delta W_g \\ \lambda_{\max} = \dfrac{hc}{\Delta W_g} \end{cases} \tag{6-14}$$

式中 ΔW_g——半导体材料的能带，J；

h——普朗克常数，$h = 6.63 \times 10^{-34}$ J·s；

c——光速，m/s；

$\lambda_{\max}$——能探测到的最大辐射波长，m。

例 6-5 锗的能带为 0.67eV。问该锗材料电阻发生变化时，所吸收光子的最大波长为多少？

解：由于 1eV=1.602×10^{-19}J，因此

$$\lambda_{max}=\frac{hc}{\Delta W_g}=\frac{6.63\times10^{-34}\mathrm{J\cdot s}\times(3\times10^8\mathrm{m/s})}{0.67\mathrm{eV}\times(1.6\times10^{-19}\mathrm{J})}=1.86\mu\mathrm{m}$$

光敏电阻的基本结构如图6-10(a)所示,外形如图6-10(b)所示。它由一块两边带有金属电极的光电半导体组成,电极和半导体之间组成欧姆接触。由于半导体吸收光子而产生的光电效应,仅仅照射在光敏电阻表面层,因此光电导体一般都做成薄层。为了减少空间通常也会将电导体做成Z形布置的结构。

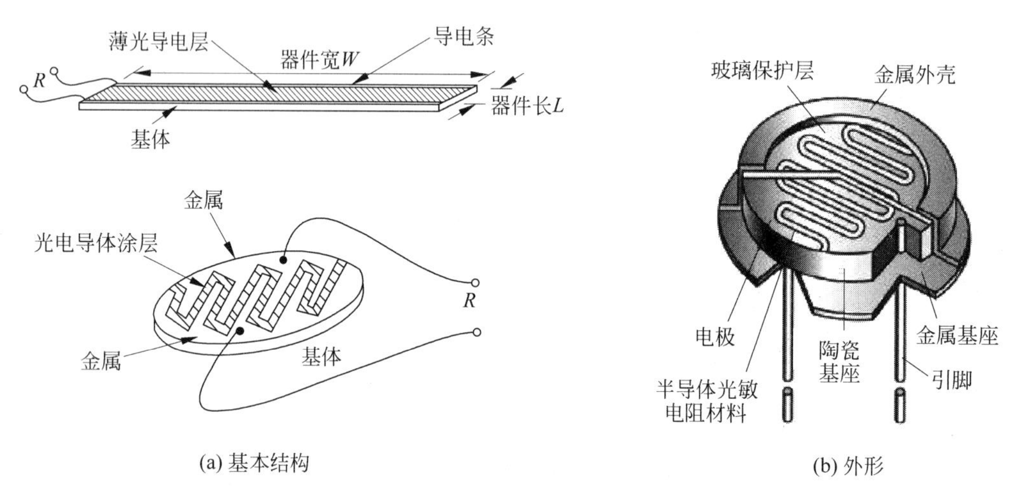

图6-10 光敏电阻原理图

部分常用的半导体光敏电阻的材料及其特性如表6-1所示。可见不同材料的半导体光敏电阻的相对灵敏度是对应着不同波长的。半导体光敏电阻的伏安特性是非线性的,因此,它必须配有诸如桥路的信号调理电路来调理输出信号。

表6-1 半导体光敏电阻材料的特性表

半导体光敏电阻材料	时间常数	光谱带
CdS(硫化镉)	100ms	0.47～0.71μm
CdSe(硒化镉)	10ms	0.6～0.77μm
PbS(硫化铅)	400μs	1～3μm
PbSe(硒化铅)	10μs	1.5～4μm

光敏电阻具有灵敏度高、可靠性好以及光谱特性好、精度高、体积小、性能稳定、价格低廉等特点,因此,广泛应用于光探测和光自控领域,如照相机、验钞机、石英钟、音乐杯、礼品盒、迷你小夜灯、光声控开关、路灯自动开关以及各种光控动物玩具、光控灯饰灯具等。在3.7.5节中介绍的光电转速传感器也是它的应用之一。

2. 光敏二极管

光敏二极管(Photodiode Detector)的结构与一般的二极管相似,其PN结对光敏感。光敏二极管工作时外加反向工作电压,在没有光照射时,反向电阻很大,反向电流很小,此时光敏二极管处于截止状态。当有光照射时,在PN结附近产生光生电子和空穴对,从而形成由N区指向P区的光电流,此时光敏二极管处于导通状态。当入射光的强度发生变化时,光生电子和空穴对的浓度也相应发生变化,因而通过光敏二极管的电流也随之发生变化,光敏二极管就实现了将光信号转变为电信号的输出，其原理如图6-11(a)所示。光敏二极管的反向电流关系曲线如图6-11(b)所示，其电路结构如图6-11(c)所示。

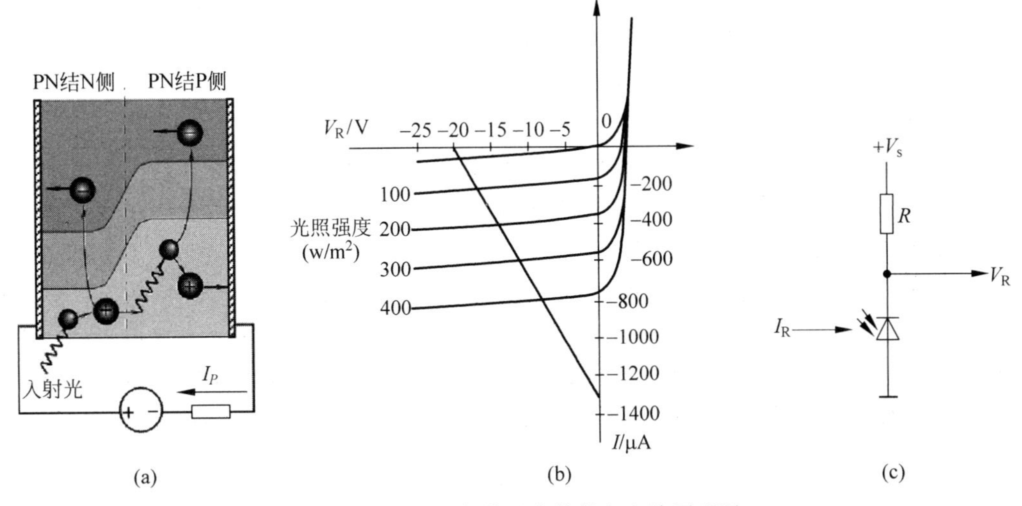

图6-11 光敏二极管反向特性与电路原理图

光敏二极管传感器的结构是将其PN结装在保护外壳内，其顶部上面有一个透镜制成的窗口，以便使光线集中在PN结上，如图6-12所示。

例6-6 一个光电二极管特性如图6-11(b)所示，将其用于如图6-13所示的电路中。当光照强度在100～400W/m^{2}变化时，问输出电压的变化范围为多大？

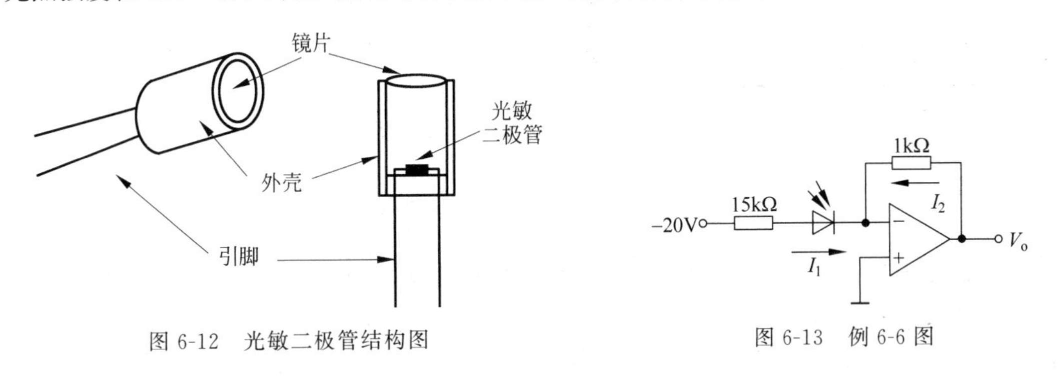

图6-12 光敏二极管结构图

图6-13 例6-6图

解：由于光电二极管反向电流变化时，管压降也会发生变化，所以要先绘制出光电二极管的负载线。

根据图6-11(b)可知，

$$-20\text{V 对应 } 0\text{mA}$$

$$0\text{V 对应 } 20\text{V}/15\text{k}\Omega=1.33\text{mA}$$

在负载线上查找光强度变化时的电流值

$$100\text{W/m}^2 \text{ 对应 } 200\mu\text{A};$$

$$400\text{W/m}^2 \text{ 对应 } 800\mu\text{A}。$$

运算放大器的输出为

$$V_o = 1000I_2 = 1000I_1$$

所以

$$V_{o1} = 1000I_1 = 1000 \times 200\mu A = 0.2V$$

$$V_{o2} = 1000I_1 = 1000 \times 800\mu A = 0.8V$$

即输出电压的变化范围是0.2～0.8V。

3. 光敏三极管

光敏三极管(Phototransistor)有NPN型和PNP型两种,是一种相当于在基极和集电极之间接有光电二极管的普通晶体三极管,外形与光电二极管相似。光敏三极管工作原理与光敏二极管也很相似。光敏三极管的工作原理和结构如图6-14(a)所示,具有两个PN结。当光照射在基极-集电结上时,就会在集电结附近产生光生电子-空穴对,从而形成基极光电流。集电极电流是基极光电流的β倍。这一过程与普通三极管放大基极电流的作用很相似。所以光敏三极管放大了基极光电流,它的灵敏度比光敏二极管高出许多。光敏三极管的发射极-集电极电压与集电极电流关系曲线如图6-14(b)所示,其电路结构如图6-14(c)所示。

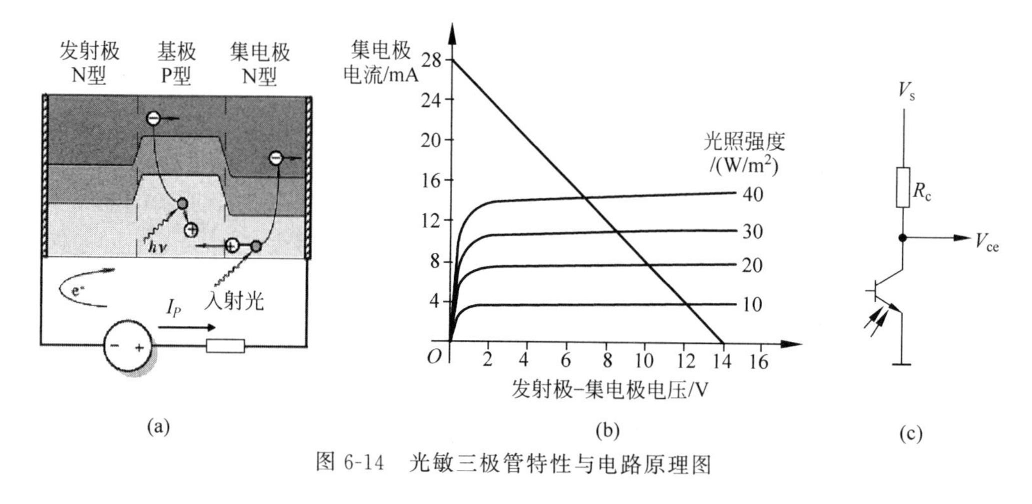

图6-14 光敏三极管特性与电路原理图

光敏二极管和光敏三极管对光的响应与波长有关,称为光谱特性,如图6-15所示。从图6-15中可以看出,光子能量的大小与光的波长有关系。波长很长时,光子的能量很小;波长很短时,光子的能量也很小。因此,光敏二极管和光敏三极管对入射光的波长有一个响应范围。如锗管的响应范围在0.6～1.8μm波长附近,而硅管的响应范围在0.4～1.2μm波长附近。光敏三极管和光敏二极管的外形结构相似,如图6-12所示。也常被应用在3.7.5节中介绍的光电转速传感器中。

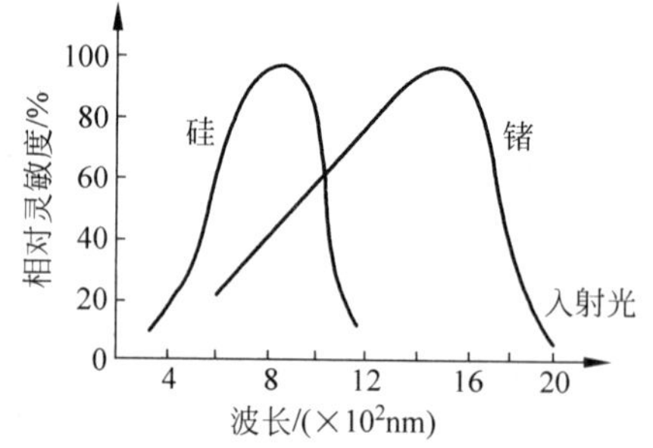

图6-15 光敏二极管与三极管的光敏特性图

例6-7 一光电三极管特性如图6-14(b)所示,将其用于如图6-14(c)所示的电路中。若供电电压为14V,集电极电阻为500Ω,问光照强度在10～40W/m²变化时,V_{ce}的变化范围为多大?

解：由于光电三极管电流变化时，管压降也会发生变化，同样也要先绘制出光电三极管的负载线。

根据图 6-14(b)可知

$$14\text{V 对应 } 0\text{mA}$$

$$0\text{V 对应 } 14\text{V}/500\Omega = 28\text{mA}$$

V_{ce} 的变化范围可在负载线上对应光强度变化直接查找得到

$$10\text{W/m}^2 \text{ 对应 } 12\text{V}$$

$$40\text{W/m}^2 \text{ 对应 } 7\text{V}$$

即 V_{ce} 的变化范围是 7～12V。

4. 光电池

光电池(Photovoltaic Detector)也称光伏传感器。光电池是一种直接将光能转换为电能的光电器件，光电池的工作原理如图 6-16 所示。硅光电池是在一块 N 型或 P 型硅片上，用扩散的方法掺入一些 P 型或 N 型杂质，而形成一个大面积的 PN 结。当入射光照在 PN 结上时，PN 结附近激发出电子-空穴对，在 PN 结势垒电场作用下，将光生电子拉向 N 区，光生空穴推向 P 区，形成 P 区为正、N 区为负的光生电动势。若将 PN 结与负载相连接，则在电路上有电流通过。

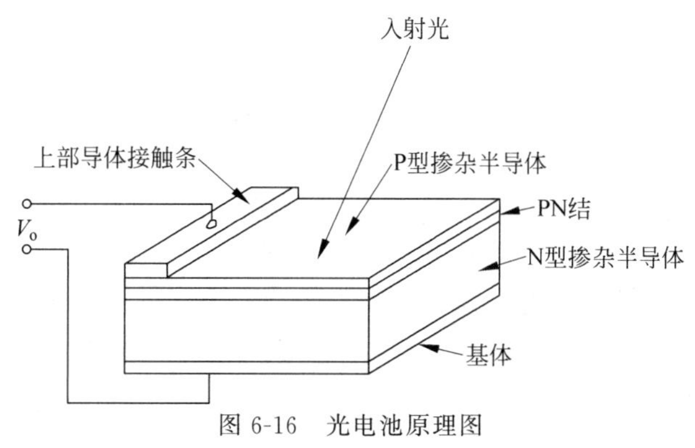

图 6-16　光电池原理图

由于光电池实际上就是一个大型的 PN 结，因此它有与光敏二极管相同的特性，如图 6-17(a)所示。同时它还是一个电池，因此也常给其戴维南等效电路如图 6-17(b)所示，即一个理想的电压源 V_c 和一个内阻 R_c 的串联。理想的电压源的大小为

$$V_c \approx C\ln(1 + I_R) \tag{6-15}$$

式中　V_c——电池的开路电压；

C——取决于电池材料的常数；

I_R——光照强度。

由于光电池的输出一般是非常小的，因此需要对其信号进行调理后才能作为后续的信号使用。最常用的调理方法就是运用运算放大器，其基本调理电路的结构如图 6-18 所示。在该调理电路中，光电池的短路电流是

$$I_{sc} = V_c/R_c$$

因此运算放大器的输出为

$$V_o = -RI_{sc} \tag{6-16}$$

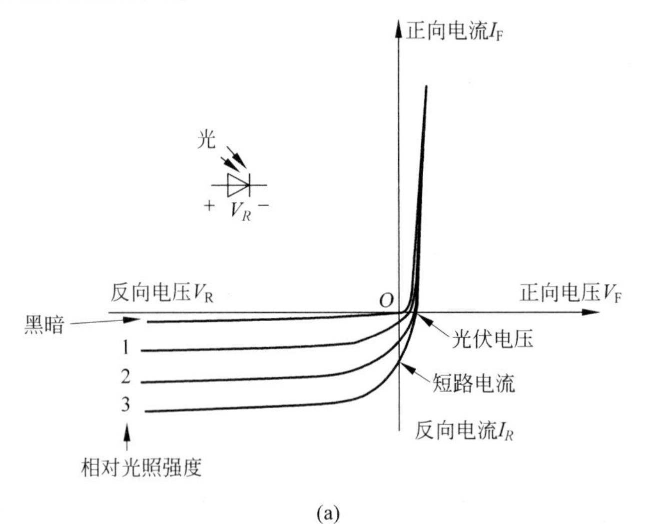

(a)

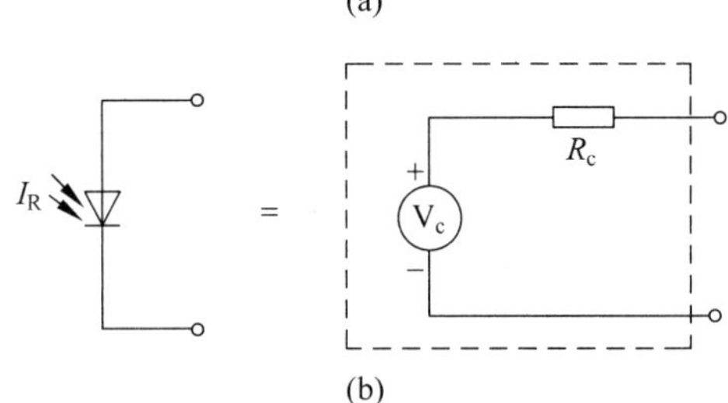

(b)

图6-17　光电池特性与等效电路图

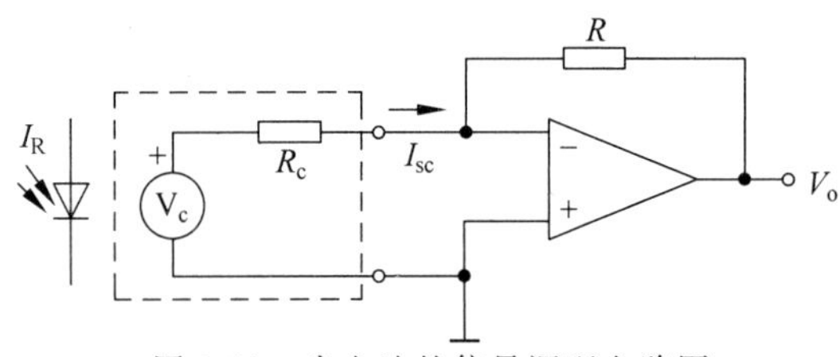

图6-18　光电池的信号调理电路图

从图6-18可以看出，光电池的短路电流 I_{sc} 是正比于光照强度 I_R 的，所以运算放大器的输出电压 V_o 也是正比于光照强度 I_R 的。

光电池的应用不但包括诸如路灯自动开关等电子控制中，还被广泛应用于太阳能电池电源等。

同样不同材料光电池的相对灵敏度是对不同波长敏感的。部分常用的光电池材料及其特性如表6-2所示。

表6-2　部分光电池材料的特性表

光电池材料	时间常数	光谱带
Si(硅)	20μs	0.44～1μm
Se(硒)	2ms	0.3～0.62μm
Ge(锗)	50μs	0.79～1.8μm
InAs(砷化铟)	1μs	1.5～3.6μm
InSb(锑化铟)	10μs	2.3～7μm

6.3　光学高温计

光学高温计(Pyrometry)是基于热辐射原理的。辐射测温是一种非接触测温,主要是利用热辐射来测量物体温度。任何物体受热后都有一部分的热能会转变为辐射能,温度越高,发射到周围空间的能量就越多。辐射能以波动形式表现出来,其波长的范围极广,从短波、X光、紫外光、可见光、红外光一直到电磁波。在温度测量中主要是可见光和红外光,因为此类能量被接收以后,多转变为热能,使物体的温度升高,所以一般就称为热辐射。辐射测温时,辐射感温元件不与被测介质相接触,不会破坏被测温度场,可实现遥测;测量元件不必达到与被测对象相同的温度,即可测量高温。

6.3.1　热辐射的基本原理

关于热辐射,其重要规律有4个:基尔霍夫辐射定律、普朗克辐射分布定律、维恩位移定律、斯蒂凡-波尔兹曼定律。这4个定律,有时统称为热辐射定律。

1. 基尔霍夫辐射定律

一个物体向周围辐射时,同时也吸收其他物体辐射的辐射能,吸收辐射能量能力强的物体,受热后向外辐射的能力也强。能够全部吸收辐射到其上的能量的物体,称为黑体。一个真实的物体不是完全的吸收体,它只吸收辐射 α 的份额,而其余的部分都被反射,其解释如图6-19(a)所示。

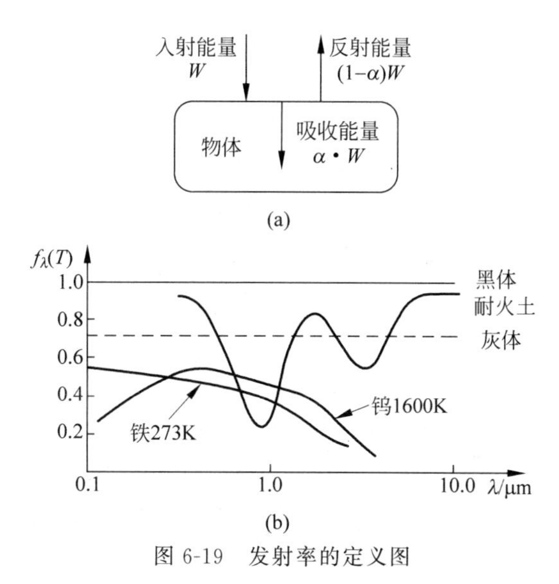

图6-19　发射率的定义图

基尔霍夫(Kirchhoff)辐射定律的主要内容是指物体的光谱辐射出射度 $M_\lambda(T)$ 与光谱吸收比 $\alpha_\lambda(T)$(即照射到物体表面上的辐射通量与被物体吸收的辐射通量之比)的比值是一个普适函数 $f_\lambda(T)$,它与温度和波长有关,即

$$\frac{M_\lambda(T)}{\alpha_\lambda(T)}=f_\lambda(T) \tag{6-17}$$

其中的 $\alpha_\lambda(T)$ 是指,如果一个温度为 T 的物体,吸收了波长为 λ 的辐射到该物体上某一份额 α 的电磁辐射,那么它也将发射温度为 T 的、对应黑体辐射下同一份额该波长能量

的辐射。式(6-17)中的$\alpha_\lambda(T)$就是物体的发射率,也称辐射率或黑体系数。如图6-19(b)所示给出了几种不同物质的发射率。

应该注意的是,按照定义黑体的$\alpha_\lambda(T)=1$;灰体的发射率与波长无关,对于所有λ,$\alpha_\lambda(T)<1$。测量目标发射率值的不确定性是辐射测温系统中误差的主要来源。

2. 普朗克辐射分布定律

一个黑体可在全波长范围内辐射能量,但对于不同的波长,其能量分布是不同的,这就表现为物体在不同温度时其颜色是不同的。颜色的区别是由于不同波长所辐射的相对量不同所致。这种分布用普朗克定律来表达即

$$M_\lambda(T)=\frac{C_1}{\lambda^5(e^{C_2/(\lambda T)}-1)} \tag{6-18}$$

式中 $M_\lambda(T)$——物体随波长的辐射能量,$W\cdot cm^{-2}\cdot \mu m^{-1}$;

λ——波长,μm;

C_1——普朗克第一辐射常数,$C_1=3.75\times10^{-16}W\cdot m^2$;

C_2——普朗克第二辐射常数,$C_2=1.44\times10^{-2}m\cdot k$。

式(6-18)说明了物体辐射的能量与波长的分布关系,这一关系也可用如图6-20所示的分布曲线来表达。

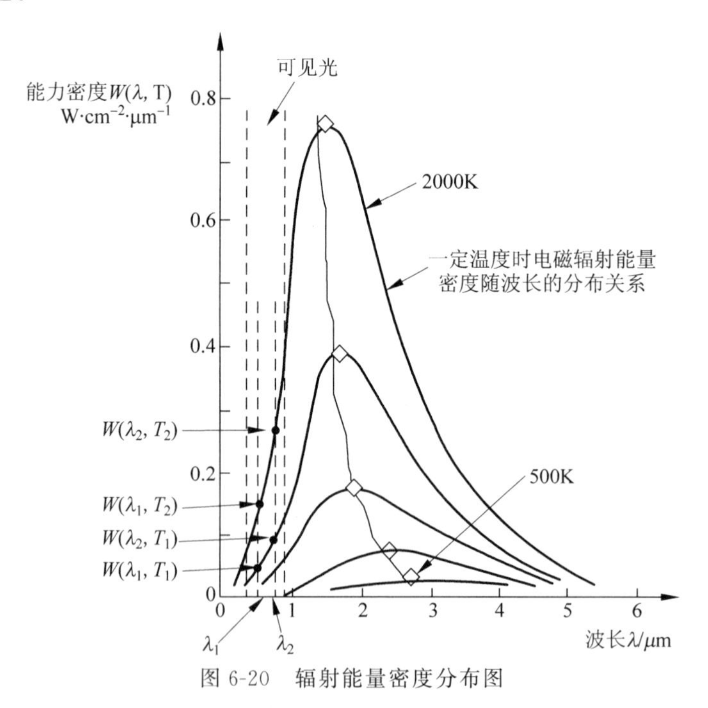

图6-20 辐射能量密度分布图

普朗克辐射分布定律有时也用亮度来表达,即

$$L_\lambda(T)=\frac{C_1}{\pi\lambda^5(e^{C_2/(\lambda T)}-1)} \tag{6-19}$$

可以看出

$$L_\lambda(T)=\frac{M_\lambda(T)}{\pi} \tag{6-20}$$

对于式(6-19),只能考虑可见光波长部分。如果在可见光波长中,取某一波长 $\lambda=\lambda_1$,这就是所谓的单值辐射,即

$$M_{\lambda_1}(T)=\frac{C_1}{\lambda^5(e^{C_2/(\lambda_1 T)}-1)}=\pi L_{\lambda_1}(T)=f(T) \tag{6-21}$$

式(6-21)表明物体在某一特定波长上的能量或者说其亮度是温度的单一函数。温度越高能量越大,也即亮度越亮。图 6-20 上的 $W(\lambda_1,T_1)$ 和 $W(\lambda_2,T_1)$ 即可说明。

如果取两个不同的波长 λ_1 和 λ_2,则这两个特定波长上辐射能量之比为

$$\frac{M(\lambda_1,T)}{M(\lambda_2,T)}=\left(\frac{\lambda_1}{\lambda_2}\right)^{-5}(e^{C_2/(\lambda_2 T)}-1)(e^{C_2/(\lambda_1 T)}-1)^{-1}=\phi(T) \tag{6-22}$$

式(6-22)就是所谓的比色原理。式(6-22)也表明物体在某两个不同波长上的能量比或者说其亮度比也是温度的单一函数。温度越高能量比越大,也即亮度比的差别越大。图 6-20 上的 $W(\lambda_1,T_2)/W(\lambda_1,T_1)$ 和 $W(\lambda_2,T_2)/W(\lambda_2,T_1)$ 即可说明。

3. 维恩位移定律

热辐射电磁波中包含着各种波长,在一定温度下物体的最大辐射值所对应的波长,可以通过式(6-18)对波长微分得到,这就是维恩(Venn)位移定律,即

$$\lambda_{max}=\frac{C}{T} \tag{6-23}$$

式中 λ_{max}——电磁辐射通量密度的峰值波长;

T——绝对温度;

C——常数,$C=2897.8\mu m\cdot K$。

从图 6-20 可以看出,每一条光谱曲线都有一个极大值,而且这个极大值随着温度升高向短波方向移动。当辐射体温度升高时,其辐射亮度也会增加。

4. 斯蒂凡-波尔兹曼定律

图 6-20 中每一条曲线下面的面积表示该温度下该物体辐射能量的总和,这可以通过式(6-18)对波长积分得到,这就是斯蒂凡-波尔兹曼(Stefan-Boltzmenn)定律,即

$$M=\int_0^{\infty}M_{\lambda}(T)dt=\sigma T^4 \tag{6-24}$$

式中 σ——黑体的斯蒂凡-波尔兹曼常数,$\sigma=5.67\times10^{-8}W\cdot m^{-2}\cdot K^{-4}$;

T——绝对温度。

对于非黑体,则

$$M_f=\alpha\sigma T^4 \tag{6-25}$$

式中 α——上面介绍的黑体系数。

6.3.2 宽带高温计

宽带高温计(Broadband Pyrometer),它用到了入射辐射中所有的波长,因此也称为全辐射高温计(Total Radiation Pyrometer)。由式(6-25)用热探测器探测其总功率。注意到绝对黑体的热辐射能量与温度之间的关系为式(6-24)。一般全辐射温度计选择黑体作为标准体来分度仪表,此时所测的是物体的辐射温度,即相当于黑体的某一温度 T_P。在辐射感温器的工作谱段内,当表面温度为 T_P 的黑体的积分辐射能量和表面温度为 T 的物体的积分辐射能量相等时,即

$$\sigma T_D^4=\alpha\sigma T^4$$

则物体的真实温度为

$$T=\sqrt[4]{\frac{1}{\alpha}}T_{\mathrm{D}} \tag{6-26}$$

因此,当已知物体的全发射率 α 和辐射温度计指示的辐射温度 T_{D} 时,就可算出被测物体的真实表面温度。

宽带高温计由光学成像系统、辐射感温器、显示及辅助装置构成,光学成像系统又分为反射式与透射式两种,带反射式光学成像系统的宽带高温计原理如图 6-21 所示。

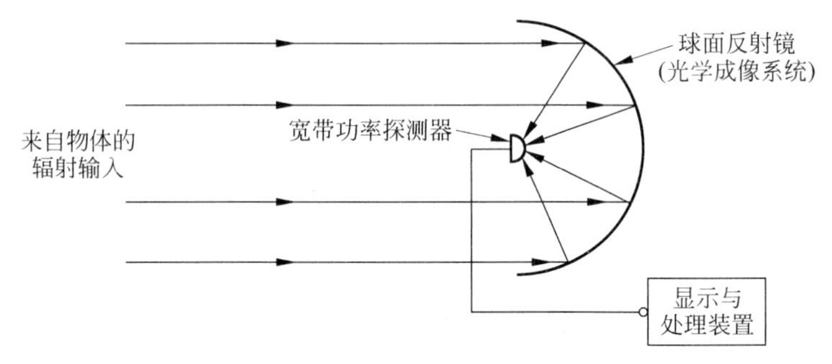

图 6-21 宽带高温计原理图

1. 光学成像系统对测量的影响

式(6-18)的普朗克定律是针对 $1\mathrm{cm}^2$ 的测量目标向球面空间内的辐射的。实际成像系统与其并不完全一致,因此需要引入一个与几何尺寸有关的乘数因子,或称灵敏度因子 K_{F}。这一点可以通过如图 6-22 所示来说明。

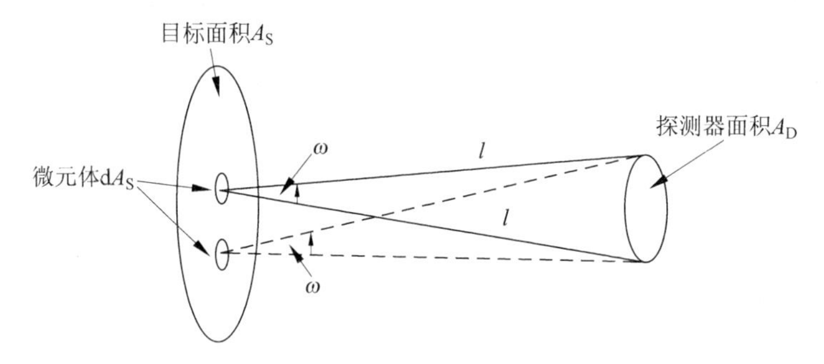

图 6-22 K_{F} 的计算图

考虑面积 A_{S} 的测量目标的一个微元体 $\mathrm{d}A_{\mathrm{S}}$,它发出辐射到一个立体角 ω 中。由于该微元体的贡献,得到乘数因子是

$$\mathrm{d}K_{\mathrm{F}}=\frac{\omega}{2\pi}\mathrm{d}A_{\mathrm{S}} \tag{6-27}$$

则总乘数因子是

$$K_{\mathrm{F}}=\frac{1}{2\pi}\int_{0}^{A_{\mathrm{S}}}\omega\,\mathrm{d}A_{\mathrm{S}} \tag{6-28}$$

由于测量目标与探测器之间的距离 l 较大,这就意味着立体角 ω 的变化较小,由此可以得到 K_{F} 的近似关系

$$K_{F} \approx \frac{1}{2\pi} \omega A_{S} \tag{6-29}$$

其中

$$\omega = \frac{A_{D}}{l^{2}}$$

对于聚集透镜的成像系统(即透射式光学成像系统),如图6-23所示可以看出,接收圆锥体中被一个较小的测量目标面积上发射出的辐射充满,由相似三角形关系得

$$\frac{R_{D}}{d} = \frac{R_{2}}{D}$$

即

$$R_{2} = \frac{D}{d} R_{D} \tag{6-30}$$

所以被观测的目标面积就是

$$A_{S} = \pi R_{2}^{2} = \pi \frac{D^{2}}{d^{2}} R_{D}^{2} \tag{6-31}$$

该目标的面积表现在立体角在测量目标处已增加到对应的透镜面积大小,即

$$\omega_{1} = \frac{\pi}{D^{2}} R_{A}^{2} \tag{6-32}$$

因此对应的乘数因子是

$$K_{F} = \frac{1}{2\pi} \omega_{1} A_{S} = \frac{\pi}{2} \frac{1}{d^{2}} R_{D}^{2} R_{A}^{2} \tag{6-33}$$

可见只要辐射充满接收圆锥体,K_{F} 是一个与距离无关的因子。另外还应注意的是透镜的玻璃不可能透过所有波长的辐射,因此还要考虑透镜材料的透射特性 $F(\lambda)$。综合起来看,成像在探测器上单位波长的功率值是

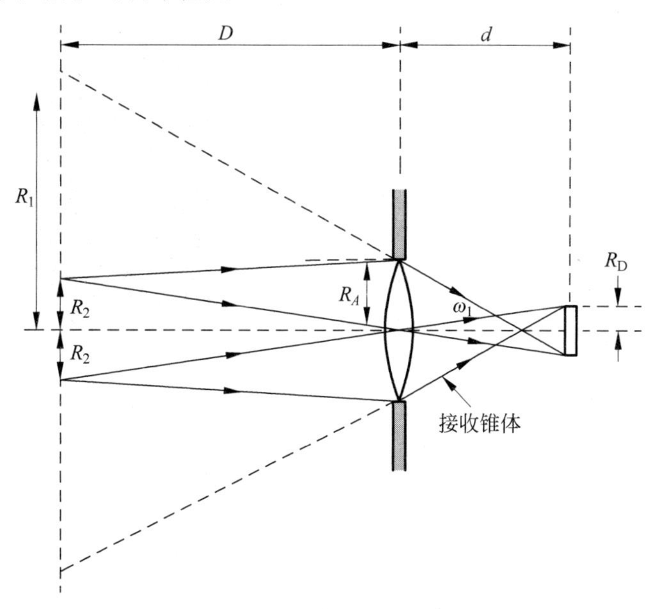

图6-23　成像系统几何图

$$P_D(\lambda, T) = K_F F(\lambda) P_{OM}(\lambda, T) \tag{6-34}$$

式中　$P_D(\lambda, T)$——探测器探测到的功率值；

$P_{OM}(\lambda, T)$——目标辐射出的功率值；

K_F——成像系统的乘数因子；

$F(\lambda)$——透镜的透射特性。

2. 功率测量

功率测量的方法有两种，一种是热探测器方式，另一种是光子探测器方式。

热探测器方法是利用辐射的输入功率将探测器加热到温度 T_D，它与环境温度 T_S 形成温差，该温差取决于输入功率的大小。探测器的热平衡方程可表达为

$$P_D - UA(T_D - T_S) = MC\frac{dT_D}{dt} \tag{6-35}$$

式中　P_D——发射功率，W；

T_D——探测器温度，℃；

T_S——环境温度，℃；

U——传热系数，W·m^{-2}·℃$^{-1}$；

A——探测器表面积，m^2；

M——探测器质量，kg；

C——探测器比热，J/(kg·℃)。

对上式用 D 算子表达有

$$(1 + \tau D) T_D = \frac{1}{UA} P_D + T_S \tag{6-36}$$

式中，$\tau = MC/(UA)$。

最常用的温度探测器有热电堆和热敏电阻等。

热电堆(参见5.3.2节)在光学高温计中被制成如图6-24所示的结构。

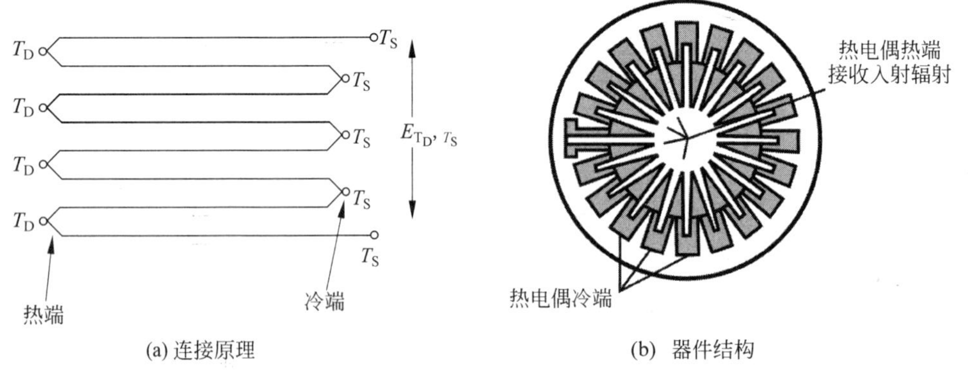

图6-24　热电堆探测器原理图

在稳态时，式(6-36)可简化为

$$T_D = \frac{1}{UA} P_D + T_S \tag{6-37}$$

结合式(5-27)有

$$E_{T_D,T_S}=\frac{\alpha}{UA}P_D=K_DP_D \tag{6-38}$$

这里 $K_D=\alpha/(UA)$，探测器的灵敏度单位为 mV/W。式(6-38)说明辐射功率可由热电势来表达。

热敏电阻采用膜状或片状的金属或半导体材料制成，如图 6-25(a)所示。要对其信号进行调理则要接成如图 6-25(b)所示的桥路形式。桥路中 R_1 用来测量辐射热量 T_D，R_2 用来测量环境温度 T_S，R_3 和 R_4 为固定电阻。这是一个带有两个测温热电阻的测量桥路。如果测温热电阻的温度系数是 α，测量用热电阻的初始值 $R_1=R_2=R_0$，则桥路输出为

$$\begin{aligned}V_o&=V_s\left[\frac{R_0(1+\alpha T_D)}{R_0(1+\alpha T_D)+R_3}-\frac{R_0(1+\alpha T_S)}{R_0(1+\alpha T_S)+R_4}\right]\\&=V_s\left[\frac{1}{1+\dfrac{R_3}{R_0(1+\alpha T_D)}}-\frac{1}{1+\dfrac{R_4}{R_0(1+\alpha T_S)}}\right]\end{aligned} \tag{6-39}$$

若选择 $R_3=R_4$，且 $R_3\gg R_0$，则

$$V_o\approx V_s\left(\frac{1+\alpha T_D}{R_3/R_0}-\frac{1+\alpha T_S}{R_3/R_0}\right)=\frac{R_0}{R_3}\alpha(T_D-T_S) \tag{6-40}$$

即

$$V_o\approx V_s\frac{R_0}{R_3}\alpha(T_D-T_S)=\frac{V_sR_0\alpha}{UAR_3}P_D \tag{6-41}$$

式(6-41)说明系统输出电压与辐射功率 P_D 成正比，而与环境温度 T_S 无关。

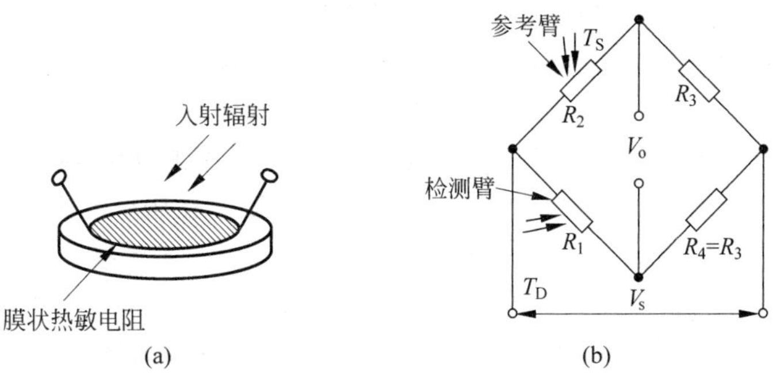

图 6-25 热敏电阻探测器原理图

光子探测器方法主要用到两种类型，即在 6.2.2 节中介绍的光电导传感器(例如硫化镉、氯化铅和锑化铟)和光电池(例如硒、铅、锡的锑化物)。光子探测器应选用其响应波长尽可能适合入射辐射的波长谱段，如表 6-1、表 6-2 以及图 6-26 所示。

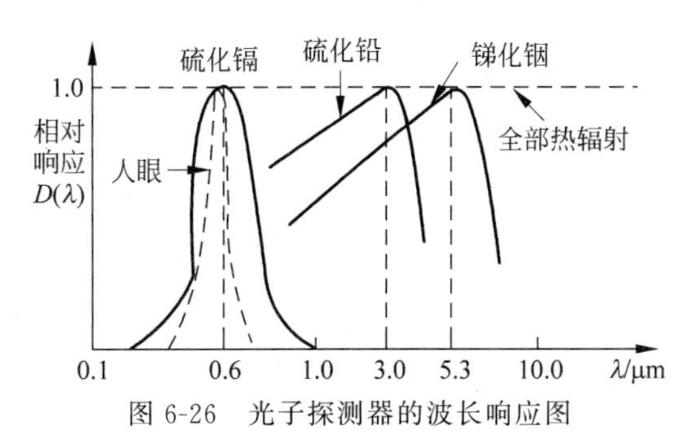

图 6-26 光子探测器的波长响应图

6.3.3 部分辐射高温计

从图6-20可以看出，辐射能量在随波长分布时，其能量密度最高的位置(即分布曲线的峰值)基本上都在红外区，在该区域传感器可以有更高的灵敏度。另外从图6-26也可以看出，光子探测器的响应区域也多在红外区。这样就有了专门针对该波长范围的部分辐射温度计，也即红外温度计(IR Pyrometer)。

红外温度计与全辐射高温计的结构形式基本相同，区别是光学系统和光电检测元件所接收的辐射是被测物体产生的红外波长段的辐射能。根据温度计中使用的透射镜和反射镜材料的不同，可透过或反射的红外波长也不同，从而测温范围也不一样，如表6-3所示。

表6-3 红外温度计常用光学元件材料与特性表

光学元件材料	适用波长/μm	测温范围/℃
光学玻璃、石英	0.76～3.0	≥700
氟化镁、氧化镁	3.0～5.0	100～700
硅、锗	5.0～14.0	≤100

红外温度计中自然要用到红外传感器来探测所接收的红外辐射。红外传感器也分为光量子型和热电型两大类。光量子型红外传感器也就是6.2.2节中的光敏传感器，只不过这些光敏传感器是选用对红外辐射的敏感材料，如表6-1、表6-2和图6-26所示。

热电型红外传感器包括热释电红外传感器和双元红外传感器。

热释电传感器则利用了热释电效应原理。一些人工合成的铁电陶瓷材料有着与压电效应相似的效应，如图6-27所示。这些电介物质的表面温度发生变化时，在这些电介物质的表面上就会产生电荷的变化。用具有这种效应的电介质制成的元件称为热释电元件。钽酸锂就是这类铁电陶瓷材料的一种，它的居里温度为610℃。在居里温度以下时，材料内呈现为大量的电偶极子状的微晶，如图6-27(a)所示。这时材料是未被极化的。

当测量受到辐射使其温度升高时(仍在居里温度以下)，材料内的电偶极子被极化，从而在表面电极上形成电荷，如图6-27(b)所示。其电荷相对温度的变化关系为

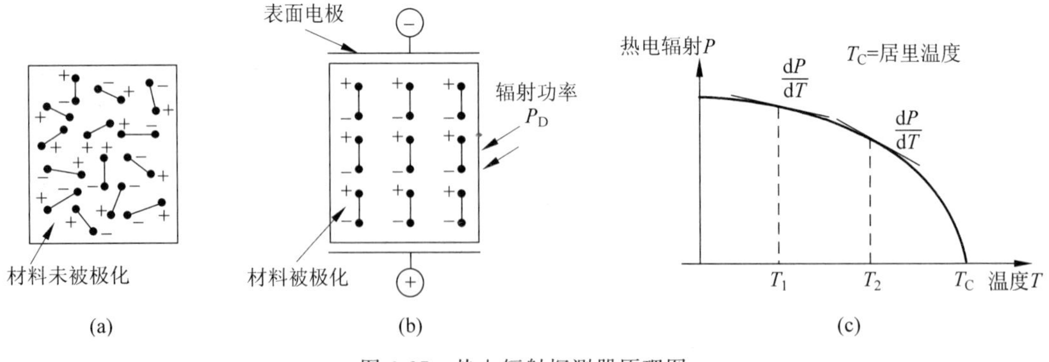

图6-27 热电辐射探测器原理图

$$\Delta q=\left(\frac{\mathrm{d}P}{\mathrm{d}T}\right)A\Delta T \tag{6-42}$$

式中　P——热电辐射功率；

q——电荷；

T——温度；

A——电极面积；

$\mathrm{d}P/\mathrm{d}T$——P-T 特性曲线的斜率，如图 6-27(c)所示。

表面电极形成一个电容 C_{N}，因此其电容电流为

$$I_{\mathrm{N}}=\frac{\mathrm{d}q}{\mathrm{d}t}=A\,\frac{\mathrm{d}P}{\mathrm{d}T}\,\frac{\mathrm{d}T}{\mathrm{d}t} \tag{6-43}$$

由于热电辐射材料传感器与压电材料传感器有着相似的性质，对其输出的信号也要采用 2.2.1 节中介绍的电荷放大器或结型场效应管等进行信号调理。

热释电红外传感器的结构如图 6-28(a)所示。入射的红外线首先照射在滤光片上，滤光片为 6μm 多层膜干涉滤光片，它对 5μm 以下短波长光有高反射率，而对 6μm 以上人体发射出来的红外线热源(10μm)有高穿透性。透射过来的红外线照射在光敏元件上，那么光敏元件输出的信号由高输入阻抗的场效应管(FET)放大器放大，并转换为低输出阻抗的输出电压信号。热释电红外传感器对应的场效应管信号调理电路如图 6-28(b)所示。

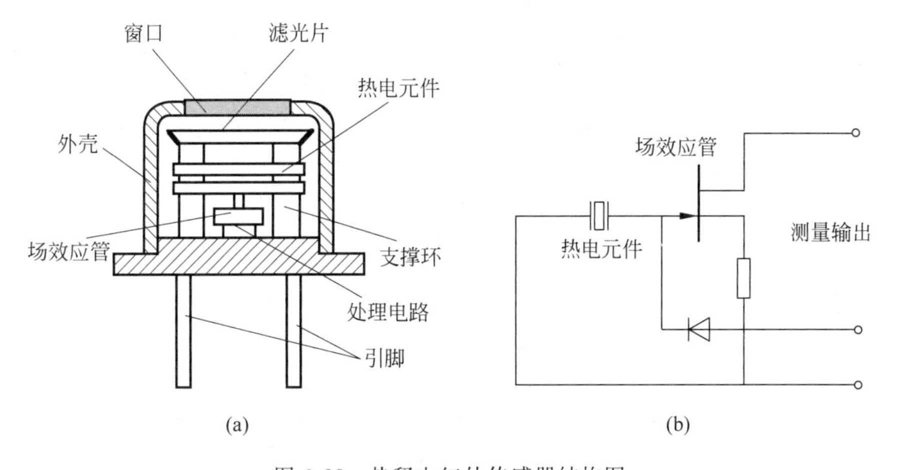

图 6-28　热释电红外传感器结构图

一种新型的热释电传感器中配置了双元红外元件，该传感器采用了两个热释电传感器对接，因此它可抵消环境温度变化对测量的影响，但对静态对象的测量同样也有抵消作用，因而它更适合于对动态对象的测量。

6.3.4　窄带高温计

窄带高温计(Narrowband Pyrometer)一般包括单色(或亮度)高温计和颜色(或比色)高温计。因为它们都使用可见光波段的辐射波长，因此也被统称为光学高温计。

1. 单色高温计

单色高温计(Monochromatic Pyrometer)又分为灯丝隐灭式光学高温计和光电亮度温

度计。它们都是利用受热物体的单色辐射强度随温度升高而增加的原理制成的,也即普朗克辐射分布定律,式(6-20)与式(6-21)的基本原理。由于采用单一波长进行亮度比较,因而也称单色辐射温度计。物体在高温下会发光,也就具有一定的亮度,物体的亮度与其辐射强度成正比,所以受热物体的亮度大小反映了物体的温度。通常先得到被测物体的亮度温度,然后转化为物体的真实温度。

灯丝隐灭式光学高温计原理如图6-29所示。它是将问题辐射的单色亮度与仪表内部的高温灯泡的灯丝亮度进行比较,当两者的亮度相同时,灯丝隐没在背景之中,这时灯丝的温度与被测温度一致,而灯丝的温度可根据其流过的电流的大小来确定,因此电流的大小就反映了被测温度。由于这种仪表需要手工调节,一般只在实验室使用。

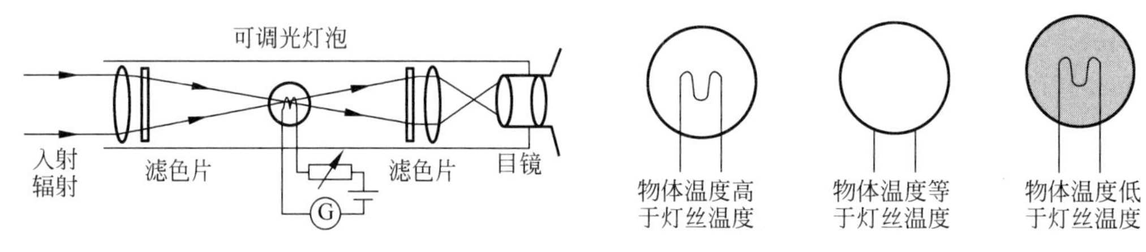

图6-29 灯丝隐灭式光学高温计原理图

光电亮度温度计是对灯丝隐灭式光学高温计的改进。光电亮度温度计采用光电元件替代了人眼,测量精度和自动化程度都有提高。光电亮度温度计的形式有多种,如图6-30所示的是其中的一种,这是一种差动比较系统。被测辐射亮度与参比光源亮度通过调制盘、光敏电阻、电子放大器、可逆电机和电位计等实现亮度比较,并通过电位计进行显示。系统测量原理与平衡电桥原理相似。

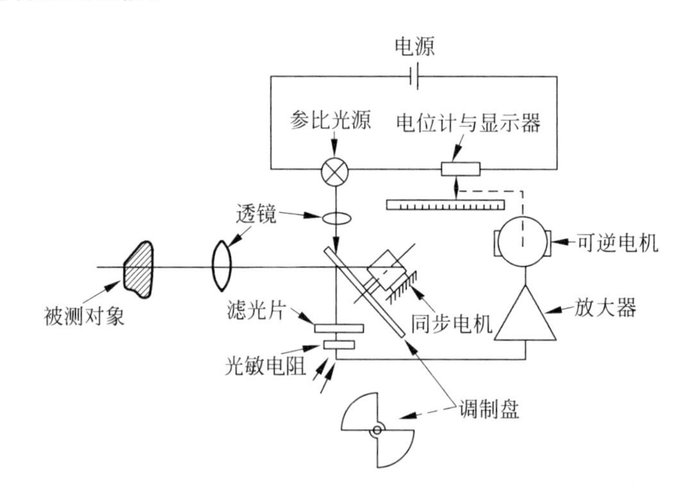

图6-30 光电亮度式光学高温计原理图

2. 比色高温计

比色高温计(Colorimetric Pyrometer)是基于式(6-22)所述普朗克辐射分布定律的基本原理的。由该式可见,如果波长λ_1和λ_2一定,且已知相应波长下的光谱发射率,则两波长辐射能量之比与其热力学温度之间成单值对应关系,只要测出辐射能量之比就可以求得温度T。

如图 6-31 所示为光电比色高温计的原理结构图。被测对象经物镜 1 成像，经光阑 3 与光导棒 4 投射到分光镜 6 上，使长波(红外线)辐射线透过，而使短波(可见光)部分反射。透过分光镜的辐射线再经滤光片 9 将残余的短波滤去后被红外光电元件(硅光电池)10 接收，转换成电量输出。由分光镜反射的短波辐射线经滤波片 7 将长波滤去，而被可见光硅光电池 8 接收，转换成与波长亮度成函数关系的电量输出。将这两个电信号输入自动平衡显示记录仪进行比较得出光电信号比，即可读出被测对象的温度值。光阑 3 前的平行平面玻璃 2 将一部分光线反射到瞄准反射镜 5 上，再经圆柱反射镜 11、目镜 12 和棱镜 13，就能从观察系统中看到被测对象的状态，以便校准仪器的位置。

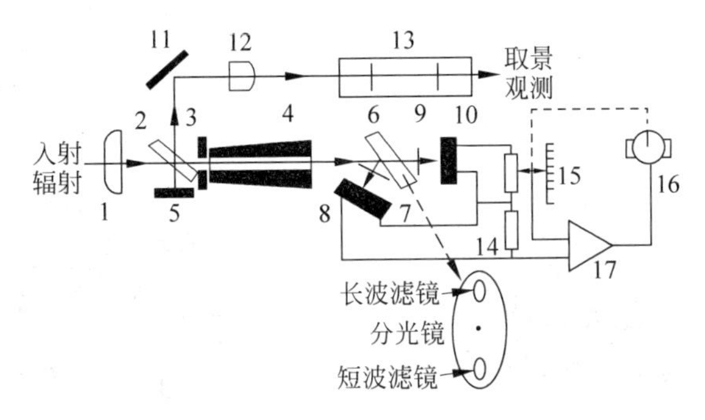

图 6-31　比色高温计原理图

1—物镜；2—平行平面玻璃；3—光阑；4—光导棒；5—瞄准反射镜；6—分光镜；7、9—滤光片；8、10—硅光电池；11—圆柱反射镜；12—目镜；13—棱镜；14、15—负载电阻；16—可逆电动机；17—放大器

比色高温计是按照黑度刻度的，用这种刻度的高温计去测量实际物体，所得到的温度示值为被测物体的"颜色温度"。若黑体在 λ_1 和 λ_2 两种波长下，在温度为 T_S 时的辐射能量之比和实际物体在温度 T 时的辐射能量之比相等，则 T_S 为该物体的"颜色温度"，二者之间存在以下关系

$$\frac{1}{T}-\frac{1}{T_S}=\frac{\ln\dfrac{\alpha_{\lambda_2}}{\alpha_{\lambda_1}}}{C_2\left(\dfrac{1}{\lambda_2}-\dfrac{1}{\lambda_1}\right)} \tag{6-44}$$

式中　T——实际温度；

T_S——比色高温计的读数；

λ_1、λ_2——所选择的长波波长与短波波长；

α_{λ_1}、α_{λ_2}——对应长波波长和短波波长时的光谱发射率；

C_2——普朗克第二辐射常数。

式(6-44)说明根据 λ_1、λ_2、α_{λ_1}、α_{λ_2} 和 T_S 可以通过读数求出被测物体实际温度。

6.3.5　输出信号的调制

辐射式温度计的输出信号在进一步处理之前一般都要进行适当的放大，此时交流放大器更为适合，因为它不像直流放大器那样容易产生偏移。通过一个旋转的机械斩波器把入射到探测器上的辐射射线周期性斩断,上述信号就能转换成交流信号。这一点在前面的测量系统中已经用到,如图6-30所示的调制盘。调制盘又被称为遮板式调制。除此之外还有一些其他的调制方法,如光栅式调制、线性位移摩尔条纹光栅式调制、角度位移摩尔条纹光栅式调制、数字编码盘式调制、二进制编码盘式调制和格雷码盘式调制(二进制编码与格雷码可参见3.3.5节)等。部分调制方法如图6-32所示。

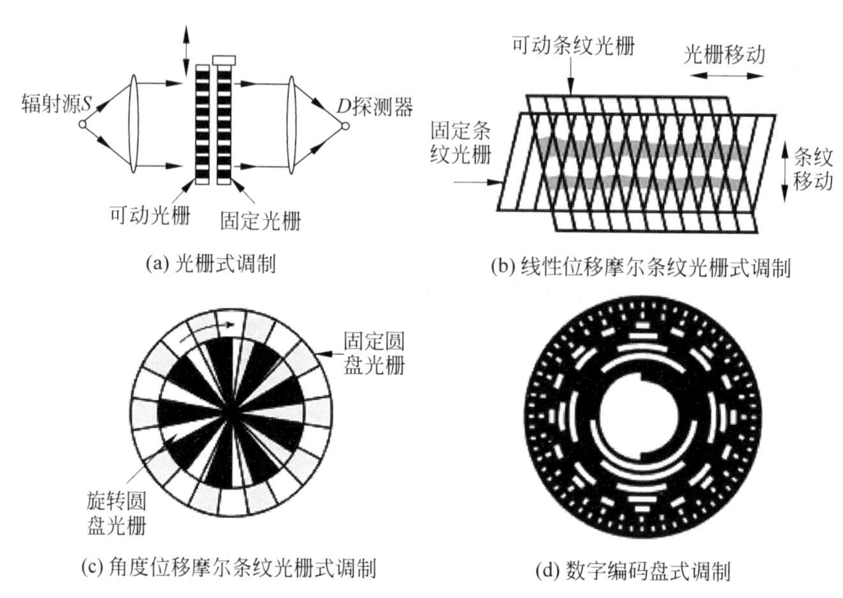

图6-32　部分调制方法示意图

6.4　光纤传感器

6.4.1　光导纤维与光纤传感器

1. 光导纤维的结构和导光原理

光导纤维是用比头发丝还细的石英玻璃丝制成的,每一根光导纤维由一个圆柱形芯子、包层和保护套组成。光导纤维的基本结构如图6-33所示。光导纤维的芯子用玻璃材料制成,折射率为n_1。包层用玻璃或塑料制成,折射率为n_2,且$n_1>n_2$,这样可以保证入射到光纤内的光波集中在芯子内传输。当光线以各种不同角度入射到芯子并射至芯子与包层的交界面时,光线在该处有一部分透射,一部分反射。但当光线在纤维端面中心的入射角θ小于临界入射角θ_c时,光线就不会透射出界面,而全部被反射。光在界面上经无数次反射,呈锯齿形状路线在芯内向前传播,最后从光纤的另一端传出,这就是光纤的导光原理。

光经过不同介质的界面时要发生折射和反射。一束光从折射率为n_1的介质以入射角α射向界面时,一部分透过界面进入折射率为n_2的介质中,折射角为β;另一部分光从界面反射回来,反射角为α,如图6-34(a)所示。从折射定律知

$$n_1\sin\alpha = n_2\sin\beta$$

当$n_1>n_2$时,$\alpha<\beta$。逐渐加大入射角α一直到折射角$\beta=90°$,如图6-34(b)所示,这时光不会透过界面而完全反射回来,称为全反射。产生全反射时的入射角α称为临界角,用

α_c 表示，即

$$\sin\alpha_c = \frac{n_2}{n_1}\sin\beta = \frac{n_2}{n_1}\sin 90^\circ = \frac{n_2}{n_1} \tag{6-45}$$

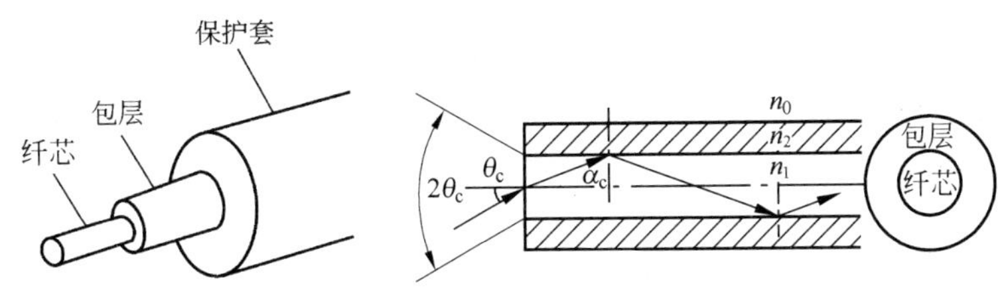

图 6-33 光导纤维结构图

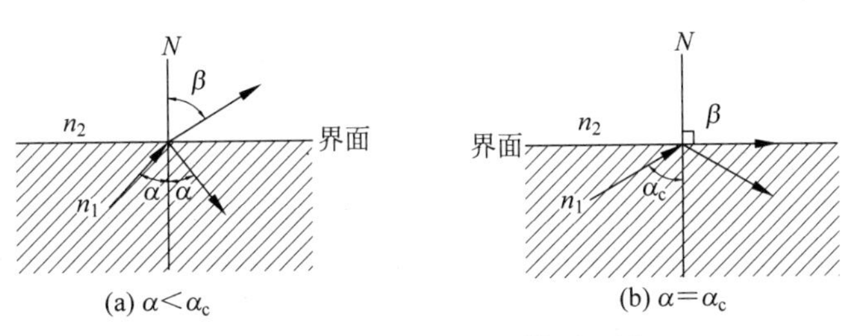

图 6-34 光的折射和反射原理图

当光线从光密物质射向光疏物质，且入射角 α 大于临界角 α_c 时，光线产生全反射，反射光不再离开光密介质，沿光纤向前传播。光照射光纤的端面时，光纤端面的临界入射角 $2\theta_c$ 称为光纤的孔径角。由图 6-33 可知，$2\theta_c$ 的大小表示光纤能接收光的范围。θ_c 的正弦函数定义为光纤的数值孔径，用 NA 表示，即

$$NA = \sin\theta_c = \frac{1}{n_0}\sqrt{n_1^2 - n_2^2} \tag{6-46}$$

式中 n_0——光纤周围媒质的折射率，对于空气 $n_0=1$。

光纤模式也非常重要，它是指光波沿光纤传播的方式，不同入射角度的光线在界面上反射的次数不同。光纤模式值定义为

$$M = \frac{2\pi r}{\lambda_0}(NA)$$

式中 M——光纤模式值；

r——纤芯半径；

λ_0——入射光波长。

光在光纤内反射传播，反射波中其相位变化为 2 的整倍数的光波形成驻波，只有驻波才能在光纤中传播，这样的驻波光线组称为模。光纤的纤芯较大时，入射光进入纤芯的角度多，向前传播的路径也多，这种可同时传播多种模式的光纤为多模光纤。光纤的纤芯较小时，光的入射角度小，电磁场分布模式单纯，只能传播一种最基本的光纤(即基模的传播光纤)为单模光纤。如图 6-35 所示是几种光纤的模式结构，图中 d 为光纤包层直径。

2. 光纤传感器的工作原理

光纤传感器是一种将被测对象的状态转变为可测的光信号的传感器。光纤传感器的工

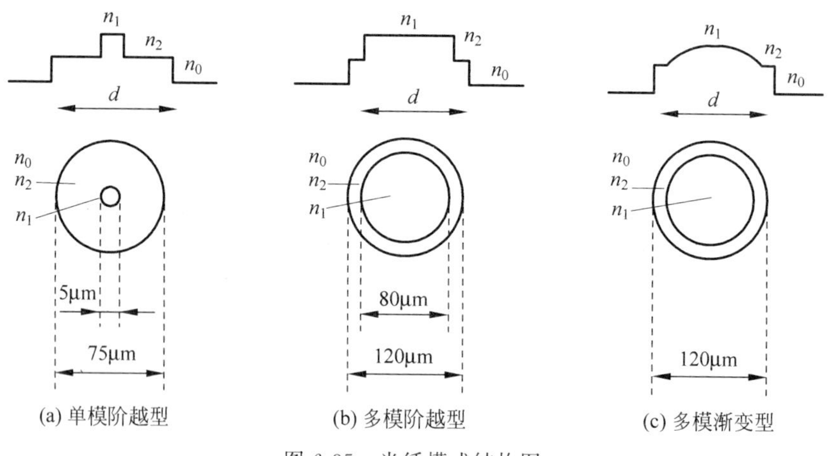

图 6-35 光纤模式结构图

作原理是将光源入射的光束经由光纤送入调制器,在调制器内与外界被测参数的相互作用,使光的光学性质(如光的强度、波长、频率、相位、偏振态等)发生变化,成为被调制的光信号,再经过光纤送入光电器件,经解调器后获得被测参数。整个过程中,光束经由光纤导入,通过调制器后再射出,其中光纤的作用首先是传输光束,其次是起到光调制器的作用。

3. 光纤传感器的分类

根据光纤在传感器中的作用,通常将光纤传感器分为三类:功能型光纤传感器(简称FF型);非功能型光纤传感器(简称NFF型)和拾光型光纤传感器。

1) 功能型光纤传感器

功能型光纤传感器的原理如图6-36所示。光纤一方面起传输光的作用,另一方面是敏感元件,是靠被测物理量调制或影响光纤的传输特性,把被测物理量的变化转变为调制的光信号,因此光纤具有"传"和"感"的功能。光纤的输出端采用光电器件,所接收的光信号便是被测量调制后的信号,并使之转变为电信号。此类传感器的优点是结构紧凑、灵敏度高,但是,它需用特殊光纤和先进的检测技术,因此成本高。其典型例子包括光纤陀螺、光纤水听器,以及如图3-43(a)所示的光纤位移传感器。

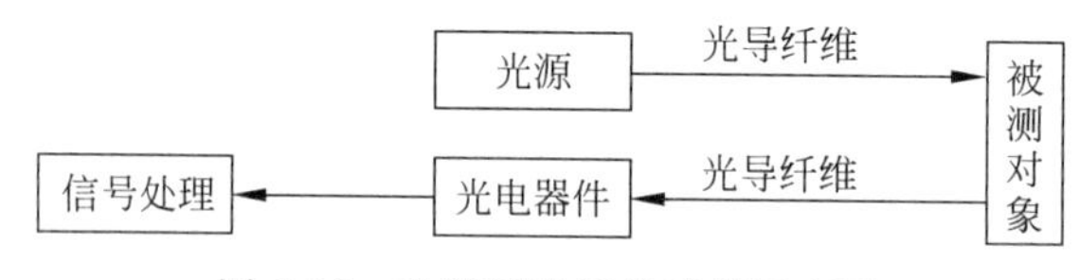

图 6-36 功能型光纤传感器原理图

2) 非功能型光纤传感器

非功能型光纤传感器的原理如图6-37所示。在非功能型传感器中,光纤不是敏感元件,即只"传"不"感"。它是利用在光纤的端面或在两根光纤中间,放置光学材料及机械式或光学式的敏感元件,感受被测物理量的变化。此类光纤传感器无须特殊光纤及其他特殊技术,比较容易实现,成本低,但灵敏度也较低,应用于对灵敏度要求不太高的场合。目前,已实用化或尚在研制中的光纤传感器,大都是非功能型的。如图3-44(a)所示的反射式光纤位移传感器就是非功能型光纤传感器。

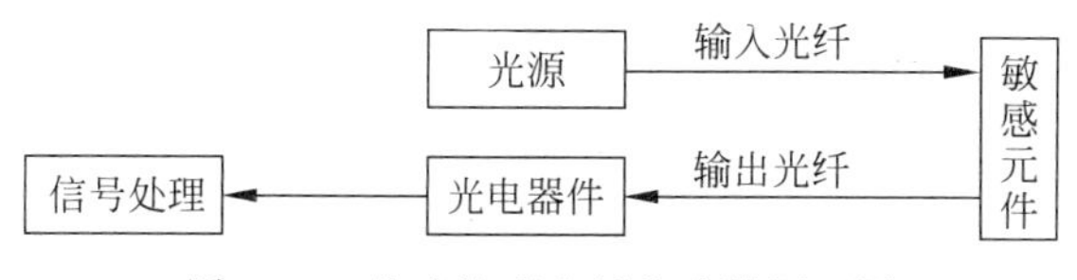

图6-37　非功能型光纤传感器原理图

3）拾光型光纤传感器

拾光型光纤传感器的原理如图6-38所示。拾光型光纤传感器与非功能型光纤传感器有许多相似之处，不同的是拾光型光纤传感器多采用光纤耦合器。光纤耦合器又称分歧器、连接器、适配器、法兰盘，是用于实现光信号分路/合路，或用于延长光纤链路的元件。也可以说光纤耦合器是光纤与光纤之间进行可拆卸连接、并使光纤的两个端面精密对接起来的器件。拾光型光纤传感器也是用光纤耦合器作为探头，接收由被测对象辐射的光或被其反射、散射的光。其典型例子为光纤激光多普勒速度计和辐射式光纤温度传感器。

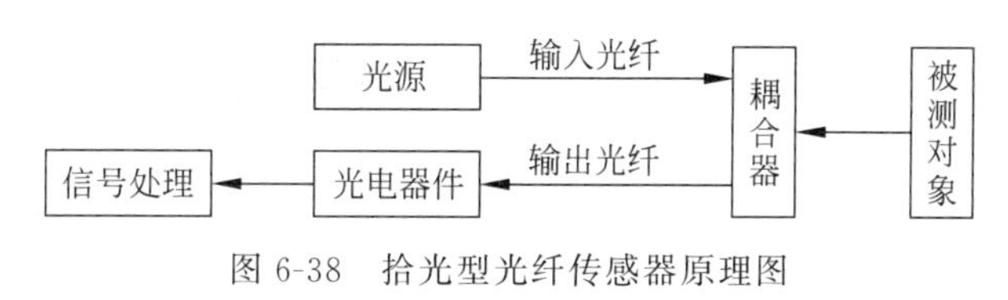

图6-38　拾光型光纤传感器原理图

6.4.2　光纤温度传感器

光纤温度传感器包括液晶光纤温度计、荧光光纤温度计、马赫-珍德相位干涉光纤温度计和分布式光纤温度计等。这里仅介绍液晶光纤温度计。

液晶光纤温度计是利用胆甾型液晶独有的“热色”效应，即利用温度不同时液晶的液色不同的原理来测量温度。在这里液晶的液色通过光纤传导出来加以测量。如图6-39(a)所示是液晶光纤温度计的结构图。液晶由内玻璃套管与外玻璃套管将其封闭被置于玻璃套管的顶端，并由环氧树脂将内外套管粘住。发光二极管产生的窄频带脉冲红光经一束光导纤维导入射在液晶上，其反射光经另一束光导纤维导出。在测量温度时，将液晶探头插入被测介质中，液晶感受被测介质的温度而改变颜色，从而导致液晶对入射单色光反射强度的变化，该变化经接收光导纤维导出送给光电探测器进行测量。液晶的反射光强弱在一定温度范围内是温度的函数，也即利用了维恩位移定律，温度变化时会引起其波长产生位移，这样光电探测器的输出就可以作为液晶温度，也就实现了对被测介质温度的测量。

另外一种光纤温度传感器是基于布拉格光栅的光纤温度传感器。这种光纤温度传感器是在光纤纤芯内，按一定周期间隔刻蚀上能使光线折射率发生变化的光栅，也叫光纤光栅。光纤光栅对光纤中传输的光线一样有反射有透射，但光线传输的波长会与光栅间隔周期有关。当光纤温度升高时，光纤膨胀，光栅间隔周期变长，光纤本身折射率发生变化。而这种变化是温度的函数。光栅光纤温度传感器的原理与结构如图6-39(b)所示。

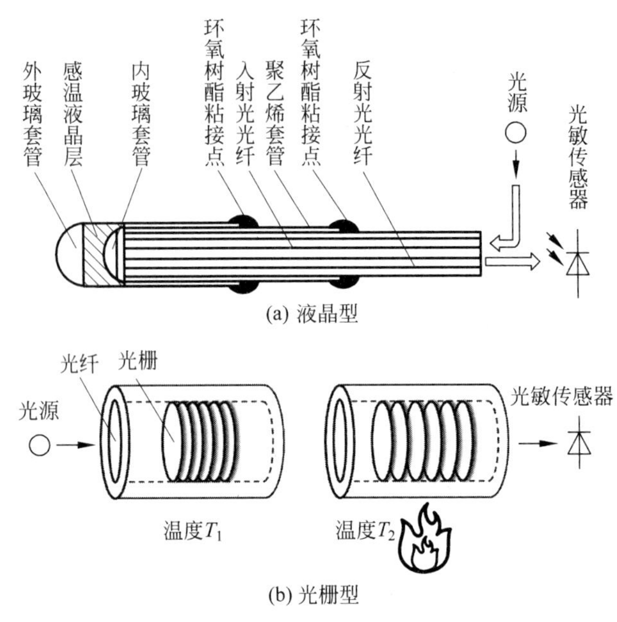

图 6-39 光纤温度传感器结构图

6.5 红外分析仪

6.5.1 透射介质的性质

从热物体发出的辐射经过途中的透射介质时，如果介质中存在 CO_2、H_2O 和 O_3 等分子，它们会吸收可见光波段和红外波段的辐射。还有灰尘颗粒和水滴会散射辐射，它们都会阻止辐射到达接收系统。用下列的比值来定义介质的透射性质，即

$$T(\lambda)=\frac{\text{接收到的波长为}\lambda\text{的功率}}{\text{透射的波长为}\lambda\text{的功率}}=\frac{W^R(\lambda,T)}{W^A(\lambda,T)}$$

即

$$W^R(\lambda,T)=T(\lambda)W^A(\lambda,T) \tag{6-47}$$

式中 $T(\lambda)$——介质的透射率。

式(6-47)也可表达为

$$T(\lambda)=\frac{I^R}{I^A} \tag{6-48}$$

式中 I^R——吸收后射线的强度；

I^A——吸收前射线的强度。

应该指出，如果在一个透射介质中吸收分子的百分数变化，那么 $T(\lambda)$ 也会发生变化，其结果是接收器接收的功率总量 $W^R(\lambda,T)$ 也会发生变化。把这种功能用在不色散的红外气体分析仪器中，可以测量气体混合物中的吸收组分，如 CO、CO_2、CH_4 和 C_2H_4 等。由于这种吸收也是温度的函数，所以必须使用固定温度的气源，才能使接收到的辐射功率的变化只是气体成分变化的函数。

6.5.2 红外气体分析仪

红外线气体分析仪(Infrared Gas Analyzer)基于红外检测原理，是利用不同气体对不同波长的红外线具有特殊的吸收能力来实现气体的组分检测的。

红外线式气体检测主要利用了气体对红外部分的波长会有选择地吸收和热效应两个特点。如图 6-40 所示为几种气体在不同波长时对红外辐射的吸收情况，该图又称为红外吸收光谱图。从图中可以看出，不同气体具有不同的红外吸收光谱图，对于给定的气体，只在一定的红外光波段上有吸收，单原子和无极性的双原子的气体不吸收红外线，水蒸气对所有波段的红外光几乎都吸收。

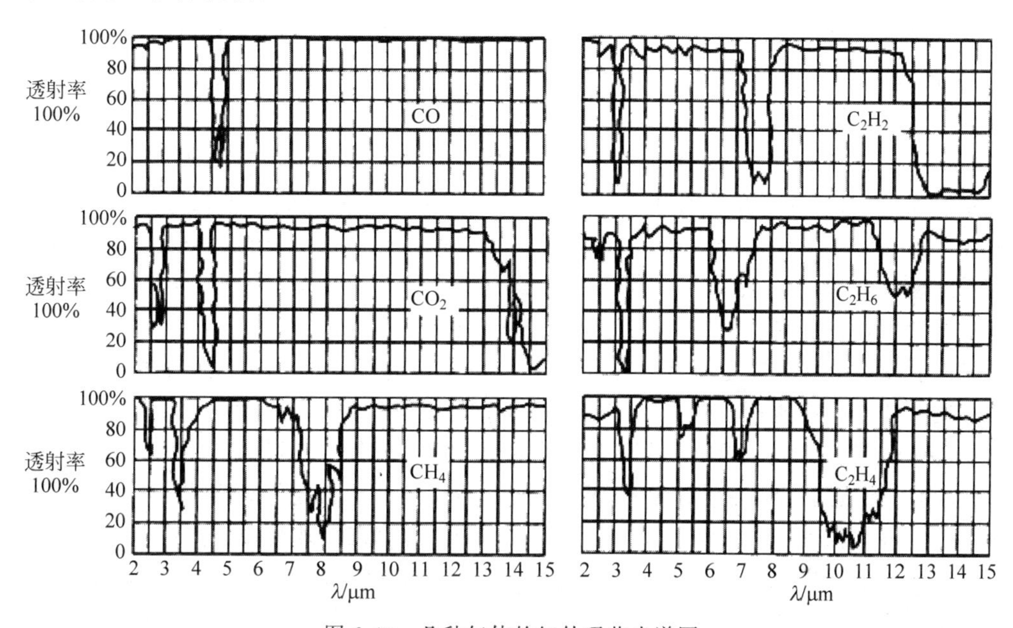

图 6-40　几种气体的红外吸收光谱图

基于红外吸收原理的红外气体分析仪只对单一组分气体的测定是有效的。如果被测气体与混合气体中的其他组分气体(背景气体)没有化学反应，则气体分析是可行的。如果背景气体中存在与被测气体红外吸收发生重叠的那些气体(干扰组分)，则在测量中应采取预处理措施将干扰组分去掉。气体在吸收红外辐射能后温度会上升，对于一定量的气体，吸收的红外辐射能越多，温度上升就越高。气体对红外线的吸收过程遵循朗伯-比尔定律，即

$$W_0 = W\mathrm{e}^{-K_\lambda CD} \tag{6-49}$$

式中　W、W_0——红外线吸收前后的能量；

K_λ——气体吸收系数；

C——气体浓度；

D——光程。

有时也将朗伯-比尔定律写成为对红外光强度的表达形式，即

$$I_0 = I\mathrm{e}^{-K_\lambda CL} \tag{6-50}$$

式中　I_0、I——红外线的出射光强度与入射光强度；

L——样气的厚度。

式(6-49)或式(6-50)表明红外线通过被测气体后的能量大小随着物质的浓度和光程按指数曲线衰减,气体吸收指数 K_λ 取决于介质的特性和光的波长的大小。也即当 I_0 和 L 一定时,出射光强度是待测组分浓度 C 的单值函数。

注意到式(6-48)对透射率的定义,透射率取对数后的负数被称为吸光度,即

$$A=-\ln T=K_\lambda CL \tag{6-51}$$

由此可见,如果 K_λ 和 C 已知,那么就可以通过测量透射光与入射光能量或强度的比值来确定吸光物质的浓度。

人工制造一个包括被测气体特征吸收波长在内的连续光谱的辐射源,使其通过固定长度的含有被测气体的混合组分,由于被测气体的浓度不同,吸收固定波长红外线的能量不同,从而转换成的热量也不相同。再利用红外监测器将热量转换为温度或压力,只要测量温度或压力的大小就可以准确地测量被测气体的浓度。

工业生产过程中常见的红外线气体分析仪的结构原理图如图6-41所示。恒定光源发出光强为 I_0 的某一特征波长的红外光,经反射镜产生两束平行的红外光,同步电机带动有若干对称圆孔的切光片,将连续红外光调制成两束频率相同的脉冲光。其中一束射入工作气室,另一束射入参比气室。在工作气室中被测组分和干扰组分分别吸收各自特征波长的红外线能量后,到达干扰滤光室。在参比气室中充满了不吸收红外线的气体(如 N_2),从参比气室中射出的红外光能量不变。干扰滤波气室中充满了100%的干扰气体,将其所对应的特征波长的红外线能量全部吸收。这样从干扰滤波气室射出的两束红外光分别进入检测室的上、下气室,上、下气室由膜片分开。检测室的上、下气室中均充满了100%的被测气体,在检测室中被测气体将其对应的特征波长的两束红外线能量全部吸收掉。由于到达下检测室的红外线强度比到达上检测室的红外线强度大,两束红外线在检测室分别被吸收后,下检测室产生的能量比上检测室产生的能量要大,使分子热运动增强,压力升高,从而导致电容器动极板(膜片)两侧的压力不同,电容器动极板将产生位移,引起电容器的电容值发生改变。放大器将电容的变化量转换为电压或电流输出,便于信号远传,同时可供记录仪表显示和记录被测气体浓度的大小。

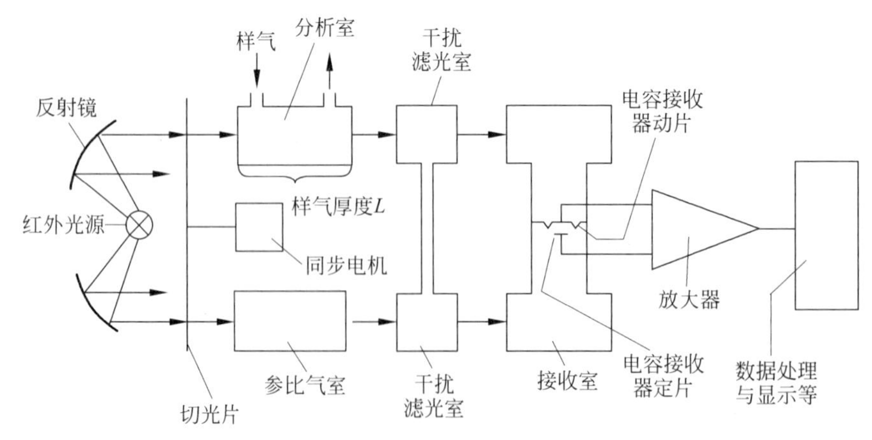

图6-41　红外气体分析仪原理图

6.6 光源与光电耦合器件

6.6.1 光源

光电式传感器的工作原理是建立在光电效应的基础上，而要发生光电效应现象需要有一定的光源照射在光电器件上。光电传感器中使用的光源种类很多，按照光的相干性可分为非相干光源和相干光源。非相干光源包括白炽灯、气体导电灯和发光二极管；相干光源包括各种激光器。要实现将光源进行有效利用的措施，就是要用好光学元件。光学元件有透镜、滤光片、光阑、光楔、反射镜、光通量调制器、光栅及光导纤维等，主要是对光参数进行选择、调整和处理。

对光源的选择及参数的要求，如亮度、光谱特性、光电转换特性和相干性等，必须根据具体系统来决定。对光源的基本要求是有足够大的功率、足够大的信噪比和稳定的光强等。

1. 白炽灯

白炽光源(Incandescent Source)主要有各种钨丝灯和卤钨灯等，是最流行的可见光谱辐射源，其发射光谱连续分布，并有大量红外光谱成分。白炽灯近似于一个黑体辐射。通常玻璃泡的光线波长为0.4～3.0μm，其能量损失较大，可见光辐射仅占6%～12%，寿命短。

卤钨灯与白炽灯相比，体积只是同功率白炽灯体积的0.5%～3%，光通量稳定，工作效率为白炽灯的2～3倍，寿命长，但价格昂贵，管壁温度高。卤钨灯必须在高温下工作，否则卤素循环就会完全停止。钨丝灯是一种常用光源，虽然发光和光的利用效率低、功耗大，但功率大，具有丰富的红外线。

2. 气体导电灯

气体导电灯有许多种，主要包括汞、锰、氖、钠等金属卤素灯。汞蒸气灯是非常有用的光源，其光谱可从紫外光扩展到可见光波段。

3. 电弧灯或石英灯

在测量液体中悬浮的化学药品含量时常用这种光源，因为这种光源能产生紫外线。

4. 发光二极管

发光二极管(LED)是一种利用PN结把电能转变成光能的半导体器件，产生的是非相干荧光，辐射波长在可见或红外光区域。LED发光二极管具有独特的优点，驱动电路比较简单，可在很宽的温度范围内工作；发光角度大、输出功率小、体积小、功耗低、寿命长、价格低廉，能和集成电路相匹配。因此，LED发光二极管是光纤通信、光纤传感及光传感系统的重要光源。

5. 激光光源

激光光源是一种新型光源，能发出与普通光源在特性上截然不同的光。激光光源是基于受激发射原理的。在组成物质的原子中，有不同数量的粒子(电子)分布在不同的能级上，在高能级上的粒子受到某种光子的激发，会从高能级跳到(跃迁)低能级上，同时将会辐射出与激发它的光相同性质的光，而且在某种状态下，能出现弱光激发出强光的现象。这就叫作“受激辐射的光放大”，简称激光(LASER)。

激光的特点是高方向性、高单色性、高稳定性、相干性好，是很理想的光源。特别是半导体激光器，更适合与光敏元件匹配。

6.6.2 光电耦合器件

光电耦合器件由发光元件(如发光二极管)和光电接收元件合并使用,以光作为媒介传递信号的光电器件。光电耦合器中的发光元件通常是半导体的发光二极管,光电接收元件有光敏电阻、光敏二极管、光敏三极管或光敏复合管等。根据其结构和用途不同,又可分为用于实现电隔离的光电耦合器和用于检测有无物体的光电开关。

1. 光电耦合器

光电耦合器的发光和接收元件都封装在一个外壳内,一般有金属封装和塑料封装两种。耦合器常见的组合形式如图6-42所示。

如图6-42(a)所示的光电二极管组合形式结构简单、成本较低,且输出电流较大,可达100 mA,响应时间为3～4μs。如图6-42(b)所示的光伏电池组合形式结构简单、成本较低、响应时间快,约为1μs,但输出电流小,为50～300μA。如图6-42(c)所示的光电三极管组合形式传输效率高,但只适用于较低频率的装置中。如图6-42(d)所示的光敏复合元件是一种高速、高传输效率的新颖器件。对图6-42所示光电耦合器无论何种形式,为保证其有较佳的灵敏度,都考虑了发光与接收波长的匹配。光电耦合器实际上是一个电量隔离转换器,它具有抗干扰性能和单向信号传输功能,广泛应用在电路隔离、电平转换、噪声抑制、无触点开关及固态继电器等场合。

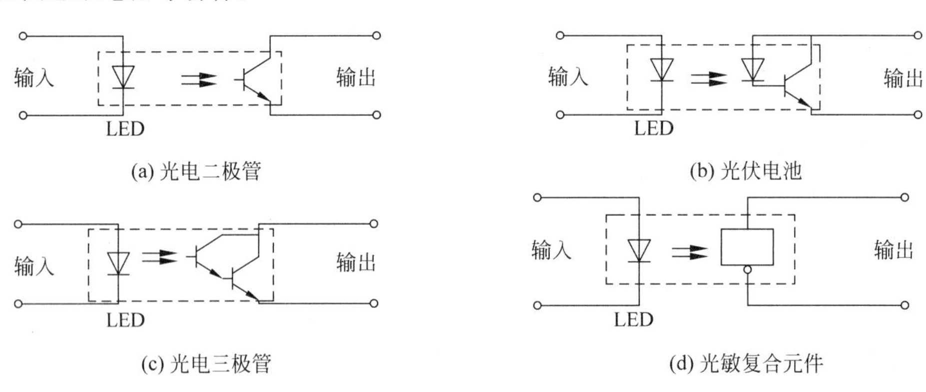

图6-42 光电耦合器常见的组合形式图

2. 光电开关

光电开关是一种利用感光元件对变化的入射光加以接收,并进行光电转换,同时加以某种形式的放大和控制,从而获得最终的控制输出“开”和“关”信号的器件。如图6-43所示为典型的光电开关结构图。如图6-43(a)所示的是一种透射式的光电开关,它的发光元件和接收元件的光轴是重合的。当不透明的物体位于或经过它们之间时,会阻断光路,使接收元件接收不到来自发光元件的光,这样起到检测作用。如图6-43(b)所示的是一种反射式的光电开关,它的发光元件和接收元件的光轴在同一平面且以某一角度相交,交点一般即为待测物所在处。当有物体经过时,接收元件将接收到从物体表面反射的光,没有物体时则接收不到光。光电开关的特点是小型、高速、非接触,而且与TTL和MOS等电路容易结合。

用光电开关检测物体时,大部分应用中都只要求其输出信号有“高-低电平”(1-0)之分即可。如图6-44所示是基本电路的示例。图6-44(a)和图6-44(b)表示负载为CMOS比较

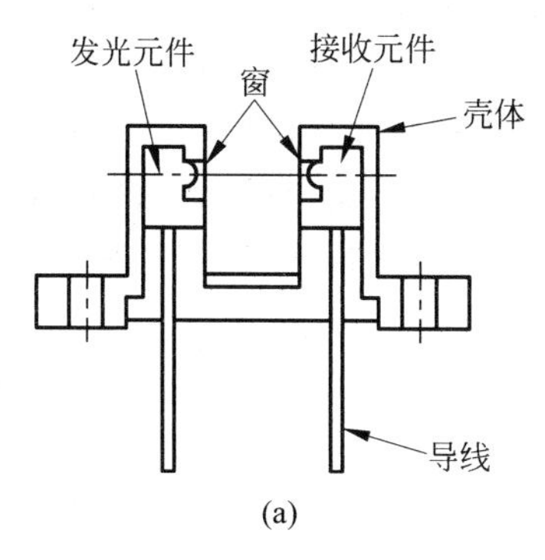

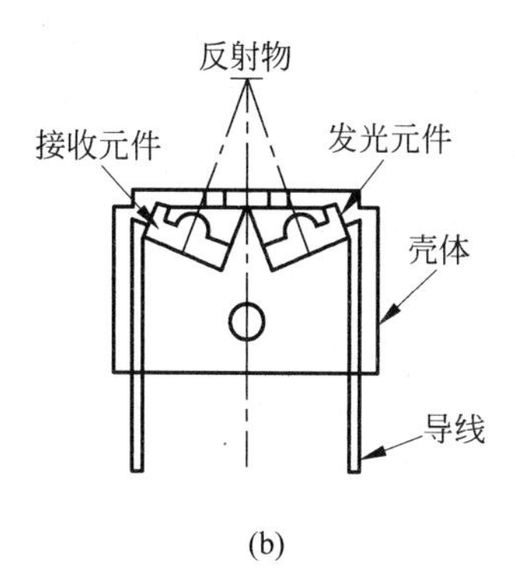

图 6-43　光电开关结构图

器等高输入阻抗电路时的情况，图 6-44(c)表示用晶体管放大光电流的情况。

光电开关广泛应用于工业控制、自动化包装线及安全装置中的用光控制和光探测的装置中。可在自控系统中用作物体检测、产品计数、料位检测、尺寸控制、安全报警及计算机输入接口等用途。

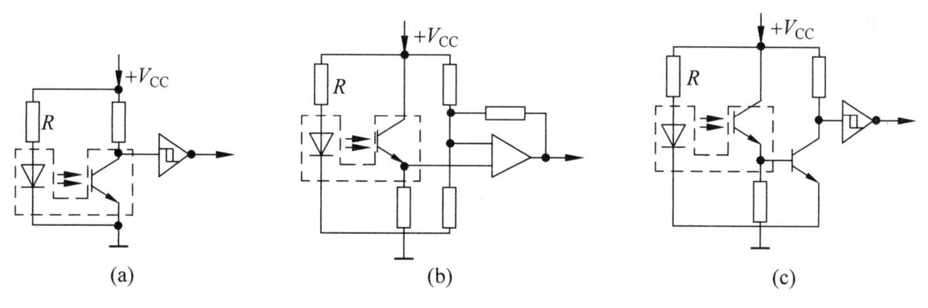

图 6-44　光电开关的基本电路图

6.7　本章小结

本章内容主要包括电磁辐射的基本概念、光学测量的基本概念和原理、光学测量的基本实现方法，包括光电传感器、光学高温计、光纤传感器及红外分析仪等。通过对本章内容学习，读者主要学习了如下内容：

- 电磁辐射是能量在空间传播的一种形式。
- 电磁辐射根据频率或波长分为不同类型，这些类型包括无线电波、微波、太赫兹辐射、红外辐射、可见光、紫外线、X 射线和伽马射线等。
- 光子的能量与电磁辐射的频率成正比。常用的光度测定单位是烛光。
- 光电传感器基于光电效应。外光电效应型的光电元件有光电管、光电倍增管、光电摄像管等；内光电效应型的光电元件有光敏电阻、光敏二极管、光敏三极管、光敏晶闸管等；光伏效应型的光电元件有光电池等。
- 光学高温计基于热辐射原理，是一种非接触测温方式。
- 关于热辐射的重要规律有 4 个，它们是基尔霍夫辐射定律、普朗克辐射分布定律、维恩位移定律、斯蒂凡-波尔兹曼定律，这 4 个定律也统称为热辐射定律。

- 宽带高温计使用到了入射辐射中所有的波长,因此也称为全辐射高温计。对全辐射功率测量的方法有两种,一种是热探测器方式,另一种是光子探测器方式。
- 部分辐射高温计主要使用到了入射辐射中红外部分波长,因此也称为红外高温计。红外传感器主要有两种,一种是光量子型传感器,另一种为热电型传感器。
- 窄带高温计一般包括亮度高温计和比色高温计。它们都使用可见光波段的辐射波长,因此也被称为光学高温计。
- 光纤传感器分为功能型光纤传感器、非功能型光纤传感器和拾光型光纤传感器三类。
- 光纤温度传感器包括液晶光纤温度计、荧光光纤温度计和马赫-珍德相位干涉光纤温度计等。
- 介质中的某些成分会吸收可见光波段和红外波段的辐射。红外线气体分析仪是基于不同气体对不同波长的红外线具有特殊的吸收能力来实现气体的组分检测的。
- 光源分为非相干光源和相干光源。相干光源主要是激光器;非相干光源包括白炽灯、气体导电灯和发光二极管等。
- 光电耦合器件包括光电耦合器和光电开关等。

习题

6.1 求3cm电磁辐射波长对应的频率。该频率代表哪个波段?

6.2 一个绿光光源频率为6.5×10^{14}Hz。问以纳米和埃表达的波长为多少?

6.3 一束光束穿通过折射率$n=1.7$的100m的水。问光穿过有水的100m距离和无水的100m距离花费的时间分别为多少?

6.4 有一个计时电路能够分辨出2.4ns的时差,求若用激光来测距,该电路能分辨出的最短距离为多少?

6.5 一束闪光其出射功率为100mW,光源直径为4cm,闪光的散射角度为1.2°。计算在60m远处以mW/m^2表达的光强度。

6.6 有一个探测器能探测出$25mW/m^2$的光强度,问需在多远的距离内才能探测出一个10W的点光源?

6.7 有一个光电二极管特性如图6-45(a)所示,用其构成如图6-45(b)所示的测量电路。问当光照强度在$50\sim250W/m^2$变化时,电路的输出电压范围是多少?

6.8 如图6-46(a)所示的光电三极管用在如图6-46(b)所示的电路中。计算对应$10\sim40W/m^2$的光照强度的输出电压。

6.9 一个宽带辐射高温计内有一个热敏电阻作为辐射热量探测器,同时配有一参考热敏电阻连接在一桥路中,如图6-47所示。如果参考热敏电阻所处环境温度为290K,被测目标温度为1000K,热敏电阻的参数是:辐射能量由$T_D=10T^4$(pW)给出,质量为1g,表面积为$10^{-4}m^2$,比热为$10^2J/(kg\cdot℃)$,传热系数为$10^4W\cdot m^{-2}\cdot K^{-1}$,电阻与温度的关系为$R=1.0\exp(3000/T)\Omega$。求桥路的输出电压。

6.10 用一个双色辐射温度计来测量800℃物体的温度。该系统配有两个探测器,一个测量0.5μm的辐射,另一个测量1.0μm的辐射。求探测器输出信号之比为多少?

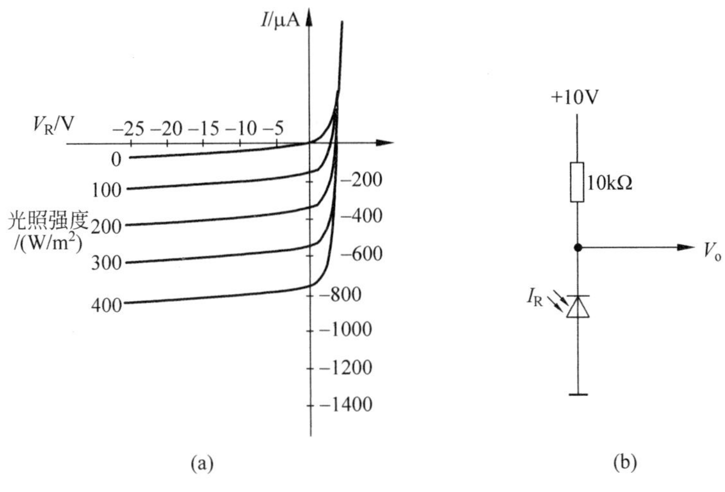

图 6-45　习题 6.7 配图

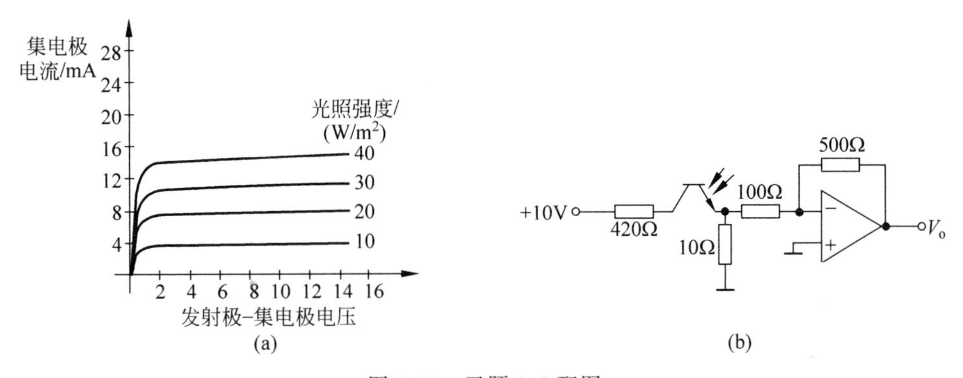

图 6-46　习题 6.8 配图

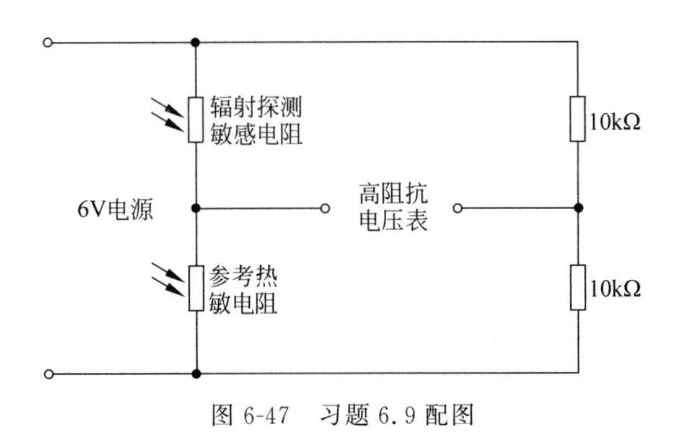

图 6-47　习题 6.9 配图

参考文献

[1]　Curtis D Johnson. 过程控制仪表技术[M]. 8 版. 北京：清华大学出版社，2009.

[2]　John P Bentley. 测量系统原理[M]. 4 版. London：Pearson Education Limited，2005.

[3]　施文康，等. 检测技术[M]. 2 版. 北京：机械工业出版社，2005.

[4] Ernest O Doebelin. 测量系统应用与设计[M]. 5版. 王伯雄,译. 北京:电子工业出版社,2007.
[5] 祝诗平,等. 传感器与检测技术[M]. 北京:中国林业出版社,2006.
[6] 张宏建,等. 自动检测技术与装置[M]. 北京:化学工业出版社,2004.
[7] 梁森,等. 自动检测技术及应用[M]. 2版. 北京:机械工业出版社,2012.
[8] 齐志才,等. 自动化仪表[M]. 北京:中国林业出版社,2006.
[9] 张洪润,等. 传感技术与应用教程[M]. 2版. 北京:清华大学出版社,2009.

第7章

其他工业参数的测量

教学目标

本章将简要介绍部分过程参数成分分析传感器的基本概念和原理、基本实现方法，包括热导式气体分析仪、氧化锆气体分析仪、电导仪及酸度计等。通过对本章内容及相关例题的学习，希望读者能够：

- 了解过程参数成分分析的基本概念；
- 掌握热导式气体分析仪的基本原理以及对应传感器的基本结构；
- 掌握氧化锆气体分析仪的基本原理以及对应传感器的基本结构；
- 掌握电导仪的基本原理以及对应传感器的基本结构；
- 掌握酸度计的基本原理以及对应传感器的基本结构。

7.1 参数成分分析类传感器

在现代工业生产过程中，必须对生产过程的原料、半成品、成品的化学成分、化学性质、黏度、浓度、密度、重度以及 pH 值等进行自动检测和自动控制，以达到优质高产、降低能源消耗和产品成本、保证安全生产和保护环境的目的。

成分分析类传感器就是是指对物质的成分及性质进行分析和测量的传感器。这类传感器一般都会配有一些数据转换、数据处理，或者是样本采集和辅助设施，一道构成成分分析类仪表。

成分分析的方法有两种类型，一种是定期采样并通过实验室测定的实验分析方法，另一种是利用仪表连续测定被测物质的含量或性质的自动分析方法。成分分析仪表可基于多种测量原理，在进行分析测量时，需要根据被测物质的物理或化学特性来选择适当的检测手段、传感器和仪表等。

成分分析仪表按照测量原理来分，可以分为电化学式、热学式、光学式等。按照使用场合来分，成分分析仪表又分为实验室分析仪表、过程分析仪表、自动分析仪表和在线分析仪表等。过程分析仪表要求现场安装、自动采样、预处理、自动分析、信号处理以及远传，更适合生产过程的检测和控制，在过程控制中起着极其重要的作用。自动分析仪表通常和试样预处理系统组成一个分析测量系统，以保证良好的环境适应性和高可靠性，成分分析系统典型的基本组成如图 7-1 所示。

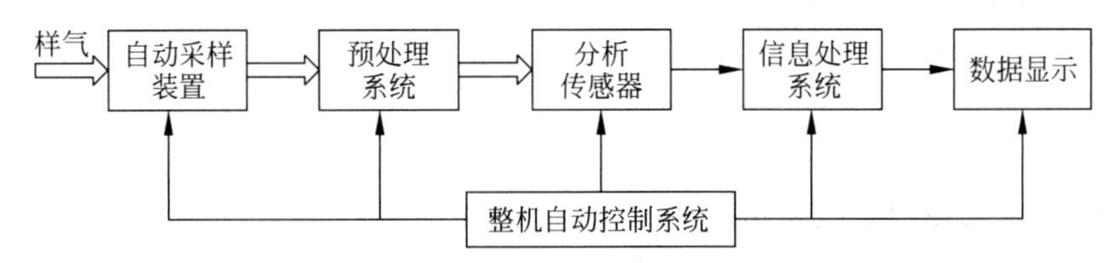

图 7-1　分析仪表测量系统的基本组成

自动采样装置从生产设备中自动快速地提取待分析的样品,预处理系统对该样品进行如冷却、加热、气化、减压和过滤等处理,为分析仪器提供符合技术要求的试样。传感器是分析仪表的核心,不同原理的传感器将被测试样的信息转换为电信号输出,送信息处理系统进行数字信号处理,最后通过模拟、数字或屏幕图文的形式显示测量分析的结果。整机自动控制系统用于控制各个部分的协调工作,使采样、处理和分析的全过程可以自动连续地进行。

7.1.1 热导式气体分析仪

热导式气体分析仪(Gas Thermal Conductivity Analyzer)是利用混合气体的总热导率随被测组分的含量而变化的原理制成的自动连续气体分析仪器。热导式气体分析仪是目前使用较多的一种气体分析仪表,它采用基于不同气体导热特性不同的原理进行分析,常用于分析混合气体中 H_2、CO_2、NH_3、SO_2 等组分的百分比含量。

热导式气体分析的基本原理是在热传导过程中,不同的气体由于热传导率的差异,其热传导的速率也不同。当被测混合气体的组分的含量发生变化时,利用热传导率的变化,通过特制的传感器热导池,将其转换为热丝电阻的变化,从而达到测量待测组分的含量的目的。表7-1列出了0℃时以空气热导率为基准的几种气体的相对热导率。

表7-1 部分气体在0℃时的热导率和相对热导率一览表

气体名称	相对热导率($k/k_{空气}$)	气体名称	相对热导率($k/k_{空气}$)
空气	1.000	一氧化碳	0.964
氢	7.130	二氧化碳	0.614
氧	1.015	二氧化硫	0.344
氮	0.998	氨	0.897
氦	5.91	甲烷	1.318
硫化氢	0.538	乙烷	0.807

这里热导率又称导热系数,是反映材料导热性能的物理量,定义为温度垂直梯度为1℃/m时,单位时间内通过单位水平截面积所传递的热量。从表7-1中可以看出 H_2 的导热系数特别大,是一般气体的7倍多。在测量热导率时必须满足以下两个条件,一是待测组分的导热系数与混合气体中其他组分的导热系数相差要大,越大越灵敏;另一个是要求其他各组分的导热系数相等或十分接近。这样混合气体的导热系数随被测组分的体积含量变化而变化,因此只要测量出混合气体的导热系数便可得知被测组分的含量。

实验证明彼此之间无相互作用的多组分混合气体的热导率 λ 可近似地认为是各组分热导率的算术平均值,即

$$k=\sum_{i=1}^{n}k_ic_i \tag{7-1}$$

式中 k——混合气体的总热导率;

k_i——混合气体第 i 组分的热导率;

c_i——混合气体第 i 组分的浓度。

设被测组分的浓度为 c_1,相应的热导率为 k_1,混合气体中的其他为背景组分,热导率相

差不大，一并假定为 k_2，则

$$k=\sum_{i=1}^{n}k_i c_i=k_1 c_1+k_2\sum_{i=2}^{n}(c_2+c_3+\cdots+c_n) \tag{7-2}$$

由于

$$\sum_{i=1}^{n}(c_1+c_2+\cdots+c_n)=1$$

由 $c_2+c_3+\cdots+c_n=1-c_1$，所以

$$k=k_1 c_1+k_2(1-c_1) \tag{7-3}$$

由此可以推出被测组分的浓度与混合气体的热导率之间的关系为

$$c_1=\frac{k-k_1}{k_1-k_2} \tag{7-4}$$

由式(7-4)可以看出，当待测组分的导热系数与混合气体中其他组分的导热系数相差较大，其他各组分的导热系数相等或十分接近时，可以通过待测组分的导热系数与混合气体中其他组分的导热系数测量出被测组分的浓度的大小。如果不满足上述两个条件，可以采取预处理的方法除去不满足条件的气体，使剩下的背景气体满足要求。如分析烟道中的 CO_2 的含量，已知烟道气体的组分为 CO_2、N_2、CO、SO_2、H_2、O_2 以及水蒸气等，由表 7-1 中可知，SO_2 和 H_2 的热导率相差太大，应在预处理时除去，其他气体的热导率相近，并与被测气体 CO_2 的热导率差别较大。

热导式气体分析仪的核心部件是热导池。从式(4-96)可知，这类热传感器与运动气体之间的对流传热系数 U 决定于气体导热系数 k 和气体的平均流速。在热导池中，让气体通过传感器元件的速度维持不变或尽量地变化很小，则对流传热系数 U 将主要定于气体导热系数 k。热导池的作用就是把多组分混合气体的平均热导率的大小转化为电阻值的变化。

热导池传感器的基本结构示意图如图 7-2(a)所示。热导池是用导热性好的金属制成的圆柱形腔体，腔体中垂直悬挂一根热敏电阻元件，一般为铂丝。电阻元件与腔体保持良好的绝缘。电阻元件通过两端的引线通以恒定电流 I_o，使之维持一定的温度 T。T 高于室壁温度 T_F，被测气体由热导池下面入口进入，从上面出口流出，热导池的热敏电阻既是加热元件也是测量元件，电阻丝上产生的热量通过混合气体向室壁传递。如果利用热导池测量混合气体中 H_2 的浓度，当浓度增加时，混合气体的平均热导率增加，电阻丝产生的热量通过气体传导给室壁的热量也会增加，电阻丝的温度 T 就会下降，从而使电阻丝的阻值下降。通过测量电阻丝的阻值的大小就可以得知混合气体中 H_2 的浓度。

热导池元件也还有其他几种结构形式，如图 7-2(a)和图 7-2(b)所示的是全部测量气体流经元件的结构形式，而图 7-2(c)和图 7-2(d)所示的则是部分测量气体流经元件的结构形式。

为了求得元件电阻和气体导热系数之间的关系，我们将式(4-97)重写为

$$I_o^2 R_T=UA(T-T_F)$$

对于一根金属丝，有

$$R_T=R_0(1+\alpha T)$$

$$R_{T_F}=R_0(1+\alpha T_F)$$

式中　R_{T_F}——金属丝温度为流体温度 T_F 时的电阻，且 $T_F<T$，所以

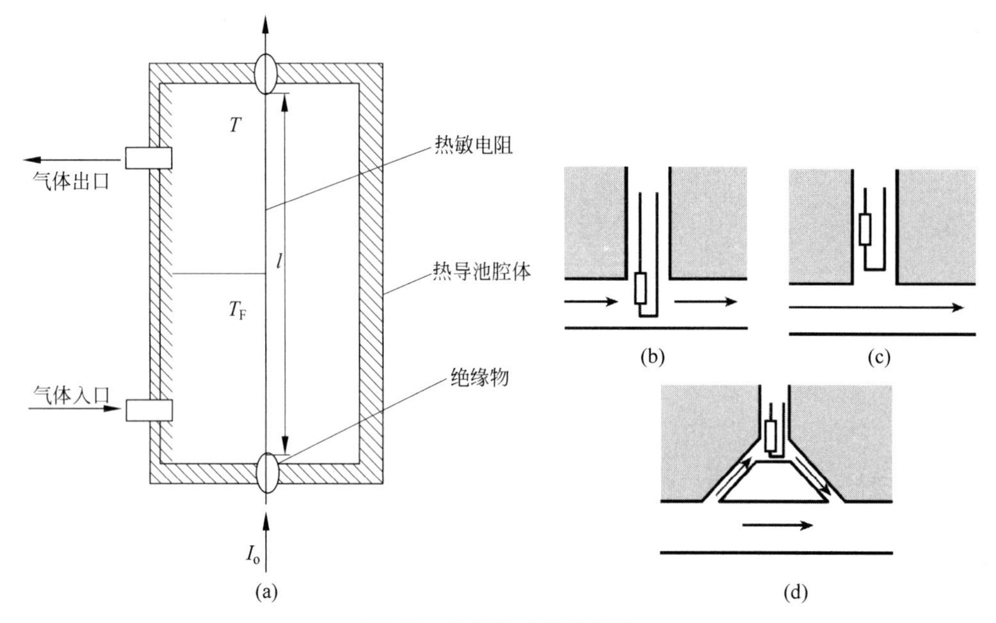

图7-2　热导池元件示意图

$$\frac{R_T}{R_{T_F}}=\frac{R_0(1+\alpha T)}{R_0(1+\alpha T_F)}=\frac{(1+\alpha T)(1-\alpha T_F)}{(1+\alpha T_F)(1-\alpha T_F)}\approx 1+\alpha(T-T_F) \tag{7-5}$$

这里忽略了 α 的高阶项,再整理后有

$$T-T_F=\frac{1}{\alpha}\left(\frac{R_T}{R_{T_F}}-1\right) \tag{7-6}$$

将式(7-6)代入式(4-97)有

$$I_o^2R_T=\frac{UA}{\alpha}\left(\frac{R_T}{R_{T_F}}-1\right) \tag{7-7}$$

再将式(7-7)进行整理后有

$$R_T=\frac{R_{T_F}}{1-B/U} \tag{7-8}$$

式中　$B=I_o^2\alpha R_{T_F}/A$。可见当 T_F 是常数时,B 也是常数。

式(7-8)说明了在恒定电流加热时电阻丝与流体传热系数之间的关系。通常我们还会将对电阻的测量转换成对电压的测量,这可借助于桥路来实现,如图7-3所示。桥路中采用了4个热导池,两个热导池室内通以测量气体,两个热导池室内通以参考气体。桥路中4个其实是连体结构,所处的环境条件(如温度、压力、流量等)完全一样。当流过测量气室的被测组分的浓度和参考气室中标准气样的浓度相等时,电桥输出为零。当流过测量气室的被测组分的浓度发生变化,即电阻 R_1、R_3 发生变化时,电桥失去平衡,输出电压的大小就代表了被测组分的浓度。

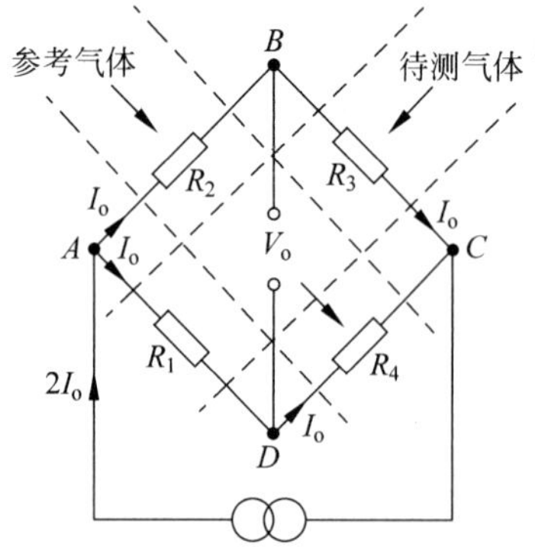

图7-3　热导池元件的信号调理示意图

对于待测气体

$$R_1 = R_3 = \frac{R_{T_F}}{1 - B/U_M} \tag{7-9}$$

对于参考气体

$$R_2 = R_4 = \frac{R_{T_F}}{1 - B/U_R} \tag{7-10}$$

电桥的输出为

$$\begin{aligned} V_o &= I_o(R_1 - R_2) = I_o R_{T_F} \left\{ \frac{1}{1 - B/U_M} - \frac{1}{1 - B/U_R} \right\} \\ &= I_o R_{T_F} B \, \frac{1/U_M - 1/U_R}{(1 - B/U_M)(1 - B/U_R)} \end{aligned} \tag{7-11}$$

适当选择参数使 $B/U \ll 1$ 时，式(7-11)可近似为

$$V_o = \frac{I_o^3 R_{T_F}^2 \alpha}{A} \left(\frac{1}{U_M} - \frac{1}{U_R} \right) \tag{7-12}$$

从式(7-12)可以看出输出电压 V_o 是传热系数 U_M 的函数，且呈现非线性关系。

热导池的结构有许多种，如图 7-4 所示的为对流扩散式的结构。气样从主气路扩散到气室中，然后再从支气路排出，这种结构的热导池可以使气流具有一定的速度，并且气体不会产生倒流。

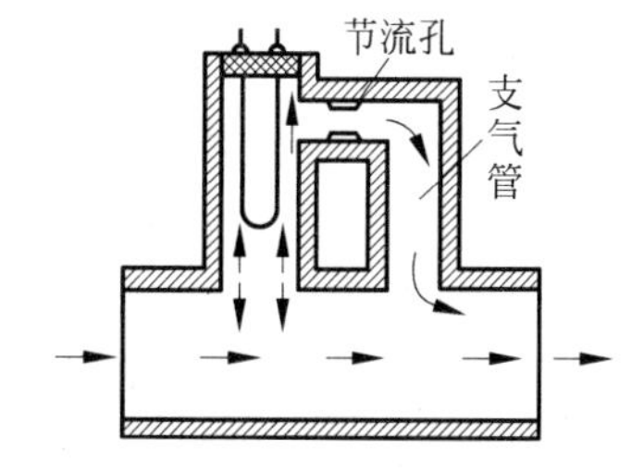

图 7-4　对流扩散式热导池示意图

热导分析仪最常应用于锅炉烟气分析和氢纯度分析，也常用于色谱分析仪的检测器。将这种分析仪表用作在线分析时，要求配有采样和预处理装置。

7.1.2　氧化锆气体分析仪

在工业上的一些燃烧过程和氧化反应过程中，测量和控制混合气体中的氧含量是非常重要的。目前工业上常用的分析氧含量的方法之一是电化学法，电化学法具有结构简单、维护方便、反应迅速、测量范围广等特点。氧化锆氧量计就是电化学分析器的一种，它可以连续分析各种工业锅炉和炉窑内的燃烧情况，再通过控制送风来调整过剩空气系数 α 值，以保证最佳的空气燃料比，达到节能和环保的双重效果。

氧化锆是一种固体电介质，它具有离子导电作用，在常温下为单斜晶体，基本上不导电，当温度达到 1150℃时，晶体排列由单斜晶体变为立方晶体，如果掺杂一定量的氧化钙和氧化钇，则其晶体变为不随温度而变的稳定的萤石型立方晶体。由于氧化钙所含氧离子数仅为氧化锆的一半，四价的锆离子被二价的钙离子和三价的钇离子置换后，在固溶体中产生了大量的氧离子空穴。当温度为 800℃以上时，空穴型的氧化锆就变成了良好的氧离子导体，从而构成了氧浓差电池。

氧浓差电池的原理如图 7-5 所示，在氧化锆电解质的两侧各烧结上一层多孔的铂电极，电池左边是被测的烟气，它的氧含量一般为 4%～6%，电池的右侧是参比气体，如空气，空气的氧含量为 20.8%。由于电池左右两侧的混合气体的氧含量不同，在两个电极之间产生电势，这个电势只是由于两个电极所处环境的氧气浓度不同形成的，所以叫氧浓差电势。氧

浓差电势的大小可以由能斯特(Nernst)公式表示：

$$E=\frac{RT}{NF}\ln\frac{P_2}{P_1} \tag{7-13}$$

式中 E——氧浓差电势；

N——迁移一个氧分子输送的电子数，对氧而言 $N=4$；

P_1——被测气体的氧分压或氧浓度；

P_2——参比气体的氧分压或氧浓度；

R——气体常数，当空气为参比气体，在一个大气压下 $R=8.314\text{J}/(\text{mol}\cdot\text{K})$；

F——法拉第常数，$F=96500\text{C}/\text{mol}$。

由式(7-13)可知如果温度保持不变，并选定一种已知氧浓度的气体为参比气体，则只要测量氧浓差电势就可以得知被测气体氧浓度 P_1。需要说明的是，用这种方法进行氧浓度测量也是有些限制的，如要使氧化锆传感器的温度恒定，一般应保持在850℃左右时传感器灵敏度才最高；必须要有参比气体，且参比气体的氧含量要稳定不变；被测气体和参比气体应具有相同的压力，这样才可以用氧浓度代替氧分压等。

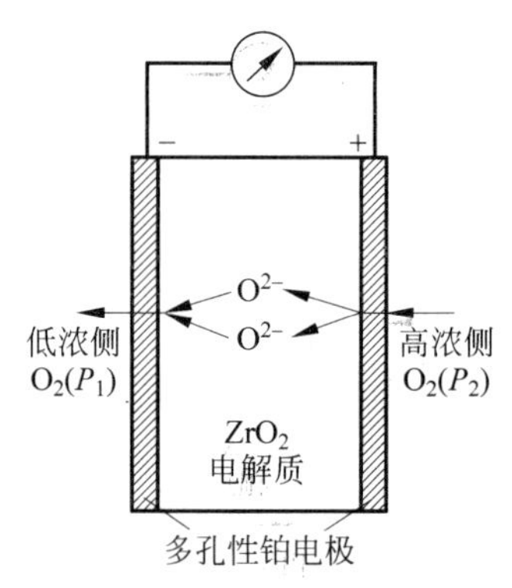

图7-5 氧浓差电池示意图

氧化锆氧分析仪(Zirconia Oxygen Analyzer)主要由氧化锆传感器、温度调节器、恒温加热炉和显示仪表等组成。而氧化锆传感器的结构原理如图7-6所示，它由氧化锆固体电解质、内外铂电极、Al_2O_3 陶瓷管、热电偶、加热炉丝、陶瓷过滤管和引线组成。氧化锆制成一封闭的圆管，内外附有多孔铂相衬的内外电极，圆管内部一般通入参比气体(如空气)，烟气经过陶瓷过滤管后作为被测气体流过氧化锆的外部。为了使氧化锆管的温度恒定，在其外部装有加热电阻丝和热电偶，热电偶检测氧化锆管的温度，再通过调节器调整加热电流的大小，使氧化锆管的温度稳定在850℃上。当被测气体的温度控制在稳定恒值时，由测得氧浓差电势就可以确定被测气体的氧分压，从而得知氧含量。氧化锆氧分析仪系统则还包括烟气过滤、烟气采样泵以及烟气流量控制等，如图7-7所示。

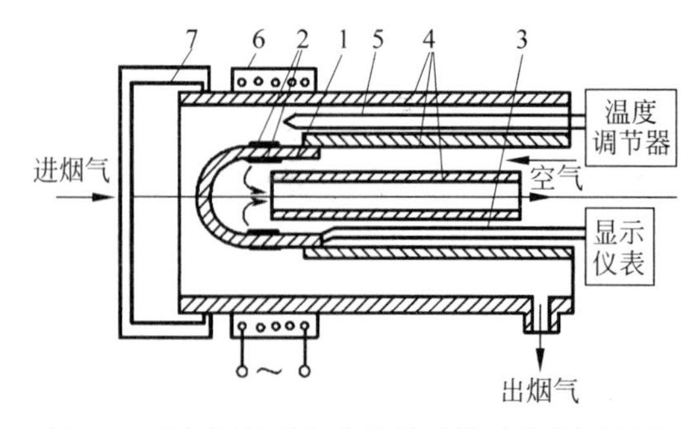

图7-6 带恒温炉的氧化锆传感器的结构原理图

1—氧化锆管；2—内、外铂电极；3—引线；4—Al_2O_3 陶瓷管；5—热电偶；6—恒温加热炉；7—陶瓷过滤管

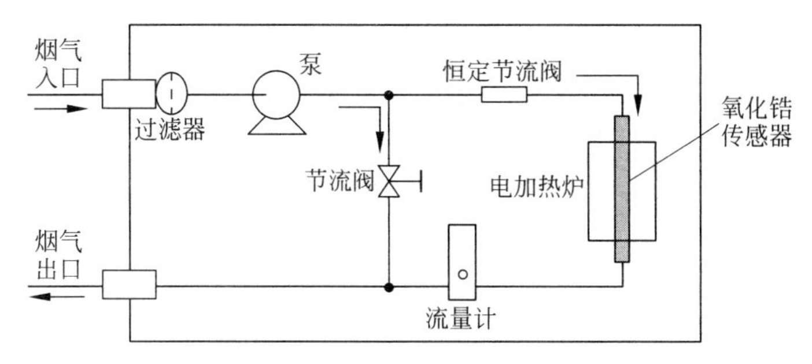

图 7-7　氧化锆分析仪系统配置图

7.1.3　电导仪

电导仪(Conductometer)是用来测量或分析酸、碱、盐等电解质浓度的传感器,它通过测量溶液的电导间接地得到溶液的浓度。

电解质溶液和金属导体一样,也是电的良导体。它的导电特性可用电阻或电导来表达。电导测量的原理如图 7-8 所示。溶液的电阻或电导的计算公式与金属导体相同,即

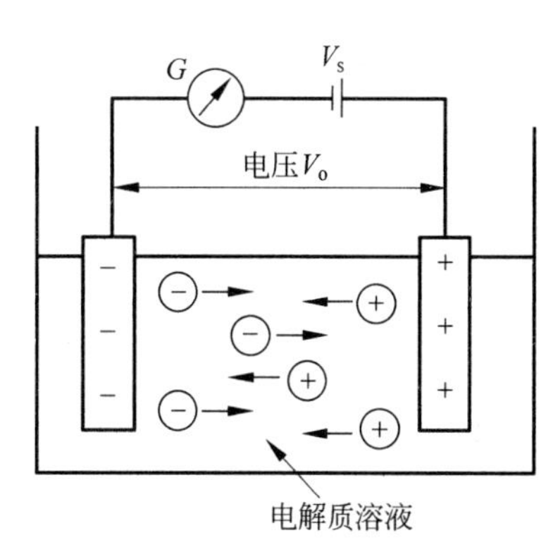

图 7-8　溶液电导测量示意图

$$R=\rho\frac{L}{A} \tag{7-14}$$

$$G=\gamma\frac{A}{L} \tag{7-15}$$

式中　R——溶液的电阻;

ρ——溶液的电阻率;

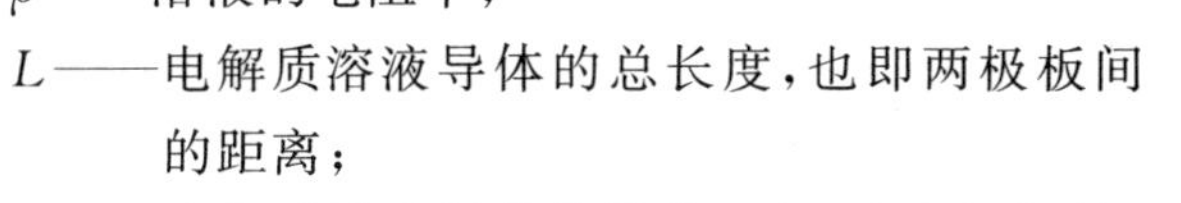

L——电解质溶液导体的总长度,也即两极板间的距离;

A——电解质溶液导体的横截面积,也即极板的面积;

G——溶液的电导;

γ——溶液的电导率。

若令 $K=L/A$,这里 K 为电极常数,则

$$R=\rho K \tag{7-16}$$

$$G=\frac{\gamma}{K} \tag{7-17}$$

由于溶液的电阻会随温度升高而降低,因此一般不用电阻 R 或电阻率 ρ 来表示溶液的导电能力,而用电导 G 或电导率 γ 来表示,即 γ 值越大,溶液的导电能力越强。γ 与溶液电解质的性质、种类、浓度及温度等因素有关。如图 7-9 所示给出了几种水溶液在 20℃时电导率与浓度的关系曲线。

如图 7-9 可见在低浓度区域,电导率与浓度的关系呈现线性关系,可用下式表示

$$\gamma=mc \tag{7-18}$$

式中　m——直线的斜率,为正值;

c——溶液的浓度。

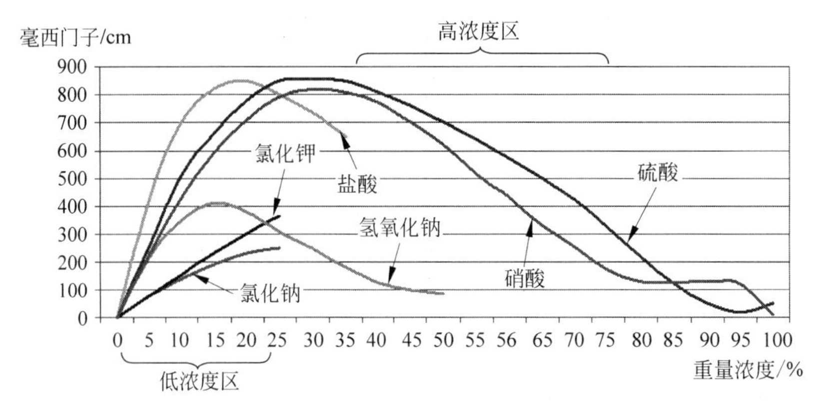

图 7-9 几种水溶液在 20℃时电导率与浓度的关系曲线图

但在高浓度区域,电导率却随浓度的增大而减小,这是因为溶液中的正负离子存在相互吸引作用,影响了导电能力。浓度越高,相互吸引作用越强,电导越小。这时电导率与浓度的关系则可用下式表示

$$\gamma = mc + a \tag{7-19}$$

式中 m——直线的斜率,为负值;

c——溶液的浓度;

a——截距。

由式(7-18)和式(7-19)有

$$G = \frac{m}{K}c \tag{7-20}$$

$$G = \frac{m}{K}c + \frac{a}{K} \tag{7-21}$$

式(7-20)和式(7-21)说明溶液的浓度可以通过溶液的电导来求得。

由于板状电极在电极板的边缘容易产生边缘极化效应,因此电导传感器常常做成筒状或环状,筒状电极板电导传感器的结构如图 7-10 所示。这里内电极半径为 r_1,外电极半径为 r_2,若电极长度为 l,则理论电极常数为

$$K = \frac{1}{2\pi l}\ln\frac{r_2}{r_1} \tag{7-22}$$

电导测量系统一般采用类似 3.2.5 节中介绍的不平衡电桥或 5.2.3 节中介绍的平衡电桥来进行信号调理。一种采用平衡电桥进行信号调理的电路如图 7-11 所示。

对于一些有腐蚀性介质,不宜采用电极直接接触介质的方法来测量,这时一般采用电磁感应的方法进行测量。电磁感应的方法需要使用交流电源驱动,线圈也用抗腐蚀的材料进行保护。电磁感应型的电导传感器如图 7-12 所示。在发射线圈上施加低频交变电流,由于电磁感应在接收线圈上也产生交变电流,后者的大小与介质的电导率有关。这类似于变压器的工作原理,被测介质则相当于变压器的磁芯。

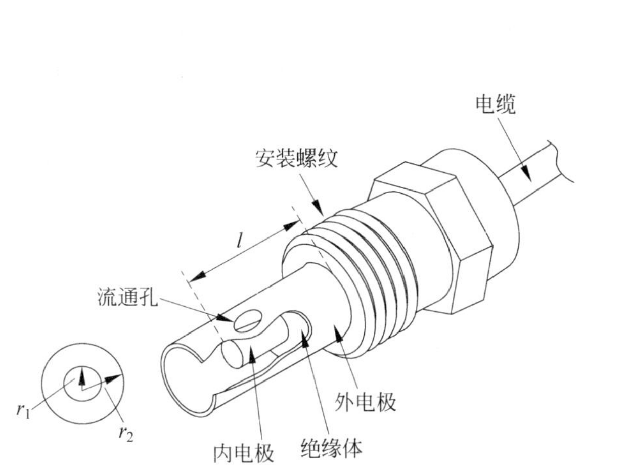

图 7-10 筒状电极板电导传感器的结构图

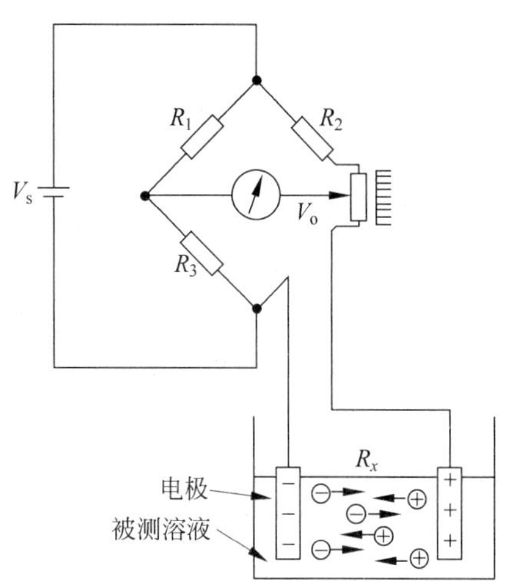

图 7-11 电导测量系统原理图

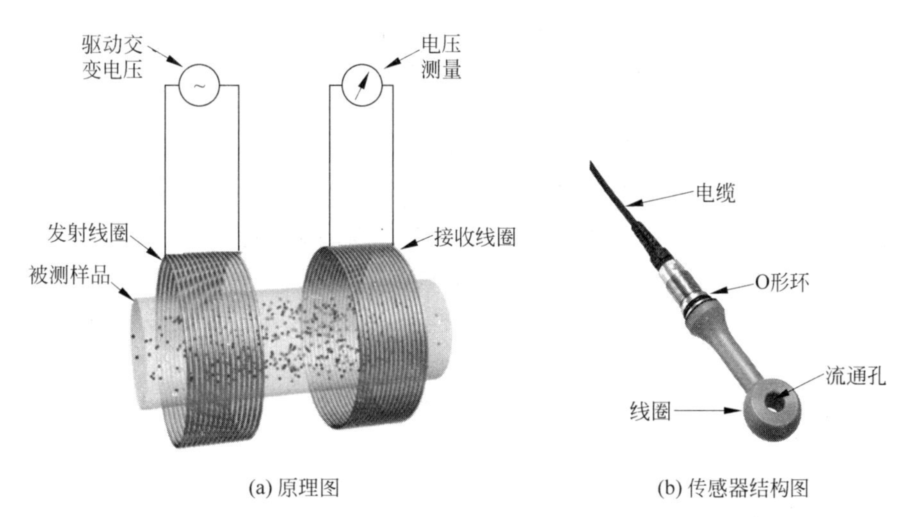

(a) 原理图

(b) 传感器结构图

图 7-12 感应式电导测量系统原理图

7.1.4 pH传感器

pH传感器(pH Sensor),也即酸度计,它是采用电化学分析方法,用作对溶液的酸碱度进行在线测量。

溶液的酸碱性通常用氢离子浓度$[H^+]$的大小来表示。每升溶液中含氢离子H^+为1g时,即10^0g,为强酸性溶液,每升溶液中含氢离子H^+为10^{-7}g时,为中性溶液,每升溶液中含氢离子H^+为10^{-14}g时,为强碱性溶液。由于溶液中氢离子浓度的绝对值很小,一般采用pH值来表示溶液的酸碱度,定义为

$$pH = -\lg[H^+] \tag{7-23}$$

与之相应有,pH=7为中性溶液,pH>7为碱性溶液,pH<7为酸性溶液。

对pH值的检测通常采用电位测量法。这是根据电化学原理,任何一种金属插入导

电溶液中，在金属与溶液之间将产生电极电势，此电极电势与金属和溶液的性质，以及溶液的浓度和温度有关。若采用镀有多孔铂黑的铂片，用其吸附氢气，可以起到与金属电极类似的作用。这里电极电位是一个相对值，一般规定标准氢电极的电位为零，作为比较标准。

测量pH值一般使用参比电极和测量电极以及被测溶液共同组成的pH测量电池。参比电极的电极电位是一个固定的常数，测量电极的电极电位则随溶液氢离子浓度而变化。电池的电动势为参比电极与测量电极间电极电位的差值，其大小代表溶液中的氢离子浓度。整个电池产生的电动势可由能斯特方程给出

$$E = E_0 - \frac{R\theta}{F}\ln[H^+] \tag{7-24}$$

式中　E——电极的电势，V；

E_0——取决于所选不同电极的常数；

R——通用气体常数，8.314J·K^{-1}；

θ——绝对温度，K；

F——法拉第常数，96 493C/mol。

因为 $\ln x = 2.303\lg x$，当 $\theta = 298\text{K}(25℃)$时，有

$$E = E_0 - \frac{8.314 \times 298 \times 2.303}{96493}\lg[H^+]$$

$$= E_0 - 59 \times 10^{-3}\lg[H^+] \quad (\text{V}) \tag{7-25}$$

若假设 $E_0 = 0$，并将式(7-24)代入，可得pH传感器的输出电压为

$$V_o = E = 59\text{pH} \quad (\text{mV}) \tag{7-26}$$

式(7-26)表明电极的输出电压与溶液的pH值成正比，而传感器的灵敏度为59mV/pH。

pH传感器的基本结构如图7-13所示。如图7-13(a)所示的是测量电极，也称为离子选

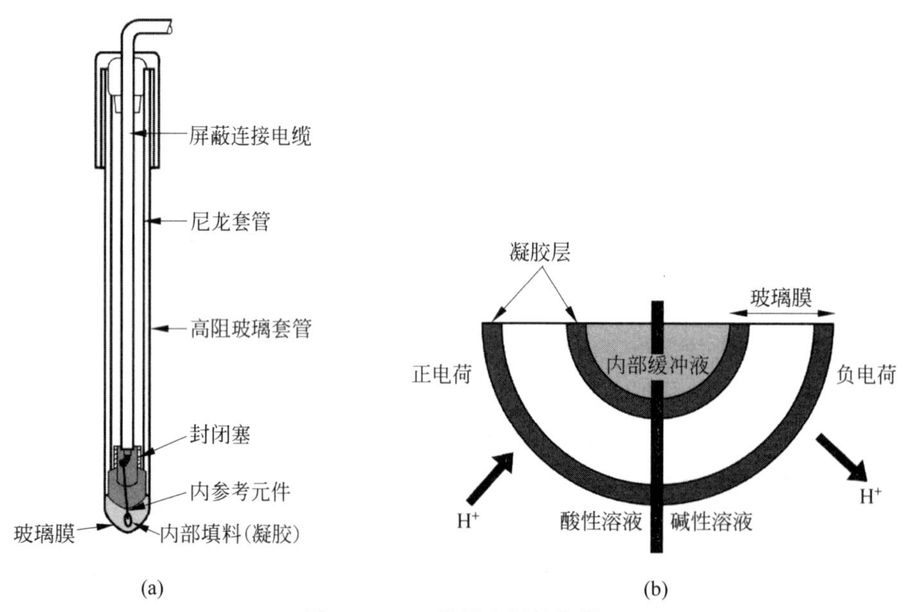

图7-13　pH测量电极结构图

择性电极。这是因为电极的电势不但与溶液中的被测离子浓度有关，同时也与溶液中的其他离子浓度有关，但可以通过适当选择测量电极中的内参考元件材料等使测量电极对被测离子浓度有更强的选择性。离子选择性电极有着特殊材料配制的玻璃表层，也即在玻璃表面有一层约 10^{-7} m 厚的氢氧化硅物质。这层膜上的氢离子 H^+ 与被测溶液中的氢离子 H^+ 之间会达到平衡状态。当被测溶液呈酸性时，溶液中的 H^+ 向电极内渗透，由于电极的内部参考元件(即内部缓冲液)的电位基本维持恒定，这样就会使电极电位上升。当被测溶液呈碱性时，电极内的 H^+ 向溶液中渗透，这样则会使电极电位下降，如图 7-12(b)所示。由于 H^+ 是被测溶液中差不多唯一小到可以填入玻璃表层硅晶格中去的正离子，因此该电极对 H^+ 有较强的选择性。常用的参比电极是甘汞电极，其内充有氯化钾饱和溶液，如图 7-14 所示。在电极的玻璃外壁上有一个多孔陶瓷塞，通过这个多孔陶瓷塞，电极内的氯化钾溶液与被测溶液中的离子可相互渗透。

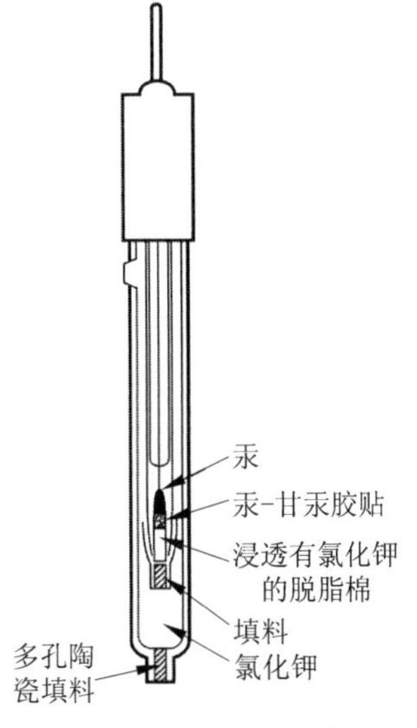

图 7-14　pH 参比电极结构图

离子选择性电极(测量电极)是单电极，它只能作为完整电化学电池的一半，还必须有另外一个标准的参比电极与测量电极一道形成一个完整电化学测量电池。参比电极的作用就是提供一个固定的参考电势，也就是电化学电池的另一半。参比电极的标准电势是由电极内的化学物质通过化学平衡来维持的。由测量电极与参考电极所构成的测量系统如图 7-15(a)所示。其中图 7-15(b)为测量系统的戴维南等效电路。在戴维南等效电路中，由测量电极与参比电极构成的戴维南等效电阻可高达 $10^9\,\Omega$，这意味着对其戴维南等效电势的测量必须使用高阻抗的电压表来实现。

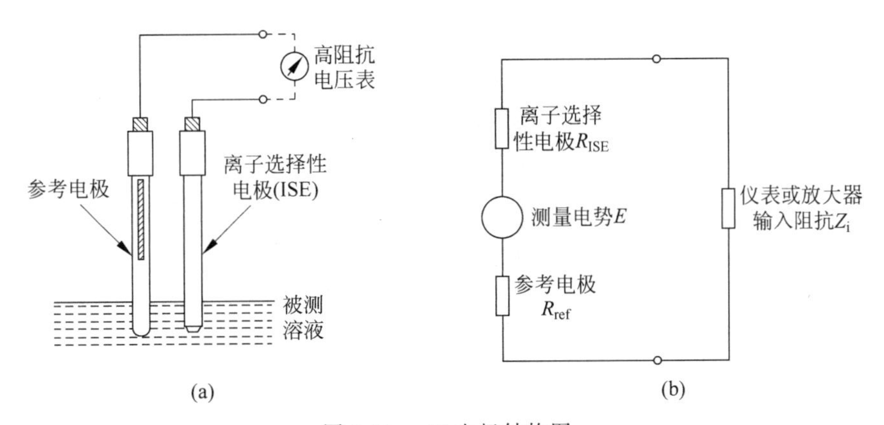

图 7-15　pH 电极结构图

表 7-2 给出了部分常用的测量电极(离子选择性电极)的类型及测量浓度范围等。部分测量电极是固体电极，有些则是 PVC 膜或气体渗透膜电极。固体电极的优势是在工业现场使用时不易被碰碎。

表 7-2 部分离子选择性电极(测量电极)一览表

电极材料	电极类型	适合的浓度范围
氯化物	固体	$10^0 \sim 5\times10^{-5}$ M
溴化物	固体	$10^0 \sim 5\times10^{-6}$ M
碘化物	固体	$10^0 \sim 10^{-6}$ M
氰化物	固体	$10^{-2} \sim 10^{-6}$ M
硫化物	固体	$10^0 \sim 10^{-7}$ M
铜	固体	$10^0 \sim 10^{-6}$ M
铅	固体	$10^{-1} \sim 10^{-4}$ M
银	固体	$10^0 \sim 10^{-6}$ M
镉	固体	$10^{-1} \sim 10^{-5}$ M
钙	PVC 膜	$10^0 \sim 10^{-5}$ M
硝酸盐	PVC 膜	$10^0 \sim 10^{-5}$ M
钡	PVC 膜	$10^0 \sim 10^{-4}$ M
水硬度	PVC 膜	$10^0 \sim 10^{-4}$ M
钾	PVC 膜	$10^0 \sim 10^{-5}$ M
钠	PVC 膜	$10^{-1} \sim 10^{-5}$ M
氨	气体渗透膜	$10^{-1} \sim 10^{-5}$ M
二氧化硫	气体渗透膜	$5\times10^{-2} \sim 5\times10^{-5}$ M
二氧化碳	气体渗透膜	$10^{-2} \sim 10^{-4}$ M
氧化氮	气体渗透膜	$10^{-2} \sim 5\times10^{-6}$ M

有时为了使用方便,常将测量电极与参比电极制作为一体,也就是复合电极,其结构如图 7-16 所示。由于式(7-26)是假设温度为 25℃时给出的,因此当被测溶液不是 25℃时是需要进行修正的,这就需要对被测溶液的温度进行测量,然后按照实际温度进行补偿。具体实现时常将温度传感器也集成在 pH 测量电极内,从而构成三合一电极,其结构类似复合电极。

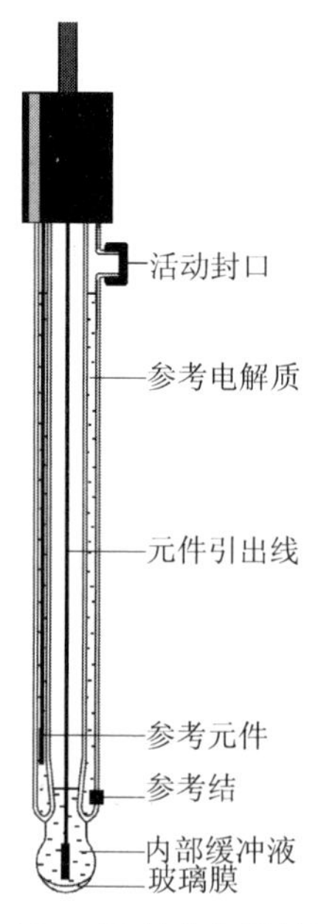

图 7-16 pH 复合电极结构图

7.2　本章小结

本章内容主要包括部分过程参数成分分析传感器的基本概念和原理、基本实现方法，包括热导式气体分析仪、氧化锆气体分析仪、电导仪及酸度计等。通过对本章内容学习，读者主要学习了如下内容。

- 过程参数成分分析仪表按照测量原理来分，可以分为电化学式、热学式、光学式等。
- 热导式气体分析仪是利用混合气体的总热导率随被测组分的含量而变化的原理进行分析的，常用于分析混合气体中 H_2、CO_2、NH_3、SO_2 等组分的百分比含量。
- 氧化锆氧分析仪是利用氧化锆固体电介质在一定温度下，当氧含量发生变化时其氧浓差电池的电势会发生变化的原理进行测量的。
- 电导仪是通过测量溶液的电导间接地测量溶液浓度的。
- 溶液的酸碱性通常用氢离子浓度的大小来表示。
- 对 pH 值的检测通常采用电化学原理，即任何一种金属插入导电溶液中，在金属与溶液之间将产生电极电势，此电极电势与金属和溶液的性质，以及溶液的浓度和温度有关。

习题

7.1　用热导分析仪来测量氢气和甲烷混合物中氢的百分数。氢的百分数在 0～10% 变动。测量系统为不平衡电桥，其结构如图 7-3 所示。20℃的被测气体通过元件 1 和 3，20℃的甲烷气体通过元件 2 和 4。假设加热钨丝的电阻温度系数为 $5\times10^{-3}℃^{-1}$，20℃时钨丝的电阻为 10Ω，电桥总电流为 200mA，钨丝表面积为 $10^{-5}m^2$，钨丝和气体之间的传热系数为 $5\times10^4 k$（k 为气体导热系数），氢的导热系数为 $17\times10^{-2}W\cdot m^{-1}\cdot ℃^{-1}$，甲烷的导热系数为 $3\times10^{-2}W\cdot m^{-1}\cdot ℃^{-1}$。求电桥的输出电压范围是多少？

7.2　由于工业烟气含有许多尘埃，对其进行成分分析时需要进行预处理。构造一个烟气采样预处理系统，使其具有采样、过滤、定期排污及排水等功能。若要使这些功能能够自动实现，其自动化系统要如何配置？

参考文献

[1]　Curtis D Johnson. 过程控制仪表技术[M]. 8 版. 北京：清华大学出版社，2009.
[2]　John P Bentley. 测量系统原理[M]. 4 版. London：Pearson Education Limited，2005.
[3]　施文康，等. 检测技术[M]. 2 版. 北京：机械工业出版社，2005.
[4]　Ernest O Doebelin. 测量系统应用与设计[M]. 5 版. 北京：电子工业出版社，2007.
[5]　祝诗平，等. 传感器与检测技术[M]. 北京：中国林业出版社，2006.
[6]　张宏建，等. 自动检测技术与装置[M]. 北京：化学工业出版社，2004.
[7]　梁森，等. 自动检测技术及应用[M]. 2 版. 北京：机械工业出版社，2012.
[8]　齐志才，等. 自动化仪表[M]. 北京：中国林业出版社，2006.
[9]　张洪润，等. 传感技术与应用教程[M]. 2 版. 北京：清华大学出版社，2009.
[10]　潘新民，等. 微型计算机与传感器技术[M]. 北京：人民邮电出版社，1988.

附录A

部分热电阻分度表

表 A-1 Pt_{100} 型热电阻(R_0=100.00Ω)

温度/℃	电阻值/Ω									
	0	−5	−10	−15	−20	−25	−30	−35	−40	−45
−200	18.52									
−150	39.72	37.64	35.54	33.44	31.34	29.22	27.10	24.97	22.83	20.68
−100	60.26	58.52	56.19	54.15	52.11	50.06	48.00	45.94	43.88	41.80
−50	80.31	78.32	76.33	74.33	72.33	70.33	68.33	66.31	64.30	62.28
−0	100.00	98.04	96.09	94.12	92.16	90.19	88.22	86.25	84.27	82.29

温度/℃	电阻值/Ω									
	0	5	10	15	20	25	30	35	40	45
+0	100.00	101.95	103.90	105.85	107.79	109.73	111.67	113.61	115.54	117.47
50	119.40	121.32	123.24	125.16	127.08	128.99	130.90	132.80	134.71	136.61
100	138.51	140.40	142.29	144.18	146.07	147.95	149.83	151.71	153.58	155.46
150	157.33	159.19	161.05	162.91	164.77	166.63	168.48	170.33	172.17	174.02
200	175.86	177.69	179.53	181.36	183.19	185.01	186.84	188.66	190.47	191.29
250	194.10	195.91	197.71	199.51	201.31	203.11	204.90	206.70	208.48	210.27
300	212.05	213.83	215.61	217.38	219.15	220.92	222.68	224.45	226.21	227.96
350	229.72	231.47	233.21	234.96	236.70	238.44	240.18	241.91	243.64	245.37
400	247.09	248.81	250.53	252.25	253.96	255.67	257.38	259.08	260.78	262.48
450	264.18	265.87	267.56	269.25	270.93	272.61	274.29	275.97	277.64	279.31
500	280.98	282.64	284.30	285.96	287.62	289.27	290.92	292.56	294.21	295.85
550	297.49	299.12	300.75	302.38	304.01	305.63	307.25	308.87	310.49	312.10
600	313.71	315.31	316.92	318.52	320.12	321.71	323.30	324.89	326.48	328.06
650	329.64	331.22	332.79	334.36	335.93	337.50	339.06	340.62	342.18	343.73
700	345.28	346.83	348.38	349.92	351.46	353.00	354.53	356.06	357.59	359.12
750	360.64	362.16	363.67	365.19	366.70	368.21	369.71	371.21	372.71	374.21
800	375.70	377.19	378.68	380.17	381.65	383.13	384.60	386.08	387.55	389.02
850	390.48									

表 A-2 Cu_{100} 型热电阻(R_0=100.00Ω)

温度/℃	电阻值/Ω									
	0	−5	−10	−15	−20	−25	−30	−35	−40	−45
−50	78.49									
−0	100.00	97.84	95.70	93.56	91.40	89.26	87.10	84.95	82.80	80.64

温度/℃	电阻值/Ω									
	0	5	10	15	20	25	30	35	40	45
+0	100.00	102.14	104.28	106.42	108.56	110.70	112.84	114.98	117.12	119.26
50	121.40	123.54	125.68	127.82	129.96	132.10	134.24	136.38	138.52	140.66
100	142.80	144.94	147.08	149.22	151.36	153.52	155.66	157.82	159.96	162.12
150	164.27									

附录B

部分热电偶分度表

表 B-1 J型(铁-康铜)热电偶

温度/℃	热电动势/mV									
	0	5	10	15	20	25	30	35	40	45
−150	−6.50	−6.66	−6.82	−6.97	−7.12	−7.27	−7.40	−7.54	−7.66	−7.78
−100	−4.63	−4.83	−5.03	−5.23	−5.42	−5.61	−5.80	−5.98	−6.16	−6.33
−50	−2.43	−2.66	−2.89	−3.12	−3.34	−3.56	−3.78	−4.00	−4.21	−4.42
−0	0.00	−0.25	−0.50	−0.75	−1.00	−1.24	−1.48	−1.72	−1.96	−2.20
+0	0.00	0.25	0.50	0.76	1.02	1.28	1.54	1.80	2.06	2.32
50	2.58	2.85	3.11	3.38	3.65	3.92	4.19	4.46	4.73	5.00
100	5.27	5.45	5.81	6.08	6.36	6.63	6.90	7.18	7.45	7.73
150	8.00	8.28	8.56	8.84	9.11	9.39	9.67	9.95	10.22	10.50
200	10.78	11.06	11.34	11.62	11.89	12.17	12.45	12.73	13.01	13.28
250	13.56	13.84	14.12	14.39	14.67	14.94	15.22	15.50	15.77	16.05
300	16.33	16.60	16.88	17.15	17.43	17.71	17.98	18.26	18.54	18.81
350	19.09	19.37	19.64	19.92	20.20	20.47	20.75	21.02	21.30	21.57
400	21.85	22.13	22.40	22.68	22.95	23.23	23.50	23.78	24.06	24.33
450	24.61	24.88	25.16	25.44	25.72	25.99	26.27	26.55	26.83	27.11
500	27.39	27.67	27.95	28.23	28.52	28.80	29.08	29.37	29.65	29.94
550	30.22	30.51	30.80	31.08	31.37	31.66	31.95	32.24	32.53	32.82
600	33.11	33.41	33.70	33.99	34.29	34.58	34.88	35.18	35.48	35.78
650	36.08	36.38	36.69	36.99	37.30	37.60	37.91	38.22	38.53	38.84
700	39.15	39.47	39.78	40.10	40.41	40.73	41.05	41.36	41.68	42.00

表 B-2 K型(镍铬-镍铝)热电偶

温度/℃	热电动势/mV									
	0	5	10	15	20	25	30	35	40	45
−150	−4.81	−4.92	−5.03	−5.14	−5.24	−5.34	−5.43	−5.52	−5.60	−5.68
−100	−3.49	−3.64	−3.78	−3.92	−4.06	−4.19	−4.32	−4.45	−4.58	−4.70
−50	−1.86	−2.03	−2.20	−2.37	−2.54	−2.71	−2.87	−3.03	−3.19	−3.34
−0	0.00	−0.19	−0.39	−0.58	−0.77	−0.95	−1.14	−1.32	−1.50	−1.68
+0	0.00	0.20	0.04	0.60	0.80	1.00	1.20	1.40	1.61	1.81
50	2.02	2.23	2.43	2.64	2.85	3.05	3.26	3.47	3.68	3.89
100	4.10	4.31	4.51	4.72	4.92	5.13	5.33	5.53	5.73	5.93
150	6.13	6.33	6.53	6.73	6.93	7.13	7.33	7.53	7.73	7.93
200	8.13	8.33	8.54	8.74	8.94	9.14	9.34	9.54	9.75	9.95
250	10.16	10.36	10.57	10.77	10.98	11.18	11.39	11.59	11.80	12.01
300	12.21	12.42	12.63	12.83	13.04	13.25	13.46	13.67	13.88	14.09
350	14.29	14.50	14.71	14.92	15.13	15.34	15.55	15.76	15.98	16.19
400	16.40	16.61	16.82	17.03	17.24	17.46	17.67	17.88	18.09	18.30
450	18.51	18.73	18.94	19.15	19.36	19.58	19.79	20.01	20.22	20.43
500	20.65	20.86	21.07	21.28	21.50	21.71	21.92	22.14	22.35	22.56

续表

温度/℃	热电动势/mV									
	0	5	10	15	20	25	30	35	40	45
550	22.78	22.99	23.20	23.42	23.63	23.84	24.06	24.27	24.49	24.70
600	24.91	25.12	25.34	25.55	25.76	25.98	26.19	26.40	26.61	26.82
650	27.03	27.24	27.45	27.66	27.87	28.08	28.29	28.50	28.72	28.93
700	29.14	29.35	29.56	29.77	29.97	30.18	30.39	30.60	30.81	31.02
750	31.23	31.44	31.65	31.85	32.06	32.27	32.48	32.68	32.89	33.09
800	33.30	33.50	33.71	33.91	34.12	34.32	34.53	34.73	34.93	35.14
850	35.34	35.54	35.75	35.95	36.15	36.35	36.55	36.76	39.96	37.16
900	37.36	37.56	37.76	37.96	38.16	38.36	38.56	38.76	38.95	39.15
950	39.35	39.55	39.75	39.94	40.14	40.34	40.53	40.73	40.92	41.12
1000	41.31	41.51	41.70	41.90	42.09	42.29	42.48	42.67	42.87	43.06
1050	43.25	43.44	43.63	43.83	44.02	44.21	44.40	44.59	44.78	44.97
1100	45.16	45.35	45.54	45.73	45.92	46.11	46.29	46.48	46.67	46.85
1150	47.04	47.23	47.41	47.60	47.78	47.97	48.15	48.34	48.52	48.70
1200	48.89	49.07	49.25	49.43	49.62	49.80	49.98	50.16	50.34	50.52
1250	50.69	50.87	51.05	51.23	51.41	51.58	51.76	51.94	52.11	52.29
1300	52.46	52.64	52.81	52.99	53.16	53.34	53.51	53.68	53.85	54.03
1350	54.20	54.37	54.54	54.71	54.88					

表 B-3 T型(铜-康铜)热电偶

温度/℃	热电动势/mV									
	0	5	10	15	20	25	30	35	40	45
−150	−4.603	−4.712	−4.817	−4.919	−5.018	−5.113	−5.025	−5.294	−5.379	
−100	−3.349	−3.488	−3.624	−3.757	−3.887	−4.014	−4.138	−4.259	−4.377	−4.492
−50	−1.804	−1.971	−2.135	−2.296	−2.455	−2.611	−2.764	−2.914	−3.062	−3.207
−0	0.000	−0.191	−0.380	−0.567	−0.751	−0.933	−1.112	−1.289	−1.463	−1.635
+0	0.000	0.193	0.389	0.587	0.787	0.900	1.194	1.401	1.610	1.821
50	2.035	2.250	2.467	2.687	2.908	3.132	3.357	3.584	3.813	4.044
100	4.277	4.512	4.749	4.987	5.227	5.469	5.712	5.957	6.204	6.453
150	6.703	6.954	7.208	7.462	7.719	7.987	8.236	8.497	8.759	9.023
200	9.288	9.555	9.823	10.093	10.363	10.635	10.909	11.183	11.459	11.735
250	12.015	12.294	12.575	12.857	13.140	13.425	13.710	13.997	14.285	14.573
300	14.864	15.155	15.447	15.740	16.035	16.330	16.626	16.924	17.222	17.521
350	17.821	18.123	18.425	18.727	19.032	19.337	19.642	19.949	20.257	20.565

表 B-4 S型(铂铑-铂)热电偶

温度/℃	热电动势/mV									
	0	5	10	15	20	25	30	35	40	45
+0	0.000	0.028	0.056	0.084	0.113	0.143	0.173	0.204	0.235	0.266
50	0.299	0.331	0.364	0.397	0.431	0.466	0.500	0.535	0.571	0.607
100	0.643	0.680	0.717	0.754	0.792	0.830	0.869	0.907	0.946	0.986
150	1.025	1.065	1.166	1.146	1.187	1.228	1.269	1.311	1.352	1.394
200	1.436	1.479	1.521	1.564	1.607	1.650	1.693	1.736	1.780	1.824
250	1.868	1.912	1.956	2.001	2.045	2.090	2.135	2.180	2.225	2.271

续表

温度/℃	热电动势/mV									
	0	5	10	15	20	25	30	35	40	45
300	2.316	2.362	2.408	2.453	2.499	2.546	2.592	2.638	2.685	2.731
350	2.778	2.825	2.872	2.919	2.966	3.014	3.061	3.108	3.156	3.203
400	3.251	3.299	3.347	3.394	3.442	3.490	3.539	3.587	3.635	3.683
450	3.732	3.780	3.829	3.878	3.926	3.975	4.024	4.073	4.122	4.171
500	4.221	4.270	4.319	4.369	4.419	4.468	4.518	4.568	4.618	4.668
550	4.718	4.768	4.818	4.869	4.919	4.970	5.020	5.071	5.122	5.173
600	5.224	5.275	5.326	5.377	5.429	5.480	5.532	5.583	5.635	5.686
650	5.738	5.790	5.842	5.894	5.946	5.998	6.050	6.102	6.155	6.207
700	6.260	6.312	6.365	6.418	6.741	6.524	6.577	6.630	6.683	6.737
750	6.790	6.844	6.897	6.951	7.005	7.058	7.112	7.166	7.220	7.275
800	7.329	7.383	7.438	7.492	7.547	7.602	7.656	7.711	7.766	7.821
850	7.876	7.932	7.987	8.042	8.098	8.153	8.209	8.265	8.320	8.376
900	8.432	8.488	8.545	8.601	8.657	8.714	8.770	8.827	8.883	8.940
950	8.997	9.054	9.111	9.168	9.225	9.282	9. .340	9.397	9.455	9.512
1000	9.570	9.628	9.686	9.744	9.802	9.860	9.918	9.976	10.035	10.093
1050	10.152	10.210	10.269	10.328	10.387	10.446	10.505	10.564	10.623	10.682
1100	10.741	10.801	10.860	10.919	10.979	11.038	11.098	11.157	11.217	11.277
1150	11.336	11.396	11.456	11.516	11.575	11.635	11.695	11.755	11.815	11.875
1200	11.935	11.995	12.055	12.115	12.175	12.236	12.296	12.356	12.416	12.476
1250	12.536	12.597	12.657	12.717	12.777	12.837	12.897	12.957	13.018	13.078
1300	13.138	13.198	13.258	13.318	13.378	13.438	13.498	13.558	13.618	13.678
1350	13.738	13.798	13.858	13.918	13.978	14.038	14.098	14.157	14.217	14.277
1400	14.337	14.397	14.457	14.516	14.576	14.636	14.696	14.755	14.815	14.875
1450	14.935	14.994	15.054	15.113	15.173	15.233	15.292	15.352	15.411	15.471
1500	15.530	15.590	15.649	15.709	15.768	15.827	15.887	15.946	16.006	16.065
1550	16.124	16.183	16.243	16.302	16.361	16.420	16.479	16.538	16.597	16.657
1600	16.716	16.775	16.834	16.893	16.952	17.010	17.069	17.128	17.187	17.246
1650	17.305	17.363	17.422	17.481	17.539	17.598	17.657	17.715	17.774	17.832
1700	17.891	17.949	18.008	18.066	18.124	18.183	18.241	18.299	18.358	18.416
1750	18.474	18.532	18.590	18.648						

部分习题参考答案

第1章

1.3　37.5mA

1.4　(1)6；(2)1.0级；(3)符合误差要求

1.5　(1)1.2%；(2)符合1.0级精度。

1.6　22℃；8.4s

1.7　9.57psi；5.49m

1.8　$P=1.97L-5.87$；12.3psi

1.9　10.4,1.29；有

1.10　1013565Pa

第2章

2.2　2791Ω

2.3　(1)50Ω；(2)−4.44mV(或+4.44mV)

2.4　0.21μF

2.5　0.067A；0.050A；0.040A

2.6　0.04

2.7　可选1∶21

第3章

3.1　26μm

3.2　0.97mm

3.3　0.037Ω

3.7　2.2m/s²

3.8　(1)0.5V；(2)10位

3.9　$a_g(\Delta R/R)=9.8GF/(EA)$

3.10　35pF

3.11　2.07g′s

3.12　1047.2rad/s

3.13　(1)0.32atm或32kPa；(2)4.35atm或440kPa

3.14　19.4lb

3.15　1.21mm

3.16　197.7m/h

3.17　13.3Hz

3.19 (1)$a=(15\,500)V$；(2)96.1m/s^2；(3)11Hz

3.20 1.27cm；42.1Hz

第4章

4.1 198kg/h

4.5 4.86cm

4.6 (1)10m/s；(2)0.884kg/s；(3)1.5×10^5

4.7 3.16m/s

4.8 最小流量时：23.7mV,4.3Hz；最大流量时：500mV,89.5Hz

4.9 766Hz

4.10 (1)3659kg/min；(2)219.7m^3/h

4.11 (1)6.895kg/s；(2)4.560m^3/s

第5章

5.1 251.7K；−6.5℉；−21.45℃

5.2 −141.1℃；237.6°R；132K

5.3 302℉；423.15K

5.4 550～1022℉

5.5 108.12Ω

5.6 10mV

5.7 $R(T)=589.48\times[1+0.0018(T-115)]$；

$R(T)=589.48\times[1+0.0018\Delta T-1.51\times10^{-7}(\Delta T)^2]$

5.8 411.78℃

5.9 27.89mV

5.10 0.22mm

第6章

6.1 10^{10}Hz,微波

6.2 462nm；4620Å

6.3 0.33μs；0.57μs

6.4 0.72m

6.5 19.5mW/m^2

6.6 5.64m

6.7 1～5V

6.8 −0.18～−0.64V

6.9 0～0.51V

6.10 2.1×10^4

第7章

7.1 0～10.6mV

图书资源支持

感谢您一直以来对清华大学出版社图书的支持和爱护。为了配合本书的使用，本书提供配套的资源，有需求的读者请扫描下方的“书圈”微信公众号二维码，在图书专区下载，也可以拨打电话或发送电子邮件咨询。

如果您在使用本书的过程中遇到了什么问题，或者有相关图书出版计划，也请您发邮件告诉我们，以便我们更好地为您服务。

我们的联系方式：

地　　址：北京市海淀区双清路学研大厦 A 座 701

邮　　编：100084

电　　话：010-83470236　010-83470237

资源下载：http://www.tup.com.cn

客服邮箱：2301891038@qq.com

QQ：2301891038（请写明您的单位和姓名）

科技传播・新书资讯

电子电气科技荟

资料下载・样书申请

书圈

用微信扫一扫右边的二维码，即可关注清华大学出版社公众号。